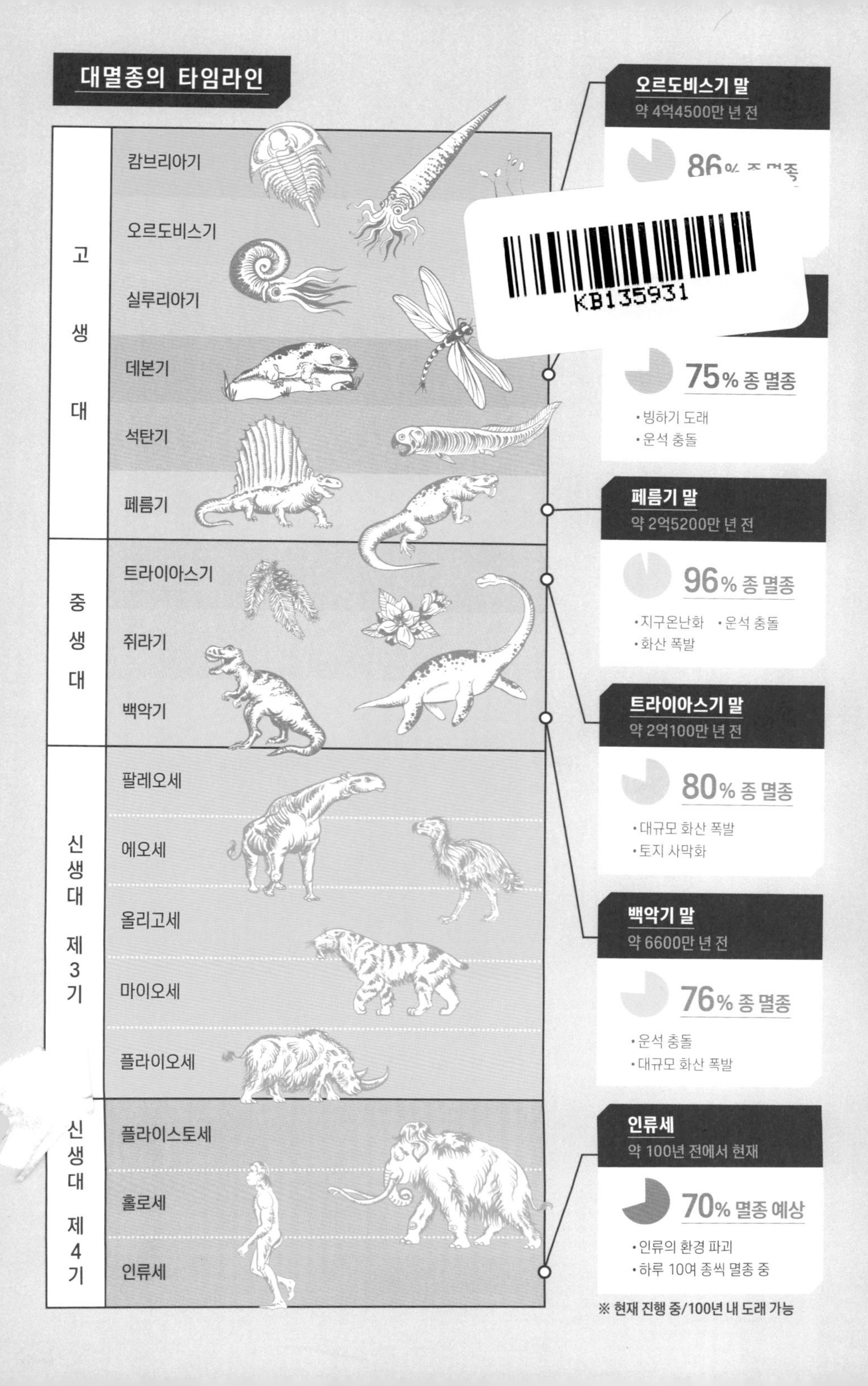

대멸종의 타임라인
고생대
캄브리아기
오르도비스기
실루리아기
데본기
석탄기
페름기
중생대
트라이아스기
쥐라기
백악기
신생대 제3기
팔레오세
에오세
올리고세
마이오세
플라이오세
신생대 제4기
플라이스토세
홀로세
인류세
오르도비스기 말
약 4억4500만 년 전
86%
75% 종 멸종
•빙하기 도래
•운석 충돌
페름기 말
약 2억5200만 년 전
96% 종 멸종
•지구온난화 •운석 충돌
•화산 폭발
트라이아스기 말
약 2억100만 년 전
80% 종 멸종
•대규모 화산 폭발
•토지 사막화
백악기 말
약 6600만 년 전
76% 종 멸종
•운석 충돌
•대규모 화산 폭발
인류세
약 100년 전에서 현재
70% 멸종 예상
•인류의 환경 파괴
•하루 10여 종씩 멸종 중
※ 현재 진행 중/100년 내 도래 가능

죽음보다 더한 뭔가가 벌어졌다. (…) 우리는 글로 쓰일 수 있는 궁극의 최후를 지켜보고 있으며, 다시는 빛줄기를 알지 못할 어둠을 일별하고 있다. 우리는 멸종의 현실성과 맞닿아 있다.

—헨리 비틀 휴Henry Beetle Hough

두께가 수천, 수백 미터에 이르도록 퇴적된 진흙, 모래, 자갈층을 볼 때마다 나는 지금의 강이나 해변이 그러한 엄청난 물질을 깎아내거나 만들어냈을 리 없다고 외치고픈 충동을 느낀다. 하지만 한편으로, 이런 급류에서 들려오는 거친 소음을 들으면서 이 땅을 누볐을 온갖 동물을 떠올리면, 그리고 그 모든 세월 동안 이 돌멩이들이 밤낮으로 덜걱거리면서 제 갈 길로 흘러갔을 것을 생각하면, 홀로 이런 생각을 하게 된다. 과연 어떤 산이, 어떤 대륙이 이러한 마모를 견뎌낼 수 있을까?

—찰스 다윈[1]

그림 1 캐나다 뉴펀들랜드 미스테이큰포인트(Mistaken Point)에 있는 에디아카라기 화석들. 이 5억 6500만 년 된 암석에 각인된 엽상체는 고등생물의 여명기에 해양저에 똑바로 서서 막을 통해 영양분을 빨아들였을 것이다. 이처럼 움직이지 않고 생활하는 기이한 형태의 생명체들이 해양에서 주류를 이루었다가, 캄브리아기 폭발 때 동물이 급속히 다양화하면서 모두 제거되었다.

그림 2 '오르도비스기의 바다(Ordovician Marine)'. 오르도비스기 후기 동안 북아메리카의 많은 부분을 뒤덮었던 얕은 바닷속 생명체들의 모습. 앵무조개목 두족류, 삼엽충, 갯나리, 이끼벌레, 완족류와 초기 어류가 출연한다. © 2003 Douglas Henderson, commissioned by Museum of the Earth, Ithaca, New York.

그림 3 오르도비스기에 해양 바닥에 있던 암석의 노두가 위스콘신주 남서부에 놓여 있다. 화산재가 쌓인 층에서 잡초가 자라고 있다.

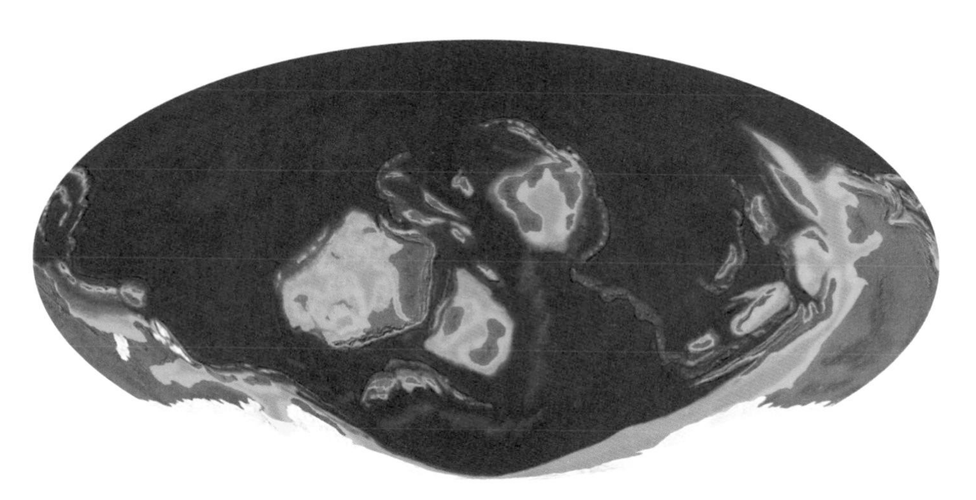

그림 4 오르도비스기 후기의 세계. 북아메리카가 적도에 걸쳐 거의 90도로 돌려져 있고, 초기 애팔래치아산맥이 대륙의 남해안에서 형성되고 있다. 대륙의 대부분은 얕은 바다로 덮여 있다.

그림 5 이리호 연안에 위치한 데본기 후기 대멸종의 기이한 암석층들. 이 검은 셰일에는 데본기에 해저에 가라앉았던 고대 유기물에서 유래한 탄화수소가 가득하다. 검은 셰일은 데본기 대멸종과 연관된 세계 곳곳에서 발견되며, 이는 당시에 해양에서 광범위한 산소 결핍이 일어났음을 의미한다.

그림 6 데본기 후기의 최상위 포식자 둔클레오스테우스의 머리뼈. 둔클레오스테우스 같은 판피류는 데본기 후기 대멸종으로 사라졌다. 사진은 오하이오주 클리블랜드 외곽 로키리버네이처센터(Rocky River Nature Center)에서 찍었다.

그림 7 페름기 수궁목 고르고놉스과에 속하는 리카이놉스(Lycaenops). 이와 같은 수궁류는 페름기 말 대멸종 때 다른 동물 대부분과 함께 사라졌다. © 2015 Simon Stålenhag/Swedish National History Museum

그림 8 텍사스주 과달루페산맥에 있는 엘캐피탄. 이 석회암 곶은 실은 페름기에서 유래한 2억6000만 년 된 산호초다. 이 고대 생물초를 구성했던 바다 생물, 즉 해면, 산호, 완족류, 갯나리, 방추충, 암모나이트 따위에 속하는 여러 종은 페름기 말에 이르러 거의 전부 멸종까지 내몰렸다.

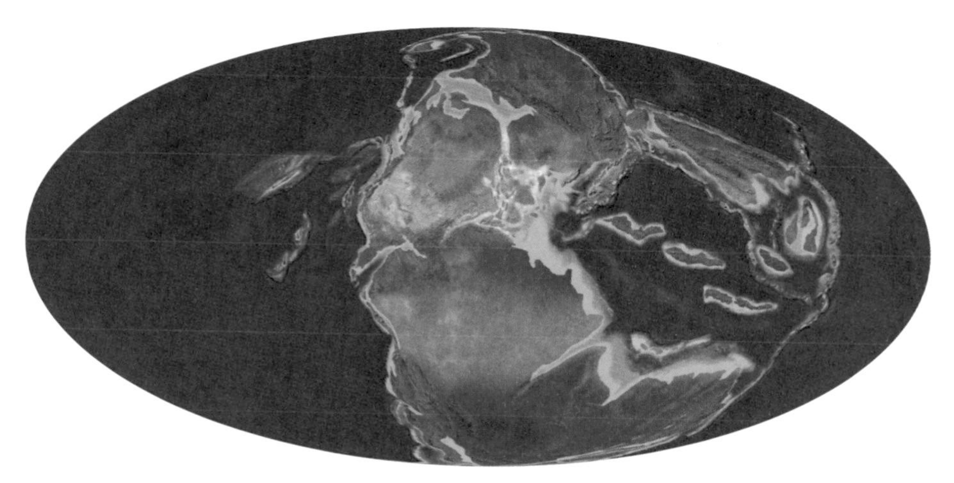

그림 9 트라이아스기의 판게아. 시베리아트랩은 판게아 북부에서 분출했고, 이 그림에서는 북반구 시베리아의 칙칙한 회갈색 띠로 표시되어 있는 것을 볼 수 있다. 이 초대륙의 안쪽은 오늘날의 아일랜드에서 미국 서부에 해당하는데, 판게아 역사의 오랜 기간 동안 극도로 불쾌한 환경이었다.

그림 10 노스캐롤라이나주와 버지니아주 경계에 있는 솔라이트채석장(Solite Quarry). 세계에서 가장 중요한 트라이아스기 화석 산지 중 하나인 이 지층들은 고대의 호수 바닥에서 유래한다. 당시에는 열곡이 노스캐롤라이나에서 뉴욕까지 뻗어 있었고, 미국 동해안이 아프리카 서부와 맞닿아 있었다.

그림 11 트라이아스기 말 대멸종 이전, 지금으로부터 약 2억1000만 년 전에 고대 열곡을 이루고 있던 오늘날의 코네티컷리버밸리의 자연환경. 이때의 우세한 포식자는 (그림 오른쪽에 보이는) 작은 공룡이 아니라 수많은 악어 친척들이다. © William Sillin/Dinosaur State Park

그림 12 캐롤라이나 도살자. 트라이아스기에 두 발로 걸었던 악어의 일종으로 노스캐롤라이나주 채플힐에서 멀지 않은 곳에서 발견되었다. 이와 같은 악어의 먼 친척들, 그리고 그 밖의 온갖 기괴한 형태들이 트라이아스기 후기 한복판에 세계를 통치했다. © 2015 Jorge Gonzales

그림 13 암모나이트. 이렇게 생긴 동물들이 데본기부터 백악기 말에 멸종할 때까지 수억 년 동안 바다에서 헤엄쳤고, 일부는 직경이 2.4미터에 달하는 껍데기 속에서 살았다.
© 2015 Simon Stålenhag/Swedish National History Museum

그림 14 티렉스가 죽은 짐승을 찢어발기는 동안 한 떼의 불안한 초식동물이 주변에서 종종거린다. 티라노사우루스는 이들의 1억 년 역사에서 거지반 동안 대개 작고 보잘것없었다. 하지만 백악기의 마지막 200만 년 사이 대멸종 이전에, 티렉스와 같은 몇몇 종이 터무니없는 크기와 무시무시한 공격력을 갖추게 되었다. © 2015 Simon Stålenhag/Swedish National History Museum

그림 15 티렉스와 하늘에서 맴돌고 있는 칙술루브 소행성. 이다음 순간 일어난 파국적 충돌은 냉전 기간에 모든 핵무기가 터졌을 경우보다도 훨씬 더 많은 에너지를 한꺼번에 방출했을 것이다. © 2000 Douglas Henderson "T–Rex & Asteroid" from Asteroid Impact, pub by Dial, 2000

그림 16 뉴멕시코주 에인절피크시닉에어리어에서 팔레오세 시기의 암석을 캐는 모습. 고생물학자들은 동식물의 화석 기록뿐만 아니라 고대 기후 변화를 알려주는 암석으로부터 확인 가능한 지질학적 정보를 한데 결합함으로써, 이 행성이 백악기 말 대멸종의 여파에서 어떻게 회복되었는지를 재구성할 수 있다.

그림 17 인도 마하발레슈와르에 있는 데칸트랩. 이 산들은 전적으로 고대 현무암 용암으로 조각되어 있다. 이 광대한 화산 지방은 백악기 말 대멸종과 비슷한 시기에, 미국 대륙을 180미터 높이의 용암으로 뒤덮을 만큼의 엄청난 용암을 분출했다. © Gerta Keller

그림 18 멕시코 유카탄주 칙술루브항에 위치한 소행성 충돌의 중심점에 세워진 공룡 추모비.

대멸종 연대기

추천의 글

"눈을 뗄 수가 없다! 데본기에 지구를 뒤덮었던 산호초부터 트라이아스기 말 판게아의 악어류에 이르기까지, 브래넌은 뛰어난 글솜씨로 사라진 세계를 오늘에 되살렸다."

—『뉴요커』

"[브래넌은] 화석화된 과학 논문들에 문학적인 생명을 불어넣는 재주가 오르도비스기 앵무조개의 치세를 재현하는 마술만큼 능란한, 다정한 가이드다."

—『뉴욕타임스』

"눈 맑고 섬세한 달변가. 브래넌은 과거에 일어났던 일을 더 잘 이해하는 일이 인류가 미래로 나아갈 방법을 결정하는 데 어떤 도움이 될 수 있는지를 논증하면서, 행성의 지속가능을 위한 중요한 시사점을 제시한다."

—『보스턴글로브』

"이 경이로운 책에는 브래넌의 유머, 분명한 설명, 시적일 만큼 아름다운 산문이 개인적 일화들과 합쳐져 있어 읽는 재미가 크다. 또한 브래넌은 우리로 하여금 이 강력한 책에서 눈을 떼지 못한 채, 인류가 삶의 방식을 바꾸지 않을 경우 다가올 미래를 직시하게 만든다."

—『포브스』

“놀랍도록 서정적인 지구 대멸종 연구서! 생명의 역사에서 앞선 장면들에 살았던 수많은 비운의 배우들을 생생하게 그려낸 수작이다. 이 책에서 브래넌은 사라진 세계들과 그 세계들의 종말을 연구하는 과학자들의 이야기를 놀랍도록 흥미진진하게 전달한다.”

—『사이언스』

“행성급 발작들에 대한 흥미진진한 설명.”

—『이코노미스트』

“넋이 나갈 만큼 어마어마하며 대담하고 서정적인 글이다. 정신없이 책장이 넘어가는 이 책으로, 브래넌은 마치 거장처럼 논픽션계에 등단했다. 브래넌은 대멸종의 역사라는 복잡하고 어려운 이야기들을 지극히 우아하게, 심지어 시적으로 풀어낸다.”

— 아르스 테크니카

“이 주제에 관해 한 권밖에 읽을 시간이 없는 독자라면, 이 멋지게 쓰인, 균형이 잘 잡힌, 그리고 치밀하게 조사된 (그러나 지나치게 어렵지 않은)『대멸종 연대기』야말로 최선의 선택이 될 것이다.”

—『라이브러리 저널』

"행성의 앞선 대멸종들을 또렷하게 각인시키는 놀라운 여정."

—『뉴욕매거진』

"계시적인 책이다. 브래넌은 과거와 현재를 효과적으로 연계해 서술함으로써, 당면한 기후 변화를 멈추기 위해 인류가 무엇이든 해야 한다는 것을 강력하게 경고한다."

—『퍼블리셔스 위클리』

"깨우침과 경각심을 동시에 불러일으키는, 우리 행성의 아득히 먼 역사와 충분히 일어날 법한 미래에 관한 이야기! 지질학적 기록과 그것을 연구하는 사람들에 관한 재미있고 유용한 정보가 가득하다. 기후 변화에 관해 참고할 대중 문헌에 추가할 책이 한 권 늘었다."

—『커커스 리뷰』

"경계를 촉구하는 교훈으로서도, 강렬한 파괴력 앞에서 지구의 생명이 어떻게 끊임없이 되튀어 오르는가에 대한 희망찬 실증으로서도, 5대 대멸종은 꼭 훑어보아야 할 사건이다. 기후학자부터 과학에 관심 있는 일반인까지, 모든 사람이 이 훌륭한 필치로 쓰인 우리 행성의 고생물학적 역사 탐방을 즐기길 바란다."

—『북리스트』

“이것은 궁극의 추리소설이다. 일련의 괴짜 주인공들이 역사상 가장 큰 재난들 뒤에 숨은 범죄자들의 신원을 밝히는, 4억4500만 년 동안 제작 중인 탐정소설! 브래넌이 페이지마다 재치와 서정성과 명료함을 가져오지 않았던들, 여섯 건은커녕 한 건의 종말에 관한 책도 주눅이 들어 읽을 수 없었으리라. 능력이 절정에 달한 이야기꾼이 제대로 된 이야깃거리를 찾았다.”

— 에드 용, 뉴욕타임스 베스트셀러 『내 속엔 미생물이 너무도 많아』 저자

“이 생기발랄한 책은 생명의 역사에 있었던 주요 대멸종 전부에 대해 우리가 현재 이해하고 있는 바, 그리고 그 멸종들이 총체적으로 우리의 미래에 뜻하는 바를 흥미진진하게 다룬다. 브래넌은 고생물학자와 지질학자를 비롯한 연구자들의 실험실을 찾아다니며 그들을 밀착 취재했다. 그 결과로 일부는 여행기, 일부는 엄밀한 데이터, 일부는 과학의 사회학이 담긴 이 책을 훌륭하게 집필해냈다. 브래넌은 이 책을 통해 우리가 이 세계의 상태를 깊고도 다면적으로 보게 해준다. 게다가 재미있다.”

— Ted.com

“시의적절하다는 말이 조금도 지나치지 않다! 브래넌은 이 책에서 품위와 재치를 잃지 않으면서, 인류의 운명과 나약함을 인식하고 수긍하는 것이 삶을 지속가능하게 만든다고 강력하게 변론한다. 인류에게는 아직 삶의 방식을 바꿀 능력이 있다.”

— 『페이스트매거진』

"미래를 알고 싶은가? 과거를 보라. 수억 년 전의 아득히 먼 과거를. 그것이 흥미와 매력, 품격을 겸비한 이 책을 읽고 당신이 얻을 많은 통찰 가운데 하나다. 우리 행성은 현재 인류가 겪고 있는 지구온난화, 자연 균형 파괴, 심지어 세계 곳곳에서 일어나고 있는 떼죽음의 물결보다도 훨씬 더 나쁜 상황들을 이겨내고 지금껏 살아남았다. 하지만 그것이 문명에 각별히 반가운 소식은 아니다. 인류가 삶의 방식을 하루빨리 바꾸지 않는 한 말이다."

— 데이비드 비엘로, 『부자연스러운 세계The Unnatural World』 저자

"브래넌은 지구의 아득한 역사를 무신경하게 통과하고 있는 인류에게 미래를 계속 꿈꿀 수 있는 방법이 생각보다 너무도 많이 남아 있음을 알려준다."

— 폴 그린버그, 『포 피시Four Fish』 저자

"우리 행성의 아득히 먼 과거에 있었던 비범한 세계들로 뛰어들어, 그 세계들을 끝장낸 원인들을 캐내는 신나는 탐정소설. 브래넌은 상상할 수도 없는 홍수들, 행성 규모의 재난들, 그리고 한때는 흔했지만 지금은 믿기지 않을 정도로 신기한 생명체들을 묘사한다. 인류 시대의 미래를 위해 강력한 주의를 주는 이야기."

— 가이아 빈스, 『인류세의 모험』의 저자

"이 책은 화석에 대해 말한다. 그 화석들이 우리 행성의 과거와 미래의 생명체 전부에 관해 들려주는 생생하고, 흥미진진하고, 때로는 무시무시한 내용이 담겨 있다. 피터 브래넌은 우리 발밑의 신세계를 활짝 여는 재주가 있다. 신시내티 아래에서 5억 년 전 바다를, 뉴욕 북부에서 수억 년 된 숲을, 로스엔젤레스 아래에서 검치호를 끄집어낸다. 그는 과학적 결과를 추척해 지구사에서 이 행성 위의 생명을 철저히 변화시켰던 다섯 차례의 거대한 멸종을 이해하고자 한다. 가히 눈을 뗄 수 없는 충격적인 이야기다. 과거의 지구가 지금과 다른 종류였음을 상상할수록, 우리 행성이 지금 어떻게 달라지고 있는지, 대멸종이라는 '세상의 끝'을 한 번 더 초래하는 데 시간이 얼마나 조금밖에 남지 않았는지를 점점 더 이해하게 되니 말이다."

— 마이클 파이, 『세계의 가장자리The Edge of the World』의 저자

"진화 과정에 간간이 끼어들었던 다섯 차례의 대멸종에 관한 숨 막히는 이야기! 이 책을 읽으면 살아 있는 것들의 무상함에 대한 아찔한 공포가 결코 머릿속을 떠나지 않을 것이다. 특히나 인류가 지금 대멸종이라는 눈을 뗄 수 없는 이야기의 막장을 쓰고 있는 중이기 때문에."

— 스티븐 커리, 임페리얼 칼리지 구조생물학 교수

멸종의 비밀을 파헤친
지구 부검 프로젝트

피터 브래넌 지음 | 김미선 옮김

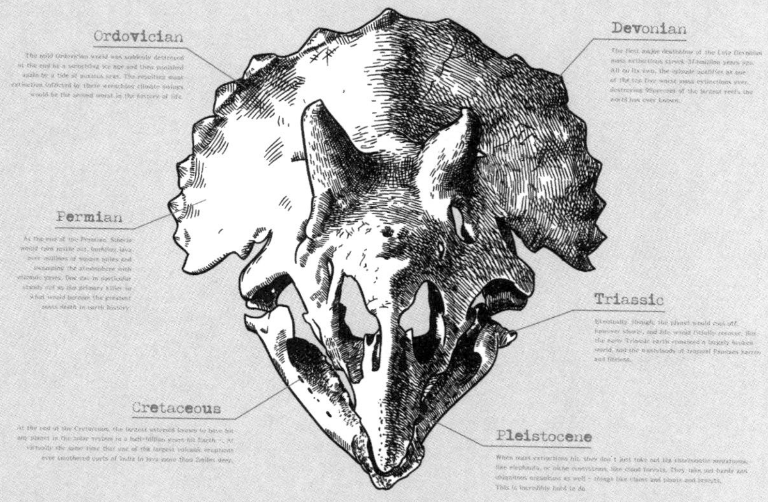

대멸종 연대기

The Ends of the World

흐름출판

일러두기

- 본문 중 *는 각주를, 숫자첨자는 권 말미에 등장하는 발췌문 출처 정보를 표시한 것이다.
- 각주는 모두 지은이 주이며, 옮긴이 주는 괄호로 묶고 '-옮긴이'로 표시하였다.
- 별다른 설명이 없는 한 본문에 등장하는 '행성'은 지구를 의미한다.
- 본문 중 도서, 잡지, 논문 등은 『 』, 영화 등은 「 」로 묶어 표시하였다.
- 원서에서 강조한 내용은 굵은 글씨로 표시하였다.
- 5대 대멸종(Big Five mass extinction)은 대량 규모의 절멸 사건이 일어난 시대를 대략적으로 추린 것일 뿐, 어떤 엄밀한 기준을 가지고 뽑은 것이 아니다. 또한 대량 절멸의 규모 등에 관해서는 학자마다 추산하는 것이 다르고 의견 또한 분분한 상황이다.
- 지구를 휩쓴 5대 대멸종에 플라이스토세 말 멸종은 포함되지 않지만, 인류가 속해 있는 신생대 제4기에 일어난 마지막 멸종인 까닭에 함께 다루었다.

엄마에게

머리말

새로운 지질시대의 새벽. 바글거리는 호모사피엔스 한 떼가 북아메리카 대륙 끄트머리에 있는 강어귀의 둑으로 모여든다. 빙하는 후퇴했고 해수면은 마지막 빙하시대 이후로 120미터도 넘게 상승했다. 그리고 지금은 강철과 유리로 지은 맨해튼의 반짝반짝한 새 집들이 이 습지대에서 벌떼처럼 솟아오른다. 이 자신만만한 도시 위로, 허드슨강 바로 건너편에 팰리세이즈the Palisades(뉴저지주 허드슨강 서편을 따라 늘어선 절벽들－옮긴이)의 깎아지른 절벽 면이 불쑥 나타난다. 이 거대한 현무암 기둥들은 무감하게, 2억 년 동안 그래왔듯 돌부처처럼 묵묵히 앉아 있다. 지금은 고속도로의 잡초와 낙서로 뒤덮여 있지만, 이 절벽은 태곳적 한 세계의 종말에 바쳐진 기념비다. 이 기념비를 만든 마그마는 한때 지표면에서 부글거리며 뿜어져 나오는 용암의 젖줄이었고, 그 용암은 한때 행성을 노바스코샤(캐나다 동남쪽의 주－옮긴이)에서부터 브라질까지 질식시켰다. 용암이 솟아오를 때마다 대기로 쏟아져 들어간 이산화탄소는 트라이아스기의 끝에 수천 년 동안 행성을 달구고 해양을 산성화했다. 그러다 잠깐씩 화산성 스모그가 폭발하면 이 초온실super-greenhouse은 추위로 중단되곤 했다.

고삐 풀린 화산활동은 1000만 제곱킬로미터가 넘는 행성을 뒤덮었고, 4분의 3이 넘는 지구상 동물을 지질학적 표현으로 한순간에 몰살했다.

나는 허드슨강 강둑에서 팰리세이즈의 바닥으로 이어지는 들쭉날쭉한 길을 껑충껑충 뛰어 올라가는 컬럼비아대학교의 고생물학자 폴 올슨Paul Olsen을 쫓아가느라 애를 먹었다. 이제는 딱딱하게 굳은 이 엄청난 마그마 벽에 2억5000만 년 된 호수 바닥의 유해가 질식해 있고, 그 안에는 어류와 파충류 화석이 절묘하게 보존되어 있다. 그리고 우리 뒤에는 뉴욕시의 스카이라인이 희미하게 웅웅거리고 있다.

나는 올슨에게 강 건너 도시도 이 암석들 밑바닥에 있는 평화로운 트라이아스기 실사모형처럼 보존되어서 미래의 지질학자들에게 발견될 수 있겠느냐고 물었다. 그가 몸을 돌려서 그 장면을 곰곰이 생각하더니 딱 잘라 말했다.

"잡동사니 한 층은 얻을지도 모르죠. 하지만 이곳은 퇴적 분지가 아니어서, 결국은 침식되어 흔적도 없이 사라질 겁니다. 얻을 건 해양으로 빠져나가서 묻혔다가 나타날지도 모르는 쪼가리일 테니, 아마 병뚜껑은 좀 있겠네요. 여간해서는 망가지지 않는 동위원소 신호도 좀 있을 테고요. 하지만 지하철이 화석이 되거나 하지는 않을 겁니다. 그건 모두 상당히 빠르게 침식되어 사라질 거예요."

지질학자는 이처럼 시간과 장소에 대한 식별력을 혼란스럽게 하는 관점에서 작업을 한다. 그들에게는 수백만 년이 한 덩어리로 움직이고, 바다가 대륙을 가른 다음 빠져나가고 대산맥이 침식되어 모래가 되는 것도 한순간이다. 어마어마한 깊이의 지질학적 시간을 이해하고 싶다면 반드시 이런 시각을 길러야 한다. 지질학적 시간은 우리 뒤로 수억 년을 물러나고, 우리 앞으로는 무한히 뻗어나간다. 올슨의 태도가 지극히 냉정해 보인다면, 그건 지구의 역사에 한평생 몰입한 결과로 나타난 하나의 증상이다. 지구사는 이해할 수 없이 방대한 동시에, 극히 드문 몇몇 순간에는 이루 말할 수 없을 정도로 비극적이기도 하다.

지구사에는 동물이 갑작스럽게 거의 모두 소멸되었던 행성 규모의 절멸 사건도 다섯 번 있었다. 이것이 이른바 5대 대멸종Big Five mass extinction이다. 대멸종은 보통 지구의 종 절반 이상이 약 100만 년 이내에 멸종하는 사건으로 정의되지만, 인류가 지금까지 밝혀낸 바로는 대멸종 중 다수는 훨씬 더 빠르게 일어났던 것으로 보인다. 정밀 척도 지질연대학 덕분에 알아낸 바에 따르면 지구사에서 가장 극심했던 자연적 격감die-off 중 일부는 기껏해야 수천 년 정도밖에 지속되지 않았고 훨씬 더 급속했을 수도 있다. 이런 일을 더 정성적으로 기술하는 방법은 아마겟돈이다.

이 음울한 친목회의 가장 유명한 회원은 백악기 말 대멸종이다. 이 대멸종은 눈에 띄게도 6600만 년 전에—새를 제외한—공룡을 없애버렸지만, 백악기 말 사건은 생명의 역사에서 가장 근래에 일어난 대멸종일 뿐이다. 맨해튼 옆 절벽에서 돌이 되어 내 눈앞에 드러난 숯덩이가 화산의 불길 속에서 이글거리던 심판의 날—악어의 먼 친척과 세계 산호초계로 이뤄진 다른 차원의 우주를 붕괴시킨 재난—은 공룡이 죽기 1억3500만 년 전의 일이다. 이 재난과 이보다 앞선 세 차례의 대규모 대멸종은 눈에 보이지 않는다. 대개는 대중의 상상 속에서 티라노사우루스 렉스(티렉스)의 몰락이 드리운 그늘에 가려진 지 오래다. 이유가 아주 없지는 않다. 무엇보다도 공룡은 화석 기록에서 가장 카리스마 넘치는 주인공이다. 공룡 이전, 사람들의 관심이 미치지 않는 시기를 연구하는 고생물학자들은 이 지구사의 유명인을 몸치장에 여념이 없는 특대 크기의 괴물이라고 비웃지만, 그로써 공룡은 대중 언론이 고생물학을 위해 남겨둔 대부분의 몫을 먹어치운다. 게다가 공룡의 최후는 아주 볼만했다. 직경 10킬로미터 크기의 소행성이 멕시코에서 충돌하면서 이들은 마지막 순간을 맞이했다.

하지만 만약에 공룡을 살해한 게 우주의 돌 **하나**였다면, 그것은 독특한 재난이었던 것처럼 보인다. 일부 비주류 천문학자는 나머지 네 개의 대멸종도 모두 주기적인 소행성의 습격 때문에 일어났다는 생각을 밀어붙이지만, 화석 기록은 이 가설을 사실상 전혀 뒷받침해주지 않는다. 지난 30년 동안 지질학자들이 대멸종이 소행성 충돌의 영향이라는 증거를 찾기 위해 화석 기록을 샅샅이 뒤졌지만, 지금껏 아무런 성과도 얻지 못했다. 전 지구적 참사의 가장 미더운 단골 관리자는 기후와 해양에 가해지는 극적인 변화이며, 그 변화의 동력은 지질활동 자체인 것으로 드러난다. 지난 3억 년 안에서 가장 규모가 컸던 세 번의 대멸종은 모두 대륙 규모의 거대한 용암 홍수—상상을 불허하는 분출—와 관련이 있다. 지구상의 생명에는 회복력이 있지만 무한하지는 않다. 대륙을 통째로 뒤집을 힘이 있는 바로 그 화산은 기후와 해양에도 종말이라고 할 만한 혼돈을 일으킬 수 있다. 이 드문 분출성 격변이 일어나는 동안에 대기에는 화산성 이산화탄소가 꾸역꾸역 채워진다. 그럼으로써 역대 최악의 대멸종이 벌어지는 사이 행성은 지옥처럼 썩어가는 무덤이 되고, 뜨거운 해양은 산성화되며 산소에 굶주린다.

하지만 더 일찍 있었던 다른 대멸종의 원인은 화산도 소행성도 아니었을지 모른다. 어떤 지질학자들은 그 대신 판구조운동plate tectonics이, 심지어 생명활동 자체가 이산화탄소를 빨아들이고 해양에 독을 풀기로 공모했다고 말한다. 대륙 규모의 화산작용은 이산화탄소를 급증시키지만, 그보다 먼저 일어난 다소 더 수수께끼 같은 멸종에서는 이산화탄소가 오히려 급감해서 지구를 얼음 묘실에 가두었을지도 모른다. 행성을 경로에서 벗어나게 해온 것은 다른 천체와의 장엄한 충돌이 아니라, 이 안쪽에서 지구계에 가하는 충격이었다. 행성이 겪은 불행의 많은 부분은 내부에서 자라난 것처럼 보인다.

다행스럽게도 이런 최대의 참사는 드물어서 고등생물이 출현한 이후로 5억 년이 넘는 사이에 행성을 다섯 번밖에 덮치지 않았다(대략 4억4500만 년 전, 3억7400만 년 전, 2억5200만 년 전, 2억100만 년 전, 6600만 년 전에 일어났다). 하지만 이는 우리의 세계 안에서 무섭게 메아리치고 있는 역사다. 우리 세계는 현재 수천만 년 동안, 아니 심지어 수억 년 동안 보인 적 없는 변화를 겪고 있는데, "고이산화탄소 시기—그리고 특히 이산화탄소 수준이 빠르게 상승한 시기—가 대멸종과 일치하는 것은 꽤 분명하다"라고 워싱턴대학교의 고생물학자이자 페름기 말 대멸종 전문가인 피터 워드Peter Ward는 쓴다. "여기에 멸종의 동인이 있다."

문명이 분주히 입증하고 있듯이, 초화산supervolcanoes은 암석에 매장된 탄소를 서둘러 꺼내서 대기로 불어넣는 유일한 경로가 아니다. 오늘날 인류는 동분서주하며 태곳적 생명체가 수억 년에 걸쳐 묻어둔 탄소를 파내 그 모두를 한꺼번에 표면에서, 즉 피스톤과 발전소 안에서 불태우고 있다. 현대 문명의 방만한 물질대사다. 우리가 탄소를 다 태워 끝장을 낸다면—마치 인공 초화산처럼 대기에 탄소를 꾸역꾸역 채워 넣는다면—전에도 그랬듯 날씨는 정말로 매우 뜨거워질 것이다. 오늘날 경험하는 가장 뜨거운 열파가 평균이 될 테고, 미래의 열파는 세계의 많은 부분을 미지의 영역으로 밀어 넣음으로써 인간 생리의 한계를 뛰어넘는 새로운 위협이 나타날 것이다.

이 일이 실현되면 행성은 우리에게는 완전히 외계 같겠지만 화석 기록에서는 여러 번 모습을 드러냈던 상태로 돌아갈 것이다. 하지만 따뜻한 시기가 반드시 나쁜 것만은 아니다. 공룡이 출몰한 백악기도 대기 이산화탄소 농도가 상대적으로 꽤 높았고 오늘날보다 훨씬 따뜻했다. 그렇지만 기후나 해양의 화학적 성질이 갑작스레 변화했을 때, 그 결과는 생명체에 통렬했다. 최악의 시기마다 지구는 이러한 기후 발작으로 거의 폐허가 되었다. 치명적으로 뜨거운 내륙, 산성화하는 무산소 해양, 떼죽음이 행성 위를 휩쓸었기 때문이다.

이것이 근년 들어 현대사회에 가장 걱정스러운 전망을 제시하는 지질학의 계시다. 다섯 손가락에 꼽히는 지구사 최악의 사건은 모두 행성의 탄소 순환에 일어난 격렬한 변화와 연관되어왔다. 시간의 흐름에 따라 이 기본원소는 생명활동의 저장고와 지질활동의 저장고 사이를 왔다 갔다 한다. 다시 말해, 화산을 통해 방출된 이산화탄소가 공기 중에 있다가 탄소를 기반으로 하는 바닷속 생명체에 붙잡히고, 이 생명체는 죽은 뒤 탄산염 석회암이 되어 해저에 쌓인다. 이 석회암이 땅을 뚫고 밑으로 들어가면, 삶아진 암석에서 풀려난 이산화탄소는 화산에 의해 내뱉어져 한 번 더 공기 중으로 분출된다. 이 과정이 끊임없이 이어진다. 이 과정은 하나의 순환이다. 그렇지만 갑자기 유별나게 **막대한** 양의 이산화탄소가 대기와 해양으로 주입되는 등의 사건은 생명체의 이 화학작용을 단락시킬 수 있다. 이 가망성이 한 가지 계기가 되어, 최근 연구계에서는 과거의 대멸종이 유행의 첨단을 걷는 주제가 되었다. 이 책을 집필하기 위해 취재를 하는 과정에서 나와 이야기를 나눈 과학자들도 대부분 행성의 임사체험 이력에 관심이 있었는데, 그건 단지 학문적 질문에 답하기 위해서가 아니라 과거를 공부함으로써 우리가 현재 행성에 가하고 있는 것과 정확히 같은 종류의 충격에 행성이 어떻게 응답하는지를 알아내기 위해서였다.

연구계에서 진행 중인 이 탐구는 더 넓은 문화에서 이루어지고 있는 탐구와 눈에 띄게 사이가 나쁘다. 오늘날 이산화탄소가 기후변화에 미치는 역할에 관한 논의의 많은 부분은 마치 그 연결고리가 이론에만, 또는 컴퓨터 모형 안에만 존재하는 것처럼 보이게 만든다. 하지만 우리가 현재 하고 있는 실험—빠른 속도로 막대한 양의 이산화탄소를 대기 중으로 주입하기—은 사실 지질학적 과거에도 여러 번 해봤고, 그 끝은 결코 좋지 않았다. 만장일치로 겁을 주는 기후 모형의 예측 말고도, 우리에게는 행성의 지질학적 과거에 이산화탄소가 일으킨 기후변화의 사례사가 있으니 잘 살펴보면 얻는 것이 있을 것이다. 이 사건들은 현대 위기에 관한 가르침을 줄 수도 있고, 심지어 진단을 내려줄 수도 있다. 인류는 심장마비 병력 이후에 의사에게 가슴 통증을 호소하는 환자와 같은 처지다.

하지만 유추가 너무 멀리 퍼질 위험은 경계해야 한다. 다시 말해, 지구는 일생에 걸쳐 많은 부분에 있어 다른 행성으로 거듭나왔고, 몇몇 두드러지고 걱정스러운 면에서 현대 행성과 미래 전망이 행성의 역사상 가장 무서운 몇몇 장면을 떠올리게 만들지만, 다른 많은 측면에서 우리가 현대에 겪는 생물의 위기는 한 번뿐인 사건—생명의 역사 안에 유일무이한 혼란—에 해당한다. 그리고 고맙게도 인류에게는 아직 시간이 있다. 비록 파괴적인 종으로 입증되긴 했지만 우리가 지금껏 일으킨 어떤 것도 예전의 행성 규모 격변에서 보였던 무자비한 파괴와 살육의 수준에는 **근처**에도 못 미친다. 그런 격변은 절대적인 최악의 각본이다. '지구사에서 여섯 번째 대규모 대멸종을 설계했다'는 비극적인 고발은 인류의 묘비명에 아직 포함시키지 않아도 된다. 때로 좋은 소식이 하나도 없는 이 세상에서 이는 좋은 소식이다.

많은 아이들이 그렇듯, 나도 대멸종이라는 주제에 일찍부터 관심이 있었다. 어린이도서관 사서의 아들인 나는 종종 책—최근에 도서관 박람회를 치르고 남은 것—이 담긴 종이상자로 가득 차는 집에서 자라났다. 엄마에게는 실망스러웠겠지만 나는 『나의 올드 댄, 나의 리틀 앤』과 『기억 전달자』를 무시하고 팝업북으로 직행하곤 했다. 티렉스와 소철류가 종이 위에서 튀어나오는 순간 나는 낯선 라틴어 이름들과 그 이름이 묘사하는 더욱더 낯선 생물체들에 사로잡혔다. 책 속에서 어느 화가는 파라사우롤로푸스라고 불리는 괴상하게 생긴 동물을 스팽글을 써서 네온 빛으로 휘황찬란하게 꾸몄는가 하면, 어느 삽화가는 오비랍토르에게 얼룩말 줄무늬를 씌워주기도 했다. 과학소설에 나오는 괴물들의 세계가 실제로 존재했다는 사실은 저항할 수 없을 만큼 매력적이었다. 하지만 디즈니 애니메이션 「판타지아」는 아이였던 내게 이 세계에 관한 더욱더 낯선 사실을 깨우쳐주었다. 그 모두가 과거사라는 사실. 스트라빈스키의 관현악에 맞춰 공룡들은 불타는 광경 위로 쓰러져 죽었고 그 세계는 비극으로 끝났다. 그 세계는 이미 없다. 뒤늦은 집착—영화로도 나온 「쥐라기 공원」 따위—은 용을 잃은 세계에서 살아가는 나의 울적함을 키워주기만 했다.

지난 수십 년 사이 지질학자들은 5대 대멸종의 대략적인 스케치에 소름 끼치는 세부사항을 채워 넣기 시작했지만, 그 이야기는 대체로 대중의 상상력을 교묘히 피해왔다. 우리가 상상하는 역사는 기껏해야 수천 년밖에, 그리고 보통은 수백 년밖에 거슬러 올라가지 않는 경향이 있다. 이는 먼저 왔던 것에 대한 괘씸할 만큼 근시안적인 안목이다. 마치 어느 책의 마지막 문장만 읽고서 그 도서관의 나머지에 담긴 모든 것을 이해한다고 주장하는 것과 마찬가지다. 행성이 과거 5억 년 사이에 다섯 번 죽을 뻔했다는 것은 주목할 만한 사실이고, 우리는 하나의 문명으로서 기후·해양계의 화학성분과 온도를 수천만 년 동안 본 적 없는 영역으로 밀어 넣고 있다. 그렇기에 우리는 침범해서는 안 되는 한계가 어디에 있는지 궁금해해야 한다.

도대체 얼마나 나빠질 수 있을까? 대멸종의 역사가 이 질문에 답을 제공한다. 지구의 파란만장하고 생소한 과거는 우리 미래를 들여다볼 수 있는 창을 제공해준다.

잊힌 세계는 고속도로 옆에서도, 바닷가 절벽에서도, 야구장 가장자리에서도 흘러나온다. 빤히 보이는 곳에 숨어 있다는 것, 이것이 어쩌면 내가 그 다섯 건의 대규모 대멸종에 관해 더 배우기 위해 고생물학자들을 따라 야외로 다니면서 받은 중심적 계시였을 것이다. 나는 오래전에 지나간 세계의 낯선 층위를 찾으러 북극이나 고비사막으로 탐험 길에 오르자고 교묘한 말로 설득할 필요가 없었다. 우리는 썼던 글자를 지우고 그 위에 덧쓰기를 거듭한 지구사 위에서 산다. 지질학의 교훈은 이것이다. 우리가 거주하는 이 세계—칼 세이건의 말마따나, 이 "문명이 갓 만들어진 케케묵은 행성"—는 사라져간 무수한 시대를 거쳐서 왔다. 그래서 지질학의 렌즈를 통해 보는 세계는 처음 보는 세계다.

북아메리카에서는 화석이 신화적인 남서부나 노출된 북극의 산허리에서만이 아니라 월마트 주차장 밑에서, 채석장에서, 주와 주 사이의 고속도로 절개면에 숨어 있다가 발견되기도 한다. 신시내티 아래에 한도 끝도 없이 펼쳐지는 얇은 돌을새김 화석은, 지구사에서 둘째가는 최악의 멸종으로 5억 년 전에 끝난 오르도비스기의 초기 해양에서 살던 열대 바다생물이다. 오스틴 시내 강둑에는 플레시오사우루스가, 로스앤젤레스에는 검치호saber-toothed cats가, 워싱턴 DC 외곽 덜레스공항 밑에는 살해자 악어가 트라이아스기에서 와 있다. 클리블랜드의 강둑에 있는 갑옷을 두른 유해는 단두대를 입에 단 거인 같은 형상의 물고기로, 데본기에서 왔으니 3억6000만 년은 묵은 셈이다.

5대 대멸종의 잔해는 캐나다 마리팀Maritimes(뉴브런즈윅주, 노바스코샤주, 프린스에드워드아일랜드주를 포함 – 옮긴이)의 파릇파릇한 섬들에, 더 싸늘한 남극대륙과 그린란드의 이곳저곳에, 멕시코의 마야족 사원 밑에, 황량한 남아프리카 카루사막의 산지사방에, 중국 농지의 가장자리에 외따로 떨어져 있다. 그렇지만 이 재난의 유산은 뉴욕시의 마천루 옆에서도, 미국 중서부의 셰일 안에서도 볼 수 있다. 파쇄업자에게도 환경보호기금 모금자에게도 그토록 돈벌이가 되는 그 셰일은 데본기 후기 대멸종의 혼돈 속에서 벼려졌다. 서부 텍사스 사막에서 솟아오른 과달루페산맥은 거의 전부가 태곳적 바다 동물의 유해로 지어진 유령의 기념비다. 이 동물들이 살던 생명의 전성기는 뒤이어 행성 역사상 하나뿐인 최악의 장章으로 넘어갔다. 이 위기의 시기는 이산화탄소가 몰고 온 지구온난화가 지구상 생명체의 90퍼센트를 몰살하는 참사로 마감되었다.

지구상의 생명체는 놀랍도록 얇게 발린 흥미로운 화학물질이다. 그 광택이 없다면 지구는 별 볼 일 없는, 끝없는 해양 속의 모래알처럼 텅 빈 우주를 맴돌며 식어가는 돌덩이에 지나지 않을 것이다. 행성을 감싸는 이 얇은 한 장의 생명—지구의 역사에 걸쳐 거의 기적적으로 질기게 버텨온 우리 세계의 한 특징—은 어쩌면 은하계 내에 유일무이할 것이다. 하지만 대멸종의 렌즈를 통해 보면 그건 놀랍도록 쉽게 찢어지기도 한다. 위기가 행성을 좁게 설정된 표면 조건 밖으로 밀어낼 때마다 행성의 생명은 거의 씨가 마르곤 했다. 우리는 우리 행성 너머에서 찾아오는 소행성 같은 극적인 외부 위협을 살피는 데 많은 의미를 두어왔지만, 안에서 오는 더 미묘한 위협에 관해서도 똑같이 경계를 늦추지 말아야 한다. 우리 태양계 안에 있는 무생물 행성의 명부가 입증하듯이, 지구 표면의 온화한 화학적 성질과 조건은 믿을 수 없을 만큼 특이한 것이다. 그리고 대멸종의 역사가 보여주듯 그건 기정사실도 아니다.

이 태곳적 재난을 조사하면서 나는 공룡을 죽인 소행성에 관한 이야기만큼이나 말끔한 이야기를 하나 찾아낼 수 있으리라 기대했다. 하지만 찾아낸 것은 많은 부분이 발굴되지 않은 채 남아 있는 발견의 가장자리, 그리고 아직 대부분이 아득히 먼 시간의 안개에 가려져 있는 이야기였다. 여행을 다니며 나는 지금껏 존재하는지도 거의 몰랐던—그렇지만 여전히 '지구'라고 불리는—세계 전체와 안면을 텄다. 그 세계를 몰락시킨, 세상을 끝내는 한 벌의 힘은 소행성보다 훨씬 더 미묘했지만, 그만큼이나 불길했다.

이 책은 이 해체된, 그리고 아직 완성되지 않은 퍼즐을 조각조각이어 붙이려 애써온 사람들의 독창성에 대한 지독히 불완전한 증언이자, 우리를 둘러싸고 있는 아득히 먼 시간의 생소한 지형에 대한 개관이다. 또한 다가오는 격동의 세기에 대한 탐험이자, 생명의 장기적 전망이기도 하다. 생명이 딛고 있는 이 이상하게 쾌적하지만 취약한 행성은 지금도 위험하기 짝이 없는 우주를 쌩쌩 가른다.

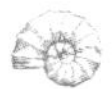

팰리세이즈를 걸어서 돌아본 뒤, 올슨과 나는 고속도로가 조지워싱턴다리에서 얼기설기 갈라져 나가는 가까운 동네, 포트리에 있는 수십 개의 베트남 쌀국수 집 가운데 하나로 들어갔다. 그 지역의 역사와 우리 발밑의 암석이 그려냈던 그 옛날의 지옥 풍경을 곰곰이 생각하면서 나는 미래를 궁금해하지 않을 수 없었다. 현재 대기 중의 이산화탄소 농도는 400피피엠 부근을 맴도는데, 이는 아마도 300만 년 전 플라이오세 중기 이후로 최고치일 것이다. 그렇다면 1000피피엠에서 이 행성 위의 생명체는 어떻게 될까? 1000피피엠은 일부 기후 과학자와 정책 입안자가 이산화탄소 방출 문제에 우리가 계속 여느 때와 다름없이 접근한다면 앞으로 수십 년 내에 도달할 것으로 내다보는 수치다.

"마지막으로 그 같은 일이 일어났을 때에는 극지에 얼음이 전혀 없었고 해수면은 수십 미터가 더 높았습니다." 올슨은 그렇게 말한 뒤 악어와 여우원숭이 친척들이 열대기후를 찾아 캐나다의 **북쪽** 해안에 가서 살았다고 덧붙였다. "열대(회귀선)의 해양 평균온도는 아마 섭씨 40도였을 겁니다. 지금 우리에게는 도저히 이해가 안 될 온도죠."

그가 말을 이었다. "대륙의 안쪽은, 끈질기게 치명적인 상태를 견뎠지요."

나는 그에게 좀 더 직설적으로 우리가 또 다른 대멸종의 초기에 있는 건 아니냐고 물었다.

"그래요." 올슨이 잠시 젓가락을 내려놓았다. "그럴지도 몰라요. 화석 기록에서 명백히 드러날 대멸종을 말한다면, 인류가 아프리카에서 퍼져 나와 모든 대형 동물군을 없애버렸을 때부터 5만 년 구간에 걸쳐서 일어날 테니 말이죠. 궁극적으로 화석 기록에서 맹렬하게 나타나게 될 대멸종은 바로 그 대멸종입니다. 언젠가 사람들은 이렇게 말할지도 몰라요. 산업혁명으로 이룬 인류의 확산은 최후의 일격이었을 뿐이라고."

차례

제1장

Beginnings

시작

행성의 시발,
아득히 먼 시간의 심연

우리는 우리 행성 위 동물의 시작이

동트는 봄 같았을 거라고 여긴다.

하지만 동물의 시대는

출산이 거의 불가능할 만큼 늙은 부모에게 태어난

아기와 같았다.

—피터 워드Peter Ward[2]

나는 보스턴 출신이다. 이는 편리하게도, 통근 여객선을 잠깐 타고 항구를 건너기만 하면 행성 역사에서 가장 일찍이 형성된 대형 고등 생물의 화석 가운데 일부일지 모르는 것을 볼 수 있다는 뜻이다. 콘도와 현대성을 과시하는 상점가로 빙 둘러싸인 선착장 아래로 가면, 지난날 부두의 녹슨 대못이 점점이 박혀 있는 바닷가가 나온다. 방치된 그 바닷가의 먼 끝으로 가면, 썰물이 드러내는 태곳적 해저의 석판들이 해초를 걸치고 바다로 기울어져 들어간다. 또한 남극에 가까운 어느 초대륙supercontinent 연안의 해양저에서 출발한 그 암석들이 베드배스앤드비욘드(미국 생활용품 업체 – 옮긴이)의 주차장에서 멀지 않은 곳에서 비어져 나온다. 이 암석의 나이는 5억 살이 넘었다. 이 암석에 특별히 흥미로운 점이 있다는 걸 알리는 명판이나 표시는 전혀 없지만, 해초를 문질러 없애면 암석 표면에 마맛자국처럼 찍힌 동전보다 작은 동심同心 타원들이 드러난다. 젠체하지 않는 그 암석 속의 고리들은, 고등생물이 동틀 때 양치류 모양의 어느 생물체가 해양저의 끈적끈적한 실트silt에 정박했던 자국인지도 모른다.

여기가 이야기의 출발점이다. 우리 행성과 이름을 공유하지만, 공유하는 것이라고는 그게 전부인 어느 행성 위.

이런 생명체가 남극 보스턴의 해저에서 그들의 생소한 삶을 영위한 지 얼마나 되었는지를 이해하기란 불가능하다. 이 행성의 나이가 얼마나 많은지, 혹은 그 표면 위에서 인류가 보여온 행적이 얼마나 하찮았는지를 이해하는 건 두 배로 불가능하다. 칼 세이건은 "창백한 푸른 점"에 바치는 찬가를 통해 우리가 우리의 티끌만 한, 멀리 떨어진 귀퉁이 공간에 얼마나 철저히 고립되어 있는지 분명히 보여주었다. 하지만 우리는 시간 차원에서도 이해할 수 없는 영원과 영원 사이에 비슷하게 고립되어 있다. 다행히도, 지질학자들은 억겁의 시간 사이에서 우리 위치를 심정적으로 이해하는 데 도움을 주려고 몇 가지 요령을 고안해왔다. 그 가운데 하나가 발자국 비유*다. 당신이 내딛는 한 발짝이 역사의 100년에 해당한다고 상상하라. 이 간단한 장치에는 사람을 멍하게 만드는 함축성이 있다.

산책을 시작해보자. 우리는 현재에서 출발해 과거로 돌아갈 것이다. 발뒤꿈치를 드는 순간 인터넷이 사라지고, 지구의 산호초 3분의 1이 다시 나타나고, 원자폭탄이 맹렬하게 다시 조립되고, 두 차례의 세계대전이 반대 순서로 벌어지고, 행성의 암흑면에서 전깃불이 꺼진 다음, 발을 땅에 딛는 때에 오스만제국이 다시 생겨난다. 한 발짝. 스무 발짝을 걷고 나면, 예수 곁을 거닐게 된다. 두세 걸음 뒤에는 다른 위대한 종교들이 깜박거리며 소멸하기 시작한다. 처음엔 불교, 다음엔 조로아스터교, 다음엔 유대교, 다음엔 힌두교. 발소리가

* 카네기연구소 로버트 헤이즌(Robert Hazen)의 허락을 얻어 그의 저서(*The Story of Earth*, 김미선 옮김, 『지구 이야기』, 뿌리와이파리, 2012)에 나오는 내용을 인용한다.

들릴 때마다 문화의 이정표들은 점점 더 심하게 비틀거린다. 최초의 법체계와 문자가 사라진 다음, 비극적이게도 맥주 또한 사라진다. 겨우 수십 발짝 뒤에는 기록된 모든 역사가 잠잠해지면서, 인류의 모든 문명은 뒤에 있고, 털북숭이 매머드가 나타난다. 여기까지는 쉬웠다. 다리를 펴고 상상할 수 있는 가장 긴 산책을 준비해보자. 아마도 당신은 이렇게 생각할 것이다. '잠깐만 거닐면 공룡에 닿고, 조금만 더 멀리 가면 삼엽충에 닿겠지. 해거름까지는 지구의 형성 과정에 도달할 게 틀림없어.' 그렇지 않다.

사실은 **하루에 32킬로미터씩, 날마다, 4년 동안** 쉬지 않고 걸어야 행성의 나머지 역사를 간신히 통과하게 될 것이다.** 분명 행성 지구의 이야기는 호모사피엔스의 이야기와 다르다. 이 산책을 하는 거의 모든 시간 동안 통과하게 될 으스스한 풍경에는 뭐가 되었건 고등생물이라고는 한 마리도 없다. 깊은 바닷속에도 없고, 산꼭대기에도 없고, 열대에도 없고, 끝없는 불모의 화강암 내륙에도 없다. 바람과 파도를 빼면, 우리 행성은 이 거의 영원처럼 아득한 시발점에서부터 동물의 출현에 이르는 기간의 대부분 동안 고요한 행성이었다. 보스턴항과 다른 곳의 암석에 도장을 찍은 그 최초의 생물체들은, 행성의 낯짝 전체에 연못에 뜬 더껑이보다 사람을 더 흥분시키는 것은 아무것도 없이 **40억 년**이 흐른 뒤에야 나타났다. 사실 18억 5000만 년 전부터 8억5000만 년 전 사이의 세월 동안 사건이 얼마

** 빅뱅(우주 대폭발)에 도달하려면 같은 걸음걸이로 계속해서 거의 10년 동안 더 터벅터벅 걸어야 한다.

나 없었던지 지질학자들조차 그때를 "지루한 10억 년"으로 부른다. 지질학자가 뭔가를 지루하다고 이야기한다면 정말이지 부들부들 떨며 비틀거릴 만큼 지루했을 것이다.

다른 행성들을 돌며 생명체를 찾을 때에는 지구조차도 그 역사의 90퍼센트 동안은 황량하고 쓸모없는 땅이었음을 명심해야 한다. 사실 그 수십억 년 동안 암석 기록에서 나타나는 생명의 유일한 징후로는 화석화한 미생물 점액의 밋밋한 무더기들이 존재한다. 그러다가 6억3500만 년 전 무렵, 고등생물의 기미가 티끌만큼 비친다. 다시 말해, 오만에서 발견된 암석에는 24-이소프로필콜레스탄isopropylcholestane이 함유되어 있는데, 이 발음하기도 힘든 화학물질은 오늘날 특정한 해면sponge에 의해서만 만들어진다. 해면이 분주하게 바닷물을 걸러내고 탄소를 묻으면서 해양이 환기되어 더 고등한 생명체가 생겨날 수 있었을 것이다. 스미스소니언 국립자연사박물관의 더글러스 어윈Douglas Erwin은 "인류는 해면에 특별한 빚이 있다"고 썼다. 다음번에 해면을 사용해 베이컨 기름 묻은 프라이팬을 닦아낼 때는 이를 명심하라.*

그러다가 5억7900만 년 전 무렵의 에디아카라기Ediacaran period에 거의 씨를 말리는 전 지구적 빙하시대—눈덩이 지구Snowball Earth라고 불리는 시기**—가 한바탕 쓸고 간 뒤, 생명이 담긴 샴페인 병마개

* 다행히 이런 종류의 조상 불경죄를 저지를 일은 거의 없다. 부엌에서 쓰는 스펀지는 대부분 합성물질이다.

** 행성을 눈덩이 지구에서 구해준 것은 아마 화산에서 뿜어져 나와 행성을 덮힌 이산화탄소였을 것이다.

가 뽑힌 순간 크고 복잡한 생물체들이 마침내 그리고 상당히 갑작스럽게 태곳적 해양저 위에서 화석으로 모습을 드러낸다.

이는 45억 년이라는 행성의 생애 안에서는 여전히 근래의 역사지만, 그래도 이루 말할 수 없이 오래전 일이다. 초대륙 판게아가 조립되려면 2억 년도 더 남았고, 티렉스가 등장하려면 **5억 년**도 더 남았다. 그리고 5억7900만 년 전이란, 현생 인류가 나타나기 5억7900만 년 전쯤이기도 하다. 현생인류가 이 행성 위에서 보낸 햇수는 수백만 년이 아니라 수십만 년으로 판단된다. 지질학자에게조차 이 아득히 먼 시간의 심연은 이해의 한계를 훌쩍 뛰어넘는다.

화석 기록에서 갑자기 나타나는 이 최초의 단순한 생물체는 아마 전혀 동물이 아니었을 것이다. 그리고 이들의 치세는 짧았을 것이다. 사실 첫 번째 대멸종을 견뎌냈다고 해도 암석 속 수수께끼 같은 모양만 남긴 이들의 삶은 고생물학자들의 시를 통해서만 포착할 수 있다.

캐나다 뉴펀들랜드주의 남동쪽이자 타이타닉호의 마지막 조난 신호를 포착했던 외로운 전신국에서 멀지 않은 곳, 강한 바람에 노출되어 있는 '초해양성 불모지hyperoceanic barrens' 전역에는 이 유사 생물체들이 오래된 해양성 암석에 남긴 화석 낙서가 훨씬 더 많다. 태곳적 심해의 깊은 한밤중에 생명체가 외친 상형문자의 메아리인 이 뉴펀들랜드 화석의 일부는 양치류 잎, 깃털 먼지떨이, 가느다란 원뿔을 상기시키는 반면, 다른 일부는 닥터 수스Dr. Seuss가 그린 만화 속에 등장하는 마디진 민달팽이나 빵빵한 지네를 키워놓은 것처럼 보인다. 이들은 오늘날의 생물과는 전혀 다르게, 주로 움직이지 않고 막을 통해 원시지구의 구역질 나는 바다에서 끈적거리는 유기물을 느릿느릿 빨아들이는 생활방식을 발명했던 것 같다. 하지만 이 생활방식으로 지구상에서 살아남는 데는 실패했다. 다음 시대에 이르면 이 생물체는 모두 사라질 것이었다.

5억4000만 년 전 무렵, 에디아카라기 세계는 파괴되었다. 진화사에서 가장 중요한 순간인 캄브리아기 폭발Cambrian Explosion에 극적으로 싹 쓸려나갔다. 이 장엄한 생물계의 초신성이 터졌을 때, 동물—돌아다니면서 생계를 위해 다른 유기체를 먹는 생물체—의 세계가 진정으로 탄생했다. 먼저 왔던 고리타분한 시대에도 처음 등장하는 동물 계통의 화석이 소곤거리기는 하지만, 탁한 바다를 그때까지 지배해온 것은 거의 미동도 않는 에디아카라기의 프랙털—모든 부분이 전체를 닮은—유사 생물체였다. 캄브리아기가 동트면서 그 모두가 달라졌다. 동물이 급속히 다양해지면서 이 기이한 생명체를 더욱더 기이한 생명체들의 동물원으로 갈아치웠다. 정식으로 5대 대멸종의 반열에 오른 적은 없지만, 캄브리아기 폭발도 반反직관적으로는 고등생물의 역사에서 벌어질 그러한 떼죽음의 첫 번째 전조였을지도 모른다.

뉴펀들랜드 등지에 있는 에디아카라기의 잊힌 생물체들이 외계인이 남긴 낙서처럼 보인다면, 이들을 대체한 캄브리아기 폭발의 이색적인 동물들은 외계인 자체처럼 보인다. 바다에 갑자기 채워진 생물체들은 엘에스디를 먹고 가장 광포한 환각hallucination을 경험하는 동안에도 발명하기 어려울 것이다. 아닌 게 아니라, 캄브리아기의 한 동물은 이름마저 할루시게니아Hallucigenia다. 하나 더 예를 들자면,

오파비니아Opabinia라는 동물은 눈이 다섯 개에다 입이 있을 자리에 팔을 닮은 괴상한 부속지가 달려 있어서, 과학 학회에서 처음 묘사되었을 때 폭소를 자아냈다. 그 밖에도 기이함의 대표라고 할 만한 아노말로카리스Anomalocaris—몸을 굽이치고 있는 악마가 씐 바닷가재 같은 생김새—는 인류도 함께 달려 있는 생명의 나무 위에서 이들의 위치를 상상할 때 우리로 하여금 실눈을 뜨게 한다. 뭐가 뭔지 모를 이들의 형태는 이제 박물관 전시물 속에 파묻혀서 화가들의 묘사에서나 감질나게 제시되지만, 변함없이 다음을 상기시켜준다. 엄밀히 말하자면 여전히 '지구'였지만, 이 행성은 일생에 걸쳐 완전히 다른 여러 세계로 존재해왔음을.

이러한 동물 실험의 일부는 그냥 실험일 뿐이었다. 그리고 어떤 실험은 실패해서 결코 재현되지 않기 마련이다. 다른 실험은 더 성공적이었다. 캄브리아기 폭발로 창조된 괴상한 생물체의 명단에는 우리 조상도 올라 있다. 아마 2인치 길이의 보잘것없는, 창고기 비슷한 메타스프리기나Metaspriggina가 그분일 것이다.

캄브리아기에서부터 모습을 드러낸 광범위한 동물들은 화석 기록 안에서 너무도 불쑥 튀어나와 마치 즉흥적으로 창조된 것처럼 보인 탓에 다윈의 걱정을 샀다. 이후 1세기 넘게 계속된 조사 끝에 그 폭발이 그렇게까지 순간적이지는 않았다는 사실이 밝혀지긴 했지만, 지질학적 관점에서 보자면 여전히 충격적일 만큼 신속했다. 폭발의 원인은 아직도 뜨거운 논쟁거리다. 해양에 (아마도 생명체 자체의 산물로서) 산소가 증가해 동물의 더 활발한 생활방식을 보장했으리라는 데서부터 더 사변적인 원인, 이를테면 시각의 발달이 포식자와 먹잇감의 제로섬 운동장을 갑자기 환하게 밝혀 포식용 군비 경쟁의 도화선에 불을 댕겼으리라는 데까지, 거론되는 원인은 광범위하다. 하지만 캄브리아기 폭발의 북새통에 먼저 왔지만 단명한 세계의 슬픈 이야기는 길을 잃었고, 그 세계의 수수께끼 같은 형태들은 까맣게 잊힌 채 영원히 사라졌다. 동물이 폭발한 순간, 해양저에 있던 그 낯설고 살진 엽상체들과 부푼 민달팽이 같은 생물체들은 사라져서 결코 다시는 보이지 않을 것이었다.

"그것은 궁극적으로 새로운 행동의 진화가 일으킨 대멸종이었습니다." 밴더빌트대학교의 고생물학자이자 에디아카라기 전문가인 사이먼 대럭Simon Darroch이 말했다. 나는 대럭을 만나기 위해 볼티모어에서 열린 어느 지질학 학회에 참가한 참이었다. 동안의 사근사근한 과학자로 영국식 표준 영어를 쓰는 대럭은 미국 본토 지질학 학회의 단골인, 염소수염을 기르고 약간의 자폐기를 풍기는 중년의 중서부 미국 남성 무리 사이에서 두드러졌다.

캄브리아기 폭발에 앞선 낯선 세계—생소한 프랙털 생물체들이 해저에서 솟아오르고 낯선 누비 방울들이 미생물 깔개에 달라붙어 있는 모래정원 세계—의 실종은 고생물학자들에게 오랜 수수께끼였다. 하지만 2015년, 대럭과 그의 동료들은 그 미해결 사건이 대멸종이라고 선언했다.

"대멸종이라고 하면 흔히 소행성 충돌이나 화산작용의 시기처럼 생물과 상관없는 동인이 필요하다고 생각하죠. 하지만 여기에 생물학적 유기체가 자신의 환경을 변화시켜 고등한 진핵생물을 뭉텅뭉텅 멸종으로 몰아갔다는 강력한 증거가 있습니다. 저는 이게 우리가 오늘날 벌이고 있는 일에 대한 막강한 비유라고 생각합니다."

한 가지 새로운 행동이 그 혼란의 많은 부분에 특히나 책임이 있었던 것으로 보인다. 바로 굴을 파는 행동이다. 뉴펀들랜드 등지에 있던 그 낯선 기하학적 모양의 생물체들은 유기물이 풍부한 혼탁하고 역겨운 바다에, 더불어 아무도 손대지 않은 미생물 곤죽으로 포장된 해저에 의존해 살아남았다. 하지만 캄브리아기 폭발이 개시되고 동물이 지구를 물려받았을 때, 이들은 해저를 휘젓기 시작했다. 바닥을 깔고 앉아 잔잔한 겹겹의 점액에서 영양분을 흡수하던 이전 에디아카라기의 그 낯선 누비 방울들에게 이 행동은 파국적이었다. 사실 암석 안의 굴이 지질학자들에게 캄브리아기의 출발선을 공식적으로 규정해줄 정도다. 그 굴을 거기 남긴 건 원시 해저를 휘젓고 다니며 에디아카라기의 서식지를 망쳐놓은 이른바 남근벌레penis worm(농담이 아니다)였을지도 모른다. 그 굴들은 지질학자들에게 층서의 질적 변화를 표시한다. 암석에 굴이 파이지 않은 그 이전의 수십억 년과 그 층서를 분리시키는 이 변화는 아마도 그다음 5억 년 동안 암석 기록 안에 대적할 사례가 없을 것이다. 인류가 광물과 화석연료를 찾아 암석에 몇 킬로미터 깊이의 구멍을 남기기 시작하기 전까지는 말이다.

캄브리아기 폭발의 동물 야심가들은 또한 바다를 걸러내고 물기둥 안에 떠다니던 유기탄소를 해저로 훨씬 더 많이 배달하기 시작했다. 다시 말해, 똥을 싸기 시작했다. 그 결과 이전 에디아카라기의 낯선 프랙털 엽상체들은 갑자기 먹을 게 아무것도 없는 무섭도록 투명한 바다에 떠 있게 되었다.

이 새로운 캄브리아기 동물원은 이 모든 탄소 오물을 물에서 끄집어내 해저에 묻는 한편으로 해양 안의 산소를 훨씬 더 크게 증가시켰을지도 모른다. 이 부양책이 당시에 바다에서 확대되고 있던 군비경쟁이라는 혁신을 더욱 부채질해서 불쌍한 느림보 유사 생물체를 뒤처지게 했을지도 모른다. 해양을 환기시킴으로써 동물은 행성을 더 많은 동물에게 더욱 살 만한 곳으로 만들면서 더욱 열광적인 생물학 실험을 재촉하고 있었다. 촉수와 외골격과 발톱으로 무장해가는 세계에서 누비 방울이나 꼼짝 않는 프랙털 엽상체에게 무슨 희망이 있었겠는가?

인류가 지질학적 규모로 행성을 심각하게 어지럽힌다는 발상은 인간중심적 오만에 지나지 않는다는 정서가—특히 비과학자들 사이에—존재한다. 하지만 이 정서는 생명의 역사를 오해한 것이다. 지질학적 과거에도 겉보기에는 작은 혁신이 행성의 화학적 성질을 재편성해서 행성을 급격한 상변화phase change로 던져 넣은 적이 있다. 분명히 인류는 캄브리아기 폭발의 여과 섭식filter-feeding 동물만큼 중요할지도 모른다.

"그게 혼비백산할 일도 아닌데, 사람들이 받아들이기 힘들어하는 이유는 우리가 만물의 웅대한 도식 안에서 자신을 그렇게 중요한 존재로 보지 않는 데 있다고 생각합니다." 대럭이 말했다. "하지만 여기 5억 년 전에 매우 비슷한 뭔가가 일어났던 일례가 있습니다. 과거 대멸종에서의 멸종 속도와 우리가 오늘날 종을 멸종으로 몰아가는 속도가 맞먹는다는 이야기가 요즈음 아주 많이 나오는데, 그 모두가 새로운 행동과 생태계 공학의 진화를 통해 벌어집니다."

캄브리아기에 굴을 파는 동물이 자신의 목적에 맞게 미생물 깔개 세계를 재조형한 것처럼, 인류는 행성의 육지 표면 절반을 농지로 바꿔왔다. 우리는 이산화탄소로 해양을 산성화하고 농경 중심지에서 홍수처럼 쏟아져 나오는 질소·인 비료로 대륙붕 전역을 무산소화하면서, 해양의 화학적 성질마저 바꾸기 시작하고 있다. 그리고 우리가 보유한 현대 과학기술의 현기증 나는 무기고는 아마 생명의 역사 전체에서 대적할 것이라고는 캄브리아기 폭발 때 일어난 생물학적 발명의 분출밖에 없을 혁신적 도약이다. 적어도 우리가 남근벌레만큼 중요할지도 모른다고 생각하는 게 그리 무리한 일은 아니다.

"그러니까 제 생각은 그저, 과거에도 생태계 조작 때문에 생태적 위기가 발생했던 예가 있다는 겁니다." 대럭이 말했다. "그러니 우리는 그 일이 다시 벌어지고 있는지도 모른다는 사실에 지나치게 놀라서도, 지나치게 비틀거려서도, 지나치게 압도되어서도 안 됩니다. 생물학적 유기체는 믿을 수 없을 만큼 막강한 지질학적 힘입니다."

캄브리아기 폭발은—먼저 왔던 낯선 에디아카라기 생물체에게는 통렬했을지 몰라도—지구상의 생명을 위해서는 틀림없이 좋은 것이었다. 그것은 공식적으로 동물이 오래도록 '지루한 수십억 년'에 잠겨 있던 행성을 관리하는 날이 시작될 전조였다. 어쩌면 오늘날 우리가 자신을 위해 만들어온 새로운 과학기술적 세계도 비슷하게 획기적인 전이가 시작될 전조인지 모른다. 그래서 캄브리아기(현생이언의 첫 시기)의 현기증 나는 동물 세계가 선캄브리아대(은생이언)의 가련한 생물체들에게 외계처럼 보였을 것처럼 우리에게 외계처럼 보일 새로운 이언이 1000만 년 뒤에서 우리를 기다리는지도(지질시대를 구분하는 가장 큰 단위를 이언Eon이라고 하고, 전체적으로 화석이 많이 나오는 부분을 현생이언, 화석 기록이 매우 드문 그 이전의 구간을 은생이언이라고 부른다-옮긴이). 아니, 어쩌면 폐허가 된 세계를 뒤에 남김으로써 우리의 충격은 인류에게 덜 상서로운 것으로 판명될지도 모른다. 우리가 남길 유산이라고는 환경이 문명 과잉에서 벗어나는 긴 회복기뿐일 수도 있다.

캄브리아기에 관해 말하자면, **그것의** 유산은 어느 잊힌 조상의 실타래에서 풀려나온 모든 동물로 짠 태피스트리였다. 행성은 이제 활동하는 행성이 되었다. 생명은 기고 헤엄치며 눈과 화학수용체를 갖고 그 스스로를 감시했다. 생물체는 서로를 죽였고 서로를 먹었고 무서워서 숨었다. 우리는 전혀 알아채지 못하겠지만, 이곳은 (인정사정 봐주지 않는) 우리의 세계가 되었다. 불속에서 출발한 40억 년의 서막이 눈덩이 지구 속에서 끝난 뒤, 동물의 야외극이 시작되었고, 그다음 5억 년은 단연코 가장 흥미로울 것이었다.

지구상에 동물을 진출시킨 모든 공을 캄브리아기 폭발에 돌려도 좋겠지만, 캄브리아기의 해양은 수백만 년 동안 빈곤한 채로 남아 있었다. 무산소 해양이 펄떡펄떡 얕은 바다로 밀고 들어와 멸종의 물결을 일으키고 또 일으켜 종을 제거하고 또 제거했기 때문이다. 캄브리아기 폭발에 뒤이은 이 이상한 생명의 지체기는 '캄브리아기 사구간 Cambrian Dead Interval'이라는 불길한 이름으로 불려왔다. 하지만 암흑기는 끝났고 뒤이어 오르도비스기가 시작되었다. 다음 시대는 마지막을 맞이할 때까지, 전례 없는 진화적 호시절의 회전을 감독할 터였다.

오르도비스기는 지구상의 생명에게 방탕한 시절이 될 것이다. 지구사 안의 어떤 호황과도 달랐던 이 믿기지 않는 호황에는 훨씬 더 믿기지 않는 파산이 뒤따랐다. 대멸종의 시대가 시작된 것이다.

제2장

The End-Ordovician
Mass Extinction

오르도비스기 말 대멸종

4억4500만 년 전

눈이 내렸네, 눈 위에 눈이,

눈 위에 눈이,

오래전

암울한 한겨울에.

—크리스티나 로제티, 1904

금요일 밤의 신시내티대학교. 풋볼 경기장이 우르릉거리고 있었다. 학부생 한 떼가 술에 취해 이리저리 헤매며 어두워진 캠퍼스를 통과해 대형 광고 차량과 경기장 담장 위로 쏟아져 내리는 투광 조명의 불빛 쪽으로 향했다. 그들은 느긋하게 걸어서 그늘진 물리학과 건물을 지나치면서도 까맣게 몰랐지만, 그 안에서도 다소 덜 시끄러운 금요일 밤의 의례가 치러지고 있었다. 어둠침침한 복도 끝에 불이 켜져 있었고 이것이 의미하는 바는 오직 하나, 드라이드레저스Dry Dredgers의 월례 모임뿐이었다.

모종의 저급한 프리메이슨처럼 들릴지 몰라도, 미국에서 가장 존경받는 아마추어 화석 수집 단체 가운데 하나인 드라이드레저스는 모든 사람에게 열려 있다. 가입 조건이 있다면 아득히 먼 시간에 대한 집착뿐이다. 이들은 태곳적 바다생물을 찾아 1942년 이후로 주말마다 화석 사냥을 떠나 신시내티 일대를 샅샅이 '드레징dredging(파내기)'하고 있다. 고생물학 논문에 셀 수 없이 언급된 횟수가 그 성과를 보여준다. 오하이오주 남서부에 본거지가 있어서 이 집단은 어느 옛 해양의 해저로 이루어진 기반암 위에 앉아 있고, 오르도비스기에서 나오는 화석을 전문으로 다룬다. 오르도비스기라는 또 하나의 외계는 4억8800만 년 전부터 4억4300만 년까지 지속되었고, 참사로 끝났다.

온화하던 오르도비스기 세계는 끝에 가서 느닷없는 빙하시대로 갑작스레 파괴되었을 뿐 아니라, 그런 다음 유독한 바다의 물결로 다시 벌을 받았다. 그 결과, 이 쓰라린 기후변동이 안겨준 대멸종은 생명의 역사에서 둘째가는 최악의 대멸종이 되었다.

고생물학에 대한 나의 열정도 사람들 대부분의 열정이 시작된 곳—다시 말해, 비늘로 뒤덮인 커다란 것들이 느릿느릿 돌아다니기 시작한 때—에서 시작된지라, 나는 이 **훨씬 더** 오래된 행성에 관해서는 거의 아무것도 몰랐다. 이 행성의 육지는 아직 완전한 생명의 불모지에 가까웠고, 거의 1억 년 동안은 변함없이 그러할 것이었다. 하지만 우리 행성에는 무엇보다 언제나 해양이 있었고, 오르도비스기에도 파도 밑의 활동은 전혀 부족하지 않았다. 그래서 나는 입문을 위해 신시내티의 바다로 왔다.

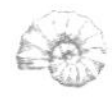

"여러분, 오늘 밤 우리가 할 일은 보여주고 들려주는 것입니다." 드라이드레저스의 회장 잭 콜마이어Jack Kallmeyer가 그렇게 말한 뒤 개회를 선언했다. 회원들은 이리저리 돌아다니며 자기 전리품을 뽐내기도 하고 서로의 구두 상자를 뚫어져라 들여다보기도 했다. 화석화되어 도로변에 있다가, 혹은 오래된 채석장에 있다가 지난달 모임 이후에 구조된 생명체가 상자마다 가득했다. 중서부 전역에서 상경

한 골수 동호인들은 지난번 회동 이후에 수집 과정에서 치른 전투담을 주고받았다. 그리고 인 채광 회사가 폐쇄해버리거나 교외 도시 구획으로 갈아엎어져 사라진 화석 산지에 대해 조의를 표했다.

이는 암석 수집가들이 흔히 하는 탄식이다. 부동산 개발업자가 다음 건물을 들어앉힐 골목길을 화석이 가로막고 있다는 걸 알거나 신경 쓰는 일은 거의 없고, 미국인 대다수는 문명이라는 얇은 베니어판이 상점가, 포장도로, 충실하게 물을 댄 뗏장들과 더불어 대부분 깊이를 헤아릴 수 없는 지하세계의 화석 위에 얹혀 있다는 사실을 꿈에도 모른다. 신시내티 일대에서는 이런 현실을 더 피하기 어려울지도 모른다. 태곳적 열대 바다생물의 거대한 범벅이 떠받치고 있는 이곳에서는 그 바다생물이 문자 그대로 길가에서 쏟아져 나온다. 인접한 켄터키주 북부와 인디애나주 남동부를 포함해, 이 일대는 '전 세계는 아니라도, 북아메리카에서 화석이 가장 풍부한 지역'으로 불려왔고, 거의 200년 동안 고생물학자를 끌어들이는 자석이었다. 이 도시에 화석이 얼마나 풍부하면, 심지어 지구사의 한 덩어리에도 이 도시의 이름을 딴 신시내티세the Cincinnatian series*가 있을 정도다.

보여주고 들려주는 시간이 끝난 뒤 회원들은 자리에 앉았다. 무리는 확실히 나이가 많은 편이었고, 그 가운데 다수는 화석화의 세부사항에 대해 학구적인 흥미 이상을 지닌 듯했다. 그날 밤 강연은 일리노이주의 어느 고등학교 과학 선생이 호의로 해주었는데, 마찬가지

* 신시내티세는 북아메리카에서 오르도비스기를 세(世, series) 단위로 나눌 때 현재에 가장 가까운 시기이다.

로 고생대 화석 애호가이기도 한 그는 오르도비스기 동안 발생한 알려지지 않은 계열의 자루 달린 여과 섭식자에 관해 재미난 이야기를 들려주었다.

"바다꽃봉오리류blastoids에 관해 이야기할 때에는 펜트레미테스pentremites를 빼놓을 수 없지요." 그가 말했다. 둘러보니 무리 대다수는 고개를 끄덕이면서 이 생소한 두 명사가 짝꿍이라는 말을 지지하고 있었다. "하지만 단연코, 제가 가장 좋아하는 것은 디플로블라스투스diploblastus입니다."

청중에게서 들리는 "와아" 하는 탄성에 답하듯, 그가 슬라이드 한 장을 뽑아 오버헤드 프로젝터에 꽂자 화석이 된 크리스마스 장식물 같기도 한 뭔가가 나타났다.

"이건 트리코일로크리누스 우드마니Tricoelocrinus woodmani입니다. 바다꽃봉오리류의 롤스로이스죠."*

내 앞에 앉은 남자는 영감을 주는 인용구 대신에 신시내티의 공식 화석은 이소로푸스 킨킨나티엔시스Isorophus cincinnatiensis, 그러니까 4억 년도 더 전에 살았던 불가사리의 지극히 먼 친척일 것이라는 시장의 선언문이 엄숙하게 새겨진 티셔츠를 입고 있었다. 이 양반들은 이름만 아마추어였다.

그 밤의 끝에 콜마이어가 주말 여행 일정표를 나눠주었다. 우리는 다음 날 아침 켄터키고생물학회와 합류한 다음 바다로 출발하기로 되어 있었다.

* 전혀 감동하지 않을 준비를 하고 구글로 검색해보라.

나는 게슴츠레한 눈으로 다음 날 도시 바로 밖에서 차량단에 합류했다. 첫 번째 정류장은 어느 지선 도로의 끝에 쑥 들어가 있는 노출된 산비탈이었는데, 인근 고속도로들 옆에 있는 것과 같은 종류의 잿빛 암석이 층을 이루고 있었다. 우리가 후다닥 절벽을 올라가 암석들을 더 자세히 살펴보니, 노두outcrop(지표에 드러난 부분 – 옮긴이)에서 깨져 나온 석판들은 암석이 아니라 조가비와 태곳적 해양생물체의 갈라진 뼈대들이 교결된cemented(물에 녹아 있던 광물 성분에 의해 엉겨 붙은 – 옮긴이) 아말감이었다. 마치 누군가가 산호초에 곡괭이질을 해 놓은 것처럼 보였다. 여기에는 문자 그대로 화석이 **아닌** 암석이 하나도 없었다. 우리는 4억5000만 년 전 적도의 남쪽, 15미터 깊이의 바다 바닥에 서 있었다. 그 암석들이 들려주는 이야기 속의 외계 행성은 심란하리만치 위쪽 세계와는 거의 아무런 상관도 없었다. 입이 딱 벌어진 나는 갑작스레 드라이드레저스 특유의 집착을 이해하게 되었다.

오르도비스기의 세계는 '물고기 없는 바다'로도 알려져 있다. (얼마나 많은 것이 달라질 수 있는지를 시사하는 한 가지 사실로서, 그다음 대규모 대멸종은 이른바 어류의 시대 동안 덮칠 것이었다.) 하지만 심지어 오르도비스기에도 물고기는 **있었다.** 이들이 우리의 조상이다. 중요하지도 않고 작고 이상하게 생긴, 대부분 턱이 없고 존재감도 없었던 이 집단 옆에는 해양의 최상위 포식자들이 있었다. 이 오르도비스기의 통치자들은 등뼈 없는 괴물, 구약성서의 "기어 다니는 모든 기는 것"을 연상시키는 한 떼의 껍데기, 더듬이, 촉수였다.

대멸종에 이르려면 먼저 희생자가 필요하다. 신시내티 외곽의 고속도로 가를 따라 걸으면 (서브웨이, 스프린트, 어드밴스오토파츠 따위 상점들을 지나치자마자) 행성의 첫 번째 전 지구적 동물 학살로 결국 휙 사라져버린 이 세계를 만나기에 더없이 훌륭한 출발 장소가 나온다. 특이한 돌 하나에 시선이 멎기에, 나는 플라스틱 술병 몇 개를 옆으로 치운 뒤 잡석에서 그것을 뽑아냈다. 화석이 된 그 생물체는 두려움으로 동그랗게 말린 채 영구히 돌 속에 얼어붙어 있었다.

"플렉시칼리메네 메에키Flexicalymene meeki로군요." 그놈을 들어 올려 햇빛에 비춰보는 나에게 드라이드레저스의 임원인 빌 하임브록Bill Heimbrock이 말했다.

"흠집도 없네. 완벽해요." 그가 말했다.

그날 주위의 노련한 암석 수집가들이 사용하는 단어를 들어두었던 나는 그들을 흉내 내어 사려 깊게 고개를 끄덕인 다음 선포했다. "보존 상태 뛰어남!"

드라이드레저스 몇 사람이 초보자인 나에게 운이 따랐다고 툴툴거렸다.

그건 삼엽충이었다. 자연사 실사모형의 주요소이자, 여기 오르도비스기의 끝에서 생명을 위협하는 타격을 견뎌낼 생물군의 일부. 어딘지 아코디언과 투구게(유연관계가 가장 가까운 현생동물)의 사생아를 닮은 삼엽충은 거의 고생대의 마스코트 구실을 한다. 공룡이 중생대의 마스코트고, 포유류가 신생대의 마스코트인 것과 마찬가지다.* 그렇지만 삼엽충은 제대로 이해받지 못하는 생물체다. 고정관념에 따르면 녀석은 수억 년 동안 아무 생각 없이 바다 바닥을 닦으며 돌아다니던 해저용 룸바(로봇 진공청소기 – 옮긴이)다. 그리고 바닥에 살면서 해양저의 뾰산호와 해면 사이를 이리저리 쓸고 다닌 따분한 삼엽충이 많았던 것은 사실이다. 하지만 오르도비스기에는 자유롭게 헤엄쳐 탁 트인 바다를 미끄러지듯 헤치고 나아간 삼엽충들도 있었다. 어떤 녀석은 나머지 몸뚱이를 무색하게 하는 궁극의 통방울눈을 뽐냈는가 하면, 어떤 녀석은 모래시계 같은 몸매를 자랑했고, 어떤 녀석은 마치 어뢰처럼 보였다. 어떤 녀석은 쉽게 묘사할 수 없을 정도다. 예를 들어 암픽스ampyx는 앞쪽과 꼬리 쪽을 가리키는 기다란 침으로 장식된 머리 보호구를 쓰고 있었다.** 오르도비스기에는 심지어 큰 몸으로 자유롭게 헤엄치는 육식성 삼엽충도 있었다. 유선형의 머리를 가진 이 녀석들은 '현대의 작은 상어'와 닮았다고 묘사되기도 했다. 다른 대멸종에는 더 카리스마 넘치는 희생자가 있었을지도 모르지만, 백악기 말에 역사상 가장 무서운 공룡 티렉스가 지구에 충돌

* 동물의 시대는 오래전부터 고생대, 중생대, 신생대로 삼분되어왔다. 중생대는 일반적으로 (구식이긴 하지만) 파충류의 시대로, 신생대는 포유류의 시대로 여겨진다. 고생대는 중생대보다 먼저 왔던 동물의 기간 전부로 이루어지며, 캄브리아기, 오르도비스기, 실루리아기, 데본기, 석탄기, 페름기를 포함한다.

** 작명자에 관한 정보를 더 많이 드러내는 삼엽충도 있다. 런던자연사박물관의 그레고리 에지콤(Gregory Edgecombe)은 아티칼리메네(Articalymene)속(屬)의 다섯 종을 명명했는데, A. 로테니(rotteni)와 A. 비키오우시(viciousi)를 포함해 종마다 섹스 피스톨스[Sex Pistols: 조니 로튼(Johnny Rotten)과 시드 비셔스(Sid Vicious) 등으로 구성된 영국의 록 밴드 – 옮긴이]의 구성원 이름을 붙였다. 마켄지우루스(Mackenziurus)속의 행렬에는 M. 요에이이(joeyi), M. 욘니이(johnnyi), M. 데데이(deedeei), M. 케야이이(ceejayi)를 포함해 라몬스[Ramones: 조이(Joey), 조니(Johnny), 디디(Dee Dee), 씨제이(C. J.) 등으로 구성된 미국의 록 밴드 – 옮긴이]의 네 구성원 이름이 들어 있다. 다시 한 번 에지콤에게 감사한다.

하는 소행성을 지켜보았듯이, 오르도비스기에는 심판의 날 목격자로 역사상 가장 큰 삼엽충 이소텔루스 렉스가 있었다. 길이 1미터에 못 미치는 이 '거대 동물'은 인정하건대 결코 극심한 공포를 불러일으키지는 않지만, 삼엽충 기준으로는 실로 거대했다.* 그 가공할 이소텔루스 렉스도 오르도비스기 말 대멸종에서 살아남지는 못했다. 그다지 많이는.

"이놈은 뭐가 무서웠을까요?" 나는 공황 상태로 굳어진 내 화석에 관해 물었다.

"두족류頭足類, cephalopods였을 거예요." 하임브록이 불길하게 말했다. "광익류廣翼類, eurypterids였거나."

이 동물들에게 더 나은 이름이 없는 게 아쉽다. 광익류는 '바다전갈류'로도 알려져 있는데, 과거에 일부는 엄청나게 컸고 유선형의 외골격과 등딱지에는 과학소설에 나올 법한 부속지 한 다발을 달랑달랑 매달고 있었다. 2015년에는 과학자들이 아이오와주의 오르도비스기 바다를 조사하다가 그런 곤충을 닮은 짐승 한 마리를 찾아냈는데, 크기가 사람만 했다.

두족류에 관해 말하자면, 내 삼엽충에서 몇 발짝 떨어진 곳에 있던 칸막이가 쳐진 원뿔형 껍데기의 임자가 바로 그런 동물 가운데 하나였다. 어쩌면 그놈이 내 화석을 영원한 죽음의 자세로 밀어넣었을지도 모른다. 오늘날 넓게는 두족류에 문어, 살오징어, 갑오징어

* 이 삼엽충은 2003년에 캐나다 허드슨만의 바위투성이 바닷가에서 교결된 상태로 발견되었는데, 유일하게 잔존하는 오르도비스기 유형의 바다에 속하는 그 거대한 허드슨만은 얄궂게도 오늘날 대륙성 지각 위에 얹혀 있다.

다음으로 앵무조개를 포함시키는데, 이 앵무조개의 계통을 거슬러 올라가면 오르도비스기에 도달할 수 있다. 오르도비스기 이전에는 기껏해야 몇 인치 정도로밖에 자라지 않았지만 오르도비스기에 이른 앵무조개류에는 이제 깜짝 놀랄 만한 동물들이 포함된다. 예컨대 카메로케라스Cameroceras는 들어가 살았던 원뿔형 껍데기의 길이만 거의 6미터에 달했다. 박물관에 복원되어 있는 이 동물은 버스만 한 아이스크림콘에 쑤셔 박힌 문어 비슷하게 보인다. 하지만 삼엽충에게, 해저 몇 인치 위에서 맴돌며 촉수로 끊임없이 곤죽을 뒤지던 이 드레드노트(20세기 초에 사용된 전함-옮긴이)의 존재는 하나도 우스꽝스럽지 않았다. 오르도비스기 정점에 이 최강의 앵무조개류는 거의 300종을 헤아렸다. 하지만 멸종의 도끼가 떨어진 순간, 이들은 열에 하나가 죽은 정도가 아니었다. 그 격변은 이 계층의 80퍼센트를 없애버렸다.

우리가 알기로 문어나 갑오징어 같은 현대의 두족류는 섬뜩하도록 지능이 높다. 비록 이들의 지능은 우리와는 전혀 다른 경로를 따라 발달한 외계의 것이고, 이들의 뇌는 우리 쪽 가계도에서 발견되는 어떤 뇌와도 거의 닮은 점이 없지만 말이다. 연체동물인데도, 다시 말해 굴이나 조개처럼 지각이 없는(통째로 삼키기 전에 윤리적으로 고려할 필요가 없는) 생물체와 같은 집단에 속하면서도, 오늘날 관찰되는 문어는 도구를 사용하고 수동공격성을 드러내면서 수족관 관리자를 골탕 먹이고, 무엇보다 의심스럽긴 하지만 월드컵 축구 경기의 승패를 점치기도 한다. 어쩌면 이 최초의 대형 두족류가 고생대의 생물초reef(산호나 해면 따위의 유해가 변한 퇴적암-옮긴이) 사이에서 주관적 자각의 첫 번째 흔적—의식의 시작—을 보여주는지도 모른다. 어쩌면 모든 물리적 실재가 창조 이래로 수십억 년 동안은 그것을 알아차릴 존재가 아무도 없는 채 펼쳐졌을지도. 신시내티 등지를 덮은 그 낯설고 얕은 바다에서 생명이 출현했을 때까지. 말할 것도 없이 이는 모두 터무니없긴 하지만 재미있는 추측이다.

삼엽충과 두족류 화석은 도로변을 따라 훨씬 더 많은 화석 조가비의 무더기 안에 박혀 있었다. 그 껍데기들은 나도 금세 알게 되었듯 워낙 흔하고 없는 곳이 없어서 채집하기에는 너무 범상한 것으로 여겨졌다. 이들은 완족류腕足類, brachiopods였다. 이 바다의 지렁이는 꼭 닮은 가리비나 조개와는 전혀 무관한데, 수고스럽게도 순전히 자기네 힘으로 껍데기를 진화시켰다. 이 생물체는 형체가 너무나 두드러져서 겨우 며칠 전에 바닷가로 밀려온 것처럼 보였다. 그러니까…… 우리가 대륙 한복판 상점가 옆 갓길에 있고, 그 껍데기들이 돌로 만들어져 있고, 공룡보다 적어도 2억 년은 더 오래된 것만 아니었다면 말이다. 그 껍데기들은 게다가 내가 지금껏 보았던 어떤 조가비보다도 더 고딕풍으로 보였다. 반반이 깔쭉깔쭉하게 맞물려 있는 모습이 마치 곰을 잡는 덫 같았다. 그렇지 않은 것들은 좀 더 기분 좋게 미끈한 아르누보의 면모를 지녔는데 그 모습이 파리 지하철의 차양 같았다. 또 다른 것들은 게이샤의 부채를 닮은 모습이었다. 오르도비스기에는 완족류보다 더 우리를 흥분시키는 동물은 있지만 뭉텅이로 찾아내기에 더 쉬운 동물은 하나도 없다. 이들은 그 오래전 지구의 해저를 완전히 뒤덮었지만 대멸종에 의해 야만적으로 도태되었다.

나는 그 중서부 해저에서 특유의 돌을 하나 더 뽑아서 어느 드라이드레저에게 보여주었다. 보란 듯 짙은 반백의 턱수염을 기르고 머리에 스카프를 동여맨 품새가 폭주족에 끼어 있으면 더 편안했을 듯한 그 남자가 내게서 화석을 가져가더니 확대경을 꺼냈다.

"어, 이건 리버라이트leaverite라오." 그가 무뚝뚝하게 말했다.

"좋은 건가요?" 내가 물었다.

"거기 그냥 냅두라Leave'er right there는 말이우." 그가 그걸 땅에 휙 던지며 말했다. 그는 내가 찾은 어느 석판에 더 흥분했다. 석판은 작은 톱날처럼 보이는 흔적으로 도배되어 있었다.

"필석筆石, graptolite이네." 그가 눈을 크게 뜨며 말했다. 그 톱니무늬 장식물을 지닌 괴상한 작은 동물들은 함께 사슬에 묶인 채 일종의 원양 공동생활 가정에서 살았다. 이들은 일제히 노를 저어서 해양을 헤치고 나아갔을지도 모른다. 그리고 지구를 가로지른 뒤 대멸종으로 거의 말끔히 지워졌다.

이것이 오르도비스기의 세계였다. 이 묘한 바다 세계를 가득 채웠던 무척추동물은 자신에게 없는 티렉스의 초대형 겉치레를 외계의 매력으로 대부분 보상한다. 이 동물들이 거주한 세계는 일면 우리 자신이 거주하는 세계의 한 형태였지만, 두 세계 사이에 끼어든 억겁의 세월에 의해 거의 알아볼 수 없도록 변형된 세계이기도 했다.

오르도비스기에는 광활한 열대의 바다가 오늘날 북아메리카의 대부분을 뒤덮었고, 거의 모든 곳은 아마도 발목 또는 무릎 깊이를 그리 많이 넘지 않았을 것이다. 내륙 북부의 위스콘신주에서 열대의 모래사장 위를 걸어 물속으로 들어가면, 물 위로 머리를 내민 채 계속

터벅터벅 걸어서 대륙 대부분을 건널 수 있었고, 남부의 텍사스주 부근 어딘가에 도달해서야 해저가 뚝 떨어져 깊은 바다가 되었다. 이 광활한 얕은 바다 지방에 웅대하게 붙인 별명이 대아메리카탄산염 모래톱the Great American Carbonate Bank이다. 전국이 일종의 바하마 제도였던 이때, 해수면은 고등생물의 역사상 아마도 최고였고, 대륙을 익사시킨 얕은 바다에는 생명체가 잔뜩 채워졌다. 물에 잠긴 북아메리카는 시계 방향으로 거의 90도 돌아가 있었고, 캘리포니아와 서부 해안 전체는 아예 존재하지도 않았으며, 뉴잉글랜드, 캐나다 마리팀, 잉글랜드, 웨일스의 덩어리들은—남극 근처의 아프리카와 근래에 결별한 뒤로—아발로니아Avalonia라 불리는 하나의 열도를 이루고 있었다. 현대의 일본과 다르지 않았던 아발로니아는 당시에 북아메리카의 나머지에서 멀리 떨어져 있었고, 대서양의 조상이 될 운명인 이아페투스해Iapetus Ocean가 둘 사이를 가로지르고 있었다.

신시내티는 오르도비스기의 바다 세계를 들여다보는 창 하나를 제공할 뿐이다. 비슷한 노두가 거의 모든 대륙에 존재하며, 얼마간의 삼엽충은 심지어 에베레스트산 꼭대기에서도 발견되어왔다. 이 세계 최고봉의 '죽음의 구역death zone(해발 8000미터 이상–옮긴이)' 전체는 화려한 형광 파카를 입은 지난 등산철의 해골들뿐만 아니라, 훨씬 더 오래된 화석들로 어질러져 있다. 바로 오르도비스기 삼엽충과 갯나리의 화석들이다. 이 태곳적 바다생물을 지구상에서 가장 높은 자리까지 밀어 올린 것은 지질학적으로 근래에 일어난 인도와 아시아의 충돌이었다.

오르도비스기 동안의 신시내티를 더 자세히 보자면, 남쪽으로 48킬로미터 지점에서는 화산섬들이 산탄총처럼 터지면서 결국은 북아메리카의 동쪽 끝이 될 곳과 충돌하고 있었다. 이 연쇄 충돌은 애팔래치아산맥을 낳았고, 한때 그것은 익사한 대륙 위로 알프스만큼 높이 치솟기도 했다. 그러는 동안 카자흐스탄, 시베리아, 북중국은 외로운 섬 뗏목들로서 먼 바다로 떠내려갔고, 저마다 많은 부분은 그 자체의 얕은 해양으로 뒤덮여 있었다. 이 같은 소대륙들과 군도들이 바다를 어질렀다. 눈을 가늘게 뜨고 이 원시지형을 본들 이미 우리 자신이 사는 세계를 알아보기가 거의 불가능해졌다는 것을, 지금쯤은 분명히 해야 한다.

당신이 아직 방향감각을 완전히 잃지 않았다면, 바다 건너 남아메리카는 위아래가 뒤집혀 아프리카와 붙어 있었을 뿐만 아니라 호주, 인도, 아라비아, 남극과도 인접해 있었다는 말을 덧붙이고 싶다. 이 땅덩이들이 모여서 형성한 곤드와나Gondwana라고 불리는 초대륙이 남극점 위쪽에서 떠다니고 있었다. 화가들은 복원도에서 대륙을 서로 꼭 들어맞는 퍼즐 조각으로 보여주곤 하지만, 그것은 그다지 정확하지 않다. 곤드와나는 하나의 단단한 대륙이었고 나중에야 지구 안쪽 깊은 곳에서 일어나는 과정에 의해 조각조각 폭파되었다. 하지만—한 지질학자가 내게 말해주었듯이—충격, 성병, 세계대전과 마찬가지로 지질구조의 경계는 같은 장소에서 발생하는 경향이 있다.

대륙들이 높은 해수면에 의해 물에 잠긴 동안 존재했던 모든 마른 땅—이를테면 남쪽 초대륙의 열대에 위치한 캐나다, 그린란드, 남극대륙의 황무지들에 있던 곳—에는 불모의 암석뿐인 경치가 거의 나사NASA의 화성 탐사선 큐리오시티Curiosity에서 보내오는 영상만큼 유혹적으로 펼쳐져 있었다. 여기 울퉁불퉁한 벌거숭이 대륙들 위에는 윙윙거리는 곤충도 없었고, 발자국도 없었고, 나무도 없었고, 관목도 없었다. 아무것도 없었다는 말이다. 육지에 오른 생명은 축축한 우산이끼 몇 장으로 강등되어 물가에 바짝 붙어 있었다. 더 들어간 내륙은 끝없이 황량하고 먼지만 날리는 황무지였다. 이때는 너무도 오래전이어서 강조차도 아직 구불거리지 않았다. 뿌리를 내리는 식물이 있었다면 강의 둑을 붙잡아주었을 텐데, 그것은 수천만 년 동안 존재하지 않았다. 하루는 20시간이었고 밤하늘은 생소한 별자리로 가득했다. 대기 중에 오늘날보다 훨씬 더 풍부했던 이산화탄소가 열을 가두어 하늘에 창백하게 걸려 있던 약간 더 어둑한 태양을 상쇄함으로써, 그 세계의 많은 부분을 훈훈하게 대개는 얼음 없이 유지했다.

오늘날은 행성의 땅덩이 대부분이 북반구에 있지만, 오르도비스기에는 지구의 윗면 거의 전부가 광활한 해양이었다. 이 망망대해의 바닥에는 산소가 충분히 공급되지 않았다. 생물계의 많은 부분은 깊은 바다 대신에 대륙의 얕은 바다 위로 꾸역꾸역 몰려들었고, 바닷속에서 스멀스멀 기는 것들이 그 세계를 지배했다. 하지만 내비쳤듯이 이 세계의 운명은 정해져 있었다. 오르도비스기의 문을 닫는 잠깐 사이에 지구상 생명체의 85퍼센트가 제거될 터였다.

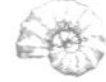

오르도비스기 끝에 일어난 대멸종이 극단적이었다면, 그것은 거의 똑같이 극단적으로 번성했던 호시절을 덮어버렸다. 4000만 년에

걸친 이 전무후무한 생명의 번성기는 오르도비스기 대생물다양화 사건the Great Ordovician Biodiversification Event, 행성 역사상 최대의 생물다양성 확장이었다. 한 뼘밖에 안 되는 1000만 년 안에, 행성 위의 종 수가 **세 배**로 늘어났다. 생물초가 층층이 복잡하게 자라기 시작했고, 애벌레는 해저 위 촉수들의 채찍질을 피해 표면수로 가는 습관을 들였고, 동물은 살오징어 같은 괴물과 거대한 바다전갈의 위협을 피해 곤죽에 굴을 더 깊이 파기 시작했다. 지질학자들은 지구사에서 진가를 인정받지 못하는 어떤 사건이 정말로 중요하다는 것을 알리고 싶을 때, 전보문에 적당히 거창한 제목을 붙이고 단어들의 첫 글자를 대문자로 적은 뒤 한술 더 떠서 '대Great'까지 덧붙인다. 하지만 '오르도비스기 생물다양화'라는 단어가 딱히 일반 대중에게 경외감을 불러일으키지는 않는다는 것을 알아서인지 어떤 지질학자들은 오르도비스기 대생물다양화 사건을 '다양성의 대폭발Diversity's Big Bang'이라고 개명해 제품의 이미지 쇄신을 꾀하기까지 했다.

무엇이 다양성의 대폭발을 부채질했을까? 이는 박사학위를 양산하는 종류의 최첨단 질문이다. 다시 한 번, 산소가 연관되었을지도 모른다. 바다는 현대의 기준으로는 여전히 숨막혀하고 있었지만, 그 시기 전체에 걸쳐 산소 공급이 늘고 있었다는 징후들이 있다. 이는 생명체 자체가, 아마도 조류藻類, algae가 막대하게 증식하는 동안에 점점 더 많은 탄소를 해저에 묻은 결과였는지도 모른다. 유기탄소를 묻는다는 말을 뒤집으면 산소를 밀어 올린다는 말이고, 생명의 역사를 통틀어서 산소 수준의 증가는 획기적 혁신과 실험에 거듭 박차를 가해왔다. 그래서 예컨대 동물을 만들어내거나, 나중에 보게 될 악몽처럼 커다란 곤충을 만들어내기도 했다. 그러나 오르도비스기의 생명체는 그 세계를 더 많은 생명체가 꽃피기에 점점 더 수용적인 곳으로 만들어가고 있었을지도 모른다.

그다음으로 오르도비스기에는 많은 섬이 지구 전역에 흩뿌려져 있었고, 섬의 고립된 얕은 바다들이 다양성을 키우는 보육기 구실을 했다. 진화가 맨 처음에 섬에서—갈라파고스제도에서 찰스 다윈에 의해, 그리고 그와 별개로 말레이군도에서 앨프리드 러셀 월리스에 의해—발견된 데에는 그럴 만한 이유가 있다. 섬은 개체군을 분리시키는 동시에 그 개체군이 자기들만의 진화 이야기를 추구하고 궁극적으로 새로운 종을 창조하게 해줌으로써 생물다양성을 주도한다. 아닌 게 아니라, 오르도비스기에는 대륙들이 섬처럼 열대와 아열대 전역에 흩뿌려져 있었으니 행성의 배치가 일종의 전 지구적 갈라파고스 같은 구실을 했을지도 모른다.

심지어 어떤 이들의 추측에 따르면 다양성의 대폭발은 4억7000만 년 전 우주공간에서 일어난 어느 굉장한 충돌에 빚이 있다. 외로이 펼쳐져 있는 화성과 목성 사이의 구간에서 어느 소리 없는 참사가 크기 100킬로미터가 넘는 소행성 하나를 파괴하는 바람에, 그 잔해의 파편이 태양계 주위를 빙빙 돌게 되었다. 그것은 수십억 년 사이에 있었던 가장 큰 소행성 난파 사건이었다. 이후로 수백만 년 동안, 지구는 이 충돌이 난사한 낙진을 우박처럼 쏟아지는 운석(별똥)의 형태로 빨아들였다. 유성(별똥별)은 지질학 분야에서 (공룡의 시대 끝에서처럼) 이유 없는 파괴의 행위자로서 더 유명할지도 모르지만, 2008년 『네이처 지오사이언스Nature Geoscience』에 실린 한 논문의 주장에 따르면, 이 오르도비스기에 쏟아진 더 작은 돌들의 십자포화는 실제로는 좋은 것이었을지도 모른다. 고리타분한 지역사회를 분열시키고, 생태공간을 싹 정리하고, 그저 전반적으로 상황을 뒤흔들어서 생물다양성을 자극했을지도. 아이오와에서 찾아낸 그 거대한 바다전갈도, 발견 당시에 연대가 4억7000만 년 전 무렵으로 추정되는 그런 충돌구 하나에 살고 있었다. 충돌구는 물이 고인 폐허가 되어 있었다. 그 밖에도 생산연도가 비슷한 충돌구들이 오클라호마에서도, 위스콘신에서도, 그리고 슈피리어호 안의 슬레이트제도Slate Islands에서도 발견된다. 지구 반대편의 스웨덴, 러시아, 중국에 있는 운석 물질들도 모두 연대가 비슷하게 4억7000만 년 전 무렵으로 추정된다. 다시 말하지만, 이 소행성들이 오르도비스기를 연타한 때는 **최고**의 시기였다. 심지어 오늘날에도 지구에 묶인 운석 대부분은 이 대규모 원시 충돌로 생겨난 부스러기 떼에서 유래한다. 사실 『뉴사이언티스트New Scientist』에 따르면, 지금껏 사람이 운석에 맞은 사례 중에서 유일하게 확인된 것은 1992년에 우간다의 어느 소년에게 날아온 것인데, 이 역시 이 오르도비스기 잔해의 한 조각이었다.

유성의 습격은 황금기 동안 이 외계 세계에 떨어진 유일한 타격이 아니었다. 오르도비스기에는 대멸종이 있기 오래 전, 집안에서 자라난 혼돈도 있었다. 위스콘신주 남서부로 들어가면 완만하게 경사진 낙농장들이 조각보처럼 얽혀 있는데, 중간에 땅이 팬 깊은 상처로 갑자기 끊기고 그곳으로 151번 고속도로가 기반암을 뚫고 지나간다. 이곳에 도로를 만들면서 터뜨린 다이너마이트가 태곳적 암석의 티라미수를 드러냈고, 지금은 고속도로 위로 우뚝 솟아 있다.

나는 이 위스콘신주 도로 절개면으로 현장 조사를 나온 지질학자 한 무리와 합류했다. 우리는 견인 트레일러들이 홱 하고 요란하게 지나갈 때마다 뒤흔들리는 도로변을 따라 터벅터벅 걸으며, 목을 길게 빼고 줄무늬 벽면을 살펴보았다. 벽면의 맨 아래에서는 완족류 껍데기가 뒤죽박죽 잡초 속으로 쏟아져 나와 스티로폼 컵들과 뒤섞였다. 더 올라간 벽면에서는 두 가닥의 가는 띠를 따라 발판을 얻은 잡초가 해양성 암석을 가르고 지나갔다. 그 띠들은 태곳적의 화산재층으로 땅속에서 영겁의 시간을 지낸 뒤 점토로 변했다. 이 화산재는 고등생물의 역사상 최대 규모에 속하는 몇 번의 화산 폭발로 생긴 것이었다.

근래 인류 역사에 일어났던 파국적인 화산 분화는—크라카타우섬의 경우건 베수비오산의 경우건—오르도비스기의 폭풍에 비하면 애처로운 트림일 뿐이다. 당시의 세계를 재로 뒤덮었던 이 태곳적 분화의 낙진은 디키 밀브릭 화산재층Deicke and Millbrig ash beds으로 알려졌고, 오르도비스기의 암석 안에서 이를 볼 수 있는 범위는 미국 중남부의 오클라호마주에서부터 북쪽으로 미네소타주 그리고 동쪽으로 조지아주에 이르기까지, 약 130만 제곱킬로미터에 달한다. 재의 층 두께가 미국 남동부 쪽으로 가면서 극적으로 두꺼워진다는 사실은 괴물 같은 화산들이 아마도 남부캘리포니아 연안 어딘가에 도사리고 있었다는 뜻이다. 거기서 격분한 섬들이 한 줄로 늘어서서 북아메리카의 가장자리를 향해 달려들었고, 앞으로 행진할 때마다 아래의 해양저를 게걸스럽게 씹어대며 폭발했으리라. 이 격변이 남긴 화산재 퇴적물은 오랜 세월이 지나면서 벤토나이트가 되었고, 우리는 이 찰흙의 일종을 캐다가 석유를 채굴할 때에도 쓰고 설사제를 만들 때에도 쓴다. 우리의 일행이던 한 지질학자는 그 도로변 절벽에서 이 찰흙을 한 덩이 떼어낸 다음 풍선껌처럼 입에 넣고 딱딱 씹어 보더니, 씩 웃으면서 벤토나이트는 끈기로 알아볼 수 있다고, 그 끈기는 치약과 비슷하다고 설명했다. 보아하니 박하 향 나는 상쾌함은 없는 듯했지만.

그 해양의 맞은편에도, 비슷한 화산재층이 유럽 전체에 걸쳐 기록된다. 이 매머드급 화산 폭풍은 현지에서는 세상에 종말이 온 것처럼 보였을 게 틀림없고, 너무도 강력한 나머지 그 소리가 행성의 건너편까지 **들렸을** 것이다. 하지만 화석 기록에 관한 한, 그리고 고생물학자들에게는 대단히 놀랍게도, 이 오르도비스기의 초대형 화산들은 생명체에 거의 아무런 영향도 끼치지 않았다. 그 화산들은 아무 효과도 없었을 뿐만 아니라 실은 터진 시기도 다양성 대폭발의 전성기, 대멸종이 덮치기 약 1000만 년 **전**이었다. 분명 행성은 무시무시한 주먹 한두 방쯤은 선선히 참아줄 수 있다. 행성을 때려눕히려면 참으로 가공할 만한 어떤 것이 있어야 한다. 분화는 계속될 것이었는데, 막상 멸종 시점에 이르러서는 신기하게도 화석 기록에서 화산재층이 흐지부지되면서 화산들이 조용해졌다. 그러나 그 휴면에 이를 때까지, 오르도비스기는 지구사에서 가장 폭발적인 시기 중 하나였다.

생명의 역사에서 가장 기절할 만한 생물다양화의 시기와 행성이 유성의 공격을 받으며 역대 최강에 속하는 화산 폭발을 일으키던 때가 겹쳤다는 사실은 생물계의 회복력을 보여주는 증거다. 심지어 이 융합은 작은 방해쯤은 생명에 좋다는 것을 암시할지도 모른다. 하지만 오르도비스기 끝에 판명되듯이, 큰 방해는 정말로 매우 나쁜 것일 수 있다. 생명은 오르도비스기 후기에 전에 없는 절정에 달해 있었다. 그러다 갑자기 도끼에 찍힌 듯 멸종으로 쓰러졌다.

"신시내티세는 시간적으로 생명의 역사에서 대멸종이라는 중대한 위기 직전에 위치한 진화적 다양화의 황금기로서 의미가 있었다." 지질학자 데이비드 마이어David L. Meyer의 글이다. "신시내티세 지층에서 발견되는 화석 종이 살아남은 경우는 있다 해도 아주 드물다."

그 특유의 삼엽충도, 앵무조개아강亞綱의 두족류도, 완족류도, 필석류도—내가 그 중서부 고속도로 가에서 찾아낸 어떤 것도—대멸종의 참혹한 낫을 피하지 못했다.

그래서 어찌 되었냐고?

드라이드레저스는 오르도비스기의 끝에서 나오는 화석은 수집하지 않는다. 무슨 특유의 동호회 정책 때문이 아니다. 수집하려 해도 오르도비스기의 맨 끝에서부터는 오하이오주 안에 해양성 암석이 없다. 이 얕은 바다 세계를 헐떡거리도록 남겨둔 채, 해양이 갑자기 중서부에서 싹 빠져나갔기 때문이다.

내가 세스 피니건Seth Finnegan을 만난 장소는 캘리포니아대학교 버클리캠퍼스 고생물학박물관 안에 있는 티렉스의 뼈대 앞이었다. 그렇지만 내가 그리로 간 이유는, 아마도 가장 유명한 대멸종의 마스

코트인 티렉스가 비행 물체를 통해 태양계와 조우하기 거의 4억 년 전에 일어났던 아마겟돈에 관해 피니건과 이야기를 나누기 위해서였다. 피니건은 동료들과 함께 오르도비스기 말 대멸종에 관한 이야기를 천천히 한 조각씩 종합하는 일을 계속하면서, 외떨어진 곳에서 암석 망치와 야영 장비를 이용하기도 하고 대학 사무실에서 실험실 설비와 컴퓨터 프로그램을 이용하기도 한다.

피니건은 열정적으로 날카롭게 지성을 휘두를 뿐 아니라, 거의 강박적으로 사람을 웃긴다. 북아메리카의 동쪽 절반에 묻힌 화석은 거의 다 "광합성 껌딱지"(다시 말해, 초목)로 떡칠되어 있다고 익살맞게 탄식하고, 지질학 학회의 거나한 뒤풀이에서는 샌프란시스코 교외에서 찾은 미심쩍은지는 몰라도 아무튼 희한한 화석을 들고서 학과 문 앞에 나타나는 아마추어 괴짜들 이야기로 동료들을 즐겁게 해준다.

내가 버클리로 간 것은, 그해 더 일찍이 밴쿠버에서 열린 어느 학회에 참석했다가 들었던 그의 강연에 관해 더 많은 견해를 듣기 위해서였다. 당시 피니건은 오르도비스기 말 멸종의 가능한 원인들을 차근차근 논의했는데, 그 원인들을 암석에서 끄집어내면서도 '점진적 부양 모형gradient boosting model'이니 '다항 물류 회귀multinomial logistic regression'니 하는 이름이 붙은 온갖 알고리즘과 머신러닝 컴퓨터 프로그램의 도움을 받았다. 고생물학자는 아무도 기억하지 않는 자연사박물관의 어느 구석에서 뼈에 쌓인 먼지를 터는 케케묵은 과학자라는 고정관념에는 이제 분명히 변화가 필요하다.

밴쿠버 강연에서 피니건은 오르도비스기 말 대멸종이 거의 5억 년 전에 지구상 동물을 85퍼센트까지 제거한 데 대해 다양하게 제안되어온 많은 원인을 줄줄이 꿰었다. 그는 많은 수의 가능한 살해범을 평가했는데, 그 단서들이 숨어 있는 화석 기록과 태곳적 암석은 전 지구에 걸쳐 있었다. 한 살해 용의자는 그의 특별한 조롱을 받기 위해서 입장했다.

"그리고 다음 순서는 감마선 폭풍 가설 되겠습니다!" 피니건이 호기롭게 말했다.

"저는 한동안 소식을 못 들었지만, 아직도 위키피디아에 올라 있더군요." 지질학자로 이루어진 청중은 다 안다는 듯 폭소를 터뜨렸다.

슬픈 진실은, 무척추동물 고생물학자들의 소규모 협회 (그리고 몇몇 정유회사) 바깥에서는 거의 아무도 오르도비스기에 관해 아랑곳도 하지 않는다는 것이다. 황송하게도 기자들이 이 지구사의 5000만 년 구간을 언급하는 때는 대개 고생물학계에서는 사실상 아무도 진지하게 취급하지 않는 흥미진진한 대중과학적 발상에 수사적 무게를 실어줄 만큼만 모호한 고유명사로 사용된다.

> "[감마선 폭풍은] 거의 4억5000만 년 전 오르도비스기 말에, 이미 지구를 때렸을지도 모른다."
>
> (『사이언티픽 아메리칸Scientific American』 발췌)
>
> "어느 찬란한 감마선 폭풍이 4억4000만 년 전 지구상에 한 차례 대멸종 사건을 일으켰을 것이다."
>
> (『내셔널 지오그래픽National Geographic』 발췌)

감마선 폭풍은 우주에서 가장 강력한 것으로 알려진 방사선 폭풍이다. 이는 극도로 큰 별들이 격렬하게 충돌해 블랙홀로 붕괴될 때, 그 양쪽 극에서 제트방사선이 발생되면서 우주 전역에서 단 몇 초 동안 볼 수 있다고 추정된다. 이 씨를 말리는 폭풍의 진로에 있는 모든 행성은 근거리에서 토스트처럼 구워질 게 분명하고, 행성을 타격했을 가능성은 부인할 수 없이 매력적인 대멸종의 각본이다. 게다가 소행성이 공룡을 죽였다는 별난 발상도 한때는 고생물학자들에게 이단으로 여겨졌으므로, 어쩌면 돌이킬 수 없는 손상을 입히는 폭풍이 저 너머에서 불어와 오르도비스기 세계를 제거했을지 모른다는 발상도―캔자스대학교의 천문학자들이 이 발상을 처음 퍼뜨린 2003년에는―어쨌거나 그다지 터무니없는 것은 아니었다.

하지만 감마선 폭풍이 실제로 까마득한 과거에 우리 행성을 때렸는지 여부를 판단하기란 거의 불가능하다. 이론상으로 최소한 한 가지 예측이 가능하기는 하다. 이 같은 멸종이 일어났다면 행성 중에서도 우주 폭풍을 마주보고 있는 반구 쪽이 훨씬 더 심각한 피해를 입었을 테고, 지구의 반대쪽 나머지 반구쪽에서는 피해가 덜 심각하리라는 것이다. 그러나 감마선 폭풍 옹호자에게는 불행하게도, 화석 생명체가 지구의 한쪽에서만 도살된 오르도비스기 멸종 신호는 전혀 없다. 지구상의 생명체에게는 불행하게도 대멸종은 진정으로 전 지구적인 현상이었다.

감마선 폭풍은 또한 지질학적으로 한순간에 생물권에 파멸을 안길 테지만, 오르도비스기 말 생태계 종의 자연적 격감은 수십만 년 떨어져 두 번 고동친 별개의 멸종으로 완수되었다. 그런데도 어떤 이

유에서인지 감마선 폭풍은 오르도비스기 말 대멸종을 애써 언급하는 대중지에 실린 거의 모든 설명에서 언급된다. 내가 자문을 구한 모든 지질학자와 고생물학자는 이 발상을 지체 없이 일축했지만, 그 다음에는 어김 없이 그 발상이 매체에 좀비처럼 존속한다는 사실에 가벼운 짜증을 표명했다.*

"그것을 뒷받침하는 증거는 뭐가 되었건 전혀 없습니다." 피니건이 말했다.

우주공간에서 죽음의 광선이 날아왔다는 증거는 하나도 없는 반면, 집 가까운 곳에서 다른 격변들이 있었다는 증거는 차고 넘친다.

지구의 과거 중에서도 상상할 수 없이 멀리 있는 이 장章과 오르도비스기의 쓰라린 마지막을 이해하려면, 먼저 잠시 우리 자신의 지질학적 어제를 향해 수억 년의 시간을 거슬러갔다가 돌아올 필요가 있다. 그리 오래지 않은 과거에는 북반구가 얼음으로 꽉 차 있었고, 해수면은 오늘날보다 120미터나 더 낮았다. 바로 지금도, 해안에서 멀리 떨어진 대서양 바닥에서는 대구와 성대가 마스토돈과 털매머드의 무덤을 돌본다. 이들의 송곳니가 조지뱅크George's Bank와 메

* 더럼대학교의 고생물학자 데이비드 하퍼(David Harper)가 내게 들려준 이야기에 따르면, 그가 멸종에 관해 쓴 한 논문에 대해 어느 검토자는 그가 감마선 폭풍 가설을 **일축한** 단락마저 삭제할 것을 고집했다. 학술논문에서 그 발상에 대해 호의적이지 않은 언급을 하는 것조차 그 발상이 부당하게 존중받게끔 할 수 있다면서 말이다.

인만에서 가리비 준설선에 끌려 올라오기도 한다. 해양저에서 발견되지만 이들은 양서 매머드가 아니었다. 오히려 이들은 마른 대서양 대륙붕이었던 곳의 광활한 바닷가 평원을 어슬렁거렸다. 나중에 거대한 빙상氷床, ice sheet(대규모 대륙빙하-옮긴이)이 녹아 그 바다를 수십 미터 끌어올렸을 뿐이다. 지금 바다생물이 우글거리는 물속의 협곡은 마른 해저를 가르며 나아가는 강과 경치 좋은 강어귀였고, 이 모두가 고작 인간의 200세대 전—지질학적 관점에서는 본질적으로 **지금**—이었다.

지구가 존재한 45억 년 중에서 가장 근래의 260만 년은 비교적 비전형적인 얼음의 시대였다. 지구의 물 가운데 막대한 저장량이 극지의 빙모ice cap(소규모 대륙빙하-옮긴이)와 빙상 안에 갇혀 있었던 이때가 바로 대중이 상상하는—사람들이 아이들의 만화영화로 만드는—빙하시대다. 하지만 그것은 행성의 역사에서 첫 번째 빙하시대도, 유일한 빙하시대도 아니었다.

놀랍게도, 한때 털매머드와 검치호를 접대했던 우리의 빙하시대는 끝난 게 아니라, 잠시 쉬고 있을 뿐이다. 이 빙하시대에 해당하는 지난 수백만 년 전체에는 이른바 간빙기가 수십 번 있었다. 겨우 2000~3000년 동안 지속되는 이 짧은 온기에는 날씨가 따뜻해지면서 얼음이 급속히 녹아 극지(오늘날 있는 자리)로 후퇴하고, 해수면이 수십 미터 올라간다. 우리는 현재 이 추위에서 한숨 돌리는 짧은 한때에 들어 있지만, 간빙기는 대개 그다지 오래가지 않는다. 이 모든 것의 원인은 행성이 우주 안에서 주기적으로 흔들려 궤도가 율동적으로 변함으로써, 마치 지질학적 메트로놈처럼 햇빛의 안팎으로 까딱거리며 북반구의 많은 부분을 번갈아 얼음에 가두었다 풀어주기를 반복하고 또 반복하는 데 있다. 해빙기가 흔히 1만 년 이내로 지속된 뒤에는 극지에서 거대한 빙상들이 한 번 더 대륙 위에서 전진하기 시작해 해수면을 수십 미터 아래로 뚝 떨어뜨린다.

지난 수백만 년에 걸친 우리의 빙하시대 전체에는 그러한 아늑한 휴지기가, 우리가 지금 누리는 휴지기를 포함해 적어도 스무 번쯤 흩뿌려져왔다. 하지만 예전의 따뜻한 간빙기 다수와 달리, 이번 간빙기 동안은 어쩌다 문명이—그리고 기록된 인간의 역사 전부가—탄생했다. 우리에게 주어진 몇 번 안 되는 햇빛 속에서의 1000년은 다 끝났으므로, 우리만 없다면, 우리는 당장이라도 이 온화한 작은 공백기를 떠나 멈추지 않은 플라이스토세의 급속냉동 과정으로 다시 뛰어들어 10만 년 동안 지독히 추운 세월에 잠기게 될지도 모른다. (인간이 지구 해양과 대기의 화학성분을 지난 수십 년간 여러모로 심각하게 변형시켜왔기 때문에, 이 규칙적인 일정이 보나마나 뒤집혔을 터라 지금 당장 언제라도 추워질 기세는 아니다.)

그런데 우리는 어떻게 암석 기록 안에서 빙하시대를 알아보는 걸까? 글쎄, (매우) 근래에 진행 중인 우주적 동결-해동 주기에 관한 우리의 지식은 (다른 무엇보다도) 화석 유공충 연구에서 나온다. 지극히 작은 이 플랑크톤이 자신의 껍데기 안에 기후의 징후들을 산소 동위원소의 형태로 기록한다. 수십억 년에 걸쳐 꿈결처럼 해양을 가르고 떨어져 살포시 해저를 덮는 이들의 영원한 강설이 과학자들을 불러들여, 거기에 시추공을 뚫고 심을 파내 지난날 행성에 대한 화학적 단서를 찾게끔 한다. 하지만 동위원소 분석이나 시추 심이 없어도,

우리가 당연히 여기는 세계가 최근까지도 꽁꽁 얼어 있었다는 사실은 저절로 드러난다. 내가 매사추세츠주에서 이 글을 쓰는 동안에도 그 증거는 빤히 보이는 곳에서 나를 에워싼다. 빙하가 제멋대로 떨어뜨린 육중한 표석漂石, boulder들이 뉴잉글랜드 전체의 깊은 숲, 도심, 해변에 점점이 박혀 있다. 돌개구멍kettle pond은 부모였던 거대한 빙상을 잃고 고독하게 뒤에 남은 커다란 덩치의 얼음이 녹아버린 자리를 표시한다. 겨울 세계는 뉴햄프셔주 산들의 기반암에 줄줄이 새겨진, 찰흔擦痕, striation이라 불리는 홈에서도 분명히 볼 수 있다. 킬로미터 두께의 얼음 숫돌들이 전진했다가 후퇴하면서 뒤편의 풍경을 남김없이 긁어낸 곳이다. 롱아일랜드, 블록아일랜드, 코드곶, 마서즈비니어드섬, 낸터킷섬은 모두 본질적으로 돌과 모래의 쓰레기 더미다. 남쪽으로 밀고 내려온 빙상들이 게거품을 튀기며 뱃속에 든 것을 툰드라 위로 토해낸 곳이다. 이전 간빙기들에 왔다 간 많은 섬과 모래톱처럼, 이 지형들도 모두 빠르게 침식되어 흔적도 없이 사라지고 있다.

이 근래에 얼음에 갇힌 행성의 지형학적 유령 이야기는 내가 사는 동네를 넘어 멀리서도 들려온다. 예컨대 뉴욕의 핑거호도 육중한 빙하들에 의해 새겨졌고, 오대호는 기본적으로 세계에서 가장 큰 웅덩이로서 겨우 수천 년 전 빙상들이 녹을 때 남은 것이다. 가장 극단적인 예는 워싱턴 동부의 웅장한 채널드 스캡랜드에 있을지도 모른다. 이 지형을 새긴 것은 요쿨라웁jökulhlaup이라고 불리는, 참으로 혼비백산할 순환적 홍수다.

최근의 빙하 주기 동안 육중한 빙상 하나가 아이다호주로 밀고 들어왔을 때, 그 얼음은 클라크포크강을 막아 몬태나주에 이리호 부피의 여섯 배에 달하는 어마어마한 폐색호閉塞湖, dammed lake를 만들어냈다. 호수가 자라고 자라서 마침내 깊이가 180미터에 다다르자, 그 시점에 가로막고 있던 얼음이 뜨기 시작했다. 물이 얼음 댐 바닥의 갈라진 틈들을 계속해서 갉아먹자, 갑자기 망가진 호수계 전체가 무너지면서 파국적 홍수를 일으켜 세계에 있는 모든 강의 열 배에 달하는 물을—한꺼번에—방류했다. 140미터 길이의 물결 자국들을 남기며 90미터짜리 표석들을 싣고 워싱턴주 동부를 돌파한 파도는 기반암을 갈기갈기 찢고 협곡을 새기며 주州의 남동쪽 구석을 토양과 식생의 불모지로 만들어놓았다. 빙하 댐이 다시 형성되기 시작했을 때, 호수는 한 번 더 채워지기 시작했고, 결국은 다시 터졌다. 그리고 이 패턴이 되풀이되었다. 이 참사가 저절로 반복된 횟수는 아마도 1만5300년 전에서 1만2000년 전 사이에 자그마치 60번쯤 되었을 것이다. 바로 이 무렵에 최초의 아메리카인들이 방랑하며 대륙 안으로 들어오고 있었으니 어쩌면 어느 불운한 소수는 이 국지적 종말을 목격했을지도, 심지어 그 와중에 비명횡사했을지도 모른다. 매머드를 비롯한 다른 동물은 확실히 그랬다. 이들의 뼈가 요쿨라웁 홍수 퇴적물에서 발견된다. 비슷한 퇴적물을 훨씬 더 오래된 암석에서 찾아보면, 태곳적 빙하시대들이 언제 행성에 닥쳤는지도 알 수 있다.

하지만 **우리의** 빙하시대는 워낙 근래에 있었던 탓에, 알래스카나 캐나다 같은 몇몇 장소는 해양이 머리 위의 얼음을 치움에 따라 문자 그대로 아직도 되튀어 오르고 있다. 다시 말해, 앉았다 일어서면 쿠션이 튀어나오듯 땅덩이가 실제로 해마다 올라오고 있다. 이 최근 빙하시대의 절정을 대중은 행성의 과거 중에서도 먼 부분이라고 상상한다. 하지만 지질학적 관점에서 보자면 눈 깜짝할 시간 전이었다. 지구사 전체를 24시간 시계로 나타낸다면, 자정을 0.5초 앞둔 시점이었다.*

그러나 뉴잉글랜드의 돌개구멍과 표석에서 멀리 떠나, 사하라사막 중심에는 어느 암석의 노두가 타는 듯한 오후의 태양에 외로이 노출되어 있다. 그것을 거세게 파헤쳐 벌거숭이로 놓아둔 것은 지나던 모래 폭풍이다. 신기하게도, 왔다 갔다 하는 그 모래가 드러내듯이 불모의 암석에도 표면 전체에 뉴햄프셔와 메인의 홈이 파인 돌들과 똑같은, 마치 거인이 손톱으로 기반암을 긁은 듯한 찰흔이 나 있다. 모리타니에서부터 사우디아라비아에 이르기까지, 태양에 달궈지고 흉터를 지닌 많은 암석이 언젠가 얼음에 박살이 났던 어느 풍경을 입증한다. 모로코의 안티아틀라스산맥에는 흐르는 빙하가 퇴적물을 쌓아 만든 빙퇴구氷堆丘, drumlin도 있고 빙하가 녹은 물이 뚫어놓은 거대한 터널 계곡도 있다. 지구상에서 무척 뜨거운 나라 가운데 하나인 리비아에서도 지질학자들은 이러한 빙하 터널 계곡을 더 많이 찾아냈고, 이웃하는 알제리와의 경계선에는 심지어 격변 수준의 요쿨라웁을 뒷받침하는 증거도 있다. 언젠가 얼음 뗏목에 실려 가다가 떨어진 암석들은 에티오피아와 에리트레아에서도 발견되어왔고, 빙하에 실려 온 사암과 점토는 사하라사막과 사우디아라비아의 작

* 우리 태양계의 쓸쓸한 바깥쪽을 1만1400년 만에 한 바퀴씩 도는 왜행성 세드나(Sedna)의 관점에서 보자면 지금은 빙하시대 이후로 1년 남짓밖에 되지 않았다.

열하는 모래 바다 전역에서 발견된다. 그러나 이곳 풍경은 지난 수백만 년의 빙하에 들볶이지 않았다. 이것은 참으로 태곳적 빙하시대의 흔적이다. 이 황폐한 사막의 암석을 훼손한 빙상들이 지구를 문질러 닦은 때는 수천 년 전이 아니라, 약 **4억4500만 년** 전이었다. 이 암석들은 오르도비스기의 끝을 표시한다.

오르도비스기의 끝에 대규모 빙기가 있었다는 증거는 놀랍다. 이 얼어붙는 날씨의 절정(이라고 오래도록 생각되어온 기간)에 이를 때까지, 오르도비스기는 대기에 이산화탄소가 오늘날보다 여덟 배쯤 많았던 따뜻한 세계였다. 비록 더 근래의 증거는 사실 행성이 오르도비스기의 마지막 수백만 년 사이에 식고 있었음을 암시하지만 말이다. 하지만 쓰라린 마지막에는 남극아프리카 대륙 위에서 빙하가 갑자기 불어나 해양에서 물을 훔쳐가면서 해수면을 90미터도 넘게 떨어뜨렸다. 이는 신시내티의 얕은 바다에서 화석 기록이 사라진 까닭을 설명할 뿐 아니라, 멸종 자체를 설명하는 데에도 당연히 크게 도움이 된다. 생명체 대부분이 이 얕은 대륙 해양에서 살던 세계에 있어, 그토록 갑작스럽고 극적인 해수면 하락은 겉보기에 세상에 종말이 온 것 같았을 것이다. 신시내티 같은 곳을 포함해서 물에 잠겨 있던 대륙의 나머지 많은 부분은 바닷물이 말 그대로 빠져나감으로써 예전의 해저와 그곳 거주자 모두가 오르도비스기의 태양 아래서 100만 년 동안 말라갔다. 앵무조개도 이소텔루스 렉스도 어느 날 문득 자신들의 광활하고 얕은 대륙 놀이터가 이제 부서져가는 1600킬로미터 너비의 석회석 폐허로 변해 바람에 노출되었음을 깨달았다.

이것이 오르도비스기의 끝에 무너진 세계의 대략적 스케치이지만, 피니건 팀은 세부사항을 소름 끼치도록 자세히 알고 싶어 했다. 특히, 이 싸늘한 종말을 일으키기까지 기후가 얼마나 많이 변해야 했는지를 알고자 했다. 멸종까지 인도해주는 암석들은 어렵지 않게 찾을 수 있지만, 화석 기록이 정확히 멸종 시점에 대륙에서 거의 사라지기 때문에—그리고 해안에서 더 먼 해양저는 이후로 오래도록 섭입대攝入帶, subduction zone*에서 잘근잘근 씹혀 파괴되었으므로—이 재난에 관한 데이터를 얻으려면 연구자들의 지략이 필요했다. 그들은 지질구조가 변덕을 부리는 내내 용케 물속에 머문 덕에 해수면이 떨어지는 동안에도 끊임없이 화석 기록을 모은 동시에, 다가올 세월의 지질구조 열차 사고에서 파괴되거나 훼손되는 사태를 피한 드문 지점들을 지구상에서 찾아내야 했다.

그러한 곳 가운데 하나가 캐나다 퀘벡주에 있는 앤티코스티섬이다. "금시초문인 섬 중에서도 무척 큰 섬입니다." 피니건이 말했다.

* 해안에서 멀리 떨어진 깊은 해양의 바닥에서 형성된 암석은 이 위기에 대해 더 많은 통찰을 제공할지도 모르지만, 그런 암석들은 이후로 오래도록 파괴되어왔다. 그 책임은 대륙 지각(예컨대 신시내티 아래의 지각)과 그보다 밀도가 높은 연안 해양 지각의 근본적 차이에 있다. 밀도가 낮은 대륙 지각은 냄비에서 끓고 있는 물 위의 거품처럼 지구의 맨틀 위에 떠 있어서 사실상 영원히 망가지지 않지만, 밀도가 높은 연안 해양 지각은 대서양 중앙에 퍼져 있는 산등성이(중앙해령)를 따라 끊임없이 새로 만들어진 뒤 대부분 게걸스러운 섭입대에서 파괴되어 다시 지구 아래로 떠밀려 들어간다. 그 결과로, 오늘날 해양저는 가장 오래된 부분이라야 2억 년도 채 되지 않은, 공룡들이 쿵쾅거리고 돌아다니던 쥐라기 동안에 만들어진 것이다. 다시 말해, 현대 해양저의 암석은 수억 년이나 늦게 태어나서 오르도비스기에 관해서는 우리에게 아무것도 알려주지 못한다.

"주민이 이를테면 사람 250명, 사슴 15만 마리, 그리고 사실상 개체수가 무한한 모기와 진딧물로 이루어져 있는, 그래서 일하기에 즐거운 곳이죠."

퀘벡주에서 세인트로렌스강의 입구를 지키는 만안灣岸 지역으로부터 멀리 떨어져 있는 앤티코스티섬은 북방의 많은 부분이 그렇듯, 우리가 속한 빙하시대의 킬로미터 두께 빙상들에서 풀려난 직후부터 아직까지도 솟아오르고 있다. 세인트로렌스만에 잠겨 있는 섬이 서서히 올라오는 동안, 놀랄 만큼 새하얀 절벽들이 바다에서 솟구치면서 대규모 오르도비스기 멸종 기간에 걸쳐 있는 4억4500만 년 된 산호초들을 쏟아 내왔다. 근래의 빙하에서 풀려나 다시 튀어 오르고 있기는 하지만, 이 절벽들은 오르도비스기의 끝에 생명을 내려친 훨씬 더 태곳적 빙하시대에 대한 통찰을 제공한다. 내륙으로 가면, 강들이 이 태곳적 열대의 단면을 훨씬 더 많이 깎아내 화석이 풍부한 협곡을 형성하면서 북방수림boreal wilderness*을 가늘게 베고 지나간다. 그래서 이 섬은 정유산업에도 흥미로운 곳이다. 오랜 세월에 걸쳐 탄소를 매장한 바로 그 오르도비스기의 바다생물이 화석연료로 변질되었기 때문이다. 화석연료가 화석연료라 불리는 데에는 이유가 있다.

"이건 산호 군락이고요. 여기 있는 것은 완족류입니다." 피니건이 그의 버클리 사무실에서, 퀘벡의 절벽에 교결되어 있는 생물초의 사진들을 꺼내 들고 말했다. 그 생물초들은 태양을 향해 뻗어 올라가는

* 광합성 껌딱지로도 알려진.

풍요의 뿔을 닮은, 오래전에 멸종한 낯선 산호들로 이루어져 있었다. 그가 이어서 말했다. "그리고 이건 정말로 기이합니다. 강줄기를 틀어막은 통나무 더미처럼 생긴 이것이요. 이건 석회화하는 거대한 해면들이 해저 위에서 나무처럼 수직으로 자란 거예요."

이런 생물초를 몇 덩이 쳐내 실험실로 가지고 돌아와 거기다 약간의 지구화학적 마법**을 부린 피니건 팀은 오르도비스기의 끝에 열대 해양의 온도가 느닷없이 섭씨 5도쯤 떨어졌음을 발견했다. 5도라니 대멸종답게 들리지 않을지도 모르지만 암석들은 그렇게 말하지 않는다.

"오르도비스기 대멸종이 기후변화와 밀접하게 연관되어 있다는 것은 이 분야에서 일반적으로 합의된 사항입니다." 그가 말했다.

이 한랭화는 화석 기록에서 보이는 것, 다시 말해 열대 바다생물이 싹 쓸려 나가고 극지 출신 생물체가 일시적으로 장악하는 현상과도 박자가 맞는다. 그리고 사하라의 풍경 속에서 그토록 두드러지는 극심한 빙하시대의 특징과도 멋지게 정렬된다.***

그렇다면 문제는 이것이다. 왜 악한 빙하시대가 선한 행성에 벌어질까?

"그야 이산화탄소가 모든 기후를 조종하니까 그런 것 아니겠어요?" 하버드대학교 지질학자 프랜시스 맥도널드Francis MacDonald가 말했다. 그의 언행이 경솔했음은 말할 나위도 없다. 기후를 조종하는

** 구체적으로 말하자면, 탄산염 군집 동위원소 고(古)온도측정법(carbonate clumped isotope paleothermometry).

것은 많다. 몇 가지만 꼽아도 태양의 세기, 표면 반사율, 대양의 순환 따위가 있다. 하지만 **다른 모든 조건이 동일하다면,** 기후는 이산화탄소가 가는 대로 따라간다. 이것이 1세기가 넘도록 논란의 여지없는 지구과학의 교의였다는 점은 주목할 만하다. 온실효과는 1820년대에 프랑스의 물리학자 조제프 푸리에가 처음 기술했는데, 그는 지구의 담요인 단열 기체가 없으면 행성은 거주할 수 없을 만큼 추워질 것이라고 정확하게 언급했다. 1859년에 아일랜드의 물리학자 존 틴들은 이산화탄소가 그러한 온실가스 중 하나임을 발견했고, 1896년에 스웨덴의 과학자 스반테 아레니우스는 대기 중의 이산화탄소를 두 배로 늘리면 행성이 약 섭씨 4도만큼 더워지리라고 예측했다. 이 예측은 우리가 가진 가장 강력한 현대 슈퍼컴퓨터의 예측과도 대략 일치한다. 두말할 필요 없이, 이 기초과학을 논의하는 주체가 노골적인 정치적 동기를 가진 배우들이라는 점은 이루 말할 수 없이 우울한 사실일 수 있다.

내가 맥도널드를 만난 그의 케임브리지(하버드대학교가 있는 뉴잉글랜

*** 사실 이 사하라 빙기(Saharan glaciation)는 심지어 피니건이 퀘벡에서 수집한 데이터에서도 분명히 드러난다. 앤티코스티섬의 태곳적 생물초에 들어 있는 산소 동위원소는 오르도비스기의 끝에 갑자기 유별나게 무거워진다. 이는 많은 양의 더 가벼운 산소 동위원소가 최소한 열대의 해양 안에서는 사라지고 없었음을 의미한다. 더 가벼운 동위원소는 말 그대로 더 가볍기 때문에 바다에서 더 쉽게 증발한다. 그래서 이 동위원소가 포함된 더 가벼운 물은 아프리카 위쪽에서 떠돌다가 눈이 되어 떨어졌고, 곤드와나를 뒤덮게 될 광활한 빙상들을 형성했다. 그 결과로, 해양에 남아 있던 바닷물은 동위원소가 더 무거웠고, 그 해양에서 자란 산호와 바닷조개도 마찬가지였다. 오르도비스기의 끝에 이러한 열대 생물초에서 수치가 더 무거운 쪽으로 크게 이동하는 양상을 해명하려면, 피니건이 판단할 때 그 세계의 반대쪽에서 갑자기 발달한 빙상의 규모가 엄청났어야—지질학적 근래에 있었던 가장 혹독한 빙하시대 동안에 보였던 규모보다도 상당히 더 컸어야—한다.

드 매사추세츠주의 도시 – 옮긴이) 사무실은 그가 연구를 위해 야외작업의 많은 부분을 수행하는 곳에서 멀지 않다. 그의 연구 주제는 애팔래치아산맥의 생성이고, 애팔래치아산맥은 뉴잉글랜드의 뒷마당이다. “그래서 제가 탐구하려는 것은 지구사에서 보이는 대규모 지질구조 변화가 지표면에서 보이는 환경 변화와 연관되는 방식입니다. (…) 그러니까 아마 우리는 사실 이산화탄소를 다른 때보다 더 많이 [대기로부터] 끄집어내는 때도 있을 겁니다. 그렇다면 그건 또 왜일까요?”

오늘날 걱정은 이산화탄소를 대기 중으로 너무 빠르게 주입해서 전 지구적 온실기후를 만들어내는 데 관한 것이다. 하지만 이산화탄소 수준이 빠르게 떨어지는 것도, 빙실기후를 만들어낼 수 있기 때문에 똑같이 문제가 될 수 있다. 처음에는 뜬금없어 보였지만, 애팔래치아산맥의 생성이 지구상에서 생명을 거의 지워버렸던 이 혹독한 빙하작용을 설명하는 열쇠를 쥐고 있을지도 모른다.

이 책에서 다음에 올 내용의 많은 부분을, 그리고 지구사의 많은 부분을 이해하려면 우리는 또 한 번 잠시 (그리고 바라건대 고통스럽지 않게) 지구화학으로 들어갔다 돌아와야 한다.

이산화탄소는 비와 반응해 비를 살짝 산성으로 만든다. 이 약산성 비는 수백만 년에 걸쳐 암석을 후려쳐 깨뜨리고 칼슘 따위를 씻어내 강으로, 그리고 마침내는 바다로 들여보낸다. 그런 다음 이 탄소와 칼슘이 풍부한 국물은 해면, 산호, 플랑크톤 같은 생물의 몸속으로 통합된다. 이 생물체들은 이후 그 탄소를 해양의 바닥에 탄산칼슘 석회암의 형태로 매장한다. 좋아하는 석회암 기념비나 건물이 있다면 찾아가 더 자세히 살펴보라. 그 돌은 그저 생물 부스러기일 뿐이다.* 이것이 바로 이산화탄소가 대기에서 빠져나와 암석으로 바뀐 다음 지구 안의 다른 곳에 안전하게 저장되는 방식이다. 결국 이 과정은 행성을 살 만하게 따뜻한 곳으로 유지하는 대기의 이산화탄소 담요를 위험할 만큼 빼내버릴지도 모른다. 그렇지만 이런 일은 벌어지지 **않는다.** 왜냐하면, 이산화탄소가 지상의 화산들과 중앙해령에서 방출됨으로써 지구상의 다른 곳에서 서서히, 하지만 꾸준히 보충되고 있기 때문이다. 하지만 오늘날 인간은—지질활동이 매장한 이 수억 년어치의 탄소를 회수해 불태움으로써—해마다 화산보다 100배 더 많은 탄소를 대기에 기부한다. 오르도비스기에는 지독히 성질 급한—위스콘신에서 내가 본 화산재 퇴적물을 생산한 것과 같은—화산열도가 현대 발전소의 소임을 맡아 방대한 양의 이산화탄소를 대기에 기부하며 행성을 따뜻하게 유지했다.

지구에는 지나치게 많은 이산화탄소를 처리하는 뛰어난 방법이 있다. 증가한 화산활동으로 말미암아(또는 말하자면, 석탄을 때는 발전소로 말미암아) 대기 중의 이산화탄소가 쭉쭉 올라가면 행성은 온실효과 때문에 천천히 더워진다.** 하지만 함정은, 기후가 더 따뜻하고 더

* 온천 침전물이나 석순·종유석처럼 물에 녹아 있는 탄산칼슘이 가라앉아 생긴 석회암인 트래버틴(travertine)으로 이루어진 돌만 아니라면.

** 다시 강조하지만, 이는 지구과학에서 최소한 미국 남북전쟁 이후로는 논란의 여지가 없는 개념이다.

험악한 이 고高이산화탄소 세계에서는 이산화탄소가 더욱더 빠르게 땅속으로 다시 끌려 내려오기도 한다는 데 있다. 이렇게 되는 이유는 과량의 이산화탄소로 산성도가 높아진 비, 더 따뜻해진 기온, 증가한 강우 모두가 힘을 합쳐 암석의 풍화를 강화하는 작용을 하기 때문이다. 그래서 행성은 지나치게 더워지면 더 빨리 식으며, 그 과정에서 끌려 내려온 더 많은 이산화탄소는 결국 석회암으로 해양에 머물게 된다. 행성이 마침내 식으면 암석 풍화 과정도 느려져 이산화탄소 인출이 수그러들면서, 행성은 평형 상태로 돌아간다.***

이것이 바로 탄산염-규산염 순환carbonate-silicate cycle이다. 우리 행성이 기후를 조절하는 거짓말같이 효과적인 방법이다. 그래서 '지구 온도조절장치Earth's thermostat'로도 알려져 있다. 하지만 이 온도조절장치는 가끔씩 망가진다.

"사람들은 기온이 평소보다 따뜻하면 풍화가 많아지고, 평소보다 차가우면 풍화가 적어진다고 말합니다. 그 말이 맞다면, 우리 기후는 지구사의 처음부터 끝까지 한결같아야 마땅하죠. 그런데 미안하지만 그게 파국적으로 고장 나면서 눈덩이 지구를 데려왔거든요. 오르도비스기 끝에도 고장 났잖아요. 이놈은 왜 이렇게 만날 고장이 나는 걸까요?" 맥도널드가 말했다.

많은 이산화탄소를 재빨리 끌어내려서 이 행성 온도조절장치를 망가뜨리는 한 가지 방법은 갑자기 수천 킬로미터 길이의 웅장한 화

*** 인간에게는 불행한 일이지만, 인류가 생성한 이산화탄소를 이러한 풍화 과정이 대기에서 제거하려면 약 10만 년이 걸릴 것이다.

산열도 하나를 열대 한복판으로 박아 올리는 것, 다시 말해 기후가 따뜻하고 축축해서 풍화가 가장 맹렬한 곳으로 암석을 더 많이 퍼 올리는 것이다.

"이것은 풍화될 신선한 표면을 만들어내는 문제입니다. 그러니까 신선한 표면을 만들어내는 한 가지 좋은 방법은 실제로 어떻게든 산 하나를 들어 올려서 그걸 끊임없이 벗겨내고 침식시키는 것이죠." 맥도널드가 이어서 말했다.

현대의 애팔래치아산맥은 오르도비스기에* 만족을 모르는 식욕을 가진 어느 화산열도가 해양 지각을 먹어치우며 바다를 가로질러 가다가 북아메리카의 동쪽 모서리에 부딪쳤을 때 형성되기 시작했다. 뉴잉글랜드 도처의 짓이겨진 암석들에서 이 열차 사고의 잔해를 알아볼 수 있다. 애로헤드Arrowhead—허먼 멜빌이 『모비 딕』을 쓴, 매사추세츠주 피츠필드에 있는 농장—에서, 작가는 책상에 앉아 창밖의 눈 덮인 그레이록산을 바라보다가, 에워싸는 구릉들 위로 불쑥 솟아 있는 산의 모습이 짙은 포도주 빛 파도 위로 뛰어오르는 고래를 닮은 데서 흰 고래에 대한 영감을 이끌어냈다. 놀랍게도, 멜빌의 이 뱃사람이 떠올린 영감은 아주 허황되지 않았다. 매사추세츠주에서 가장 높은 그 산은 실제로 오르도비스기에 생성된 해저로 이루어져 있다. 해저를 밀어 올려 대륙 위로 얹은 것은 한 줄로 다가오는 화산섬과 그 섬들이 올라탄 해양판이었다.** 이 화산섬들의 뿌리는 오

* 애팔래치아산맥의 몇몇 부분에서 드러나는 훨씬 더 오래된 조상 산맥은 10억 년도 더 전에 어느 태곳적 초대륙을 만들어낸 대륙 충돌로 형성되었다.

** 그레이록산은 최근의 빙하시대에 생긴 빙하 찰흔으로 덮여 있기도 하다.

르도비스기 편마암의 노두 형태로 뉴잉글랜드 도처에서 볼 수 있는데, 아마 그 어디보다 더 장관을 이루는 곳은 매사추세츠주 셸번폴스Shelburne Falls 시내에 있는 뉴잉글랜드전력회사New England Power Company의 댐 아래일 것이다. 이곳에서 소용돌이치는 4억7500만 년 된 마그마 벌판에는 나중에 새로 파인 거대한 '돌개구멍'들이 나 있는데, 그 구멍들은 녹고 있던 빙하시대 빙하에서 쏟아져 내리는 폭포수에 의해 겨우 수천 년 전에 뚫린 것이다. 암호를 해독하는 지질학의 렌즈를 갖추면, 뉴잉글랜드의 도로변 경치가 이 기념비적인 충돌을 드러낸다. 태곳적 애팔래치아산맥을 창조한 충돌의 혼란 속에서 박살 난 암석들이 고속도로들의 양옆에 대리석 무늬를 넣는다. 북아메리카의 동해안은 겉보기처럼 친숙한 대륙의 연장이 아니라, 여러 차례의 장엄한 충돌 과정에서 대륙의 가장자리 위로 접붙여지고 구겨져온 오래된 섬들과 화산들의 아주 작은 부분이다.

이러한 판구조운동의 열차 사고로 생겨난 산들이 오르도비스기에는 히말라야만큼 높이 하늘을 찌르며 그린란드에서부터 북아메리카 최남단의 앨라배마주까지 펼쳐졌을지도 모른다.

놀랍게도, 이 숭엄한 산악지대가 대멸종에서 주동자 구실을 했을지도 모른다. 애팔래치아산맥이 하늘을 향해 올라가는 동안 풍화 가능한 신선한 화산암이 끊임없이 하늘로 밀려 올라가 결국 침식되어 사라지는 동시에 대기의 이산화탄소를 끌어내렸다.

"그러니까 이건 풍화되면서 이산화탄소를 빨아먹는 규산염을 왕창 더 장만하기에 꽤 좋은 요리법일 수밖에 없습니다." 맥도널드가 말했다. "게다가 이 화산암들은 부수기도 훨씬 더 쉽습니다. 말하자면 오래된 대륙 암석보다는요."

대기에서 빠져나온 이 탄소와 침식되는 산에서 씻겨 내려가는 광물들이, 중서부를 덮은 얕은 바다에서 오르도비스기 생명의 폭발을 부채질하는 동시에 동물의 몸속으로 들어가 신시내티 같은 곳에서 석회암으로 매장되고 있었다. 맥도널드가 옳다면, 이산화탄소의 급격한 감소와 짧은 빙하시대를 불러와 4억4500만 년 전 진화의 석판을 거의 깨끗이 지워버린 책임은 애팔래치아산맥의 생성에 있는 셈이다.

직관적으로는 납득이 가는 이야기지만, 이산화탄소를 삼키는 암석 풍화 과정이 실제로 오르도비스기 빙기와 대멸종으로 치닫는 도움닫기 구간에서 격렬해졌다는 증거가 있을까? 아니면 하다못해 격렬한 암석 풍화라는 사건이 빙하시대로 이어질 수 있다는 증거는? 있다. 암석 기록에 들어 있는 스트론튬 동위원소를 조사하면 지구사에서 풍화가 특히 격렬했던 시기의 연대를 추적할 수 있고, 빙하시대를 보면 현대 행성이 공룡의 온실에서 매머드의 빙실로 식어간 동안 스트론튬 동위원소 기록이 급변하기 시작하는데, 그 시점이 바로 인도가 맨 처음 아시아를 들이박음으로써 풍화되어 사라질 히말라야를 (히말라야의 오르도비스기 화석들과 더불어) 하늘로 밀어 올리는 시점이다.

"그것[충돌]이 벌어진 때는 바로 남극에 빙상이 맨 처음 생겨나기 시작한 무렵이고요. 저는 이 우연의 일치가 너무도 강렬해서 도저히 무시할 수 없는 정도라는 걸 알게 되었습니다. 그래, 그렇다면 그보다 먼저, 적도에서 충돌이 벌어져 생성된 그다음으로 크고 긴 산맥은 뭐지 하고 생각했어요. 천생 오르도비스기로 돌아가야 하지요." 맥도널드가 말했다.

오하이오주립대학교에 있는 맥도널드의 동료 매슈 살츠만Matthew Saltzman이 비슷하게 강력한 스트론튬 신호가 들어 있는 오르도비스기 암석을 찾아 떠났다. 그리고 애팔래치아산맥의 외딴 구석들과 네바다주에서 그것을 찾아냈다. 살츠만이 콜럼버스에 있는 자신의 사무실에서 내게 말했다.

"대략 4억6500만 년 전과 같은 어떤 때에 스트론튬 동위원소 비율이 확연히 떨어진다면 그에 대한 가장 간단한 해석—우리가 늘 고대하는 것—은 갓 만들어진 어린 화산암이 풍화되고 있다는 것이지요. 그래서 우리에게는 그 풍화가 대기 중의 이산화탄소 수준을 끌어내렸으리라는 결론이 남습니다. 그러나 다시 말하지만, 이건 멸종 자체보다 2000만 년쯤 전에 벌어진 이야기입니다. (…) 냉각이 시작되기는 하지만, 식어가는 기후에서 빙실이 되는 기후로 넘어가려면 분명히 넘어야 할 문턱이 좀 남아 있습니다."

다시 말해, 빙상 형성은 선형 과정이 아니다. 빙상은 빵에 곰팡이가 피듯 대륙에 붙어 자라는 대신, 어떤 기후적 티핑포인트를 넘긴 순간에 크기가 폭발한다. 현대 세계가 그 티핑포인트에 도달한 260만 년 전, 행성은 마침내 돌아올 수 없는 빙하 지점을 넘어섰고 결국 북반구도 남극대륙과 합류해 얼음 동맹을 맺었다. 오르도비스기는 그 기간의 맨 끝인 4억4500만 년 전에 이르러서야 티핑포인트에 도달했고, 그 대가로 행성은 거의 목숨을 내놓았다. 그때까지 급속냉동이

지연된 것은 바로 내가 위스콘신의 층상 암석에서 보았던 것과 같은 종류의 화산 분화에서 끊임없이 쏟아져 나온 이산화탄소가 쓰라린 마지막 순간에 이를 때까지 칼날 위에서 기후의 균형을 유지했기 때문인지도 모른다.

"그러니까 아마도 이 풍화될 현무암을 생산하고 있던 똑같은 화산활동의 일부가 어떻게든 정확히 바로 그 마지막에 이를 만큼 추워지지 않을 정도로 기후를 너끈히 완화하고 있었을 겁니다." 살츠만이 말했다. "여기에 오르도비스기를 통과해 올라간 다음 기본적으로 끝나는 막대한 화산재층이 있습니다. 그러니 이렇게 예상할 수 있겠지요. 화산활동이 많으니 거기에는 [이산화탄소에서 비롯하는] 온난화 효과가 있겠구나 하고요. 실은 그와 동시에 풍화로 말미암아 이산화탄소가 끌려 내려가는 반대 방향의 견인력도 이미 가지고 있었던 겁니다."

오르도비스기의 끝에 화산들이 마침내 조용해진 순간, 꾸준하게 대기에 이산화탄소를 공급하던 활동도 멈췄다. 하지만 화산암의 풍화는 빠른 속도로 계속되었으므로, 대기 중의 이산화탄소 농도는 급격히 떨어지기 시작했다.

그래서 대기를 빠져나온 탄소는 어디로 갔을까? 많은 양은 결국 생명체 자체로 들어갔다. 두들겨 맞은 암석에서 빠져나온 영양분이 산에서 씻겨 내려 바다로 흘러 들어감에 따라 그 영양분은 플랑크톤의 증식을 부채질했고, 플랑크톤은 늘 그랬듯 바다 밑으로 가라앉음으로써, 대기에서 빠져나와 자신의 몸에 담긴 탄소를 매장했다. 이 태곳적 바다생물의 증식은 오르도비스기 암석을 탐사하는 정유·가스 회사에는 늘 좋은 소식이었지만, 이 탄소 매장은 그 시기를 얼음이 점점 커지는 방향으로 내동댕이쳤을지도 모른다. 생명체에게는 불행한 일이다.

"이 석유 근원암의 매장이 모든 것을 식히고 있었습니다." 살츠만이 말했다. "그리고 이 모두가 조산운동과 연관되는 이유는, 상황의 유기적인 측면을 볼 때 이 암석들을 풍화시켜 인 같은 영양분을 육지에서 들여오기 시작하는 순간, 한랭화를 향한 긍정적인 피드백 positive feedback이 있는 게 정상이기 때문입니다."

피니건은 살츠만의 연구 결과를 이렇게 요약했다. "이산화탄소에 관해서는, 화산활동이 베풀고 화산활동이 거두어 갑니다. 화산활동이 진행되는 동안 많은 이산화탄소 가스가 빠져나오지만, 한 묶음의 신선한 화산암이 만들어진 다음 [화산암이] 풍화되어 이산화탄소를 끌어내리니까요."

자, 여기 대멸종의 3요소가 있다. 얕은 바다에서 살았던 세계, 이산화탄소를 빨아들여 그 행성을 급속냉동시킨 초대형 산맥, 그리고 남극에 걸터앉아 있어서 그 모든 얼음을 놓아둘 간편한 장소를 제공하는 초대륙. 하지만 이것은 이야기의 전모가 아니다.

260만 년 전에 본격적으로 시작되어 겨우 수천 년 전에 잠정적으로 물러난 우리의 빙하시대와 달리, 4억4500만 년 전 오르도비스기의 끝에 찾아온 빙기는 행성 위의 거의 모든 것을 죽였다. 그 자연적 격감의 가장 궁금한 부분이자 그 격감을 진정한 대멸종의 영역으로 밀어 넣은 짓궂은 세부사항은, 제거된 대상이 우리 신시내티 친구들처럼 대륙 위 높은 곳에 물 없이 남겨진 생물체만은 아니었다는 점이다. 망망대해에 나와 헤엄치던 동물과 깊은 곳에 살던 동물도 결코 더 이상 무사하지 않았다. 이야기에 잡힌 이 구김살은 그 멸종에 지금까지 개략적으로 묘사한 (다소) 단순한—얼음이 등장하고 바다가 사라지는—형태보다 더 많은 것이 틀림없이 있었으리라는 것을 의미한다. 왜 이 짧은 오르도비스기 빙하시대는 종말을 가져왔지만 우리의 현대 빙하시대는 (근래에 인류가 확산하기 전까지) 상대적으로 생명에 거의 전혀 영향을 미치지 않았을까? 이는 아직도 고생물학자들을 당혹케 하는 질문이다.

"변화의 성격에만 집중하면 안 됩니다." 피니건이 말했다. "'무엇이 출발 상태인가?'를 고려해야 해요. 그리고 오르도비스기 후기의 출발 상태는 정말로 다릅니다. 그것은 정말로 다른 세계입니다."

우리는 우리 세계의 형태와 대륙의 위치, 즉 행성의 질서처럼 영원해 보이는 익숙한 지형도를 당연하게 여긴다.* 하지만 이 배열은 일시적이다. 행성이 지금껏 있어온 방식도 앞으로 있을 방식도 아니다. 이 끊임없이 왔다 갔다 하는 세계지도는 지도 제작법의 범위를 훨씬 넘어서는 중대한 의미를 함축한다. 대륙의 우연한 배향이 생명에는 엄청난 영향을 미친다. 수백만 년 전, 행성이 공룡의 온실기후

* 흥미롭게도, 이 또한 변화의 대상이다.

에서 출발해 서서히 오래도록 내리막을 걸은 뒤 현재의 빙하시대로 들어섰을 때, 세계는 매우 독특한 방식으로 배치되었다. 다시 말해, 긴 남북 방향의 해안선이 열대에서부터 거의 양극까지 펼쳐져 있는 지금의 배치 방식으로. 예컨대 순무처럼 생긴 남아메리카와 생각 풍선 모양의 북아메리카는 똑바로 서서 거의 모든 위도를 가로지른다. 이 배열은 근래 역사에서 끊임없이 빙하시대를 들락거리는 까다로운 기후를 헤쳐 나가려 애써온 동물에게는 다행스런 것이었다. 추위가 오거나 온기가 돌아오면, 동물 대부분이 그저 성큼성큼 대륙을 오르내리며 편안히 머물 수 있었다.

"그러니까 우리가 마침내 깊은 빙기로 빠져들었던 현대 세계를 보면, 그 세계는 이렇게 긴 남북 방향의 선형 해안선으로 이루어져 있어서 서식 범위를 옮겨 더 좋아하는 기후를 뒤쫓기가 꽤 쉽습니다." 피니건이 말했다. "그리고 그 일이 정확히 일어났다는 증거가 우리 눈에 보입니다."

그는 나를 데리고 실험실로 들어가더니 부서져 뒤죽박죽된 전복, 삿갓조개, 가리비 껍데기가 가득 든 비닐봉지를 꺼냈다. 아직도 진주빛인 그 껍데기들은 마치 최근에 폭풍이 몰아치는 동안 바닷가로 떠밀려 온 것처럼 보였지만 실은 13만 년이나 묵은, 최근의 따뜻한 간빙기에서 출토된 것이었다. 당시 캘리포니아의 기후는 오늘날과 비슷했다. 그 껍데기들은 로스앤젤레스 연안 산니콜라스섬에서 채집되었다. 이 연체동물은 얼음이 후퇴했을 때 그저 중앙아메리카를 떠나서 해안을 따라 수백 킬로미터를 행진해 올라왔다가, 간빙기가 끝나고 얼음이 돌아오자 우리 빙하시대의 극적인 변화를 뒤쫓아 다시 열대로 방랑해 내려갔다. 새로운 바람이 불 때 이용할 수 있는 이런 탈출 경로가 있느냐 없느냐는 동식물에게 생존과 멸종을 가르는 차이일 수 있다.

오늘날 동식물은 이미 인간이 만든 기후변화에 대응해 서식 범위를 옮기고 있다. 2012년 미국 농무성은 미국에서 진행 중인 식물의 북향 이동을 반영하기 위해 어쩔 수 없이 식생 지도를 최신화해야 했다. 매사추세츠주 남부에서 갯가재를 잡는 어민들은 갑각류가 자기들이 좋아하는 더 차가운 저층수를 따라 북쪽으로 꾸준히 전진함에 따라 사업을 접다시피 했다. 북해에서는 동물플랑크톤이 과거 수십 년 사이에 서식 범위를 극지 쪽으로 1100킬로미터 옮겼고, 그 결과로 어장 관리자들은 자신의 관할 구역에 새로 들어오는 남방 종들의 무리를 감독해야 하는 혼란에 빠졌다. 그리고 이 거대한 북진은 이제 막 시작되었을 뿐이다.

지구사에서 극도로 덥고 극도로 이산화탄소 농도가 높았던 기간으로 시간여행을 떠난 관광객들은 더 기괴한, 이를테면 5500만 년 전 북극권에서 악어들이 일광욕을 하고 있는 광경에 질겁할지도 모른다. 하지만 앞으로 수십 년만 지나도 이 동물들이 한 번 더 피난처로 터벅터벅 걸어서 북진하기는 어려워질지 모른다. 떠돌아다니던 조상과 달리, 현대의 악어가 극지를 향해 행진을 시작한다면 이들이 밀고 들어갈 해안선은 고도로 발달해 있을 테고 호텔, 골프장, 피서용 별장 및 해안의 주민들이 거주하는 습지대는 이들을 환영하지 않을 것이다. 하지만 4억4500만 년 전 오르도비스기 동물의 이주에는 사람이 만든 장애물보다 더 난감한 문제가 있었다. 이 때문에 오르도비스기 말 기후 발작에 직면해서 이주하기는 도저히 불가능했을지도 모른다.

오르도비스기의 많은 섬 대륙이 다양성 대폭발의 동인이었을지도 모른다는 주장은 일찍부터 있어왔지만, 피니건이 생각하기에 이 이질적인 섬 대륙에는 치명적인 단점도 있었다. 기후가 뒤집힌 순간, 동물은 망망대해 때문에 거주 가능한 피신처로부터 분리되어 있는 자신의 섬 대륙에 고립되었다.

"그러니까 제가 주장하려는 바는 지형이 다양화에 한몫했겠지만, 동시에 멸종에도 한몫을 했으리라는 겁니다. 문제는 사실 이겁니다. 어디든 기후가 변하면 갈 수 있는 곳, 기후가 변해도 여전히 그들이 적응한 기후 범위 안에 머물 곳이 있는가? 섬 대륙 위에 있다면, 그러기가 좀 더 어렵겠죠." 피니건이 말했다.

오르도비스기의 끝에 세상이 바뀌었을 때에는 그야말로 도망칠 곳이 없었다.

아주 오래된 오르도비스기 멸종의 어떤 특징은 현대와 비교해도 손색이 없다. 기후변화와 서식지 파괴에 있어 이산화탄소의 역할이 그런 예다. 하지만 이 태곳적 멸종을 현대세계에 비유하는 데는 무리한 측면도 있다. 오르도비스기는 어쨌거나 거의 5억 년 전에, 설사 우주공간에서 본다 해도 우리가 전혀 알아볼 수 없을 어떤 행성 위에 있었다. 그 행성은 많은 면에서 우리 행성과 완전히 다르게 작동했다. 이 멸종의 특이한 측면 가운데 하나는, 더 깊은 해양에서 살았던 많은 동물이 직관과 달리 산소 **증가**에 의해 제거되었을지도 모른다는 점이다. 어쨌거나 이때는 해양 안에 산소가 쌓이고는 있었어도, 여전히 아주 희박했다. 산소를 기다리느니 이 숨 막히는 환경과 화해하는 편이 신중한 전략일 수 있었다. 이 전략을 거의 완벽하게 구현한 동물 가운데 하나가 완족류였다.

지구상에서 생명의 후기 단계들을 특징짓게 될 카리스마 넘치는 동물군을 비교 대상으로 삼는 행위는 사랑스럽지 않은 대상에게 애정을 품은 오르도비스기 연구자들을 수세로 몰 수 있다. 무기력한 완족류가 공룡이라는 블록버스터급 매력이 당장 드러나는 동물과 비교되는 순간, 선사시대 바다에서 빈둥거리던 부류의 해양 무척추동물을 연구하는 사람들은 지체 없이 이렇게 대꾸한다. 공룡은 누구나 사랑할 수 있지만, 완족류의 삶—그것을 삶이라 부를 수 있다면—을 이해하려면 진정한 열의가 필요하다고.

"이해하셔야 해요." 피니건이 반쯤 농담으로 말했다. "대부분의 고생물학자는 공룡에 홀린 사람 보기를 해양생물학자가 돌고래 조련사를 보듯 하지요."

경이롭게도, 소수의 완족류는 오늘날에도 여전히 행성을 돌아다니고 있다. 고생대 영광의 세월을 되새길 운명에 따라 드문 피난처에서, 이를테면 뉴질랜드 주변이나 동남아시아에서 (일단 양념을 듬뿍 바른 다음) 쫀득거리는 시대착오적 진미가 된다. 고생대에서의 삶에 대한 통찰을 얻고자 이 성스러운 유물을 실험실로 가져와 샅샅이 살펴본 연구자들은 이 동물이 오히려 의욕을 떨어뜨리는 피험자에 속한다는 사실을 알게 되었다.

"이 동물은 하는 일이 별로 없거든요." 피니건이 말했다.

시카고대학교 대학원생을 대상으로 하는 세미나에 참가했을 때 스탠퍼드의 고생물학자 조너선 페인Jonathan Payne은 이 녀석에 비하면 대합이나 홍합은 백열광을 뿜는 신진대사의 용광로처럼 보인다는 말로 이 열의 없는 생물체를 연구하는 난관을 묘사했다. 어쩐지 잔인한 짓이 하고 싶거든, 완족류 한 마리를 물이 든 병에 가둬보라. 그런 다음 마음의 준비를 하고 몇 주를 기다리면 그 동물은 마침내 애처로울 만큼 느린 질식사에 굴복할 것이다. 한 마리가 실험실에서 죽어도, 그것을 살아 있는 표본과 구분하기는 거의 불가능하다. 대개 유일한 표시는 냄새가 나기 시작한다는 것이다. 페인이 설명했듯이 과학자들은 어떤 동물의 대사를 측정하고 싶을 때 보통 그 동물을 수조에 넣은 다음 그 동물이 끌어내리는 산소의 양을 측정한다.

"완족류는 그러기가 어려운 것으로 드러나는데 왜냐하면 대사율이 너무 낮아서 실제로는 수조에 강한 항생제를 타야만 수조에 든 세균의 바탕호흡을 측정하지 않을 수 있거든요." 페인이 말했다.

"첫 번째 근사치에 따르면, 걔들은 시체예요." 생물학자 수전 키드웰Susan Kidwell이 맞장구를 쳤고, 향학열에 불타는 고생물학자 청중이 깔깔대고 웃었다.

"저는 가르칠 때 종종 완족류는 퇴적물이라고, 딱히 유기물이라고 할 수는 없다고 농담하곤 하죠." 페인이 너스레를 떨며 덧붙였다. 하지만 페인은 그저 완족류 스탠드업코미디 워크숍을 하고 있는 게 아니었다. 오르도비스기 끝에 일어난 격변에 대한 완족류의 응답은 과학자들이 해양에서 정확히 무엇이 잘못되고 있었는지를 분석하는 데 도움을 주어왔다.

완족류 종의 데이터베이스를 차근차근 곱씹던 피니건은 놀랍게도 심층수의 완족류—저산소 환경에 가장 잘 적응한 완족류—가 오르도비스기 빙하시대의 첫 번째 작은 전투에서 학살되었음을 알아냈다. 이들의 길동무인 심해의 눈먼 삼엽충들도 마찬가지였다.* 그래서 저 아래에서는 무슨 일이 벌어지고 있었을까?

오늘날 산소가 충분히 공급되는 우리 해양의 순환은 대부분 혹한의 극지와 훈훈한 열대의 온도 차이에서 동력을 얻는다. 이 엔진은 전 세계에 걸친 컨베이어 벨트 위에서 차디차고 산소가 풍부한 표면수를 끊임없이 깊은 바다로 가져간다. 훨씬 더 따뜻했던 오르도비스기의 세계에서는 순환이 더 굼떠서 깊은 해양에는 산소가 덜 공급되었을지도 모른다. 그러다 갑자기 아프리카에 거대한 빙하들이 나타났다면, 해양 순환에 시동이 걸리면서 산소가 폭풍처럼 심해로 배달되었을지도 모른다.**

저산소 환경(하지만 포식자는 거의 없는 환경)에서의 지루한 삶을 상

* 오르도비스기 멸종에서 심층수 유기체가 죽었다는 사실은 감마선 폭풍 가설이 틀렸음을 입증하기도 한다.

** 오르도비스기의 해양에 왜 그토록 산소가 부족했는지에 대한 이 열역학적 설명에 모든 사람이 동의하는 건 아니다. 다른 이유도 제시되어왔는데, 그중에서 오르도비스기 해양에 상대적으로 물고기가 부족했기 때문이라는 이유는 가장 생소하다. 물고기는 자신의 뼈대 안에 인을 포장해서 죽을 때 깊은 바다로 보낸다. 물고기가 없었으니, 산에서 풍화되어 나오는 이 강력한 영양분이 물기둥 안에서 더 쉽사리 이용된 결과로, 산소를 독식하는 플랑크톤의 증식을 부채질했을 것이다.

쇄하는 방법으로 자기 몸에서 자란 세균을 수확했던 심층수 완족류, 또는 같은 방법으로 빈약한 조건에서 살아남았을지도 모르는 심층수 삼엽충 같은 동물은 아프리카가 얼음으로 뒤덮이며 해양 순환이 원활해져 이 서식지들이 사라진 순간 운을 다했다.

수수께끼 같은 필석류—작은 톱날이 달린 이상한 핀셋에 묶여 젤리로 만든 선원 팀처럼 연안에서 노를 젓던 그 생물체—로서도, 해양 순환이 바뀌면서 비슷하게 불운을 겪었을지 모른다.

"살해 수법은 사실 먹이를 바꿔치기한 것이었습니다." 버펄로에 있는 뉴욕주립대학교의 고생물학자 찰스 미첼Charles Mitchell의 말이다.

나는 미첼을 오르도비스기에 관한 일주일간의 국제 심포지엄에서 만났는데, 심포지엄이 열린 가장 국제적인 그 도시는 버지니아주의 해리슨버그였다. 그곳은 문자 그대로 오르도비스기의 꼭대기에 올라앉아 있다. 그 지역에 있는 동굴들은 태곳적 바다생물이 만든 석회암으로 조각되어 있고, 북군을 피해 숨어 있던 남군 부대들이 남긴 낙서로 가득하다. 2015년 여름, 전 세계에서 온 고생물학자들이 대학가로 내려와 그 기간에 관한 기록을 비교하고, 학회 만찬에 제공된 버지니아산 포도주의 품질에 관해 투덜대고, 오하이오주립대학교의 스티그 버그스트롬Stig Bergstrom(오르도비스기 연구계의 마이클 조던)***을 비롯한 이 분야의 은퇴한 전설들에게 경의를 표했다.

*** 버그스트롬을 기리기 위해 (듣자 하니) "아모르포그나투스 코노돈트(amorphognatus conodont)" 모양의 사탕 옷으로 컵케이크를 장식했고, 이 전설과 사진을 찍으려고 학생이건 동료건 똑같이 줄을 섰다.

미첼이 해리슨버그에 온 이유는 학회 참석자들에게 그의 사랑스럽고 불가사의한 필석류에 관해, 그리고 그 필석류가 오르도비스기 끝의 격변에 어떻게 대처했는지에 관해(간단히 말해, 잘 대처하지 못했다고) 이야기하기 위해서였다. 심층수 열대 종—이를테면 오르도비스기에는 햇빛이 들지 않는 깊이의 해양이었지만 지금은 네바다주 한복판인 곳에서 발견되는 종—은 완전히 제거되었지만, 그 이유가 해수면 하락은 아니었다. 이 동물들이 제거된 이유는 이들이 좋아하는 먹이가 사라졌기 때문이다. 깊은 저산소권에 살던 구름 같은 세균 말이다. 빙하시대가 시작되면서 해양이 뒤집히자 이 저산소대가 없어지면서 먹이가 사라졌고, 필석류도 대부분 사라졌다. 표면수에서 소박하게 자급자족하며 증식하던 시아노박테리아(남세균)도 깊은 곳에서 새로이 솟아 올라오는 영양분을 먹고 사는 해초로 대체되었다. 다시 말해, 먹이사슬의 바닥이 해양 전역에서 완전히 뒤바뀌었다. 해초는 시아노박테리아보다 더 배부른 식사 메뉴가 될지도 모르지만, 그걸 먹도록 진화해오지 않았다면 아무 소용이 없다. 안녕, 온 바다를 헤엄쳐 다니던 퉁방울눈의 삼엽충아.

대륙 위에 남겨져 말라간 셀 수 없이 많은 종에 이 희생자들을 보태고, 자기 섬에서 오도 가도 못하게 된 기후 난민들을 아우르면, 대멸종이 뚜렷이 보이기 시작한다. 숨을 곳은 아무 데도 없었다. 해양의 얕은 곳에도, 깊은 곳에도, 그 중간에도.

“멸종은 참으로 종 수준의 과정입니다. 개체에 일어나는 뭔가가 아니에요. 당신도 나도 죽지만, 그것은 대멸종과는 아무 상관도 없어요. 대멸종이란 모두가 죽는 때입니다.” 미첼이 말했다.

그리고 모두가 죽는 때란 적응이 더는 불가능할 때다.

오르도비스기 말 대멸종을 연구하는 동안, 미첼은 변화하는 세계에서 실제로 적응을 시도하고 있던 종이 얼마나 적었는지에 충격을 받았다. 이는 진화가 재난에 직면한 누군가의 기대만큼 그다지 유연하지는 않다는, 잠재적으로 섬뜩한 징후다.

"우리가 어떤 작업을 마친 뒤 거기서 실제로 본 게 이거예요. 종은 전혀 변하고 있지 않죠. 이 모든 위기의 한복판에 있어도 당신은 이렇게 생각할 거예요. 아무 일도 벌어지고 있지 않구나. 종은 대체로 거의 항상 정체되어 있고, 그러지 않는 유일한 때는 위기에 빠진 때죠. 그런데 위기란 위험한 수술과도 같잖아요? 때로는 당신을 새로운 종으로 만들어주기도 하지만, 때로는 그냥 멸종시키기도 하죠." 그가 말했다.

사슴이 결코 사냥꾼의 총알보다 빨리 달리도록 진화하지는 않을 것이다. 이처럼 대멸종은 희생자의 진화 잠재력을 뛰어넘는다.

"눈을 네 개 갖고 싶다고 아무리 간절하게 원해도 소용없어요." 미첼이 말했다. "한 종으로서 애초에 눈 숫자가 다양한 개체를 보유하고 있지 않다면, 선택의 여지가 없어서 망하는 거예요."

그래서 우리 손에는 이제 오르도비스기를 끝낸 여러 가지 살해 수법이 입수되었다. 어떤 수법은 다른 수법보다 더 교묘하다. 바다에서 물 빼기, 열대 식히기, 대륙 사이 떼어놓기, 심해에 산소 흘려 넣기, 먹이사슬 무너뜨리기……. 하지만 이 세계를 살해하는 일은 아직 끝나지 않았다. 최후의 일격이 남아 있었다.

북아프리카와 사우디아라비아의 빙하기 암석 바로 위에는 검은빛의 방사성 셰일이 있다. 어쩐지 불길하게 들린다면, 맞다. 이것이 이른바 북아프리카와 중동의 뜨거운 셰일, 석유와 가스를 파는 다국적 기업의 눈에서 밤새 달러 기호가 반짝이게 하는 종류의 셰일이다. 뜨거운 셰일은 세계에서 가장 중요한 석유 근원암을 형성한다. 석유로 흠뻑 젖은 이 검은 암석을 배달한 바다가 오르도비스기 세계의 나머지를 끝장냄으로써, 빙하가 시작한 일을 단호하게 마무리 지었다. 우리 자신의 빙하시대에서와 마찬가지로 빙하가 전진과 후퇴를 반복하면서 얼음의 해가 100만 번쯤 거듭된 뒤, 세계는 이 오르도비스기 말 빙하시대에서 튕겨져 나와 숨 막히는 온실로 돌진해 들어갔다. 해수면이 30미터도 넘게 올라갔고, 대륙은 한 번 더 물에 잠겼다. 산소가 부족한 오르도비스기의 따뜻한 바다가 돌아와, 이 일시적인 얼음 세계에 적응하는 실수를 저질렀던 소수의 살아남은 동물을 질식시키며 앙갚음을 했다. 이들은 인내를 죽음으로 보상받았다.

때때로 검은 셰일은 화석 기록에서 발견되는 SOS—산소가 위태롭게 떨어져간다는 암울한 통지—에 가깝다. 그것이 검은빛인 이유는 죽은 바다생물에서 탄소가 번져가기 때문이다. 해양저로 가라앉는 시체는 거기서 산화하지도 부패하지도 못한 채, 고스란히 남겨져 생명이라곤 없는 무산소 해저에 쌓인다. 그리고 거기 머물다 마침내 5억 년 뒤에 어느 호기심 많은 영장류 종에게 발견되고, 그 영장류는 그것을 파내 불태우기로 작정한다.

오르도비스기의 끝에 돌아오고 있던 이 바다에 왜 **그토록** 산소가 없었는지에 관해서는 아직도 얼마간 논쟁이 있지만, 빠르게 녹고 있던 아프리카 빙상에서 엄청나게 쏟아져 들어온 민물도 한몫했을지 모른다. 민물은 짠 바닷물 위에 뚜껑을 형성하므로, 그 결과 바다에 층이 생기면서 더 깊은 바다는 산소에 굶주리게 된다. 수천 년 전 가장 근래의 빙하시대 끝에서도, 빙하가 녹은 민물이 유입되면서 해양의 산소가 잠시 급락한 뒤 서서히 회복되었다. 그리고 오늘날 그린란드의 남해안에서 급속하게 녹고 있는 대륙의 민물이 엄청나게 흘러서 해양 순환에 이변을 일으키고 있을 뿐 아니라, 어쩌면 멕시코만류까지 늦추고 있을지도 모른다. 리즈대학교의 얀 잘라시에비치Jan Zalasiewicz 같은 지질학자들은 이렇게 생각한다. 인류가 현재의 간빙기 기후를 벗어나 수천만 년 동안 보이지 않은 종류의 미래 온실을 향해 무모하게 돌진한다면, 이 소름 끼치는 오르도비스기 종결부에서 한두 가지를 배울 수 있다고 말이다.

"오르도비스기의 끝에 관한 그 한 가지는, 우리가 대규모 온난화, 해수면 상승, 정체, 멸종 사건을 본질적으로 빙하기 기후 구간 안에서 목격하고 있다는 점입니다. 그러니까 그런 면에서 그 시기는 [현대의] 여러 시기와 비슷합니다. 지난 250만 년의 경우도, 우리는 빙하기 기온과 대략 오늘날과 비슷한 기온 사이에서—약 1도 안짝으로—절묘하게 균형을 유지하는 체계를 보아왔어요. 지금 벌어지고 있는 일로 말하자면, 우리는 완전히 간빙기 온기의 정점에 있는 게 아니라, 거기에 지극히 가까울 뿐입니다. 하지만 그보다 더 높이 도달하는 순간 우리는 분명 새로운 영역에 있게 됩니다. 수백만 년 동안 보인 적 없는 영역……. 오르도비스기의 끝에는 기온과 해수면과 산소 공급이 이와 비슷하게 한 상태에서 다른 상태로 펄쩍 건너뛴 사건이 있었습니다. 그게 우리가 향하고 있는 듯한 종류의 탈선과 흡사할지도 모르지요."

그래도 변화는 새로운 기회와 함께 온다. 오늘날은 농경 유출물과 지구온난화로 해양에 산소가 최소인 구역이 확장되면서, 이 척박한 층에서 사냥하는 법을 터득한 동물—이를테면 오늘날 빠르게 바뀌는 태평양에서 번성하고 있는 그 사악한 훔볼트오징어—의 생존을 촉진하고 있다. 하지만 오르도비스기에는 생명체가 살아남을 수 없을 만큼 변화가 빨랐다. 그 일이 다가오는 몇 세기 사이에 생명체에게 다시 벌어질지도 모른다.

행성이 오르도비스기 말 대멸종에서 완전히 회복되는 데에는 **500만 년**이 걸렸다. 마침내 행성이 회복한 순간, 속이 파내진 생태계는 생존자가 번영할 새로운 기회를 제공했다. 서서히, 행성은 조금 더 지구를 닮아가기 시작했다. 등뼈가 있는 것들—우리의 조상—은 여태껏 중요하지 않은 선수였지만, 이제는 이들이 멸종에 뒤이어 사방으로 퍼져나갔다. 자, 물고기 없는 바다에 관해서는 이쯤 해두기로 하자.

오르도비스기 대멸종은 비록 거의 5억 년 전 생소한 행성 위에서 일어났지만, 오하이오주립대학교의 살츠만은 거기서 배울 교훈이 있다고 생각한다. 암석에서 나타나 멸종을 알리는 많은 지구화학적 신호 가운데 우리의 시대와 가장 관계가 깊은 것은 탄소 순환의 터무니없는 변동일지도 모른다. 탄소 순환은 참사 내내 엉망이 된다. 이 몸부림의 정확한 의미에 관해서는 지질학자들도 아직 토론 중이지만, 그 함의는 분명하다.

"할 수 있는 말은 이것뿐인 것 같아요. 탄소 순환이 심각하게 급속히 변하면, 좋게 끝나지 않는다." 살츠만이 말했다.

행성이 다음 시대에 다시 태어났을 무렵, 생명은 이미 믿기지 않는 양의 탄소를 암석 안에 매장한 터였고 그 탄소는 결국 오늘날의 화석연료가 될 것이었다. 하지만 생명활동은 이제 막 시작되고 있었다. 연극의 제1막에서 탁자 위에 놓여 있는 총처럼, 이 총도 결국은 발사될 것이다.

제3장

The Late Devonian
Mass Extinction

데본기 후기 대멸종

3억7400만 년 전 그리고
3억5900만 년 전

그 강의 상류 쪽으로 올라가는 일은 마치
이 세상이 처음 시작되던 시대로 되돌아가는 것 같았다네.
그 옛날에는 이 지상에서 초목이 어지럽게 자라고 있었고
키 큰 나무가 왕처럼 행세하고 있지 않았겠나.

—조지프 콘래드, 1899[3]

판피류는 대양의 제왕이었다.

—마시O. C. Marsh, 1877

지난 몇 년 사이에 미국은 갑자기 천연가스를 쏟아내기 시작했다. 전국에 흩어진 탐광자들이 뚫은 가스정이 수천 개에 달하면서, 시장에는 값싼 에너지가 넘쳐나게 되었다. 이것이 바로 셰일가스혁명Shale Gas Revolution이며, 이 혁명이 석유 및 가스 지정학의 '그레이트 게임'을 재조직한 결과 미국은 외국산 에너지에 덜 의존하게 된 동시에 세계 최상위 가스 생산국들 정상에 우뚝 서게 되었다. 혁명은 수압파쇄hydraulic fracturing 또는 '프래킹fracking'으로 알려진 기술적 돌파구에서 태어났다. 이 기술이 엄청나게 매장되어 있던 탄화수소의 자물쇠를 풀어 시추업자들이 뉴욕에서 노스다코타까지 펼쳐진 연료로 흠뻑 젖은 암석들을 마지막 한 방울까지 빨아먹을 수 있게 해주었다. 국가가 혁명의 수도꼭지를 여는 바로 그 순간, 이 모든 시추가 환경과 공중보건에 미칠 영향에 관한 논쟁에 불이 붙기도 했다.

하지만 미국 경제에는 중대했는지 몰라도, 검은 셰일을 파쇄한 효과는 애초에 이 모든 검은 셰일이 만들어지면서 행성 지구에 미친 효과에 비하면 아무것도 아니다. 이 새로 발견된 천연가스의 풍부함에 감사하려면, 미국은 데본기 후기의 무시무시한 대멸종에 감사하면 된다. 3억5000만 년도 더 전에 나라를 덮고 있던 바다가 자꾸만

숨통이 막히면서, 집단으로 죽은 해양생물이 해저로 가라앉아—헤스Hess나 체서피크에너지Chesapeake Energy 같은 회사에게는 매우 반갑게도—결국 천연가스가 되었으니 말이다.

소름 끼치는 오르도비스기의 끝을 이어 (실루리아기라 불리는 지구사의 짧은* 장章을 거친 뒤) 생명의 역사에서 중대한 전환기인 데본기가 대략 4억2000만 년 전에 시작되어 6000만 년 뒤 재난 속에서 끝났다. 오르도비스기의 '물고기 없는 바다' 이후로 수백만 년 사이에, 행성 지구에서는 많은 것이 바뀌었다. 사실 오르도비스기 말 대멸종의 파괴에 뒤이어 우리의 조상들—물고기—이 사방으로 퍼져나가 해양을 넘겨받았다. 이들이 행성을 얼마나 성공적으로 정복했던지, 데본기에 이르러 지구가 들어선 시대는 '어류의 시대'로 알려졌다. 전 지구에 걸친 데본기의 웅장한 생물초를 중심으로—대부분 무섭고 생소한—물고기 포식자와 물고기 먹잇감으로 만원을 이룬 생태계가 소용돌이치고 있었다. 이 해양의 신임 관리자 가운데 일부는 심지어 어기적거리며 물가로 올라가 잠깐씩 머물며, 주뼛주뼛 육상생활을 시험했다. 하지만 우리 어류 조상들은 한 번 끔찍이 놀랄—실은, 여러 번 끔찍이 놀라고 또 놀랄—판이었다.

데본기 후기 대멸종의 첫 번째 심각한 치명타는 3억7400만 년 전에 가해졌다. 그 자체로도 역대 최악의 5대 대멸종 가운데 하나가 될 자격이 충분한 이 사건은 지금껏 세상이 알았던 가장 방대한 생물초

* 겨우 2000만 년밖에 안 되는.

의 99퍼센트를 파괴한다. 777만 제곱킬로미터가 넘는 면적에 걸쳐 현대 생물초의 열 배 규모로 펼쳐져 있던 이 생물초의 유해가 오늘날 캐나다와 오스트레일리아에서 막대한 석유 비축량을 유지한다. 1억 년도 더 걸릴 테지만, 행성 위의 생물초는 이 대량학살에서 회복될 것이었다. 하지만 지구상의 생명체에게는 불행하게도, 데본기 대멸종은 한 번뿐인 재난이 아니었다. **두 번째** 심각한 치명타는 3억5900만 년 전에 가해졌다. 이 최종적 참사는 절정에 달한 얼음 속에서 이 시기를 단호하게 끝장내며 행성 위의 최상위 포식자들을 들어낼 것이었다. 역대 최고로 무서운 동물의 모든 최종 후보자 명단에서 결승에 진출해 마땅한, 그 중무장한 바다의 거수巨獸들을 말이다.

하지만 수억 년 전 데본기에 행성이 거의 죽은 이유를 이해하려면, 먼저 미국에 가스가 풍부한 검은 셰일이 그토록 많은 이유부터 설명할 필요가 있다.

"제가 데본기 셰일을 연구하기 시작한 이유는 그게 여기 오하이오에 있기 때문입니다." 신시내티대학교의 지질학자 토머스 앨지오Thomas Algeo가 말했다. "하지만 그다음엔 바로 궁금해지기 시작하더군요. 데본기에는 검은 셰일이 왜 그렇게 많은 거지?"

앨지오는 데본기 후기에 끼어드는 대멸종들에 관한 연구자 가운데 무척 영향력 있는 사람이므로, 나는 지구사에서 때때로 무시되는 이 기간에 관한 기본 지침을 얻고자 그의 사무실을 찾아갔다. 다수의 동료가 수십 년 동안 앨버레즈 소행성 충돌 가설Alvarez Asteroid Impact Hypothesis의 마력에 사로잡혀 일해온 학계에서, 데본기 후기의 위기에 관한 그의 견해는 인기를 얻기까지 시간이 걸렸다.

"데본기 멸종은 다른 대멸종 사건들과는 양상이 완전히 다릅니다. 우선 기간만 봐도 그래요. 우리는 지금 2000만 년에서 2500만 년에 걸쳐 펼쳐졌던 뭔가에 관해 이야기하고 있는 거예요. 이건 **그렇게나** 길었습니다." 앨지오가 말했다.

3억7400만 년 전과 3억5900만 년 전에 있었던—켈바제르 사건 Kellwasser Event과 항엔베르크 사건Hangenberg Event으로 알려진*—두 번의 가장 극단적인 참사를 포함해 멸종의 봉우리가 최소한 열 번은 올라가는, 데본기 후기에 중간중간 끼어드는 위기는 다른 5대 대멸종의 어떤 위기와도 뚜렷이 다르다. 백악기 말 공룡 멸종과는 특히 더 뚜렷이 구별되는데 백악기 말 멸종은 화석 기록에서 거의 순간적으로 나타난다. 말하자면, 소행성 충돌에서 비롯했다고 예상해도 좋을 만큼. 그런데도 데본기 멸종들의 그 이상한 특징이 고생물학자들의 외계 범행자 수색을 중단시킨 적은 한 번도 없었다.

사실 데본기의 첫 번째 치명타인 켈바제르 사건이야말로 고생물학자들이 소행성 습격으로 설명을 시도한 최초의 전 지구적 재앙이었다. 1969년 캐나다의 지질학자 딕비 매클래런Digby McLaren이 고생물학회에서 동료 청중에게 직접 말을 꺼냈을 때, 그들 대부분은 대멸종이 실재한다는 개념조차 믿지 않았다. 다윈 이후 대부분은 지질학에 중간중간 끼어드는 화석 생명체의 거대한 단절을 불완전한 암석 기록의 결과라고 생각했다. 생명이 눈 깜짝할 사이에 제거될 수

* 각각 프라스니안-파메니안(Frasnian-Famennian) 경계 및 데본기-석탄기 경계로도 알려져 있다.

도 있다는 발상은—구약에 나오는 파괴의 냄새를 풍기는—남우세스러운 발상이었다. 학계는 창세기에서 영감을 받은 홍수 '지질학'의 망령을 떨쳐버리려 애쓰며 거의 두 세기를 소모해온 터였다. 그 같은 부류는 지금도 미국의 몇몇 곳에서 넌더리나는 부흥을 누린다. 하지만 화석 생명체의 거대한 단절은 계속 매클래런을 따라다니며 괴롭혔다. 그는 동료들이 생명의 역사에 있는 이 거슬리는 불연속성을 "존재하지 않는 것으로 규정하려 한다"고 주장했다. 1965년에는 매클래런의 한 동료가 이란에 있는 데본기 암석을 찾았다가 그 화석 기록 안에서 그가 북아메리카산 암석에서 봤던 것과 똑같은 불길한 단절을 목격했다. 데본기 후기에 무슨 일이 일어났건 간에 그건 어느 한곳에 한정된 것이 아니라 전 지구적인 사건이었다. 그래서 매클래런은 그 사건에 종말론적인 명분이 필요하다는 확신을 얻었다.

"오늘날 대서양 한복판에 거대한 운석이 떨어진다면 6000미터 높이의 파도가 생길 겁니다." 그는 동료 고생물학자들에게 그렇게 발표했다.

"이 정도면 쓸 만합니다." 그가 데본기 후기 암석에서 보이는 전 지구적 생명 파괴 각본을 지지하면서 한 말이다. 그의 연설은 당혹스러운 침묵이라는 반응을 얻었다. 매클래런이 옳았음은 연구자들이 나중에 소행성이 전 지구적 파괴에 그러한 구실을 할 수 있다는 사실을 알아내고서야 결국 입증될 것이었다. 그는 잘못된 대멸종을 짚었을 뿐이다.

1980년에 10킬로미터 너비의 소행성과 공룡의 실종이 충격적으로 연결된 순간, 오래도록 고생물학에서 남우세스러운 비주류로 밀려나 있던 대멸종 연구는 갑자기 첨단에 서게 되었다. 지질학자들은 다른 멸종의 경계에 있는 외계의 증거를 찾아 지구의 먼 구석구석으로 흩어졌다. 예전에 일축당한 매클래런의 견해가 새로운 생명을 얻으면서, 데본기 절멸들도 소행성 사냥꾼 지망생들을 손짓해 불렀다. 증거는 희박했지만 일부는 그래도 자신들이 찾아낸 게 그 기간의 끝 무렵 파국적 충돌이 그러한 초토화를 일으켰을 수 있음을 뒷받침한다고 주장했다.

어떤 지질학자들은 오르도비스기의 끝에 그랬듯 데본기 후기의 위기에도 극도의 한랭화가 한몫을 했다고 생각한다. 당시의 나머지 동안은 지구사에서 훈훈한 구간이었다. 충돌을 열렬히 옹호하는 일부 학자는 이 명백한 냉기뿐만 아니라 데본기 멸종들의 유난히 긴 지속 기간과 박동성까지 하늘에 호소해서 설명하겠다고 제안했다. 그런 이론 하나는 이렇게 진행되었다. 어느 낮은 궤도의 소행성 하나가 지구에 쾅 부딪친 뒤 많은 암석을 궤도로 걷어차 올리면 행성 둘레에 토성처럼 고리를 형성할 수 있을 것이다. 그 고리는 적도 위로 그림자를 드리워 끝없는 어스름과 한랭화를 일으킬 테니, 멸종이 열대 생물체 사이에서 극심했던 까닭을 해명할 수 있다. 그다음에는 고리에 있던 암석이 수백만 년에 걸쳐 서서히 다시 땅으로 쏟아져 내릴 테니, 이로써 멸종이 오래도록 박동한 까닭도 해명된다. 이는 공상적인지는 몰라도 흥미를 자아내는—그리고 외계의 관찰자에게도 상당한 구경거리가 되었을—모형이다. 하지만 앨지오는 이를 쳐주지 않았다.

"개연성이 낮아요." 그가 간결하게 말했다. "터무니없는 발상은는 있습니다."

러트거스대학교의 조지 맥기Jeorge McGhee Jr.는 더 열성적인 충돌 옹호자 중 한 사람이었고, 1996년에는 소행성의 습격이 데본기 후기 대멸종을 일으킨 상황을 개략적으로 서술하는 책을 출간하기도 했다. 그러나 더 근래에 맥기 자신이 시인했듯, 공룡의 치세 끝에서 소행성 충돌 쪽을 가리키는 다각도의 증거 같은 것—풍부한 외계 먼지나 떼죽음을 해명할 만큼 커다란 충돌구 따위—은 데본기의 경우 아직까지 탐지된 적이 없다. 그가 썼듯 "심지어, 세계 방방곡곡의 과학자들이 30년을 뒤진 뒤에도" 그러하다.

앨지오가 내세우는 가설의 살해범은, 살해범으로서 터무니없게 들리기로는 그놈이 그놈인지 몰라도, 소행성보다는 훨씬 현실적이다. 그의 주장에 따르면, 놈은 그 기간의 끝에 급속냉동이 일어난 까닭도 해명하고 그 모든 검은 셰일이 오늘날 프래킹 업자에게 천연가스를 퍼부어주는 까닭도 해명할 수 있다. 반면 데본기 동물에게는 부적합한 숨 막히는 해양을 암시한다. 앨지오의 사무실 밖에는 죽죽 홈이 파인 덩치 큰 돌기둥이 하나 있었다. 그건 한 덩어리로 화석화한 나무였다. 수령이 3억8000만 년인 그 나무는 그냥 장식으로 거기 있는 게 아니었다.

"저는 이 멸종들이 육상식물의 진화와 관계가 있다고 꽤 자신합니다."

크리스틴 와이코프Kristin Wyckoff는 길보아박물관Gilboa Museum의 자원봉사 관장이다. 소박한 1실 구조로 뉴욕주 북부 캐츠킬산맥의 중심부에서 농지에 둘러싸여 있는 박물관은 녹슨 농기구와 빛바랜 사진으로 가득하다. 사진에는 뉴욕주 길보아의 중후한 저택들이 담겨 있지만, 길보아는 이미 존재하지 않는다. 길보아라는 옛 마을은 인공호의 바닥에 있다. 와이코프의 박물관은 이 수몰된 마을을 기념하며 그 비극적인 끝을 되새긴다. 그 끝은 예기치 않게 그곳을 지구상 생명의 역사에서 가장 중요한 사건 가운데 하나와 대면시켰다.

1세기 전, 길보아의 24킬로미터 남쪽에 자리한 뉴욕시는 엘리스섬의 입국심사를 통과해 어안이 벙벙해지는 대도시로 꾸역꾸역 밀려들어오는 이민자들을 수용하느라 몸살을 앓고 있었다. 도시는 또한 오래도록 이스트강 건너편의 독립적인 이종 문화권이었던 브루클린을 합병해 도시 경계 안으로 끌어들인 참이었고, 그 결과 뉴욕시민에게는 더 많은 물이 절실하게 필요했다. 자연히 도시는 저수지를 짓기 위해 북쪽, 사는 사람이 드문 캐츠킬산맥의 청정한 골짜기를 바라보았다. 예스러운 길보아 마을에는 불행하게도, 주 전체에서 댐을 건설하기에 가장 유망한 곳 하나가 문자 그대로 마을의 중심에 있었다. 그 마을은 어느 날 갑자기, 뉴욕의 물 관리자들이 마흔 개가 넘는 지류가 흘러들어 주 전체에서 가장 빠르게 다시 채워지는 저수지가 되리라고 내다본 골짜기의 바닥에 자리하게 되었다. 쇼하리강Scoharie River은 가둬지고, 친애하는 작은 마을 길보아는 더 커다란 선을 위해 희생되어야 할 터였다. 마침내 주정부는 마을 터를 호수로 만들기로 결정했다. 그러나 뉴욕시는 물 부족 사태를 해결하기 위해 한 마을을 희생하면서, 그곳 주민의 안위는 아랑곳하지 않았다.

마을의 마지막 생존 주민들에게서 구전 역사를 수집하는 동안, 와이코프는 댐 건설 기간에 강요된 조치에서 거의 성경에 나오는 추방을 떠올렸다. 거주자들은 자기 집이 헐릴 것이라는 표시로 대문에 불길한 X자가 휘갈겨져 있는 걸 집에 와서야 알았다.

"[한 거주자는] 마지막 짐을 싸러 돌아갔을 때 침실에 수집해두었던 인형을 챙기려고 봤더니 집이 이미 폭삭 주저앉아 있었다더군요. 집을 불태워버린 다음이었답니다. 공지도 제대로 하지 않고서요." 와이코프가 말했다.

1926년, 쇼하리강은 번쩍번쩍 빛나는 신축 길보아 댐에서 멈추었고 마을은 서서히 물에 잠겼다. 어느 길보아 향토사학자는, 아마도 멜로드라마의 색채를 살짝 가미했겠지만, 이렇게 추정했다. "인구의 3분의 1 이상이 심장마비로 죽었습니다. 나머지 사람들은 죽음이 그들을 잔혹한 세상에서 해방시킬 때까지 머물 곳을 찾아 멍하니 사방으로 흩어졌습니다. 그들은 세상에 자기들을 위한 곳은 아무 데도 없는 것 같다고 말했습니다."

오늘날, 옛 길보아 마을의 모든 유물은 쇼하리저수지의 바닥에 있고, 저수지의 물은 맨해튼의 수도꼭지에서 아직도 쏟아져나온다. 박물관에서 멀지 않은 와이코프로Wyckoff Road를 벗어난 곳에 있는 쓸쓸한 묘지에는 숫자로만 표시된 구부정하고 이끼 낀 묘비가 가득하다. 옛 마을 공동묘지가 마을과 함께 물에 잠겼을 때, 주에서는 마을의 죽은 주민도 이전시킬 수밖에 없었다. 90년이 넘은 지금까지도 도시를 향한 분노는 변함없이 손에 잡힐 듯하다. "아직도 그게 느껴집니다." 와이코프가 말했다.

하지만 댐 건축에는 축복도 없지 않았다. "길보아 댐을 지으면서 긍정적인 게 하나 나왔다면, 이 믿기지 않는 화석들을 찾아낸 것이었지요."

댐에 씌울 사암 덩어리를 캐내는 동안 채석공들은 굴착기가 홈이 파인 이상한 돌기둥에 막혀 자꾸 서버리는 통에 어쩔 줄 몰랐다. 그들은 뜻하지 않게, 행성 위에 처음 선 나무들과 생명의 역사상 가장 오래된 숲을 발견해냈다. 뉴욕주의 주도인 올버니에서 서쪽으로 약 한 시간 거리에서 말이다.

뉴욕주는 데본기와 충돌한 것이었다.

지구사의 거의 전 기간 동안 대륙은 황폐하고 험악한 암석의 벌판이었으므로, 내륙이 속속들이 텅 비어 생명이라곤 없던 우리의 고향 행성은 알아보기도 어려웠을 것이다. 하지만 오르도비스기가 시작되면서 아주 작은 식물들이 해안에 미약한 교두보를 확보하기 시작했다. 보잘것없는 규모 덕분에 '소인국 식물계Lilliputian plant world'로 알려진 이 세계에서는 선구적인 우산이끼의 잔가지도 기껏해야 몇 인치에서 성장을 멈추었다. 그렇기는 하지만, 연못의 더껑이에서 육상식물로 도약하는 일은 아무리 줄잡아 말해도 경외심을 불러일으키는 위업이었다. 일단은 소인국 백성들 사이에 중대한 혁신(밀랍 같은 겉껍질과 아주 작은 숨구멍을 고안하는 일 따위)이 일어나서 태양 아래

다시 시들어 말라버리는 사태를 피해야 했다. 식물이 육지에 오른 순간, 한정된 부동산에서 햇빛을 차지하려는 경쟁이 결국 더욱더 지구의 판도를 바꾸는 식물 내 혁신으로 이어졌다. 즉, 데본기 중간에 이르자, 이제는 수직으로 갈 때가 되었다. 떠받치는 관다발 조직을 개발한 나무들은 햇빛을 얻는 데 방해가 되는 서로를 밀쳐내며 숲 천장의 꼭대기를 향해 달음질했다.

"이때가 식물이 무릎 높이에서 나무 높이로 가는 때입니다." 앨지오가 말했다.

이전까지 화석 기록에 나무라곤 없던 길보아에, 갑자기 9미터 키의 야자수 비슷한 게 밀림을 이루며 뉴욕주의 바닷가 평원과 습지 위로 솟아올랐다. 이 원시나무들은 훌라 무용수의 치마처럼 가느다란 섬유에 매여 땅에 정박했지만, 머지않아 아래로도 총구를 겨누어 제대로 된 뿌리를 개발하며 땅으로 파고 들어갈 것이었다. 육지 정착이 착착 진행되고 있었다.

이 최초의 숲은 자기네 교회당의 바람이 잘 통하는 신도석으로 세계 최초의 곤충들을 맞아들였고, 다족류와 원시거미도 열대 길보아를 뚫고 잽싸게 쏘다녔다. 이 최초의 곤충들이 물고기를 꾀어 마른 육지로 시험 삼아 뒤뚱뒤뚱 첫발을 내딛도록, 그래서 결국은 조상의 바다를 완전히 버리도록 할 것이었다. 수억 년 뒤에는 붐비는 해저 보육원에서 고등생물이 출현해 황량한 무생물 대륙으로 스며들 것이다. 하지만 그들은 이 개척정신 때문에 벌을 받을 터였다.

부스러지는 길보아 댐에 종종 행하는 보수공사가 2010년에 다시 시작되었을 때, 뉴욕주립대학교 빙엄턴캠퍼스의 고생물학자 윌리엄 스타인William Stein이 이끄는 팀이 뉴욕주 환경보호청의 초청으로 이 세계 최초의 숲을 엿보게 되었다. 주에서 과학자와 일반인 모두에게 거의 한 세기 동안 출입을 금해왔고 오늘날에도 여전히 금하는 그 장소는 동화의 나라였다. 스타인의 팀은 눈에 띄게 잘 보존된 어느 숲 바닥과 더불어 한때 세계 최초의 나무들이 서 있던 구멍 200개를 발견했고, 다루기도 버거운 화석 나무 그루터기를 30개도 넘게 회수한 뒤 나중에 여러 개를 와이코프의 박물관에 기증했다. 길보아 화석 숲 Gilboa Fossil Forest은 원시 생태계를 들여다보는 창을 제공할 뿐 아니라 새로운 행성의 시작을 표시하기도 한다. 그 행성의 표면은 초목에 의해 극적으로 개조될 것이었다. 스타인의 팀은 길보아 숲이 촉발한 획기적인 변화에 관해 학술지 『네이처Nature』에 이렇게 썼다. "데본기 중기에 이르러 나무가 생겨난 사건은 육상 생태계에 중대한 변화가 일어나 잠재적으로 풍화 증가, 대기 중 이산화탄소 감소 (…) 그리고 대멸종을 포함한 장기적 결과를 초래할 것임을 시사한다."

나무는 오늘날 자비로운 생명의 기부자로 보이지만—그리고 뒤따를 육상생물의 그 모든 번성 비용도 결국은 식물이 떠맡을 테지만—이 행성 위 최초의 숲은 마지막 시간을 예고했을지도 모른다.

그래서 대륙 위에 동튼 숲이 해양에서 형성된 걱정스러운 검은 셰일이나 데본기 후기에 행성을 내려친 극단적 위기와 어떤 관계가 있다는 걸까?

"데본기에 일어난 일은 현대의 데드존dead zone과 유사합니다." 앨지오의 말이다.

오늘날 여름마다 멕시코만에서는 뉴저지주 크기만큼의 해양이 산소를 잃고 그 안에 있는 거의 모든 것이 죽는다. 뉴저지는 뉴저지대로 계절에 따라 무산소증에 시달리고, 이리호 사정도 마찬가지라 유독한 조류가 너무도 크게 증식한 나머지 2014년에는 인접한 도시 털리도에 식수 공급을 중단하는 사태까지 겪었다. 2016년에는 바다생물을 질식시키는 조류 곤죽의 짙은 파도가 플로리다주의 해안을 난타했다. 선주들은 그게 아보카도 소스인 과카몰리처럼 질척했다고 묘사했다. 같은 종류의 문제에 시달리며 크게 피폐해진 체서피크만*은 비교적 최근까지만 해도 생물의 천국이었다. 체서피크는 한때 항해의 위험을 상징할 만큼 광범위한 굴 암초를 자랑했을 뿐만 아니라, "돌고래, 바다소, 수달, 바다거북, 악어, 철갑상어, 상어, 가오리"가 있는 바다생물의 동물원을 뽐내기도 했다. 이 명부는 현대에 탁한 만에서 재미로 배를 타는 사람들을 놀라게 할지도 모른다. 오늘날 거기서 바다소를 발견할 가능성은 하마를 발견할 가능성과 거의 비슷하다. 더 멀리 나아가자면, 산소가 부족한 물은 발트해와 동중국해도 괴롭힌다. 이 치명적 현상—바다에서 산소를 빼앗아가는 걷잡을 수 없는 조류 성장—을 부영양화富營養化, eutrophication라 한다. 데본기 후기의 운이 다한 동물에게 이 과카몰리 물결은 친숙한 광경이었는지도 모른다.

부영양화는 좋은 것이 지나치게 많아서—식물에게 비료를 과잉 투여해서—일어난다. 오늘날 멕시코만의 문제는 중심지에서 시작된

* 체서피크만은 놀랍게도, 3500만 년 전 거대한 소행성이 충돌한 결과로 형성되었다.

다. 미국 중서부와 대평원의 끝없는 바둑판 안에서 농부가 자기네 작물에 질소와 인이 풍부한 비료를 뿌리면, 식물에 흡수되지 않고 남은 것은 결국 씻겨서 미시시피강으로 들어간다. 미시시피강이 루이지애나주 남쪽의 해양으로 흘러들면, 그 축적된 미러클-그로Miracle-Gro(대표적인 비료의 상품명 – 옮긴이)는 탁 트인 해양에서 조류의 폭발적 성장에 박차를 가한다. 만발한 조류가 떼로 죽으면 가라앉아 분해되고, 이 과정이 물기둥 안의 산소를 거의 다 써버린다.

산소가 없으니 다른 모든 것이 질식하고, 그 결과로 떼죽음을 당한 물고기는 멕시코만 연안의 피서객들에게 해마다 성서 속 광경처럼 떠밀려오는 축 처진 노랑가오리, 넙치, 새우, 장어 따위의 물결로 자신을 알린다. 물속에서는 죽은 게, 조개, 굴을 파는 벌레가 무척추동물 솜 전투Battle of the Somme의 사상자처럼 해저를 어지른다. 규모가 커져서 전 지구적으로 지속되는 부영양화 사건이 얼마나 묵시록적일 수 있는지는 쉽게 알 수 있고, 이는 데본기에도 마찬가지였을지 모른다.

오늘날 이러한 조류 증식*과 데드존의 전 세계적 확산은 주로 산업형 농업의 발달과 성장에서 동력을 얻는다.** 하지만 데본기에 몬산토Monsanto(세계적인 농업 기업 – 옮긴이)가 있었다는 증거는 거의 없으

* 산소를 다 써버리는 것 외에도, 유독성 조류 증식(toxic algae bloom)은 이름값을 톡톡히 한다. 캘리포니아주 몬터레이만에서 조류 신경독을 섭취한 바닷새들이 정신이상에 걸린 사건은 앨프리드 히치콕의 영화 「새」에 영감을 제공했다. 근래에 뉴잉글랜드 연못들 주위에 사는 인간 모집단을 조사한 결과는 심지어 유독성 조류 증식을 ALS(근위축성축삭경화증) 다발 지점들과 연관시키기도 했다.

** 그리고 지구온난화로 악화되었다.

므로, 태곳적에 비료가 바다로 유입된 데에 대해서는 다른 설명이 필요하다. 앨지오와 그의 동료들은 식물 자체를 설명으로 내놓았다. 식물이 처음으로 뿌리를 가지고 땅으로 파고 들어갔고, 암석을 깨뜨려서 인과 같은 영양분을 풀어주었고, 그런 다음 그 영양분이 강으로 씻겨 들어가 해양을 조류와 식물 플랑크톤의 먹이로 오염시켰다는 게 그들의 이야기다. 그 결과인 영양분의 홍수가 플랑크톤의 증식에 엄청난 박차를 가했고, 플랑크톤이 바다에서 산소를 빼앗아 궁극적으로 그 모든 검은 셰일을 만들어냈다는 것이다.

길보아에 있던 나무들은 정말이지 기이하기만 한, 거대한 잡초였다. 몸통은 야자수처럼 굵지만, 속새나 고사리와 더 가까운 친척이다. 우리가 보통 말하는 나무로 알아볼지도 모르는 최초의 나무들은 데본기 안에서 더 늦게, 아르카이옵테리스Archaeopteris***가 현장에 나타났을 때에야 비로소 모습을 드러냈다.**** 훌쭉한 삼나무를 닮은 그건 공중으로 30미터도 넘게 우뚝 솟아 있었다. 이 인상적인 키를 떠받치기 위해, 아르카이옵테리스는 세계 최초의 심근계deep-root system를 갖추고 있었다. 그리고 유기산을 분비해 처녀지를 파고 들어갔다. 퍼지는 동안 물리적으로도 화학적으로도 대륙성 암석을 공격해 분쇄하고 있었다는 말이다.

이 나무들은 최초의 토양을 형성했다. 토양은 그런 다음 강과 시

*** 새처럼 깃털이 달린 전이 형태의 공룡으로 유명한 아르카이옵테릭스(Archaeopteryx, 시조새)와 혼동하지 마라. 고생물학자들은 건성으로 따라오는 사람을 편안하게 해주지 않는다.

**** 이 나무는 씨앗 대신에 홀씨를 써서 번식했으므로, 아직도 상당히 낯설다.

내로 씻겨 들어갔다가 궁극적으로 얕은 바다로 들어가, 해양을 선사시대 미러클-그로로 넘쳐나게 만들었다. 아르카이옵테리스의 왕국이 행성 전역에 빠르게 퍼짐에 따라, 이들이 암석에서 풀어준 하류의 영양분이 해양에서의 증식에 박차를 가했고, 이는 오늘날의 산업계 비료만큼 바다에서 생명체를 질식시켰다. 이러한 플랑크톤 증식은 바닷속 1차 생산력의 특징인 거대한 탄소 매장 사건이 폭주함으로써 암석 속에서 뚜렷이 드러난다. 이 치명적인 물결에서 유래한 탄소가 오늘날 파쇄되고 있는 바로 그 탄소다.

데본기에는 설상가상으로, 대륙을 덮고 있던 낯선 바다로부터 망망대해로 가는 출구가 제약되어 있어서, 육지에서 쏟아져 들어오는 이 영양분을 씻어내기가 훨씬 더 어려웠다.

"오늘날 멕시코만에서는 이러한 데드존이 탁 트인 대륙붕에서 발생하고 있어요. 거기에는 이렇다 할 제약도 없는데 말입니다. 그러니까 이 일은 심지어 그런 조건에서도 가능합니다. 하지만 데본기에는 그야말로 무산소증이 발병할 최상의 조건이 있었지요." 앨지오가 말했다.

이는 곧 물고기 떼죽음의 극치였다.

이보다 더 나아간 나무의 혁신—데본기의 맨 끝, 두 번째 대멸종의 물결 직전에 발명된 씨앗 따위—은 식물이 건조한 환경으로 더욱더 멀리 밀고 들어가 살아남을 수 있게 해주었다. 데본기의 끝에 이르러 길보아 같은 곳의 시내와 연못 주위 축축한 가장자리에서 대지는 대대적인 침공을 받기 시작했다. 앨지오는 이런 부류의 생물학적 혁신—나무, 뿌리, 씨앗 따위—이 데본기 후기 멸종들의 박동성을 해명한다고 생각한다.

"초목의 확산이 반드시 2500만 내지 3000만 년에 걸쳐서 일어나는 균일한 과정이었던 건 아닙니다. 그 사건은 맥이 뛰듯이 일어났을 겁니다. 예컨대 한 무리의 식물은 내륙으로 더 멀리 퍼질 능력을 진화시킨 뒤 더 가혹한 조건에 적응했을 겁니다. 그 일은 매우 빠른 속도로 일어났습니다. 그다음에는 정체기가 있었을 겁니다. [그리고] 그다음에는 또 다른 고식물학적 발전이 다음번 위기를 촉발했을 겁니다."

만약 초기의 숲이 **오로지** 데본기 후기 해양에 과도한 영양분을 쏟아붓고 바다에서 산소를 짜내기만 했다면, 멸종이 그렇게까지 파멸적이지는 않았을지 모른다. 하지만 나무에는 재주가 또 하나 있다. 나무는 엄청난 양의 이산화탄소를 빨아들인다. 이것이 바로 오늘날 온난화하는 세계에서 탄소 예산을 만지작거릴 때마다 아마존 우림의 파괴를 두고 사람들이 그토록 손을 부들부들 떠는 한 가지 이유다. 대략 서기 1500년부터 1800년까지 지속된 근래의 한파에 대한 한 가지 (논쟁적인) 이론은 아메리칸인디언이 화전식 토착 농업을 수 세기 동안 계속한 뒤 떼죽음을 당하고 나서 북아메리카의 숲이 다시 조성된 사실을 들먹인다. 콜럼버스 이후의 대륙을 복구하면서 커가던 나무들이 방대한 양의 대기 이산화탄소를 비축함으로써 잠깐 동안 냉기를 유발했을지도 모른다고. 어쨌거나 나무는 맨땅에서 크는 게 아니라, 주변 공기를 먹고 자라니까.

데본기에 불모의 대륙에 처음으로 숲이 조성된 사건은 완전히 다른 규모로 일어났다. 나무가 퍼져나가 그 세계를 뒤덮음에 따라, 대기 중의 이산화탄소 농도는 결국 90퍼센트도 넘게 떨어질 것이었다. 게다가 세계 최초의 숲과 토양에 감금된 탄소에 더해 당시 영양분이 부채질한 플랑크톤 증식으로 무산소 해양에 매장되고 있던 엄청난 양의 탄소가 보태져 상황을 더 악화시켰다. 놀랄 것도 없이, 이 모든 탄소 매장은 기후에 그리고 생명에 중대한 영향을 미쳤다. 날씨가 매우 추워졌다.

"데본기 후기 최대의 두 대멸종 사건 모두가 저마다 급격한 한랭화 및 대륙 빙하작용과 관련되었습니다." 앨지오가 말했다.

그가 옳다면, 행성은 바다가 질식사하는 형벌을 받았을 뿐 아니라 이산화탄소가 급감함에 따라 발작적으로 기후가 얼어붙음으로써 한 번 더 목이 졸린 셈이다.

앨지오에게는 안타깝게도, 여기에는 상충하는 증거가 좀 있다. 예컨대 데본기 후기의 첫 번째 치명타, 그 세계의 생물초를 몰락시킨 켈바제르 사건은 아직도 다소 아리송하다. 이 모호함의 한 가지 사유는 이 첫 번째 멸종의 물결이 100만 년에 걸쳐 일어난 데다 그 와중에 다섯 번이나 치명적으로 박동했다는 데 있다. 100만 년 사이에는 많은 일이 일어날 수 있다. 인간은 고작 20만 살밖에 되지 않았다.

그렇다 보니 이 첫 번째 떼죽음의 물결이 일어난 원인은 학술논문들의 신중한 표현대로 여전히 "매우 논쟁적"이어서, 먼저 일어난 이 멸종에 관한 서로 다른 논문은 완전히 다른 사건을 서술하는 것처럼 읽힐 수 있다. 그럼에도 켈바제르 사건 동안 잠깐씩 빙하시대가 출현한 원인은 식물의 확산과 급감하는 이산화탄소에 있었다는 가설에 대한 앨지오의 변론은, 완벽과는 거리가 멀지언정 어느 정도 증거에 기초를 두고 있다. 예컨대 아주 작은 장어를 닮은 동물들의 이빨에서 채취한 산소 동위원소도 열대 바다 온도가 잠시, 하지만 터무니없이 가파르게 섭씨 5~7도 떨어졌음을 가리킨다.* 다른 곳을 보자면, 중국이나 캐나다 서부만큼 멀리 벗어난 곳의 침식된 암석들도 데본기 후기에 해수면이 극적으로 떨어졌음을 가리키며, 그동안 추위에 적응한 생물체가 멸종의 여파에서 우선적으로 살아남아 열대로 접근해온 것으로 보인다.

하지만 이 증거는 모순적일뿐더러 이 기간 전체에 걸쳐 거북하게 자리를 지키는 망령이 하나 있다. 러시아에 있는 어느 주요한 화산 지방의 분화처럼 보이는 그것은 극도의 **지구온난화**를 포함해 온갖 종류의 혼돈을 안겨줄 능력이 있었을 것이다. 아닌 게 아니라 이 온난화를 뒷받침하는 증거의 존재에 더해, 멸종이 박동하는 동안 해수면이 엄청나게 급격히 **상승**했음을 뒷받침하는 증거도 존재한다. 이 모든 혼동이 일어나는 까닭은 암석의 연대를 정확히 측정하기도 어렵고, 화석 기록이 본래 단편적이고, 궁극적으로는 데이터 해석이 바로 인간의 일이기 때문이다.

영국 헐대학교의 데이비드 본드David Bond는 식물이 행성을 변형시켜 지구상의 생명에 외상을 입혔을 가능성을 의심하지 않는다.

"저는 톰[앨지오]의 가설을 꽤 좋아합니다. 더 큰 식물의 발달 과정에서 이 단계들 하나하나가 이 전 지구적 무산소 사건들과 동시에

* 왜 그런지 궁금해할까 봐 말하자면, 동물의 뼈대에 포함되는 산소 동위원소의 비율은 해양 온도에 따라 다르다.

일어나는 것처럼 보이는 건 사실인지라, 상당히 흥미롭습니다. 꽤 깔끔한 발상이에요." 본드가 말했다.

하지만 데본기 후기의 첫 번째 대규모 멸종 사건 때 빙하작용이 있었다는 의견에 관해 말하자면, 본드는 그렇게 보지 않는다. 그가 생각하기에 한랭화와 해수면 하락을 뒷받침하는 암석 속 증거는 연대로 볼 때 멸종 이후일 가능성이 크며, 그렇기에 멸종의 원인이었을 수는 없다. 급격한 한랭화를 가리키는 기온 데이터에 관한 한, 본드가 생각하기에 그건 믿을 만하지 않다. 땅속에 있는 동안 억겁의 세월이 참견했기 때문이다.

"아마 해수면 하락과 빙하작용이 있었던 건 사실이라고 생각하지만, 요점은 그 시점이지요. 대멸종 이후에 일어났다면, 그게 원인일 수는 없지요."

본드를 포함한 다른 이들은 그 대신—어쩌면 러시아와 우크라이나의 화산에서 분출한 이산화탄소로 말미암은—대규모 해수면 **상승**과 **지구온난화**가 데본기의 무산소 해양을 대륙붕 위로 몰아넣으면서 해양 안의 거의 모든 것을 없애버렸다는 의견을 제시한다.

그 분화들은 아직 연대를 정확하게 측정하진 못했지만 깜짝 놀랄 정도로 대멸종에 가깝다. 그리고 나중에 보겠지만, 뒤따르는 모든 대멸종 하나하나에서 특별히 큰 구실을 했던 분화와 그 종류가 같다.

그래서 지금 시점에 우리는 지구상 생명의 역사에서 가장 중요하고 통렬한 사건에 속하는 켈바제르 사건의 원인이 무엇이었는지 모른다. 어쩌면 데본기의 이 첫 번째 대멸종에서는 단순한 냉기나 혹독한 용광로가 아니라, 불과 얼음을 빠르게 오가는 터무니없는 기후변동이 생명에 불행한 운명을 초래했는지도 모른다. 지질학 학위를 딸 것이냐 아니면 고생물학 학위를 딸 것이냐 논쟁하는 학생에게, 지구사에서 그토록 중추적인 한순간에 관한 이 모든 불확실성은 용기를 줄 것이다. 답해야 할 중대한 질문이 아직 남아 있으니 말이다.

그렇지만 데본기의 두 번째 대규모 치명타인 항엔베르크 사건에 관해서는 앨지오가 옳은 듯 보인다. 이 재난이 그 시기를 통렬하게 끝장내며 무시무시한 괴물 같은 물고기 한 묶음을 없애버린 시점에 행성이 잠깐 그리고 파국적으로 얼음에 목이 졸린 것은 거의 확실해 보인다.

"종자식물이 데본기 끝에 들어와 매우 빠르게 퍼집니다." 앨지오가 말했다. "그리고 그것이 그 끝에서 일어나는 한랭화와 빙하작용의 방아쇠인 것으로 보입니다."

세상이 꽃을 피우자 행성은 얼어붙었다. 그리고 이 얼음에 의한 전 지구적 재난이 데본기를 종결시켰다는 증거는 쉽게 찾을 수 있다. 차를 몰고 메릴랜드주 서부를 통과하면서 창밖을 내다보기만 하면 된다.

1985년, 메릴랜드주 지질조사국에 취직한 첫해에 주 소속의 지질학자 데이비드 브레진스키David Brezinski는 차를 몰고 메릴랜드주 서부에 있는 앨러게니산맥the Alleghenies으로 나가 고속도로 인부들이 사이들링힐Sideling Hill이라고 불리는 능선을 폭파해서 방금 뚫은

도로의 거대한 절개면을 조사했다. 인공절벽이 드러낸 암석 케이크는 얕은 바다와 늪에서 여러 단으로 쌓인 것이었다. 모든 층은 나중에 대륙충돌 때문에 거대한 U자로 일그러져서, 오늘날 그 U자를 바깥쪽으로 따라가면 이후로 오래도록 침식되어온 보이지 않는 산들을 향하게 된다. 68번 주간고속도로 위에 놓인 이 인공협곡은 운전자들이 목을 길게 빼고 보는 관광명소 같은 것이 되었지만, 브레진스키—그러한 노출면을 살피는 데 노련한 과학자—에게 그 절벽은 한마디로 장관이었다.

그 도로 절개면은 따뜻한 태곳적 해안 환경에서 쌓였을 것으로 예상되는 종류의 사암과 석탄이 층을 이루고 있었지만, 바닥 부분 암석에는 뭔가 완전히 엉뚱한 것이 갑자기 끼어들어 있었다.

"기본적으로 이암이지만 그 안에는 거대한, 때로는 지름 1미터를 웃도는 표석들이 들어 있어요. 저는 그때까지 그 비슷한 것도 본 적이 없었죠. 이해할 수가 없었어요." 브레진스키가 내게 말했다.

그 암석들은 빙하가 남긴 것처럼 보였지만, 그랬을 리가 없었다. 이 암석의 단면 전체는 어느 열대 세계의 물속에서 형성되었다고 생각된 지 오래였다. 그 세계에 끼어들어 뒤섞인 이 튀는 암석은 모종의 국부적인 해저 산사태에서 비롯된 게 틀림없다고 지질학자들은 합리화했다.

"하지만 제가 메릴랜드 서부와 펜실베이니아 서부에서 알아낸 것은, 어딜 가도 그 똑같은 층을 자세히 보면 이 암석이 눈에 띈다는 것이었어요. 그건 전혀 국부적이지 않았습니다." 브레진스키가 말을 이었다.

그는 이것이 수중 낙석의 작품이 아니라는 걸 알았다. 또한 일부 연구자들의 제안처럼 소행성이 유발한 쓰나미에서 생긴 부스러기도 아니었다. 이것은 마른 육지에서 빙하가 남긴 작품이었다.

"오랫동안 사람들은 이 증거를 어느 정도 무조건 무시했어요. 왜냐하면 데본기는 따뜻한 세계라고 알고 있었는데, 이건 그 지식에 맞지 않았기 때문이죠."

아무리 이상해 보여도, 증거는 늘어만 갔다. 2002년에는 데본기 자갈들이 발견되었는데 휘저으며 행진하는 빙하에 갈려 부서진, 숨길 수 없는 줄무늬를 지니고 있었다. 2008년에는 3톤짜리 화강암 표석이 켄터키주의 데본기 셰일에 박힌 상태로 발견되었고, 이에 대한 그럴듯한 설명은 오직 빙산이 그 화강암을 거기 떨어뜨렸다는 것뿐이었다. 클리블랜드(이리호로 흘러드는 강 하구에 세워진 오하이오주의 도시 – 옮긴이) 교외 곳곳의 땅 아래와 독일의 여러 강둑에는, 지금은 모래와 셰일에 묻혀 있지만 언젠가 데본기에 얼음이 진군해 바다를 물리쳤을 때 마른 해저 안으로 새겨진 거대한 계곡들이 있었다.*

브레진스키는 자신이 메릴랜드주 68번 주간고속도로 절개면에서 처음 마주친 그 이상하게 뒤섞인 암석이 펜실베이니아주 북동부에서 출발해 메릴랜드주를 거쳐 웨스트버지니아주로 들어갈 때까지(애팔래치아산맥의 경로를 따라) 400킬로미터나 이어진다는 사실을 발견했다. 빙하시대 암석들이 당시에 극지에 더 가까웠던 선사시대 볼리비

* 비슷한 지난날의 계곡들, 이를테면 메릴랜드주 연안의 물속에 있는 볼티모어캐니언(Baltimore Canyon)도 최근의 빙하시대, 해수면이 120미터 떨어져 강이 마른 대륙붕을 가르고 통과하던 때의 잔해다.

아나 브라질 같은 위치에서 출토되는 줄은 이미 알고 있었지만, 애팔래치아산맥은 데본기에는 거의 열대에 들어 있었다. 이 모두가 지질학적으로 짧은, 하지만 파국적인 빙하작용을 가리켰다. 데본기 세계는 저체온증으로 생을 마감한 듯하다.

그해에 세 건의 살인이 있었던 어느 볼티모어(높은 범죄율로 소문난 매릴랜드주의 도시－옮긴이) 동네에 사무실을 둔 브레진스키와 그의 동료들이 메릴랜드주 서부와 펜실베이니아주에서 한 일은 "데본기 후기에 관한 생각을 정말 많이 바꿔놓았다"고 브레진스키가 말했다. "제 생각에 그게 크게 흔들린 건 지난 5년 사이에요. 앨지오조차도 여기서 빙하가 돌아다녔다는 증거를 크게 믿지 않았지만, 우리가 2006년 어느 날 펜실베이니아로 조사를 나가는 길에 그를 데려갔더니 그가 말하더군요. '알겠어요. 세상에, 이건 도저히 눈을 뗄 수가 없군요.'"

브레진스키는 나를 포함해 한 무리의 지질학자와 고생물학자를 데리고 그 유명한 사이들링힐 도로 절개면으로 현장 조사를 나가 조촐한 대멸종 관광을 시켜주기로 했다.

지금까지 살펴본 바에서 분명히 알 수 있듯, 아마 주간고속도로망이 지질학에 미쳐온 영향보다 과학에 부수적으로 더 유익한 영향을 미친 국가계획은 하나도 없을 것이다. 상점가와 주택 그리고 광합성 껌딱지가 대륙의 경이로운 화석 재산을 감추고 있는 미국의 동부에서, 고속도로 절개면은 홀로 아득한 과거를 들여다보는 창을 열어주곤 한다. 하지만 한 지질학자가 내게 말했듯이, 만약 드와이트 아이젠하워가—고속도로망의 아버지로서—지질학의 훌륭한 친구였다면, 레이디 버드 존슨Lady Bird Johnson(환경운동에 헌신한 존슨 대통령의 부인-옮긴이)은—그가 특별히 관심을 기울인 고속도로 미화 법안Highway Beautification Act이 필연적으로 많은 도로변을 초록으로 뒤덮었으므로—반갑지 않은 인물이었다.

"애시드 가져오신 분?" 68번 주간고속도로의 갓길을 따라 행군하는 우리 무리에게 어느 지질학자가 물었다.

"저요!" 다른 지질학자가 대답했다. 나는 이 놀라운 질문이 지질학자들 사이에서는 상례임을 알게 되었다. 세속에서는 환각제인 LSD를 가리키기도 하는 애시드acid(산)는 다소 실망스럽게도 암석에 덕지덕지 앉은 때를 벗겨내는 용도였다.

그 야외 조사에 따라온 고생물학자 가운데 한 명이었던 펜실베이니아대학교의 로런 샐런Lauren Sallan은 태곳적 물고기에 관한 한 세계에서—**최고**는 아닐지 몰라도—최상위에 드는 고생물학자였다. 고속도로 가에 놓인 이 빙하기 암석들을 직접 보기 위한 나들이는 그에게 성지 순례와도 같았다.

샐런은 동료들에게 데본기를 마감한 멸종의 심각성을 절감시키려고 분투해왔다. 다른 대멸종들은 주로 완족류 같은 무척추동물이나 심지어 플랑크톤에 미친 효과를 통해 알려졌지만, 데본기 맨 끝에 일어난 대멸종은 크고 카리스마 넘치는 척추동물의 특대형 살육이었다. 그 살육으로 자그마치 96퍼센트가 제거된 이 척추동물 집단은 데본기에는 물속에 살았지만, 오늘날에는 우리가 야생동물로 상상하곤 하는 거의 모든 것을 포함한다. 개, 고래, 도마뱀, 뱀, 상어, 코끼리, 개구리, 우리 자신. 그 밖에 뭐든.

"데본기의 끝은 척추동물에게는 역대 최악의 멸종이에요." 샐런이 말했다.

그는 그것이 심지어 공룡을 비롯해 지상의 생명체 대부분을 들어낸 백악기 말 대멸종보다도 더 심각했다고 말했다.

"백악기 끝에는 최소한 물고기가 모두 죽지는 않았잖아요."

브레진스키는 파국적인 데본기의 끝을 표시하는 도로 절개면 바닥의 그 튀는 빙하 구간으로 우리를 데려가더니 우리더러 기념품을 가져가달라고 부탁했다. 데본기 말 멸종의 심각성이 학계의 의식에만 겨우겨우 서서히 스며들었다면, 여기서 처참한 빙하작용이 있었다는 생각도 그와 비슷하게 이 분야에 완전히 침투하지는 못했다. 종종 그렇듯, 대학의 전문화는 동료들끼리 저 옆 사무실에서 어떤 연구를 하고 있는지에 대해 까막눈인 채로 지내도록 만들어왔다. 메릴랜드주 서부에 있는 고속도로 가에 서서, 샐런은 빙하기의 돌 하나를 손에 쥐고 가깝지도 멀지도 않은 곳을 응시하며 이렇게 선언했다.

"제 인생은 이제 완결되었어요. 멸종의 한 조각을 가졌으니까요. 이건 빙하작용의 한 조각이에요. 제 사무실에서 사람들에게 이걸 보여주면서 말할 수 있어요. '저걸 보세요. 그 일은 일어났다니까요.' 제가 아무리 사람들에게 그것은 통렬한 대멸종이었다고, 왜냐하면 열대의 해수면에 빙하가 있었기 때문이라고 말해도 사람들은 대부분 저를 믿지 않아요. 그러니 이제는 이 돌을 그 사람들에게 던지기만 하면 되겠다 싶어요. 그런 다음 병원에 들어가면 그 사람들도 저를 믿겠죠."

인정받지 못하는 사건에 관한 샐런의 가시 돋친 말은 어느 정도 그의 판피류placoderms 사랑에서 비롯한다. 판피류란 견고하게 갑옷을 두르고 데본기를 통치한 물고기를 싸잡아 일컫는 절충적 분류명이다. 당신이 판피류에 관해 들어본 적이 없다면, 그 이유는 십중팔구 그 물고기가 더는 주위에 없어서일 것이다. 하지만 샐런에 따르면 그건 그들의 잘못이 아니다. 대중문화에서 같은 크기의 부동산을 차지하지는 않을지 몰라도, 판피류가 데본기에서 차지한 자리는 공룡이 쥐라기와 백악기에서 차지한 자리와 같다.

"판피류는 그야말로 무소부재하고 무소불위했어요. 그러다 한순간에 사라졌죠." 샐런이 말했다.

그의 말이 이 특유한 생물체가 사라졌다는 사실에 적잖이 상심한 것처럼 들리는 이유를 이해하고자, 나는 그 생물체들을 만나보기로 결심하고 클리블랜드로 가는 표를 예약했다. 그곳에 가보면 행성의 역사에서 가장 포악하고 무시무시한 포식자의 일부 유해가 말 그대로 강둑에서 뚝뚝 떨어져 나오는 걸 볼 수 있다.

신시내티가 러스트벨트Rust Belt(오대호 주변의 쇠락한 공장지대 – 옮긴이)의 쇠퇴에서 회복되었음은 재개발된 강기슭에 줄줄이 늘어선 최신 유행의 식당, 양조장, 술집 따위에서 분명히 볼 수 있는 반면에, 클리블랜드의 매력—산업 폐기물이 흘러드는 (그래서 한때 쉽게 불붙던) 강으로 반을 가른 뒤 주차장을 여기저기 흩뿌린 다음 예전의 제왕이었던 백화점을 퇴직금 빨아먹는 카지노로 둔갑시켜 왕위에 앉힌 도심지—을 음미하기는 더 어려워졌다. 그러나 고생물학자에게 이곳은 꿈의 도시다. 바다 괴물의 뼈를 기반으로 세워졌기 때문이다.

"우리가 이런 걸 의인화하는 경향이 있긴 하지만, 보세요. 정말 악랄해 보이잖아요." 클리블랜드자연사박물관의 학예사 마이클 라이언Michael Ryan이 말했다. 내가 라이언을 만난 곳은 그의 박물관 소장품들 중 하나의 내부였는데, 거기서 우리는 다양한 상태로 복원돼 굳어 있는 살해자 판피류 둔클레오스테우스Dunkleosteus의 거대한 머리들에 에워싸여 있었다. 해양을 배회하는 모습의 이 3억6000만 년 된 거수의 이름은 그 박물관에서 일하던 라이언의 선임자 데이비드 던클David Dunkle에게서 따온 것이고, 그 거대한 머리뼈들은 전 세계 박물관을 위해 어마어마한 양의 표본을 생산해온 인근 클래블랜드의 강둑에서 뽑혀져 나온 것이었다. 둔클레오스테우스는 예외 없이 아가리를 떡 벌린 채 순전한 악의가 가득한 얼어붙은 표정으로 전시된다. 『이코노미스트The Economist』는 언젠가 장난스럽게, 공룡은 "불안감을 없애주려고 멸종"되었다고 썼다. 이 표현이 들어맞는 생물체가 있다면, 그게 바로 둔클레오스테우스다.

튼튼한 뼈로 된 투구를 둘러쓴 둔클레오스테우스는 의문의 여지 없는 데본기 바다의 영주였고, 세계 최초의 등뼈 있는 최상위 포식자 가운데 하나였다. 길이가 캠핑카 한 대만 했던 놈에 비하면, 근래에 진화했지만 지혜롭게도 해양에서 주변적 역할을 맡은 1미터 길이의 온순한 상어들은 난쟁이였다. 오늘날 더욱 친숙한 물고기의 이빨과는 달리, 사악한 둔클레오스테우스의 갈래진 단두대는 투구에서 튀어나와 스스로 날카로워지는 골판骨板으로 만들어져 있었다. 오늘날의 어떤 생물과도 달랐던 놈은 이 날들을 써서 살을 베고 뼈를 부수면서, 유출된 석유처럼 물기둥을 가르며 공포를 뿌렸다. 아래턱만 움직여서 먹이를 먹는 동물과 달리, 둔클레오스테스는 머리 꼭대기에 거대한 근육질 관절이 붙어 있어서 마치 구마 의식을 치르는 악어거북(무는 힘이 엄청난 북미산 민물 거북－옮긴이)처럼 날 달린 위턱을 휙 치켜들어 입을 활짝 벌릴 수 있었다. 이 운동으로 생긴 흡입력이 너무도 강력했기 때문에, 둔클레오스테우스는 사실상 벌린 입속으로 동물을 들이마신 다음에야 어류 역사상 가장 강력한 치악력으로 입을 쾅 닫았을 것이다. 두께 1인치가 넘는 경외할 만한 놈의 골판 갑옷은 다른 둔클레오스테우스와 공존하는 세상에서만 이해가 간다. 놀라울 것도 없이, 클리블랜드 셰일에서 발견된 둔클레오스테우스의 머리 보호구 하나에는 둥근 구멍이 뚫려 있는데, 라이언과 그의 동료들은 논문에 이렇게 썼다. "가장 그럴싸한 해석은 물린 자국이라는 것이다. (…) 또 다른 둔클레오스테우스에게." 수비가 덜 강화된 동물들에게는 승산이 없었고, 둔클레오스테우스는 자비를 보여주지 않았다. 심지어 둔클레오스테우스 주위의 화석 기록에서 발견되는 짓이겨진 물고기 부위는 식탐하는 바다 괴물이 저지른 '폭식'의 징후, 다시 말해 흥청망청 죽이고 퍼마신 뒤 게워낸 음식 찌꺼기라는 의견이 제시되기도 했다.

"놈들에 관해 달리 무슨 할 말이 있겠어요?" 라이언이 갑주를 두른 채 노려보고 있는 머리 하나를 향해 몸짓을 하며 말했다. "놈들은 악랄하게 생겼단 말입니다. 안 그래요?"

그렇긴 하다.

이런 동물이 바다를 위협하고 있었던 동시에, 주걱 모양의 팔다리를 가진 우리의 물고기 조상들이 처음으로 머뭇머뭇 마른 땅 위로 진출하고 있었다는 사실은 결코 우연이 아닐 것이다. 미국자연사박물관의 고생물학자 존 메이시John Maisey가 『네이처』에 이야기했듯이, 우리의 조상은 "육지를 정복했다기보다는 물에서 탈출한" 것이었다.

다시 말해, 그들은 문자 그대로 쫓겨서 대지로 올라갔다.

시카고대학교의 진화생물학자 닐 슈빈Neil Shubin은 『내 안의 물고기』[4]에서 이렇게 쓴다. "[데본기 조건에서] 살아남기 위한 전략은 단순했다. 몸집이 커지거나 갑옷을 두르거나 물 밖으로 나가는 것이다. 아마 우리의 먼 선조는 싸움을 꺼리는 쪽이었던 모양이다."

"이 녀석들은 한 가지 일을 하도록 설계되었는데, 그건 바로 다른 걸 먹는 일이지요." 라이언이 그의 사무실에 있는 거대한 클리블랜드산 머리뼈 하나를 살펴보며 말했다. "아마도 맡은 일을 아주 잘했을 거예요."

라이언의 소장품들 뒤쪽 벽에 설치된 여러 줄의 선반에는 클리블랜드에 71번 주간고속도로를 건설하는 동안 회수한 상어와 둔클레오스테우스 화석이 그와 박물관 동료들을 여러 생애 동안 바쁘게 할 만큼 들어 있다. 고속도로 인부들이 당시 러스트벨트의 용광로와 조립설비에서 산란해내던 꼬리지느러미 달린 자동차들의 끝없는 이주를 위해 중서부에 아스팔트 강을 까는 동안, 클리블랜드자연사박물관 측은 고속도로의 뒤를 따르며 잡석에서 둔클레오스테우스의 머리 보호구와 태곳적 상어를 끊임없이 끄집어냈다.

"우리 쪽에서는 직원들이 자원봉사자들과 함께 기본적으로 매주 나가서 인부들이 파내고 있는 폐석 더미를 지켜보다가 안에 뼈가 든 건 뭐든 무조건 뽑아내곤 했어요. 그 사람들은 그걸 옆으로 던져놓기만 했죠. 그런 다음 트럭이 그걸 치워버리기 전에, 우리 직원들이 거기 나가서 원하는 모든 것을 문자 그대로 뽑아냈답니다." 라이언이 말했다.

둔클레오스테우스가 클리블랜드 바다에서 확고한 통치권을 누리는 동안, 놈의 갑옷 입은 형제자매 판피류들은 보조하는 소임을—그리고 터무니없이 다양한 형태를—띠었다. 노랑가오리와 판박이인 놈도 있고, 물고기 꼬리가 달린 전투기에 더 가까워 보이는 놈도 있다. 하지만 이 시기에서 출토되는 가장 풍부한 화석 물고기는 보트리올레피스Bothriolepis라고 불리는 또 한 종류의 갑옷 입은 판피류다. 역시 골판 타일을 두르고 있지만, 이 기괴한 생물체는 머리가 없는 거북을 닮았고 옆구리에는 잭나이프 같은 것이 튀어나와 있다. 이것은 지느러미 같지 않은 지느러미인데, 샐런은 그걸 게의 집게발에 비유했다.

샐런이 말했다. "녀석은 거의 곤충처럼 생겼어요. 낯설기 짝이 없죠."

더욱더 기괴한—일부는 바로크양식의 사슬톱에 더 가까워 보이는—모습으로 갑옷을 입고 나란히 헤엄치던 턱 없는 물고기와 더불어, 데본기의 밀물과 썰물은 뼈 부메랑 같은 머리들과 과장된 스파이크 그리고 갑옷에 싸인 날개 같은 돌기가 달린 알아볼 수 없는 생물체들로 우글거렸다. 때는 물고기의 시대였지만, 보트리올레피스 같은 뼈 원반들이나 둔클레오스테우스 같은 미치광이 어뢰 믹서기들이 지배한 해양이라니 범상치 않게 들린다면, 그럴 수밖에 없다.

"판피류는 척추동물 중에서 완전히 멸종해버린 유일한 집단이거든요." 공룡의 유산은 새들이 이어가지만 판피류에게는 아무 후손도 없다고, 라이언은 말했다. "살아 있는 친척이 하나도 없어요."*

하지만 둔클레오스테우스와 친구들을 죽이기는 쉽지 않았다. (고생물학자들이 판피류를 부르는 애칭인) '플랙스Placs'는 데본기 후기를 계속해서 괴롭힌 해양 무산소증의 박동들을 무사히 헤쳐 나왔고, 심지어 세상의 모든 생물초계를 앗아간 첫 번째 죽음의 물결을 뒤로하고, 켈바제르 사건에서 동종의 절반을 잃고서도 오래도록, 느릿느릿 나아갔다. 하지만 데본기를 영원히 끝장낸 마지막 타격—어쩌면 숲이 일으켰을지도 모르는 그 무산소 해양과 잔혹한 빙하시대의 박동—이후로, 지구상에 무시무시한 갑옷 차림의 물고기는 영영 사라졌다.

"보트리올레피스는 70종이 있었어요. 지구상의 모든 곳에 있었고 마지막까지 줄곧 화석 존재비의 90퍼센트를 차지했는데, 그런 다음 맥없이 죽었지요." 샐런이 말했다.

한때 판피류가 멸종한 이유는 이들이 새로이 진화한 상어 및 더 현대적인 '조기어류ray-finned fish(빗살형 지느러미를 가진, 당신이 아는 거의 모든 물고기)'와의 경쟁에서 점차 밀려났기 때문이라고 생각되었다. 지구상 생명의 역사를 압축해서 보여주는 애니메이션들이 전형적으로 이 편견을 반영한다. 말하자면 단순한 어류와 뭍에 사는 파충류 사이 어딘가에 판피류를 억지로 밀어 넣음으로써, 판피류란 원시적이었으며 궁극적으로 진화의 미인대회에서 초기에 탈락한 실험—

* 로런 샐런은 이 주장을 이렇게 반박한다. "이들에게는 턱 있는 다른 척추동물과 유연관계가 없는, 이들만의 공통된 조상이 없어요. 한 무리의 판피류가 현대의 턱 있는 척추동물이 되었고, 그러니까 이 관계는 공룡과 새의 관계와 같아요."

현대의 생물다양성으로 가는 길에 쓰고 버린 디딤돌—이었음을 시사한다. 이 발상을 거론하자 샐런은 눈에 띄게 불쾌해했다. 이른바 육기어류lobe-finned fish(실러캔스처럼 살덩어리 지느러미를 가진 물고기로 오늘날은 동물원의 진기한 구경거리이지만 데본기에는 판피류와 대등한 주역이었다)의 거의 총체적인 멸종과 더불어, 데본기 멸종은 해양에서의 질서 있는 권력이양이 아니라, 대멸종이 일으킨 난폭한 전복이었다.

"판피류와 육기어류는 맨 끝까지 모두 살아남았어요." 샐런이 마치 전사한 어느 장군의 영웅적인 최후가 주는 감동을 묘사하듯 말했다. "판피류는 전적으로 우세했어요. 민물 영역에서도 바다 영역에서도 거의 모든 틈새를 채웠죠. 맞아요. 그들 바로 옆에는 조기어류의 초기 구성원과 초기 상어도 있었지만, 판피류가 숫자로 그들을 완전히 압도했어요. 그러니까 판피류가 원시적이라는 발상은 전부 다 그들이 멸종했다는 사실에서 비롯한 편견인 거죠. 판피류나 육기어류 같은 것이 원시적으로 보이는 이유는 그들이 이 멸종으로 제거되었기 때문이에요. 우리가 판피류와 육기어류가 주류인 생태계를 갖지 못할 이유는 뭐가 되었건 전혀 없어요. 지금도 그렇고 지금에 이르는 모든 세월 동안에도 그랬어요. 상어나 조기어류는 애초부터 소수였기 때문에 지금쯤 멸종했다고 해도 무리가 아니에요. 다른 각본에서라면 아마 이들은 변함없이 단역이었다가 [그다음 멸종에서] 완전히 제거되고 오늘날에도 여전히 판피류가 있었을걸요."

많은 생물체의 이야기가 데본기의 끝에서 끝나가고 있었지만, 다른 이야기들이 이 멋진 신세계에서 막 시작되고 있었다. 나는 차를 몰고 펜실베이니아주 중앙의 자연 속으로 들어갔다. 그 시기의 맨 끝에 일어난, 생명의 역사에서 가장 위대한 전이 가운데 하나를 보기 위해서였다. 여기 키스톤주Keystone State(독립 당시 13주의 중앙부에 위치한 데서 붙여진 펜실베이니아주의 속칭 – 옮긴이) 한복판에는 3억6000만 년 전, 곳곳에서 강과 우각호(강에서 분리된 쇠뿔 모양의 호수 – 옮긴이)가 아르카이옵테리스의 숲을 가르고 지나가는 애팔래치아판 아마조니아가 있었다. 우뚝 솟은 캐츠킬산맥에서 흘러나오는 물이 이 숲을 거쳐 마침내 피츠버그 근방 어딘가의 바다로 넘쳐 들어갔다(그 너머는 삼엄한 둔클레오스테우스의 영역이었다). 자신을 길러낸 조상의 바다에서 2억 년을 지낸 물고기들이 마른 땅 위로 나타나 이 조용한 강굽이와 호수의 기슭에서 사는 데 적응하기 시작하고 있었다. 이것은 우리 조상의 이야기다. 당신 가계도를 충분히 멀리 거슬러 올라가면, 결국 이 용감한 물고기 가운데 한 마리를 만날지도 모른다.

땅에 디딘 이 최초의 발걸음은 우리의 조상이 머뭇머뭇 똑같이 모험적으로 지난 세기에 맨 처음 하늘로 뛰어든 것과 여러모로 비슷한, 진정으로 영웅적인 성취였다. 오늘날 번창하면서 언제부턴가 조그맣지만 안락한 세계가 점점 더 비좁아져서 더 이상 자신의 야망을 뒷받침할 수 없게 된 인류를 우주공간이 손짓해 부르듯, 데본기에는 비어 있지만 관대하지는 않은 육지의 생태 공간이 한 무리의 용감한 탐험가를 불러내 붐비는 바다를 탈출하도록 부추겼다. 치명적 탈수, 짓누르는 듯한 중력, 위에서 그슬어대는 방사선, 희박하고 탐탁지 않은 공기로 헐떡거리며 넘어가는 일은 이 용감한 데본기 개척자들이 직면한 만만치 않은 난관 가운데 아주 작은 일일 뿐이었다. 바다는 안락한 보육원이었지만, 우리 조상은 어린 시절 너무 오래 집에 머물러온 청소년의 모든 두려움을 안고 그곳을 떠났다.

펜실베이니아주의 작은 마을인 하이너Hyner의 이름을 따서 명명한 히네르페톤Hynerpeton은 그런 전이 상태에 있던 애매한 물고기 가운데 하나다. 데본기 끝에 이르렀을 때 그것은 아가미를 잃고서 공기만 호흡했고, 근육질의 팔과 이어져 있었을 커다란 어깨뼈가 발달해 있었다. 이름은 '하이너 출신의 기는 동물'이라는 뜻이지만, 이 양서 생물체는 아마도 일생의 대부분을 물속에서 보냈을 것이다. 하지만 그것을 물고기라고 부르는 것도 그다지 옳지는 않은 듯하다. 히네르페톤은 이른바 사지동물에 해당했다. 당신과 나처럼 말이다.

나는 구글의 지시에 따라 하이너 근처에 있다는 레드힐 야외실험실 및 화석전시실Red Hill Field Lab and Fossil Display로 향했다. 1990년대에 시카고대학교의 진화생물학자(『내 안의 물고기』의 지은이) 닐 슈빈이 하이너에서 히네르페톤을 발견했을 때, 그것은 그때까지 북아메리카에서 발견된 사지동물 가운데 가장 오래된 것이었다. 나는 지구사에서 그처럼 중대한 발견물이라면 이 마을 중심지에 반드시 적절하고도 중대하게 기념되어 있을 줄 알았다. 하지만 휴대전화 내비게이션이 도착을 알렸을 때, 나는 엉뚱하게도 주말이라 문을 닫은 마을 관리사무소 앞에 있었다. 당황한 나는, 지나가는 사람에게 마을 어딘가에 화석박물관이 있느냐고 물었다.

"있지요. 더그가 저 위에다 화석들을 보관한답니다." 그가 몸짓으로 마을관리사무소를 가리키며 말했다. "일요일이니까 더그는 집에 있겠지만, 조금만 부추기면 아마 보여줄 거예요."

그러면서 차를 몰고 큰길을 따라가면 주유소가 하나 나오는데, 계산원 뒤편에 전화번호부가 있고 그 안에 더그의 번호가 있다고 했다. 나는 들은 대로 했다. 하지만 박물관이 존재하지 않는다는 걸 알게 된 마당에, 주유소에서 전화번호부를 붙들고 통화 중 신호를 계속 듣고 있자니 의욕이 사라지고 말았다. 그래서 차를 몰고 마을을 빠져나가기로 했다. 바로 그때, 거대한 붉은빛 절벽이 왼편으로 다가왔다. 그리고 반쯤 올라간 곳에서 한 노인이 암석 망치로 절벽 면을 쪼고 있었다. 나는 고속도로 갓길에 차를 댔다.

"더그 어르신이세요?" 내가 차창 밖으로 고개를 내밀고 물었다.

"그렇소만." 그가 말했다.

내가 대멸종에 관한 책을 쓰고 있다고 설명하자, 그가 절벽 위를 가리키며 말했다.

"여기서도 아르카이옵테리스가 발견된다오. 그게 이 멸종의 원인 가운데 하나였다는 소문은 댁도 들었을 테지."

"넵." 내가 말했다.

은퇴한 기계공학자이자 아마추어 고생물학자인 더그 로위Doug Rowe는 1년에 1달러를 세로 내고 그 지역 마을관리사무소 꼭대기 층을 쓰는데, 그는 거기에 세계 최상위 자연사박물관에 맞먹는 화석 소장품을 보관하고 있었다. 방문자는 방명록에 서명을 하도록 되어 있는데, 그가 임시변통한 박물관 겸 야전부에 있는 그 명부의 서명을 읽자니, 마치 세계 최상위 대학교에 다니는 고생물학과 대학원생 및 고생물학자 모두의 이름을 호명하는 듯했다. 해마다 그들이 펜실베이니아주의 이 코딱지만 한 마을, 즉 물고기 몇몇이 가장 먼저 육지로 올라 물고기 행세를 그만둔 이곳으로 순례를 온다. 도로변 절벽 바닥에 선 더그가 붉은빛의 먼지투성이 암석들을 손가락으로 가리키더니, 지질학자에게만 보이는 오래된 강의 물길과 고여 있는 물웅덩이를 죽 따라갔다. 그 암석들은 물고기와 식물 부스러기로 가득했다. 여기서 더그와 나는 상어 머리뼈 일부와 함께 물고기 비늘들을, 그리고 어느 괴물 육기어류의 송곳니들을 찾아냈다. 히네리아 Hyneria라 불리는 그 괴물의 길이를 더그는 3.7미터로 추산했다.

육기어류의 일부는 데본기에 히네르페톤과 같은 사지동물이 되었고, 이들의 살덩이 지느러미는 이후로 (소박하게 성공한 파생 기획에서) 행성 위 육지에 사는 모든 척추동물의 팔다리가 (그리고 날개가) 되었다. 하지만 물속에 머무른 자들은 섬멸되었다. 오늘날 행성에는 육기어류가 아주 드물게만 남아 있다. 데본기를 지나서도 끈질기게 명맥을 잇겠지만, 이들은 견뎌낸 타격에서 다시는 회복하지 못할 것이었다. 고생물학자 조지 맥기George McGhee Jr.는 (『육지 침공에 실패했을 때: 데본기 멸종의 유산When the Invasion of Land Failed: The Legacy of the Devonian Extinctions』에서) 이 몰락한 집단에 관해 해학적으로 절제해서 이렇게 쓴다. "오늘날 [이들을] 대변해주는 유일한 세 속屬은 현생 폐어, 실러캔스의 한 속, 그리고 말할 나위 없이 우리 자신뿐이다." 그나마 실러캔스는 아주 간신히 이 목록에 도달한다. 수천만 년 전에 멸종한 동물로 생각되어오다가 마침내 한 마리가 1938년에 남아프리카 연안에서 붙잡혔는데, 그것은 생물학 역사에서 가장 충격적인 발견물 가운데 하나였다. 미국자연사박물관의 학예사 멜라니 스티애스니Melanie L. J. Stiassny는 그 경험을 이렇게 이야기했다. "누군가 전화를 걸어와 티렉스 사진을 첨부하면서 '이런 게 채소밭에서 뛰어다니고 있었어요. 흥미로운 놈인가요?' 하고 말하는 거나 마찬가지일 거예요. 그럼요, 흥미로웠죠."

현대의 육기 실러캔스는 심지어 폐도 남아 있고 DNA에 팔다리의 성장을 자극할 수 있는 부분들도 지닌 채 돌아다닌다. 사실 실러캔스는 다른 물고기보다 당신과 나에게 더 가까운 친척이다. 하지만 만약 실러캔스가 데본기에 물속에 머물기로 작정했던 거라면, 그 편이 현명한 처사였을지도 모른다. 뭍으로 밀고 올라온 이 육상생활 개척자들의 결단은 멸망으로 보답을 받았기 때문이다.

"가장 늦은 데본기야말로 상륙을 시도해서는 안 되는 정확한 시점이었어요. 그들은 이 멸종에서 거의 완전히 제거되지요." 샐런이 말했다.

사지동물은 데본기의 끝에 멸종을 겪은 뒤 1500만 년 동안 사라지다시피 했다. 그 재난 이전에는 손가락이 여덟 개인 사지동물, 여섯 개인 사지동물, 다섯 개인 사지동물이 모두 있었다. 그리고 온갖 종류의 서로 다른 생활양식을 추구했다. 민물 사지동물도 있었고 바다에서 헤엄치는 사지동물도 있었다. 하지만 얼음과 무산소의 시련이 그 시대를 마감한 뒤에는 민물 사지동물만, 게다가 더욱더 이상하게도 손가락이 다섯 개인 사지동물만 살아남았다. 맥기가 지적하듯이, 당신이 이 책을 열네 손가락으로 붙들고 있지 않다는 것은 데본기의 끝에 형성되었던 진화적 병목의 유물이라 해도 지나치지 않다.*

판피류는 데본기의 끝에 일어난 발작들로 완전히 제거되겠지만, 우리의 대담한 조상들의 사정도 그다지 좋지는 않았다. 대멸종이라는 무차별 살육의 여파 속에서 어떤 것을 '성공담'이라고 해봐야 **거의** 죽을 뻔한 운 좋은 소수를 지명할 뿐이다.

한 행성을 거의 생명체가 살지 않는 곳으로 만드는 방법이 몇 가지 있다. 한 방법은 모든 것을 죽이는 것이다. 행성을 향해 어마어마한 소행성을, 아니면 빙하시대나 극도의 지구온난화 기간 따위를 던지면 된다. 하지만 이 방정식에는 또 하나의 부분, 다시 말해 멸종의 이면인 종분화speciation가 있다. 멸종 비율이 높아져도 진화하는 신종의 수가 더불어 많아지면, 새로운 종이 나서서 틈새를 메우니 이는 기본적으로 일종의 세탁이다. 데본기 후기라는 기간에서 이상한 것은 동물에게서 이 창조적 회복력이 차츰 무너진 듯하다는 점이다. 멸종의 북소리가 이어진 동안 새로운 종이 발생하는 비율은 극적으로 떨어졌다. 오하이오대학교의 고생물학자 앨리샤 스티걸Alicia Stigall은 이 사건에 대멸종 대신에 '대고갈mass depletion'이라는 별명을 붙

* 데본기-석탄기 병목과 무관하게 다지증이 흔한 암만파 교도와 다양한 숫자의 손가락을 구현할 수 있을 산업계 기계 기술자에게는 양해를 구한다.

이기도 했다. 그리고 이 데본기 대고갈의 열쇠는 외래 침입자였다.

데본기 후기에 잘못되고 있던 다른 모든 것에 더해, 태곳적 해양들마저 닫히기 시작하면서 오래도록 분리되어 있던 땅덩어리들이 서로를 더 가까이 끌어당겼다. 그러다 결국은 초대륙 판게아를 형성할 것이었다. 이 땅덩어리들이 접근하면서 해수면이 치솟았다가 내려감에 따라, 잡종들이 새로운 환경으로 쏟아져 들어갔고 거기서 그들은 환영받는 존재가 아니었다. 기이한 현지 종들로 이루어진 다양한 세계는 침입종이 퍼져 독특한 지역 동물군의 발생을 억제함에 따라, 전 지구가 서서히 바보처럼 똑같아 보이는 세상으로 변해가고 있었다. 무척추동물—스티걸이 제일 좋아하는 완족류 따위—도 어류 같은 척추동물도 모두 데본기 후기에는 더 동질적으로 되었다. 이를 기후와 해양의 압박에 보태면 행성이 벌을 받아 지구상의 생명체 대부분을 잃는 건 거의 피할 수 없는 결과로 보이기 시작한다.

"멸종은 죽이는 게 일인데, 죽이기는 정말 쉬워요." 스티걸이 말했다. "무슨 말이냐면, 솔직히 말해서 환경을 망쳐놓기만 하면 바로 그곳에 사는 모든 게 죽는다는 거죠. 그러니까 그렇게 하기는 꽤 쉽고, 살해 수법은 많아요. 하지만 종분화를 멈추는 건 달라요. 그러니까, 그래요. 저도 육상식물의 진화에 관한 토머스 앨지오의 발상이 훌륭한 살해 수법이라고 생각하지만, 그게 반드시 신종 형성이 없는 이유를 설명하지는 않거든요. 생물다양성을 구축하는 것과 생물다양성을 파괴하는 것은 정말로 다른 과정이에요."

스티걸은 주저하지 않고 데본기 환경의 동질화를 현대에, 그러니까 인간이 침입종을 세계 곳곳으로 전달하면서 일종의 인공적인 생물학적 판게아를 만들어내고 있는 시기에 비교했다. 본토의 쥐들이 외딴 태평양 섬들의 생태계를 쥐락펴락하고, 러시아의 얼룩말홍합이 오대호에서 도시 정수처리장의 배관을 막을 만큼 심각한 골칫거리가 될 수 있다. 한때는 독특한 지역 식물 생태계가 있던 곳에, 지금은 대륙 전역에서 단일 경작하는 옥수수와 콩이 들어서 있다. 데본기 '대고갈'을 기술하는 자신의 논문에서, 스티걸은 이렇게 결론짓는다.

"그러므로 서식지 파괴와 종 도입이 결합된 현대의 조합은 전면적인 생물다양성 손실을 낳을 가능성이 크며, 그 손실은 그[페름기 말 대멸종]동안 겪었던 것보다 훨씬 더 클 것이다." 이 진술의 무게가 얼마나 무시무시한지는 다음 장 이후에 명백해질 것이다.

데본기 후기 위기에는 입안자가 많았던 것 같다. 나무의 확산, 빙하작용, 화산, 부영양화와 해양 무산소증, 침입종, 그 밖에도 많은 것이 다양한 지구계 순환의 방향을 틀었다. 살해 수법치고 그다지 명쾌하지는 않다. 하지만 어쩌면 이는 예상되는 바다.

"대멸종은 지구사에서 몇 번밖에 일어난 적이 없어서 역대 최악의 것처럼 보이는 것뿐일 수도 있어요." 로런 샐런이 말했다. "모든 게 한 줄로 서면, 모든 게 뱀눈snake eyes(주사위 두 개의 눈이 모두 1이 나오는 도박판 최악의 수–옮긴이)이 나오면 대멸종이 되는데 말이죠."

연구자들은 아직도 데본기 후기 파괴를 초래한 다른 많은 입안자를 알아내려 애쓰고 있는지 모른다. 하지만 이 지구상 생명의 과도기에 대한 지식의 진보를 가로막아온 한 가지 걸림돌은 놀랍게도, 관심 부족이었다.

"데본기 연구계는 솔직히 말해서, 좀 빈혈 상태입니다." 토머스 앨지오가 말했다. "모임을 할 만큼 사람을 모으기도 힘들어요. 우리끼리 데본기에 관한 특별호를 내려고도 했는데 성공할 만큼 논문을 구하지 못했어요. 이에 관해 활동적으로 연구하는 사람은 충분치 않습니다."

우울하게도, 중추적인 데본기에 관한 연구가 침체해 있는 동안 앨지오의 사무실에서 겨우 몇 킬로미터 떨어진 곳에는 창조박물관 Creation Museum이 건재하다. 이 기괴한 복음주의 유령의 집에서는 멀거니 바라보는 초등학생들에게 지구는 피라미드보다 그리 오래되지 않았다는 말을 들려주고 티렉스가 노아의 방주에 타고 있는 실사모형을 보여준다. 기부금에다 주정부의 세금 우대 조치까지 넘쳐나는 창조박물관은 확장되고 있다.

클리블랜드로 돌아가 3억5900만 년 전쯤, 미지근한 바다들이 사라진 발밑의 땅은 말라 있고 거대한 계곡들이 차디찬 황무지를 가르고 나아간다. 몇 킬로미터 더 남쪽, 해안 바로 앞의 오그라든 무산소 해양에는 얼음장이 둥둥 떠 있다. 멀리 있는 애팔래치아의 거한들은 이제 울퉁불퉁한 수문에서 빙하를 쏟아낸다. 그리고 남쪽으로 훨씬 더 멀리, 남부 초대륙에는 황량한 백색의 땅이 드넓게 펼쳐져 있다. 얼음 같은 정적 밑에는 7000만 년의 지구 해양 관리 임무를 마친 뒤 마지막 한 마리까지 모두 죽은 판피류의 유해가 깔려 있다. 울창하던 아르카이옵테리스의 숲도 사라졌다. 아마 자신의 성공 때문에 운이 다했으리라. 세상이 아는 한 가장 멋졌던 생물초들도 죽어서 깨지고 묻힌 지 오래다. 바닷물을 자세히 살펴보면 플랑크톤조차도 예전 축소판 광휘의 기색을 드러내건만, 파도 아래 돌돌 말린 껍데기 안에서 까닥거리던 오징어를 닮은 동물들은 거의 사라졌다. 육지에서는 혹독한 바람이 살아남은 관목들을 가르며 불어제친다. 이 모든 초토화를 설계한 이들은 앞으로 모든 육상생물의 번영을 입안할 자이기도 하다. 대기 이산화탄소가 바닥을 친 지금, 우리는 동물의 역사에서 가장 긴 빙하시대인 1억 년 고생대 후기 빙하시대의 일제사격이 개시되는 시점에 있다.

데본기의 여파 속에서 빈곤해진 생태계와 판피류 같은 포식자의 완전한 절멸을 마주친 해양저는 묘지에서 꽃들이 살아나듯, 불가사리의 먼 친척답게 골판을 두른 갯나리의 정원들로 폭발했다. 데본기는 어류의 시대로 알려졌지만, 극피동물 애호가들은 그것의 비참한 여파를 귀에 덜 꽂히는 '갯나리류crinoids의 시대'로 일컫는다.

앨지오는 데본기 후기 내내 박동한 치명적 훼방을 자신의 주장대로 식물이 후원하고 있었다면, 거기에는 배워야 할 교훈이 있다고 생각한다.

"만약에 육상식물이 데본기 후기의 생물 위기를 몰아가고 있다면, 그것은 다른 모든 멸종 기제와는 완전히 다른 멸종 기제에 해당할 뿐만 아니라, 진화 자체와 관련된 기제에 해당하기도 합니다. 이는 당신이 실제로 진화를 통해 그만큼 역동적인 변화를 만들어내면, 그 결과로 나머지 생물권을 위기에 빠뜨릴 수 있다는 뜻입니다. 저는 그런 의미에서, 이게 오늘날 인간이 미치는 영향으로 일어나고 있는 일에 가장 가깝다고 생각합니다."

최초의 나무들처럼, 우리는 생명의 역사에서 특별한 존재다. 행성의 지구화학적 순환을 근본적으로 바꿔놓는 우리의 능력이 기후, 해양의 산소 공급, 육지와 바닷속 생명체에 극적인 결과를 가져오기 때문이다. 그리고 우리가 데본기 후기 대멸종으로 검은 셰일에 묻힌 탄소투성이 생명체를 파내 불태움으로써 그렇게 하고 있는 데에는 약간 시적인 것 이상의 뭔가가 있다.

"이건 사람이 방금 진화한 사건이 아닙니다. 인류의 진화는 (사람 조상이 아프리카에서 고릴라, 침팬지와 갈라진 이래로 - 옮긴이) 600만 혹은 700만 년 동안 계속되어왔으니까요. 그게 아니라 우리 기술이 행성 표면에 엄청난 혼란을 초래하는 지경까지 진화해버린 겁니다. 사건의 전개가 아주 유사하죠." 앨지오가 지적했다.

앨지오의 사무실에서 걸어 나와 찌는 듯한 4월 신시내티의 대낮 속으로 들어선 나는 그의 사무실 바깥쪽에 있는 길보아 나무 그루터기와 그가 내게 했던 말을 음미했다.

"우리는 데본기의 나무입니다."

"여기가 예전에 부두가 있던 곳이우?"

할머니가 내 팔을 붙잡았을 때 나는 노바스코샤에 있는 조긴스 화석절벽Joggins Fossil Cliffs을 떠나 차로 걸어 돌아가는 중이었다.

"관광객들이 그렇게 말하더군요." 내가 대답했다.

"그러면 저기가 맥캐런스강 댐이 있던 곳인감?" 할머니가 바닷가를 따라 더 멀리 있는 상상 속 지점을 가리켰다.

"죄송하지만, 저도 잘 모릅니다."

할머니는 한숨을 쉬었다. 그리고 내가 돌아서서 계단을 오르는 순간 다시 말하기 시작했다.

"아주 오래전에 여기서 내가 수영을 배웠다우." 고개를 저은 할머니는 잠시 후 난간 너머로 몸을 구부린 채, 먼 곳을 응시하며 자신의 잃어버린 세계를 다시 떠올리려 안간힘을 썼다. 할머니가 어린 시절 즐겨 가던 곳은 겨우 수십 년 후 밀물과 썰물의 무심함에 지워졌지만, 석탄이 채워진 바닷가 절벽에는 3억1500만 년 된 나무의 몸통이 꼿꼿이 서 있었다. 이 절벽에서 깨어져 나온 석판들에서는 트랙터 타이어 자국처럼 보이는 것이 드러났다. 2.4미터라는 터무니없는 길이의 다족류가 남긴 화석 발자국이었다. 절벽의 다른 암석에는 갈매기만 한 잠자리들이 담겨 있었고, 몇몇 화석 나무 몸통의 빈 속에는 마침내 조상의 바다와 결별하고 처음으로 평생을 육지에서 보낸 파충류의 유해들이 들어 있었다. 데본기는 끝났지만, 이 암석들은 그 시대의 혁신들로 개조되고 식물에 의해 변형된 뒤 마침내 동물에게 정복된 새로운 세계를 기록했다.

"모든 게 얼마나 달라지는지." 할머니가 한숨을 쉬었다.

데본기에 뒤따르는 시대는 더 친숙한 세계다. 사지동물은 이제 껍데기가 있는 알을 낳았고, 껍데기는 예전에 물고기였던 이들이 마침내 완전히 물 밖에서 번식하며 평생을 육지에서 살 수 있게 해주었다.

고막은 소리를 듣게 해주었다. 한편 나무들은 여전히 미친 듯이 탄소를 매장하고 있었다. 데본기 이후의 기간은 석탄기로 알려졌고, 세계의 석탄 대부분을 공급했다. 석탄을 태우면 이산화탄소가 방출되어 행성이 더 따뜻해지는 게 당연하지만, 수억 년 전에는 석탄을 석탄 늪에 매장했으므로 이 태곳적 행성은 더욱더 식어갔다. 여기 열대의 노바스코샤에는 밀림이 많았지만, 더 높은 위도에서는 이제 빙하가 지속적 특징이었다. 서늘한 저이산화탄소 세계를 달리 말하면, 새로이 확립된 식물 세계가 내쉬는 산소가 확실하게 퍼지는 세계다. 많은 것처럼 들리지 않을지도 모르지만, 석탄기의 석탄 늪에 나무들이 매장되었을 때, 산소 농도는 자그마치 대기의 35퍼센트까지 치솟았다(비교하자면 오늘날은 21퍼센트다). 이 산소 짙은 환경이 노바스코샤의 암석에 있는 트랙터 타이어 같은 다족류의 흔적과 갈매기만 한 잠자리를 설명한다. 곤충의 크기는 이들의 이상한 호흡계가 지닌 공간적 요구조건에 의해 제한되지만, 석탄기에는 공기를 덜 마셔도 같은 양의 산소를 얻을 수 있었고, 그래서 비현세적인 크기에 도달할 수 있었다는 말이다.

불 위에 통나무를 얹었을 때 보이는 빛과 열은 문자 그대로의 의미에서 그 나무가 일생에 걸쳐 쪼인 수십 년 치의 햇빛이다. 태양에너지는 화학결합 안에 저장되며, 불꽃에서 방출되는 이산화탄소는 나무가 당을 합성하고 목질과 잎을 형성하기 위해 들이쉬었던 바로 그 이산화탄소다. 억겁의 나이를 먹은 석탄 숲을 거둬다 발전소에서 불태울 때, 우리는 그 안에 붙잡힌 수백만 년 치의 선사시대 햇빛과 이산화탄소를 방출한다. 이 태곳적 햇빛이 겨울에 우리를 덥혀주고 우리의 현대 세계를 움직인다. 하지만 우리는 지금, 지질학적으로 오랜 세월을 암석에 묶여 잠자고 있던, 데본기의 열대 온실과 뒤이은 고생대 후기 빙하시대의 겨울 지역을 갈랐던 바로 그 이산화탄소를—한꺼번에—방출하고 있다. 우리의 목숨을 걸고 그렇게 한다.

최후의 판피류가 죽은 뒤, 행성 지구 위의 다음번 대량학살까지는 1억 년이 걸릴 것이었다. 오르도비스기와 데본기의 참사들은 그저 총연습이었다는 듯, 그다음 대멸종의 초토화는 아마도 그 어느 때보다도 행성의 맥박이 완전히 사라지는 지경 가까이까지 행성을 데려갈 것이었다.

제4장

The End-Permian Mass Extinction

페름기 말 대멸종

2억5200만 년 전

온 땅이 한 생각뿐이었고—그것은 죽음이었다.

—바이런 경, 1816년(그의 시 「어둠Darkness」 중에서)

"그러니 5억 년은 얼마나 긴 시간이겠습니까?" 스탠퍼드의 고생물학자 조너선 페인이 페름기 말 대멸종* 구간에서 출토된 반질반질한 석판 하나를 그의 사무실 탁자—중국에서 가져온 고대 해저의 덩어리—위에 올려놓았다. 암석은 멸종 기간에 걸쳐 수천 년 동안 쌓인 것이었다. 멸종 이전에서 출발하는 아래쪽 절반은 가루가 된 조가비와 플랑크톤—어느 살아 있던 세계의 쓰레기—으로 이루어져 있었다. 멸종 이후에서 출발하는 위쪽 절반은 미생물과 진흙으로 이루어져 있었다. 중간에 이 층들이 느닷없이 만난 곳에는 지구상 생명의 역사에서 지금껏 일어났던 최악의 것이 있었다.

"5억 년은 정말로, 정말로, **정말로** 긴 시간입니다. 그런데 이건 지구사의 지난 5억 년 사이에 한 번뿐이었던 최악의 사건이에요. 그러니까 당신이 짤 각본은 일종의 운수 사나운 날 각본이 되어서는 안 됩니다. 무슨 일이 벌어졌건 그 일은 짐작건대 지난 5억 년 사이에 지구의 표면 조건들이 가장 극단적이었던 때와 거의 같은 만큼 극단적이었을 겁니다. 그러니까 이건 100년에 한 번 있는 사건도 아니고,

* 페름기-트라이아스기 경계 대멸종으로도 알려져 있다.

1000년에 한 번 있는 사건도 아니고, 심지어 100만 년에 한 번 있는 사건도 아닙니다. 10억 년에 한 번 있는 사건에 더 가깝단 말입니다. 그걸 명심해야 해요. 뭐가 되었건, 이건 역대 최악의 것이에요."

종말이 닥치기 전, 때는 페름기였다. 데본기가 얼음에 뒤덮여 끝난 이후로 1억 년이 지나는 동안, 행성은 적어도 우리가 알아볼 수는 있는 대략적인 스케치를 해두었다. 어느 정도는 말이다. 적어도 이제 육지에는 초목이 있었고, 그 사이에서 터벅터벅 걷는 큰 짐승들도 있었다. 이는 전에 왔던 세계와의 완전한 결별이었다. 육지의 식물과 동물이 우리에게는 지구의 기본 설정으로 다가올지 모르지만, 40억 년이 넘는 동안 대륙이 불모지였던 행성에는 혁명과도 같았다.

데본기에 소심하게 육지로 기어오르고 있던 물고기는 이제 상륙에 성공해서 두 계통의 파충류로 갈라져 있었다. 한 계통은 파충류로 남아 있을 (그리고 결국 악어, 뱀, 거북, 도마뱀, 공룡과 공룡의 대중적 파생 상품인 새를 낳을) 것이었고 다른 한 집단은 결국 포유류가 될 것이었다.* 놀랍게도, 이 후자 집단이 페름기의 세계를 통치했고 그동안 파충류 계보는 대부분 세계를 제패할 차례를 기다렸다. 이 원시 포유류 지배계급은 생소하고 다소 흉물스러운 짐승들이 번갈아 등장하는 우주였다. 이 동물원에 갇혀진 유연하고 위협적인 최상위 포식자들과 코뿔소만 한 몸집으로 쿵쾅거리는 초식동물들이 판게아의 물웅덩이 주위에 떼 지어 모여 있었다. 파충류 계보에서 상대적으로 더

* 양서류는 땅 위로 완전히 올라오는 데 성공한 적이 한 번도 없다. 오늘날에도 이들은 알을 낳으려면 여전히 물로 돌아가야 한다.

큰 구성원들도 번성하기는 했는데, 무사마귀투성이의 탱크 같은 괴물이었다. 지구가 가장 사진발을 잘 받던 순간은 아니었다. 해양에는 데본기 후기에 파괴되었던 생물초가 돌아왔지만, 상어와 물고기가 있었다 해도 이곳은 아직도 지극히 원시적인 생물권이었다. 생물초는 이제는 존재하지 않는 온갖 목目의 군체 동물로 이루어져 있어서, 뚜렷하게 고생대적인 정취를 풍겼다. 삼엽충도 이전 대멸종들을 절뚝거리며 간신히 통과한 뒤 완족류로 포장된 해저를 여전히 쓸고 다녔다. 심지어 바다전갈도—데본기 후기에 근해에서 학살된 뒤 이제는 대부분 민물 환경으로 밀려나긴 했지만—오르도비스기에 출발한 이래로 버티고 있었다.

하지만 페름기의 끝에 이르면 거의 모든 게 죽을 것이었다.

페름기의 끝에는 시베리아의 안팎이 뒤집히면서 부글거리는 용암이 수백만 제곱킬로미터를 뒤덮고 화산가스가 대기로 쏟아져 나올 것이었다. 특히나 한 가지 가스가 지구사에서 가장 큰 떼죽음이 될 사건에서 살해의 주범으로 두드러진다. 연구자들이 최악의 참사를 연구하는 이유는 결코 순수한 학문적인 호기심에서도, 혹은 병적인 호기심에서조차도 아니다. 페름기 말 대멸종이 대기에 너무 많은 이산화탄소를 꾸역꾸역 집어넣을 때 벌어지는 일의 결정체—최악의 각본—이기 때문이다.

텍사스주 엘패소 카운티에서 190킬로미터 떨어진 치와와사막

Chihuahuan Desert 한복판에는 행성의 생명이 거의 씨가 마르기 전 더 행복했던 한때를 향해 난 창문이 하나 있다. 바로 이곳, 쓸쓸한 62번 도로를 따라가다 차를 댄 나는 페름기 해양의 바닥에 서서 엘캐피탄 El Capitan이라 불리는 우뚝 솟은 흰 곶串의 사진을 몇 장 찍었다. 텍사스에서 가장 높은 지점을 표시하는 이 절벽은 과달루페산맥의 석회암 뱃머리, 다시 말해 전적으로 바다생물로 지어진 태곳적 보초 barrier reef(육지에서 분리되어 해안을 따라 길게 발달한 생물초-옮긴이)다. 오늘날 이것이 서부 텍사스의 아무것도 없는 메마른 왕국 위로 우뚝 솟아 있듯이, 2억5000만 년이 넘는 세월 전에는 페름기의 해양저 위로 우뚝 솟아 있었을 것이다. 그 뒤에는 매키트릭캐니언Mckittrick Canyon이 있다. 놀랍도록 파릇파릇한, 단풍나무가 늘어선 이 골짜기에는 선사시대에 해저 사태가 일어났을 때 생물초 표면에서 굴러떨어져 대륙붕 경사면 바닥으로 가라앉은 거대한 석회암 덩어리들이 그 자리에 정착해 있다. 내가 귀퉁이를 접어서 가져온 스미스소니언의 고생물학자 더글러스 어윈의 책 『멸종: 2억5000만 년 전 지구상의 생명이 거의 끝난 경위Extinction: How life on Earth nearly Ended 250 Million Years Ago』가 텍사스의 이 아무것도 없는 구석에서 나를 인도하는 길잡이였다.

어윈은 이렇게 쓴다. "매키트릭크리크McKittrick Creek(매키트릭캐니언을 흐르는 개울-옮긴이)의 가파른 경사면 바닥에 있는 사람은, 퍼미안분지Permian Basin(서부 텍사스에 걸쳐 있는 유명한 원유 매장지-옮긴이)의 태곳적 바다 바닥에 서서 365미터쯤 위쪽의 생물초를 올려다보고 있는 것이다. 오늘날 바하마나 어딘가 현대의 다른 생물초에서도 물만 모두 뺀다면 똑같이 할 수 있을 것이다. 매키트릭캐니언에서 퍼미안리프트레일Permian Reef Trail(페름기 생물초 길-옮긴이)을 걸어 올라가는 건 수백만 년 전 그대로의 생물초 표면을 걸어서 (아니 더 적절히 말하자면, 헤엄쳐서) 올라가는 것과 같다."

그래서 나는 먼지투성이 운동화를 신고 이 생물초 표면을 한 발짝씩 '헤엄쳐' 올라가면서, 나 자신이 오징어를 닮은 암모나이트*라고 상상했다. 그 기간의 끝에서 97퍼센트의 전멸이 기다리고 있는 줄은 꿈에도 모르는 채, 소용돌이 꼴 껍데기 안에서 촉수를 내밀고 불쑥불쑥 벽을 오르고 있다고 말이다. 생물초는 바닷말에 둘러싸여 다 함께 교결된 항아리해면과 뿔산호, 완족류와 태형동물의 군체로 지어져 있었다. 골판을 두른 갯나리들이 이 벽에서 팔을 뻗어 바닷물을 걸렀고, 그동안 달팽이와 삼엽충은 망망대해 위로 불쑥 나타나는 이 장엄한 생물 성벽의 안팎을 수줍게 돌아다녔다. 오늘날 석회암 안에 얼어붙은 이 바다 장면은 물 1갤런, 챙이 넓은 모자, 그리고 방울뱀에 대한 건전한 두려움만 있으면 누구나 공짜로 탐험할 수 있다.

어윈은 과달루페산맥에 관해 이렇게 쓴다. "여기 페름기의 세계가 안치되어 있다. 멸종 이전에 맨 마지막으로 흐드러진 생명이."

과달루페산맥에 있는 거대한 동굴계cave system는 이웃 뉴멕시코주에 있는 칼즈배드동굴Carlsbad Caverns과 마찬가지로, 지하수가 이 태곳적 보초에 아로새겨온 뒤로 지금은 페름기의 바다 세계를 속속

* 이름을 따온 그리스와 로마의 신 암몬(이집트의 신 아문에서 유래)은 뿔이 달린 숫양 모습으로 묘사되는데, 돌돌 말린 뿔이 암모나이트의 껍데기를 닮았다.

들이 보여준다. 이러한 동굴에 살았던 거대 땅늘보는 수천 년 전—돌촉과 그것을 남긴 최초의 인간이 처음 나타난 지 오래지 않아—검치호, 코뿔소, 매머드와 더불어 사라졌다. 하지만 지질학적으로 근래인 이 인공적 근절은 수억 년 먼저 일어난 고생대의 종말에 비하면 아무것도 아니었다.

여기 서부 텍사스에는 어느 건강한 행성이 물로 뛰어들기 직전, 심연 위에 걸터앉아 있었다. 페름기의 끝에 이르면 그 행성 위의 거의 모든 것은 대대적으로 죽임을 당할 것이고, 그 학살의 뒤를 따라 지구상의 생명은 완전히 새로운 과정을 기록할 것이었다.

고생대의 기수인 삼엽충은 용케 3억 년 동안 모든 대멸종에서 간신히 살아남았지만, 페름기의 끝에 마침내 학살에 굴복하면서 화려한 장기 공연을 마감했다. 삼엽충의 내면적 삶이 얼마나 풍부했는지는 아무도 모르지만, 행성 지구의 경험 하나가 페름기의 끝에 혼돈 속에서 마침내 끝난 것이었다. 고생대의 화석 태피스트리를 구성하는 갯나리류와 완족류는 페름기 말 대멸종에 너무나 호되게 얻어맞아 전혀 회복되지 못했다. 바다꽃봉오리류는 멸종했다. 고생대의 생물초를 짓는 동물이었던 상판산호와 사방산호도 데본기 대멸종과 같은 예전의 생물초 붕괴에서처럼 그냥 세게 얻어맞은 정도가 아니라, 완전히 멸종했다.

페름기의 참혹한 여파 속에서 생물초는 미생물 점액 더미로 대체되었다. 이 더미는 바로 스트로마톨라이트stromatolite, 고등생물 이전의 따분한 억겁 때 등장했던 그 밋밋한 곤죽 무더기다. 지루한 수십억 년 안에서 전성기를 지낸 이후로 대부분 사라진 터였지만, 역대 최악의 대멸종에 이어 해양이 세균의 시대 이래로 가장 휑해지자, 이 격세유전隔世遺傳한 무더기들이 제자리에서 수억 년을 벗어난 동물의 시대 한복판에서 잠시 으스스한 부활을 누렸다. 문헌에서 '시대착오적'이라 일컫는 이 미생물 층군이 자연적 격감 이후 화석 기록 안 어디에나 존재하는 걸 보면 등골이 오싹하다. 풀을 뜯는 동물이 제거되고 참으로 지옥 같은 해양 조건이 만연하자, 초기 지구의 원시바다는 금세 쥐죽은 듯 고요한 세계로 돌아갔고, 이 터무니없이 구식인 세균 왕국이 패권을 쥐었다.

수백만 년에 걸쳐 플랑크톤이 눈처럼 해양을 가르고 떨어져서—1000년에 1밀리미터씩—해양저에 쌓였을 때, 그 일부는 단세포생물 수십억 마리로 이루어진 이른바 처트chert라는 단단한 암석이 되었다. 페름기 말 대멸종 이후의 화석 기록에는 이 생명체의 암석이 거의 사라지는 '처트 틈새'가 있다. 이 틈새가 생명과 지질은 똑같은 원료 저장고에 대한 두 가지 묘사라는 사실을 예증한다. 이쪽에 달린 손잡이를 당기면 저쪽에서 응답하고, 저쪽에 달린 손잡이를 당기면 이쪽에서 응답한다.

육지에는 원시 포유류로 이루어진 야생동물의 세계가 있었다. 파충류처럼 보이지만 어딘가 개 같기도 하고 어떤 경우는 소 같기도 한 생물체였던 이 짐승들은 비늘이 없었을지도 모르기 때문에, 화가들이 종종 이들을 피부 빛으로 그린 다음 꾀죄죄한 털 한 줌을 듬성듬성 심어놓음으로써 어디가 아픈 게 틀림없다는 인상을 남긴다. 이 경계가 불분명한 패거리는 페름기의 끝에 대대적으로 파괴되었다. 아마도 족제비를 닮은 작은 원시 포유류였을 우리의 조상은 다시 한 번 기적적으로 어딘가에서 살아남았지만 말이다. 평소 중대한 위기에도 끄떡없던 곤충은 곤충사상 유일한 자연적 격감을 페름기 말 대멸종에서 겪었다. 식물계는 이 참사로 너무나 말끔히 지워져, 이전에는 좁고 구불구불한 물길에 갇혀 있던 강이 구불거리기를 멈추고 그 대신에 몸을 비틀며 사방으로 퍼지는 모래투성이 개울이 되어 굴러서 나아가기 시작했다. 기슭에 닻을 내릴 식물이 있기 전 수십억 년 동안 그랬던 것처럼. 바다에 있는 처트 틈새와 나란히, 육지에도 멸종 뒤에 1000만 년 동안 화석 기록에서 나무가 사라지는 '석탄 틈새'가 있다. 고생대의 커다란 목본 침엽수와 종자고사리 나무를 대신해 애처로운 발목 높이의 잡초—물부추류—가 퍼져나가 연기 나는 행성을 뒤덮었다.

심란하게도, 식물이 거의 사라지는 것과 동시에 대멸종의 암석층에는 잠깐 동안 갑자기 곰팡이류가 급증하는데, 아마도 죽은 것들이 온 세상을 뒤덮고 썩어갔기 때문일 것이다.

이 대멸종은 5000만 년 길이의 페름기를 끝장냈을 뿐만 아니라, 당시에 동물이 동튼 이후로 진보하고 있던 고생대 전체를 끝장냈다. 삼엽충과 완족류, 생소한 생물초로 가득한 그 태곳적 바다로 특징지어지는 고생대와 다가올 시대는 공룡의 시대와 우리의 현대 세계만큼이나 달랐다. 아마도 가장 마음을 어지럽히는 것은 고생대가 수억 년 동안—캄브리아기, 오르도비스기, 실루리아기, 데본기, 석탄기, 페름기를 아우르며—지속된 터였음에도 (지질학적 관점에서는) 거의 부지불식간에 끝나버렸다는 사실이다. 전설적인 MIT의 지질연대학자 샘 보링Sam Bowring은 페름기 해양에서의 대멸종을 기록하는 중국의 암석들을 조사하다가, 그 악몽 전체가 6만 년도 안 되는 숨이 멎을 만큼 짧은 기간에 걸쳐 일어났음을 알아냈다. 페름기 말 대멸종은 하나의 숭엄한 행성이 끝나고 비참한 회복기를 거친 뒤, 또 하나의 숭엄한 행성이 시작될 전조였다.

과달루페산맥의 수백 킬로미터 북쪽이자 수백만 년 미래에는 유타주의 샌러펠스웰San Rafael Swell이 있다. 이곳은 주간고속도로망 가운데 운전자 편의시설이 없는 가장 긴 구간을 따라 70번 주간고속도로로 양분되는, 넋을 잃을 만큼 적막한 황무지다. 유타주의 이 구간에 펼쳐져 있는 풍경은 화성 풍경에 대한 통찰을 구하는 나사 연구원들의 마음을 사로잡을 만큼 으스스하고, 그 순전한 척박함은 세상의 끝을 기억하기에 적절한 기념비처럼 보인다. 여기, 생명의 역사에서 가장 큰 대멸종이 있은 지 수백만 년 뒤에는 예전 페름기 바다 세계의—그 텍사스 생물초에서 볼 수 있는 것과 같은—만화경 같은 다양성이 여기저기 드문 조가비 파편으로 영락해 있다. 이 암석들 안에서 도대체 화석이라는 것을 찾을 수 있는지는 몰라도, 스미스소니언의 더글러스 어윈은 이 불모의 황무지에 관해 이렇게 쓴다. "대학원생들은 흔히 트라이아스기 초기에 공을 들이고 싶어 하지 않는다. 종이 너무 적어서 현장 연구가 금세 지루해지기 때문이다."

지구상의 생명체 대부분이 이 화석 기록 위를 쥐죽은 듯 고요하게 지나쳐버린다. 하지만 드문 소수는 종말 이후의 텅 빈 풍경 속에서 번성했다. 예컨대 거의 오로지 단 한 종, 잡초처럼 저산소에 강한 클라라이아Claraia라 불리는 대합조개만으로 이루어진 광대한 조가비 포장도로가 파키스탄에서 그린란드에 이르는 행성 곳곳의 멸종

이후 층들을 구성한다. 이 생물체는 부전승으로, 권리를 주장할 다른 자가 아무도 남지 않은 고요한 세계를 접수했다. 이 기회주의적인 연체동물의 음울하고 단조로운 포장도로가 드러내는 산산이 부서진 세계는 거의 1000만 년이 걸려서야 복구될 것이었다.

"만약 생명의 역사에 사건이 둘만 있다면, 캄브리아기 폭발과 페름기 말 대멸종이 있을 겁니다." 스탠퍼드대학교의 조너선 페인이 나에게 말했다.

페름기 말 대멸종 전후 생명체의 단절은 심지어 1860년에도 불을 보듯 너무나 명백해서, 자연철학자 존 필립스John Phillips는 페름기 말의 잿더미에서 꽃핀 철저히 다른 세계를 신의 두 번째 창조 행위로밖에 설명할 수 없었을 정도다.

페름기 말 대멸종은 동물이 동튼 이래로 어느 때보다도 더 행성의 씨를 말리는 지경에 근접함으로써, 다른 모든 대멸종을 무색하게 하며 지구상 생명의 이야기에서 행성이 모든 것을 잃은 순간으로 불쑥 등장했다.

2007년에 워싱턴대학의 고생물학자 피터 워드가 쓴 『초록빛 하늘 아래Under a Green Sky』에서, 그는 이산화탄소 방출이 그저 관료들이 규제할 골칫거리가 아니라 사실은 지구사 내내 "멸종의 동인"이기도 했다고 주장한다.

그 책은 내가 2006년에 프린스턴에서 워드가 하는 일련의 강연을 들으며 녹음한 내용과 함께, 나에게 중대한 영향을 주었다.* 강연에서 그는 페름기 말 대멸종을 우리 자신이 현대에 마주한 위기와 비교했다. 나는 워드의 강연—전문적 해설과 으스스한 농담의 혼합—을 통해, 이산화탄소가 동인인 지구온난화는 정부의 슈퍼컴퓨터에 깔린 기후모형 안에서 모의 실험되고 있을 뿐만 아니라, 지구가 아득히 먼 과거에 이미 여러 차례 겪어봤던 실험이라는 생각을 처음 접했다. 더욱 충격적이었던 것은 화석 기록에서 보이는 역대 최고의 극단적인 자연적 격감에 지구온난화가 연루되었을지도 모른다는 사실이었다.

"그 일이 다시 일어나고 있을까?" 워드는 『초록빛 하늘 아래』에서 묻는다. "우리는 대부분 그렇다고 생각하지만, 아득히 먼 과거를 방문해서 그걸 현재와 미래에 견주어보는 사람은 여전히 너무 드물다."

우리가 머지않아 지구사가 보유한 최악의 장들을 다시 방문할지도 모른다는 자신의 경고에 대해 "동력을 공급한 것은 분노와 슬픔이지만 대부분은 공포"였다고 워드는 말했다.

여러 해 동안 그의 책들을 읽은 뒤, 나는 마침내 미국지질학회의 연례회의 기간 중에 간신히 워드와의 점심 자리를 마련했다. 심판의 날을 예언하는 놀랍도록 쾌활한 선지자 워드는 사람을 무장해제시키는 환한 웃음과 주제에서 벗어나려는 확고한 충동을 갖추고 있다. 그와 대화하는 사람은 앵무조개 껍데기의 형태학에 관한 권위 있

* 당신이 읽고 있는 이 책이 존재하게 된 연유이기도 하다.

는 주제가 잘 나가다 치폴레(체인 음식점 – 옮긴이)에서 대장균이 발생한 원인으로 건너뛴다는 것을 금세 깨닫는다. 이런 종류의 정신없는 탐구심으로 그는 고생물학계에서 미친 듯 생산적 이력을 쌓는 와중에도 끊임없이 이 대륙에서 저 대륙으로—남극에서 태평양의 섬나라 팔라우로, 스페인에서 캐나다의 군도 하이다과이Haida Gwaii로—뛰어다니며 생명의 역사에 관한 가장 중대한 질문에 대한 답을 구해왔다.

워드의 첫사랑은 고생물학이 아니었다. 스쿠버다이빙이었다. 그는 어린 시절의 『해저 2만 리』 사랑에 이끌려, 그리고 나중에는 자크 쿠스토Jacques Cousteau(수중 호흡기를 공동 발명한 해저 탐험가 – 옮긴이)와 그의 탐사선 칼립소Calypso의 늠름한 위업에 대한 청소년기의 선망에 이끌려 바다로 들어갔다.

"나한테는 그런 게 영웅이었다는 말이오." 그렇게 말한 그는 나에게 대학에 다니던 때 얘기를 들려주었다. "칼립소가 시애틀에 왔는데, 당시 나는 다이빙을 가르치고 있었지. 스물이나 스물하나였을 때였소. 우리는 파티에 흠뻑 취해 아리따운 아가씨들과 같이 있었는데, 그때 이 쿠스토 일당이 들어오더니 겨우 5분인가 10분 만에 그 아가씨들을 몽땅 데리고 떠나더란 말이오. 스물하나일 때, 그보다 더 영감을 주는 게 뭐겠소? 난 생각했지. 제길, 좋아! 여기에 내 인생을 걸겠어."

태평양과 인도양 곳곳에 흩뿌려져 있는 외딴 환초(고리 모양으로 배열되어 안쪽은 얕은 바다를 이루고 바깥쪽은 큰 바다와 닿아 있는 생물초 – 옮긴이) 연안에서 스쿠버다이빙을 하며 평생을 보낸 뒤, 워드는 세계 최고의 앵무조개 전문가 가운데 한 사람이 되었다. 기하학적 우아함 때문에 수학자의 찬미를 받는 껍데기 안에서 생물초 벽을 따라 까닥거리는, 화려하지만 수줍음을 타는 동물인 앵무조개는 두족류로 살오징어, 문어, 갑오징어와 같은 집단에 속한다. 하지만 이 동물들과 달리 앵무조개는 거의 쓸모없는 한 쌍의 바늘구멍 사진기를 눈으로 갖고 있고, 화학물질을 감지하는 촉수도 붙잡는 일보다는 먹이를 찾아 킁킁거리는 데 더 많이 쓰인다.

"그놈들은 기본적으로 그냥 거대한 코라고 보면 된다네." 워드가 말했다. 앵무조개는 2억 년 동안 주위에 있었는데 그보다도 훨씬 더 오래된, 앵무조개류nautiloids로 알려진 계통의 유일한 생존자다. 우리는 앵무조개류를 신시내티에서 만났다. 이들은 캄브리아기까지 거슬러 올라가는 다섯 차례의 대멸종 전부를 (페름기 말 초대형 참사를 포함해) 무사히 통과했다. 하지만 오늘날은 '사형장으로 가는 단계통군dead clade walking'(여기서 단계통군clade은 공통의 조상으로부터 진화된 생물 분류군을 의미하며 이 문구는 회복될 가능성이 없는 생존을 뜻한다-옮긴이)으로 알려진—예전 영광의 그림자로서 절뚝거리며 멸종을 향해 가는—존재다. 동물의 역사에서 모든 대규모 대멸종을 넘겨왔건만, 이들은 인류라는 호적수를 만났을지도 모른다. 인류에게는 자신이 사랑하는 것을 파괴하는 경향이 있다.

"딱한 것은 이들의 껍데기가 지나치게 멋져 보인다는 거라네." 워드가 말했다. "아름답다는 것."

어떤 앵무조개 껍데기는 이베이에서 200달러까지도 받을 수 있고, 이는 보다시피 가난한 필리핀과 인도네시아 어부들에게는 저항할 수 없는 현상금이다. 워드는 그의 잠수 일생 동안 한 초호 한 초호에서 이 동물이 사라지는 것을 보아왔다. "인간에게 아름다운 것은 개나 소나 운이 없단 말이지."

워드의 인생행로가 비극으로 인해 변경된 것은 바로 이 진화적 잔존생물을 좇아서 태평양의 뉴칼레도니아섬으로 잠수 여행을 가 있던 어느 날이었다. 그의 현장 조수가 60미터 깊이에서 의식을 잃었을 때, 워드는 자신의 목숨을 걸었다. 질식한 동료를 끌고 수면으로 올라가는 길에 잠시도 멈추지 않음으로써, 치명적일 수 있는 잠함병*의 발병을 피하려면 잠수부가 반드시 할 일을 어긴 것이었다. 하지만 구조를 시도한 보람도 없이, 두 사람이 수면에 다다랐을 즈음 그의 짝은 죽고 말았다. 오늘날 그 잠수 재난의 흉터는 몸에도 남아 있고—워드는 서둘러 올라가는 동안 혈류에 녹아 있던 질소 방울이 빠져나오면서 결딴낸 고관절을 교체해야 했다—마음에도 남아 있다.

"너무나 충격적인 죽음이었소." 그가 말했다.

워드는 이 개인적 비극이 자신의 진로에 어떤 영향을 미쳤는지에 관해 이렇게 썼다.

"그 일로 나는 현대적인 것을 연구하는 일과 바다를 외면하고 육지 쪽의 더 어두운 것을 연구하는 일, 그러니까 대멸종 자체의 연구를 향할 것이었다. 예기치 않은, 해명되지 않은 죽음을 이해할 방법으로 가장 무덤 같은 형태의 죽음을 측량하는 것보다 더 나은 방법

* 감압증으로도 알려져 있다.

이 무엇이겠는가?"

이 병적인 매혹을 고려할 때, 워드가 필연적이다시피 페름기 말에 이끌린 것은 놀랄 일이 아니다. 그 사상 최악의 대멸종은 대죽음The Great Dying으로도 알려져 있다.

10년 전, 페름기 말 대멸종에도 낯익은 범죄자가 나타났다. 2004년, 캘리포니아대학교 샌타바버라캠퍼스의 지질학자 루안 베커Luann Becker가 이끄는 한 팀이 호주 연안에서 거대한 충돌구를 발견했다고 주장했다. 이 발견은 베커의 팀이 몇 년 전에 내놓았던, 백악기의 끝에 공룡을 전멸시킨 재앙이 그랬듯 페름기의 끝에 닥쳤던 훨씬 더 심각한 대멸종도 거대한 소행성 충돌이 원인이었다는 논변에 힘을 실어주었다. 그래도 페름기의 살해범이 천상에서 왔다는 논거는 공룡의 죽음이 그랬다는 논거보다 훨씬 더 약했다. 공룡의 소행성 론을 뒷받침하는 주된 증거 가운데 하나는 다수의 멸종 층에 이리듐이 존재하는데 이 원소가 지구 표면에는 드물지만 우주 암석에는 풍부하다는 점이었다. 많은 연구자가 페름기의 끝에서도 비슷한 신호가 쉽게 발견될 것으로 가정했지만, 전 세계를 샅샅이 뒤졌음에도 누구 하나 어디서도 암석에서 많은 이리듐을 찾아내지 못했다.

그러나 베커 팀은 저편에서 온 다른 종류의 지구화학적 신호를 하나 찾아냈다고 주장했다. 이리듐 대신에 베커가 찾아낸 것은 '버키볼buckyball'이라고도 하는 벅민스터풀러렌buckminsterfullerene이었는데, 베커는 중국, 일본, 헝가리에서 채취한 암석 표본에 들어 있는 것이 우주공간에서 왔다고 주장했다. 이 거대한 탄소 분자의 이름은 괴짜 발명가 벅민스터 풀러Buckminster Fuller의 이름을 따서 지었는데, 그의 발명품인 지오데식 돔(삼각형을 축구공처럼 둥글게 이어붙인 구조-옮긴이)이 탄소 원자들의 격자와 닮았다고 한다. 베커는 이 조그만 탄소 우리 안쪽에 헬륨-3 기체가 붙잡혀 있으며 이는 외계에서 왔을 수밖에 없다고 역설했다. 하지만 베커가 발표한 결과에 몰려든 한 떼의 과학자들은 그 연구 결과를 재현할 수 없었다. 뿐만 아니라, 일본에서 채취한 표본은 트라이아스기에서 온 것으로 드러나기도 했다. 버키볼이 헬륨-3을 100만 년이 넘도록 새어나가지 않게 붙잡아 둘 수 없다는 사실은 나중에 발견되었다. 이른바 충돌구라는 것에 관해 말하자면, 충돌 전문가들은 그 모양이 우주 암석과 관계가 있다는 견해를 몹시 의심스러워하기 시작했다. 대부분이 이제는 그걸 더 세속적인 지상 과정들의 인공물이 아닐까 생각한다. 오래지 않아 발견물—충돌구와 버키볼—은 둘 다 평판이 나빠졌지만, 이미 과학 매체에 끈질긴 잔류물을 남긴 후였다.

"『디스커버Discover』 같은 대중 과학 잡지는 여전히 페름기 멸종 원인에 관해 언론 친화적인 충돌 가설을 홍보하지만, 현직 과학자들 사이에서 이것은 배제되는 가설"이라고 워드는 쓴다.

워드가 남아프리카에서 안식년을 보내고 있던 1991년에, 페름기 말은 그의 레이더에 그다지 잡히지 않았다. 대신에 그는 암모나이트가 풍부한 현지의 백악기 화석 산지를 살펴볼 수 있기를 간절히 원했다. 앵무조개의 선사시대 사촌으로서 수억 년 동안 해양을 지배한 암모나이트는 이미 워드에게 어느 정도의 직업적 찬사를 가져다준 터였다. 그가 스페인 수마이아 마을의 바닷가 절벽에 든 이 나선형 껍데기의 생물체에 관해 자세히 기록한 결과물이, 공룡을 제거한 백악기 말 대멸종이 재난답게 급작스러웠음을 보여주었다. 암모나이트가 바로 그 (매우) 쓰라린 마지막에 도달할 때까지 번성했다는 발견은 백악기 세계가 수백만 년에 걸쳐 흐지부지 사라졌는지, 아니면 지질학적 한순간에 강타당했는지를 두고 오래도록 신랄하게 계속되어온 논쟁을 해결하는 데 도움을 주었다.

어느 동료가 자신의 소중한 남아프리카 암모나이트 화석 산지를 공유할 기분이 아니라고 워드에게 뜻을 밝혔을 때, 워드는 그곳 대신 사막 안의 어느 유명한 암석군으로 주의를 돌렸다. 2억 살을 더 먹은 그 암석들 사이에는 잊힌 지 오래인 짐승들의 뼈가 햇볕에 바랜 채 잔뜩 있었다. 워드는 그 암석들이 화석 기록 안에서 공룡 시대를 끝낸 재앙조차 무색하게 만드는 어느 초대형 멸종 근처 어딘가를 맴돈다는 것을 알고 있었다.

"사람들에게 묻기 시작했지. '그래서 그 기록이란 게 뭡니까? 그게 멸종 경계에 얼마나 가깝지요? 그 멸종의 양상은 어떻습니까?' 통상적인 우문. 내가 수마이아에서 암모나이트를 붙들고 노상 하던 짓이었어. 내가 알아내고 충격을 받은 건 사실 아무도 그렇게 해본 적이 없다는 거라네! 진지하게 고려해본 적도 없더라니까! 나는 당시에 사람들이 그 대멸종에 얼마나 관심이 없는지를 알고 완전히 충격을 받았다네."

남아프리카의 카루사막 등지에 매장된 뼈들은 우리 가계도가 택하지 않은 길에서 나온 것이다. 이 길은 페름기의 잊힌 세계, 우리의 기괴하고 험상궂은 사촌들이 살았고 뒤이은 공룡들의 신화적 치세에 가려 오래도록 빛을 보지 못한 땅이다. 2억5000만 년이 넘는 세월 전에 우리 친척들이 세계를 통치했다는 발상은, 그보다 거의 2억 년 늦게 재난으로 인해 공룡이 말끔히 치워진 뒤까지 포유류는 커지지 못했다는 관념에 길든 사람에게는 놀랍게 다가올지도 모른다. 그리고 그 관념은 사실이다. 이 페름기의 짐승들—이른바 단궁류synapsids—은 제대로 된 포유류가 되려면 아직도 갈 길이 멀었기 때문이다. 이들 가운데 가장 유명한 디메트로돈Dimetrodon—송곳니가 있고 뚜렷하게 파충류를 닮은 생김새에 등에는 거대한 돛을 단 짐승—을 자연사박물관 관람객들은 종종 공룡으로 오해한다.* 하지만 실은, 디메트로돈을 비롯해 그와 동시대를 산 페름기 짐승들은 우리의 옛 사촌이다. 당신이 일종의 단궁류라는, 디메트로돈과 한통속이라는 사실은 디메트로돈의 특이하지만 우리와 유사한 머리뼈 구조로 드러난다. 초기 단궁류의 다른 구성원인 코틸로린쿠스Cotylorhynchus는 맥주 통처럼 만들어진 초식동물로, 적자생존이라는 관념의 평판을 추락시킬 만큼 희극적으로 조그만 머리를 뽐낸다. 이 초기 단궁류—우리 자신의 확대가족 구성원—가 우리에게 너무 생소해 보인다면, 그 이유는 페름기의 잔인한 전지가위 때문이다. 그 기간을 마감한 심판의 날을 포함한 일련의 멸종이 이 만발하던 진화의 나뭇가지를 쳐내고 우리 조상의 가지를 포함한 한두 개만 남겼기 때문이다.

* 디메트로돈은 디즈니의 「판타지아」에서 스테고사우루스와 같은 화면에 등장하지만, 둘은 1억 년도 더 떨어져 있었다.

디메트로돈과 등에 돛을 단 친구들은 살아서 페름기의 종말을 보지 못할 것이었다. 이들은 올슨의 멸종Olson's extinction**이라 불리는 철저히 신비에 싸인 사건으로 (어쩌면 자비롭게도) 페름기 안에서 더 이른 시점에 제거될 것이었다. 하지만 페름기는 대체로 단궁류가 단궁류를 먹는 세계였기에, 이 몰락한 단궁류는 아직도 우리 쪽 나무에서 뻗어 나오는 더 많은 단궁류로 대체될 것이었다. 이번에 세를 잡은 것은 디노케팔리아dinocephalia라 불리는 또 하나의 흉측한 집단이었다. 이들은 탱크처럼 만들어진 덩치 큰 짐승이었는데, 일부 과시적인 머리뼈는 사슴뿔을 닮은 이상한 옹이로 폭발하는 듯 보였다. 결국은 디노케팔리아도 (그 밖에 모스콥스Moschops 같은 알맞게 기이한 이름을 가진 품위 없는 단궁류들의 목록과 더불어) 아직 페름기의 끝이 되기 전에 **또 하나의** 멸종으로 폐위될 것이었다. 이 멸종 사건은 다소 덜 신비스러운 듯하다. 해양에서의 대규모 자연적 격감뿐만 아니라 탁 트인 중국을 세낸 어느 거대한 화산 지방의 파국적 분화—행성을 엉망으로 만드는 임무에 충실하고도 남았을 격변—와 거의 동시에 찾아왔기 때문이다. 과학자들이 알아내면 알아낼수록 이 멸종은 지구사 최악의 재난들 사이에서 그 순위가 꾸준히 올라가고 있다. 하지만 이 페름기 중간의 위기조차도—심각하기는 했지만—이 기간의 끝에서 행성을 기다리고 있던 참수에 비하면 복부 타격에 지나지 않

** 오리건대학교의 고생물학자 그레고리 레털랙(Gregory Retallack)은 이 멸종을 고이산화탄소 온실 탓으로 돌렸다. 다른 과학자들은 올슨의 멸종이 도대체 진짜 멸종 사건에 해당하기는 하는지, 아니면 불완전한 화석 기록을 꿰맞춘 결과인지에 관해서까지 논쟁을 벌여왔다.

았다.

페름기 안에서만 해도 여러 차례 재앙이 닥쳤지만, 생태계는 굴하지 않고 빠르게 회복했다. 궁극적 대멸종에 차츰 다가가던 이 순간들에는 세상이 곧 끝난다는 아무런 징후도 없었다. 페름기에 땅거미가 지던 이 순간은 페름기 포유류 선조의 마지막 대집단, 수궁류 therapsids가 지배했다.

수궁류에는 디키노돈트dicynodonts가 있었다. 개 내지 소 크기의 초식동물로 거대한 송곳니와 부리를 지녔던 이들은 아마도 관목이 무성한 시골 풍경을 떼 지어 짓밟았을 것이다. 꽃도 열매도 풀도 아직 없던 시대에, 이처럼 식물을 먹고 산 짐승들은 보나 마나 영양분이 부족한 세상에서 견뎌야 했을 것이다. 사실, 행성의 많은 부분은 아마 살 수도 없는 곳이었을 것이다. 대서양의 조상 해양이 오르도비스기 이후로 계속 닫히면서 추진해온 혼인이 페름기에 이르러 성사되면서, 대륙들은 첫날밤을 맞이했다. 수억 년을 떨어져 있던 행성의 땅덩어리들이 다시 결합해 극에서 극까지 펼쳐지는 하나의 거대한 초대륙을 형성했다는 말이다. 이 초대륙의 끝없는 안쪽은 무자비하게 황량하고 건조해서—말하자면 북아메리카 대륙 한복판의 노스다코타주를 전 지구에 펼친 듯—터무니없는 열기와 혹독한 냉기가 교차할 뿐 비에도 거의 영향을 받지 않았다. 이것이 판게아였다.

지금까지 우리는 지질연대 동안 대륙이 돌아다녔다는 관념을 당

연하게 받아들였다. 하지만 백열광을 뿜으며 순환하는 어느 보이지 않는 암석 컨베이어 위에서 대륙이 떠다닌다는 이 생각은 과학사에서 가장 혁명적인 발상 가운데 하나다. 놀랍게도 이 발상은 대략 인공감미료가 그랬던 것만큼이나 가까운 근래에야 광범위하게 받아들여졌다. 그리고 과학적 혁명 대부분이 그렇듯, 미친 소리에 가까운 남우세스러운 사변으로 생애를 시작했다.

대륙 이동설을 펼친 것으로 가장 유명한 사람은 알프레트 베게너 Alfred Wegener다. 20세기 전환기에 대부분의 과학적 추구가 그랬듯, 독일의 기상학자였던 그의 연구도 그를 북극권으로 데려갔다. 그린란드를 탐험하면서, 그는 대륙들이 자신을 둘러싸고 떠다니는 거대한 얼음덩어리와 비슷하게 엄청난 범위의 시간에 걸쳐 새끼를 치고 떠다니며 서로 충돌하는 상상을 펼쳤다. 그러던 대륙들이 아득히 먼 과거의 어느 시점에 형성하는 초대륙을 그는 '모든 땅'이라는 의미로 판게아라고 불렀다. 베게너는 대륙들이 퍼즐조각처럼 서로 대충 들어맞는다는, 여섯 살짜리도 거의 다 똑같이 그렇게 하는 관찰을 통해 이 계시에 도달했다. 게다가 화석들마저 띠를 이루고 대양을 뛰어넘어 선사시대 생물학으로 세계의 전혀 다른 부분들을 이어주는 듯했다. 그의 논거는 설득력이 있었지만, 베게너는 동시대인에게서 노골적으로 멸시를 당했고 살아서 자신의 정당성이 입증되는 것을 보지도 못했다. 빅토리아 시대의 훌륭한 북극 탐험가 모두와 마찬가지로, 그도 용맹하게 얼음 위에서 죽은 뒤 오늘날에도 여전히 그곳에 있다. 아마도 30미터 두께의 눈 아래에 묻혀 있으리라.

베게너가 뒤에 남긴 관념인 대륙 이동은 결국 지질학의 모든 것을 뒤엎을 것이었다. 20세기 중반을 앞둔 과학의 상태는 갈릴레오와 코페르니쿠스의 개념적 혁명을 앞둔 천문학의 상태와 다르지 않았고, 행성의 지질학적 특징에 대한 설명은 프톨레마이오스의 주전원epicycle(지구 중심 우주관에서 행성이 따라 돈다고 생각한 작은 원 – 옮긴이)이 지닌 왜곡된 논리를 공유했다. 하지만 1950년대와 1960년대 초에 해저 수심을 측량한 결과로 거대한 해저 화산대가 야구공의 봉합선처럼 세계를 둘러싸고서 대륙들을 떠밀고 있다는 사실이 드러난 순간, 갑자기 지질학 안의 모든 것이 이해되었다. 화산도, 지진도, 호상열도도, 산맥도, 심해의 해구도, 화석의 분포도, 이상하게 서로 어울리는 대륙의 경계선도. 대륙들은 베게너가 추측했던 그대로, 정말로 수억 년 전 한때 전 지구에 걸쳐 하나의 초대륙으로 합쳐져 있었다. 페름기의 정점에 도달했을 때 이 초대륙 판게아는 북극에서 남극까지 길게 벌어진 거대한 C자를 형성했고, 그 중간에 끼어든 동서 방향의 거대한 산맥에서 북아메리카가 아프리카 및 남아메리카와 만났다. 이 초대륙은 그에 걸맞은 전 지구적 초대양, 이른바 판탈라사Panthalassa에 둘러싸여 있었다.

코뿔소를 닮은 초식동물이 매력 없는 판게아 관목을 우적우적 씹어 먹는 동안, 이 초대륙의 왕과 왕비는 우리의 또 다른 옛 친척으로서 위협적인 존재였던 고르고놉스gorgonopsids였다. 우람하고 어딘가 늑대를 닮은 이 최상위 포식자들은 머리뼈가 거대한 스테이플러 심 제거기처럼 생겼고 이빨은 티렉스의 것보다 더 길었다. 초식하는 디키노돈트의 사지를 발기발기 찢는 데 사용된 이 무서운 단도들은 앞니와 송곳니 및 송곳니 이후의 이빨을 갖춤으로써 이 계통이 조금씩 포유류의 조건에 다가가고 있었음을 가리킨다. 고르고놉스는 적절하게도, 시선만으로 사람을 돌로 바꿀 수 있었던* 그리스 신화 속의 자매 고르곤의 이름을 따서 명명되었다. 이 오래전에 사라진 우리의 사촌들 모두가—디키노돈트와 고르고놉스, 초식동물과 육식동물 할 것 없이—고생대의 마지막 1000만 년 동안, 아마겟돈에 이를 때까지 세상을 지배했다.

피터 워드는 바로 이 먼 친척들의 먼지투성이 뼈들을 잘 구슬려서 남아프리카의 페름기 말 황무지에 담긴 이들의 비밀을 넘겨받은 것이었다. 연구 기금을 손에 넣은 워드는 남아프리카박물관South African Museum의 로저 스미스Roger Smith와 함께, 이 사상 최악의 대멸종 꾸러미를 풀러 사막으로 돌아갔다. 카루(페름기에 남극 근처에 있었던 곳)에서는 잠깐 걷기만 하면 데본기 이후의 장엄한 1억 년 빙하시대에서 페름기 판게아의 메마른 황무지로 넘어가는 깜짝 놀랄 과정을 눈으로 볼 수 있다.

"출발하면 드롭스톤dropstone(퇴적암 안에서 발견되는 엉뚱한 암석 조각-옮긴이)이 보이고, 그러니 아직은 그곳에 얼음이 있는 거지만, 그런 다음 끝에 이르면—한 기간 만에, 한 암석 구간 만에—빙하시대를 떠나 모든 게 미친 듯이 죽어가는 초고온 사막으로 가 있게 된다네. 겨우 수백만 년의 작용으로 온 세상이 뒤집히는 거지."

* 어떤 종류의 돌인지는 지질학자들도 모른다.

페름기 끝에 있었던 대멸종에 관한 첫 번째 질문은 더없이 간단했다. 그것은 행성이 수백만 년에 걸친 소모로 쇠약해진 장기간의 일이었을까, 아니면 지질학적으로 갑작스럽고 파국적인 일이었을까? 이는 놀랍도록 답하기 어려운 질문으로, 카루에서 여러 해 동안 머리뼈를 포함해 많은 뼈를 채집한 뒤에야 데이터를 통계학에 비추어 명확히 할 수 있었다. 워드와 스미스는 이 대멸종이 육지에서는 실제로 파국적이었음을 알게 되었다. 두 사람이 페름기와 트라이아스기 사이 경계로 해석한 곳에서, 수궁류 세계가 거의 사라진 기간의 길이는 이전에 생각해왔던 것처럼 수백만 년이 아니라 수천 년으로 보였다. 사악한 고르고놉스는 전멸당해 완전히 사라졌고, 페름기 후기부터 알려진 초식성 디키노돈트 35속에 관해 말하자면, 두 속만이 대멸종의 체를 통과했다. 카루에서는 이 꿋꿋한 생존자 가운데 하나인 리스트로사우루스Lystrosaurus의 존재가 외로이 트라이아스기의 시작을 알린다. 황폐해진 세계의 강인한 잡초를 베기 위한 송곳니와 부리를 뽐내며 굴을 파고 살았던, 돼지를 닮은 생김새의 심히 매력 없는 동물인 리스트로사우루스는 화가들의 표현에서, 영문을 모른 채 학살에서 살아남은 생물체의 어리둥절한 모습을 자랑하는 듯하다. 대멸종의 여파로 이 그럴 법하지 않은 생물체가 땅 전체를 물려받음으로써 이 동물은 남극에서 러시아에 이르는 지구 전역의 초기 트라이아스기 화석 기록의 가장 두드러지는 특징이 되었다. 광대하게 단일 경작된 조개 클라라이아가 이 종말 후의 해저를 포장하듯이.

앨버레즈 소행성 충돌 가설에 고무된 워드는 몰락한 고르고놉스의 치세와 살아남은 리스트로사우루스의 치세 사이에 낀 여기 이 불길한 층들에서 자신도 명성을 얻고자 했다. 그는 그 초토화를 설명할 수 있을 만한 파국적 소행성 충돌의 잔해를 노렸다. 낙하 산란물의 조각들인 이리듐 층—뭐든 생물권의 갑작스러운 죽음을 설명하는 것—을 찾아 사방을 뒤졌다. 하지만 찾을 수 없었다.

워드를 포함한 여러 사람은 그 대신 페름기의 끝에서 탄소 순환의 터무니없는 변동을 찾아냈다.

암석 망치가 야외에서 지질학자의 단짝이라면, 다소 덩치가 더 큰 질량분석기는 실험실로 돌아간 순간 훨씬 더 소중한 협력자가 된다. 이 기계는 암석을 기체로 만들어 모든 표본의 분자적 기본 요소를 밝혀준다. 화석 토양의 덩어리와 리스트로사우루스의 송곳니까지 이 도가니에 집어넣은 워드와 그의 동료 켄 매클라우드Ken MacLeod는 표본에 함유된 탄소 중에서도 동위원소 관점에서 가벼운 탄소의 양이 대멸종 시점에 치솟았음을 알았다. 이에 비춰볼 때 아마도 태곳적 대기에 갑자기 가벼운 탄소가 과도하게 많아졌을 것이다. 카루의 층서는 변함없이 계속되는 논쟁의 원천이지만, 이 결과는 행성 전역 페름기 말 산지의 태곳적 해양에서 나오는 발견물에 기록된 탄소 순환이 비슷하게 V자로 확 꺾이는 양상과도 일치했다.

대기에 추가된 이 모든 가벼운 탄소는 어디에서 왔을까? 이 저장고를 늘리는 몇 가지 방법이 있는데, 한 가지는 세상의 모든 식물, 플랑크톤, 동물을 모두 죽이는 것이다. 식물은 탄소 입맛이 까다로워서 더 가벼운 동위원소를 선호하고, 이로써 세상의 공급량 가운데 막대한 양을 그 안에 가둬버린다. 플랑크톤도 마찬가지다. 그리고 동물은 그런 식물을 먹고, 육식동물은 그런 식물을 먹는 동물을 먹기 때문에, 생물계 전체가 이 체계에서 막대한 양의 가벼운 탄소를 끌어간다. 그래서 세상의 식물과 동물이 거의 모두 죽으면, 그 더 가벼운 탄소는 이제 나무에도 만발한 플랑크톤과 동물의 살에도 갇히지 않고 더 많은 양이 대기와 해양에 남겨진다. 그렇다면 아마도 이 떼죽음이 암석 안에서 탄소 동위원소가 더 가벼운 쪽으로 이동한 까닭을 설명할 것이다. 하지만 페름기 말 대멸종에서 보이는 탄소 동위원소의 변동은 너무 심각해서 생물권의 붕괴만으로는 이를 설명하기에 불충분하다고 생각하는 다른 과학자도 많다.

18세기에 산업혁명이 시작되어 엄청난 양의 석탄이 영국의 공장들에서 점화되었을 때에도, 세상의 대기 탄소 균형은 동위원소 관점에서 더 가벼운 값을 향해 이동함으로써, 화석 식물에 갇혀 있던 이산화탄소가 막대하게 대기로 주입된 사실을 반영했다. 이는 페름기 말의 암석에서 발견되는 신호를 얻는 또 하나의 방법이자 더 간단한 방법이다. 그저 막대한 양의 이산화탄소를 대기 속으로 주입하기만 하면 된다.

워드가 말했듯이, 그 이산화탄소의 출처가 "볼보Volvos인지 볼케이노인지(자동차인지 화산인지 – 옮긴이)"는 중요하지 않다. 페름기 말에는 후자가 많았다.

2억5200만 년 전 러시아를, 그런 다음 세계를 황폐화한 분출은 현대에 유사물이 전혀 없다. 19세기에 처음으로 명기된 이후로 늘 열

렬히 추종된 지질학의 교의가 하나 있다. '현재는 과거의 열쇠'라는 이 교의는 '동일과정설uniformitarianism'로 알려져 있다. 이는 오늘날 행성 표면에서 작동 중인 지질학적 과정에 호소함으로써 지구사를 이해할 수 있다는 관념이다. 하지만 페름기의 끝 심판의 날에 시베리아에서 작동한 화산작용은 이 백발의 금언에 이의를 제기한다. 페름기에 중국에서 먼저 작동한 파국적인 화산작용처럼, 이른바 시베리아트랩Siberian Trap(시베리아와 러시아 전역에 걸쳐 있는 화산암 지대－옮긴이)도 우리에게 친숙한 분출과는 완전히 다른 방식의 분출이었고, 도저히 상상할 수 없는 규모로 일어났다. 오늘날 후지산, 베수비오산, 레이니어산 등지에 있는 당장 엽서에 넣어도 좋을 성층화산(또는 오르도비스기 내내 끊임없이 폭발한 성층화산)과 달리, 시베리아트랩은 '대륙성 홍수 현무암continental flood basalt'으로 알려진 것을 분출했다. 그리고 그것은 들리는 그대로, 부글거리며 범람하는 용암으로서 (지질학적으로) 무섭도록 짧은 기간에 몇 킬로미터 두께로 쌓이면서 대륙 전체를 뒤덮는다. 이는 동물의 역사에 둘도 없는 가장 파괴적인 힘이다. 다행히 매우 자주 일어나지는 않는다.

페름기 끝에는 시베리아가 잠시 뒤집히면서, 이 트랩이 500만 제곱킬로미터가 넘는 러시아 면적을 용암으로 뒤덮었다. 오늘날 이 트랩은 치솟은 고원과 현무암으로 조각된 깎아지른 계곡들로 이루어져 있다. 숨겨진 듯하지만 사실은 훤히 보이는 시베리아의 미개척지에 감춰져 있지만 않다면 세계적인 불가사의로 여겨질 명물이다. 페름기의 끝에 이곳에서 분출된 넉넉한 용암은 인접한 미국까지 **0.8킬로미터** 깊이의 녹은 암석으로 뒤덮었다. 현재도 러시아 곳곳에는 용암이 거의 **4킬로미터** 깊이로 쌓여 있다. 미국의 주 몇 개를 몇 인치 두께의 재로 뒤덮을 잠재력이 있는 옐로스톤Yellowstone국립공원 지역의 폭발은 이러한 페름기 말 용암의 홍수에 비하면 같은 선에서 논의할 가치조차 없다.

1991년에 캘리포니아대학교 버클리캠퍼스의 지질연대학자 폴 렌Paul Renne이 시베리아트랩의 분출 연대를 대략 페름기 말 멸종과 같은 시기로 추정했을 때, 이 연구 결과는 당시 소행성 충돌의 발상에 중독되어 있던 연구계에서 여럿의 눈살을 찌푸리게 했다.

이 용암 홍수는 다소 뜻하지 않은 방식으로 치명적인 파괴력을 얻는다. 한 대야의 녹은 암석이 단순히 지구상의 생명을 덮거나 화장火葬하는 방식이 아니다. 생물학에서 보장하는 것 가운데 하나가 바로 용암에 질식해 죽은 생명의 부활이다. '천이'로 알려진 그러한 생물학적 갱신은 1980년에 종말과도 같은 분화 후 잿더미가 되어버렸던 세인트헬렌스산의 봄 비탈에서 오늘날에도 명백히 볼 수 있다. 그리고 대륙을 질식시켜 죽이는 방법이 대륙의 씨를 무한정 말리기에 충분했다면, 오늘날 캐나다에 광대한 북방수림의 존재를 기대하지 말아야 할 것이다. 이 나라는 겨우 수천 년 전, 1.5킬로미터도 넘는 깊이의 얼음에 숨이 막혀 죽었으니 말이다.

아니다. 대륙성 홍수 현무암의 일차적인 살해 수법은 엄청난 부피의 화산가스를 방출하는 것이며, 그 가운데 가장 중요한 가스는 이산화탄소였을지도 모른다. 이산화탄소는 전 지구의 기후를 단락시키고 해양화학을 아수라장으로 만들 수 있다. 그리고 마치 화산 자체에서 방출되었을 어마어마한 부피의 이산화탄소로는 충분히 겁줄 수 없다는 듯, 마그마까지 지구상에서 가능한 최악의 장소를 통해 분출했을지도 모른다.

오슬로대학교의 지질학자 헨리크 스벤슨Henrik Svensen은 시베리아트랩에 가본 적이 있다. 이는 대개 비행기, 자동차, 헬리콥터 그리고 마지막으로 강을 따라—그리고 지도를 떠나—유유히 떠내려가기를 이리저리 조합해야 하는 장거리 여행이다. 그러나 스벤슨의 팀이 아무리 세상일에서 벗어나려 애써도, 인생을 즐기며 사는 강인한 러시아인은 어디서고 불쑥 나타났다.

"우리는 헬리콥터를 타고 두 시간을 날아간 뒤, 아무것도 없는 곳 한복판에 떨어졌거든요." 스벤슨이 그런 사례를 잘 드러내는 여행담 하나를 꺼냈다. "그런데 다음 날, 우리가 야영을 하는데 느닷없이 작고 정말로 이상한, 기름통 몇 개 위에다 널판때기를 얹어서 집에서 만든 것 같은 배 한 척이 강을 따라 다가오는 거예요. 러시아인들이 휴가를 즐기고 있는 거였어요! 그런 데서 말이에요!"

스벤슨은 트랩이 만들어낸 태곳적 용암 무더기 말고도, 시베리아에는 지표 밑에 파이프를 닮은 신기한 구조물이 황야 전체에 흩어져 있다는 말을 듣고 거기 온 터였다. 어떤 파이프는 1.5킬로미터 직경에 산산이 조각난 돌멩이로 가득 채워져 있고, 어떤 곳에 있는 파이프는 거대한 구덩이에 둘러싸여 있었다. 이 구덩이와 그 아래의 파이프를 괴롭힌 것은 위에서 온 충격이 아니라, 훨씬 아래서 끓이고 있던 폭발물 가마솥이었다.

스트론튬과 자철석 광석을 찾던 러시아인들이 시추한 적이 있다는 오래된 암석 심을 찾으러 갔을 때, 스벤슨이 발견한 심들은 숲속의 버려진 보관 시설에서 퇴색해가고 있었다. 이 '보관 시설'의 다수는 노천 시설이 되어가고 있었다. 지붕도 벽도 어디론가 사라진 시설들은 불타버리거나 한 뒤로 시베리아의 겨울에 희생된 지 오래였다. 스벤슨이 말했다.

"완전히 파괴된 그런 건물에서 온전한 심들을 찾은 건 행운이었어요. 저는 우리가 숲에서 잔뜩 찾아낸 흥미로운 재료들을 아직도 붙들고 있답니다."

스벤슨이 조각조각 끼워 맞춘 그림은 페름기 말 화산작용에 새로운 위협을 보탰다. 시베리아트랩으로 분출된 마그마가 땅을 뚫고 올라왔을 때 밀고 들어간 곳은 바로 퉁구스카Tunguska 퇴적 분지, 에디아카라기 이후로 수억 년 동안 지층을 쌓고 있던 러시아의 거대한 구획이었다. 이 분지는 태곳적 숲에서 유래한 탄산염, 셰일, 석탄을 비롯해 지난날 말라버린 바다에서 유래한 엄청난 소금 층으로 가득했다. 곳곳에 이런 퇴적물이 12킬로미터가 넘는 두께로 쌓여 있었다. 퉁구스카 퇴적 분지는 세계 최대의 석탄 분지이므로, 피할 수만 있다면 누구라도 수백만 세제곱킬로미터의 용암을 통과시키고 싶지 않을 암석 꾸러미다. 마그마가 이 소금 층을 때렸을 때, 스벤슨의 말에 의하면 그 마그마는 이따금 오도 가도 못하게 되어 옆으로 스며 나가서 거대한 관입암상貫入巖床을 형성했고, 그러면서 페름기 경관 아래 묻혀 있던 태곳적 석탄, 석유, 가스를 점화시켰다.

그런 다음, **뻥!**

가까이 있던 동물들은 그 시골 지역의 갑작스러운 폭발을 목격했을 것이다. 이는 페름기 말의 첫 번째 일제사격이었고, 종말을 예고했다.

스벤슨이 조사한 파이프들은 산산이 부서진 돌로 채워져 있었는데, 반마일(0.8킬로미터) 너비의 구덩이들을 남긴 격변이 일어나는 동안 작열하는 가스가 땅을 뚫고 치솟아 표면에서 폭발했기 때문이다.

이 장엄한 폭발은 이산화탄소와 메탄으로 대기를 터질 듯 채웠을 것이다. 메탄은 이산화탄소보다 훨씬 더 강력한 온실가스로서 분해되면 이산화탄소로 바뀐다. 바로 이 화석연료의 연소가 멸종 시점에 탄소 동위원소가 엄청나게 미친 듯이 급변하는 까닭을 해명한다고—그리고 그것이 멸종 자체까지 해명한다고—스벤슨은 말했다.

"퇴적물을 가열하면 탄산염에서 이산화탄소가 발생하고, 그다음엔 셰일에 있는 유기물에서 메탄이 발생하는데, 게다가 시베리아의 증발암[소금]에 당시에는 석유와 가스 따위 원유 광상이 포함돼 있었어요. 그것까지 몽땅 마그마가 침입해서 가열한 거죠."

그렇다면 페름기 말 대멸종의 원인은 우리 자신에게 닥쳐오는 현대 참사의 원인과 동일했는지도 모른다. 시베리아트랩은 고생대 동안 수억 년에 걸쳐 형성되었던 막대한 저장량의 석탄, 석유, 가스를 뚫고 들어온 뒤 삶아버렸다. 마그마에게 경제적 동기 따위는 없었지만, 그 결과는 대체로 친숙했다. 그것은 피스톤에서도 점화되고 발전소에서도 점화된 화석연료처럼 확실하게, 막대한 매장량의 화석연료를 수천 년 만에 남김없이 태워버렸다.

스벤슨의 설명을 듣자니, 캘리포니아대학교 어바인캠퍼스의 지구과학자로서 기후 모형을 설계하는 앤디 리지웰Andy Ridgwell과 문명화라는 현대의 계획에 관해 나누었던 대화가 떠올랐다. 리지웰은 내게 이렇게 말했다.

"기본적으로 지구 경제 전체는 우리가 탄소를 얼마나 빨리 땅에서 꺼내 대기 중으로 집어넣을 수 있느냐에 달려 있습니다. 그건 기본적으로 전 지구적 사업입니다. 그래서 하는 사람이 많지요. 지질학적으로 볼 때, 정말이지 인상적인 노력이에요."

시베리아트랩도 그랬다.

오늘날 인간은 1년에 40기가 톤이라는 어마어마한 양의 이산화탄소를 방출한다. 아마 지구사의 최근 3억 년 범위 내에서 가장 빠른 속도일 텐데, 당신도 주목할 테지만 이 기간에는 페름기 말 대멸종도 포함된다. 지구상 화석연료의 기름을 마지막 한 방울까지, 무연탄을 마지막 한 덩어리까지 태우면 대략 5000기가 톤의 탄소가 대기로 방출될 것이다. 우리가 그렇게 한다면 행성은 알아볼 수도 없게 될 테고, 막대한 땅이 우리 같은 포유류는 살 수도 없을 만큼 뜨거워질 것이다(해수면이 60미터도 넘게 올라가서 문명 대부분이 물에 잠길 것임은 말할 필요도 없다).

하지만 페름기 말 대멸종에서 방출된 탄소의 추정치도 인간이 방출한 양만큼이나 예외적이다. 그 범위는 이미 철저히 파국적인 1만 기가 톤—우리가 태울 수 있을 최대량의 두 배—에서부터 머리가 녹아버릴 만큼 헤아릴 수 없는 4만8000기가 톤에 이른다. 그 결과로, 페름기 말 대멸종과 그 여파에 관한 온도 추정치는 믿기 어려울 지경이다. 카루사막에서 강이 구불거리기를 멈추고 곤충이 윙윙거리기를 멈추고 떼죽음이 땅을 휩쓸었을 때에는 기온이 자그마치 섭씨

16도나 뛰었을지도 모른다. 판게아 위에서는 섭씨 60도의 열파도 드물지 않았을 것이다. 열대에서는—오늘날의 해양과 비슷한—섭씨 25도에서부터 치솟은 해양 온도가 아마도 섭씨 40도를 웃돌았을 것이다. 이는 열탕의 온도, 또는 페름기 말 전문가 폴 위그널Paul Wignall의 표현으로 "매우 따끈한 수프"의 온도다. 다세포생물은 이런 종류의 범지구적 거품 욕조 안에 결코 존재할 수 없다. 생명체의 복잡한 단백질이 변성된다. 익어버린다는 말이다. 학계 논문의 언어는 보통 신중하고 냉정하지만, 동료 평가를 거친 과학 문헌조차도 이 사상 최악의 대멸종 다음에 온 트라이아스기 초기를 "종말 후 온실"이라고 기술한다.

시베리아트랩 분화로 인한 초토화는 지구온난화에만 머무르지 않았다. 용암이 퉁구스카 분지에 있던 수 킬로미터의 암염 광상을 소각했을 때, 이 폭발물은 할로겐화 부탄, 브롬화메틸, 염화메틸 같은 무시무시한 화학물질이 혼합된 독약을 만들어냈을 테고, 그것은 무엇보다도 오존층을 파괴했을 것이다. 스벤슨은 안 그래도 사형집행인이 적지 않은 세상에 치명적인 자외선B 방사선이 살상 메커니즘을 하나 더 제공한다고 주장한다.

추가적인 증거로, 캘리포니아대학교 버클리캠퍼스의 고식물학자 신시아 로이Cynthia Looy와 그의 동료들은 이탈리아에서 그린란드를 거쳐 남아프리카에 이르는 페름기 말 식물에서 이상하게 기형화한 홀씨와 꽃가루를 발견해왔는데, 이는 자외선B로 말미암은 돌연변이의 결과일 수 있다. 나는 로이와도 이야기를 나누었는데, 그는 높은 열만으로는 식물계를 죽이기에 충분치 않았을 것이라고 생각한다.

"식물을 죽이기는 정말 어렵거든요." 로이가 들려준 말이다. 그 비정상인 홀씨와 꽃가루는 오존층이 갓 벗겨진 페름기 말 세계에서 방사선 수준이 육지의 생명으로서 견딜 수 없는 정도였음을 가리킬지도 모른다.

인류는 지난 수십 년 동안 이 심판의 날 각본을 재현하는 데 놀랍도록 근접했다. 오존을 파괴하는 염화불화탄소를 (브롬화메틸 같은 페름기 말 가스를 포함해) 단계적으로 퇴출하자는 1989년 몬트리올의정서는 지금껏 가장 성공한 환경 관련 국제협정으로 널리 인정된다. 하지만 실패는 결코 진정한 의미의 선택지가 아니었다. 나사의 시뮬레이션 결과에 따르면 이 화학물질이 여느 때와 다름없이 계속 방출된다면, 2060년에 이르러서는 행성에서 오존층이 거의 완전히 사라질 것이다. 이는 행성 표면의 자외선을 두 배로 높이고, 치명적인 돌연변이와 암의 전 지구적 물결을 일으킬 수 있는, 상상할 수도 없는 상황을 가져올 것이다.

수차례의 국제협상으로 세기 중반에 이르러 방사선이 생명을 위협하는 상황은 간신히 모면했지만, 대기로 흘러드는 온실가스의 출혈을 멈추려는 노력은 한심할 정도로 불충분했다. 온실가스 배출량 전망치Business As Usual, BAU의 컴퓨터 모형 시뮬레이션 결과 또한 비슷하게 걱정스러운데도 이렇다. 왜냐하면 몬트리올의정서가 다룬 할로겐화탄화수소(페름기 말 러시아에서 끓어 나왔던 것과 동일한 화학물질 중 일부)는 전 지구적 규제에 고분고분한 산업계 화학물질 중에서도 틈새 집단에 가까웠고 시장에 준비된 쓸 만한 대체물도 많았던 반면, 화석연료의 연소는 지구촌 경제 전체의 기반이기 때문이다. 그런 화석연료의 연소가 불안하게도, 페름기 말 단두대의 가장 중요한 성분이었을지 모른다. 산업혁명 이래로 석탄, 석유, 가스를 불태우는 행위가 바로 인류의 번영을 뒷바라지해왔는데 말이다. 빌 게이츠는 최근 『애틀랜틱The Atlantic』에서 이렇게 말했다. "우리의 열렬한 에너지 사용과 현대 문명은 일심동체입니다."

우리가 현대에 행성의 지구과학을 대상으로 하고 있는 실험이 어디로 이어질지는 아무도 모르지만, 페름기 말에 대량의 온실가스를 대기로 주입한 결과는 곧장 무덤으로 이어졌다.

엄청난 양의 이산화탄소를 대기로 주입하면 행성이 급속히 더워진다는 것은 지구과학에서 논쟁의 여지가 없는 개념이고 1세기가 넘도록 이 분야의 기본이었다. 하지만 온난화는 이산화탄소를 대폭 끌어올린 결과 중 하나일 뿐이다. 이산화탄소는 행성을 데우는 데 그치지 않고, 바닷물과 반응해 바닷물의 산성도를 높여서 해양의 탄산염을 빼앗기도 한다. 많은 동물—산호와 플랑크톤 따위 그리고 조개와 굴처럼 껍데기가 있는 생물체—은 좁은 범위의 pH와 풍부한 탄산염에 의존해 뼈대를 만들기 때문에, 해양에 이산화탄소가 빠르게 쏟아져 들어오면 이들에게 치명적일 수 있다. 오늘날 현대 해양의 pH는 빠르게 떨어지고 있으며, 산업혁명이 시작된 이후로 산성도는 이미 30퍼센트나 더 높아졌다. 지구온난화를 뒷받침하는 증거가 별처럼 쏟아져도 꿈쩍 않는 사람들조차 해양의 산성화에는 반박할 여지가 없다. 이는 단순한 화학이다.

우리 세계에 있어 가장 무서운 것은, 거짓말 조금 보태 거의 모든 것이 죽었던 페름기 말 해양에서 **가장 중요한** 살해수법이 바로 해양 산성화라는 사실(스탠퍼드대학교 고생물학자 조너선 페인의 생각)이다.

많은 대멸종 전문가는 1980년대와 1990년대 공룡 멸종 전쟁과 그 논쟁에 관한 모든 직업적 낙진을 겪고 반백이 된 노병들이다. 그렇지만 페인은 사람들 대부분이 만족할 정도로 공룡의 운명이 해결되었던 무렵에도 아직 대학에 다니고 있었다. 그가 속한 더 젊은 그룹의 고생물학자들은 지구상 생명의 이야기를 멀리 떨어진 먼지투성이 암석 노출면에서만이 아니라 거대한 데이터 집합에서도 그 못지않게 점점 더 자주 주워 모으고 있다. 내가 페인을 만난 스탠퍼드 사무실은 페름기 말에 해양에서 일어난 (거의 전면적이었던) 대멸종을 연구하러 그가 중국으로 짧은 여행을 다니는 사이에 이따금 들르는 곳이다.

페인에게 페름기 말 지옥 광경은 우리의 기후와 해양 체계 안에서도 충분히 일어날 수 있는 광경의 바깥쪽과 맞닿아 있다. 절대적으로 최악의 각본이지만, 그것은 여전히 인류가 마주하고 있는 난제들과 우울할 만큼 관계가 깊은 것으로 판명될 것이다.

하지만 먼저, 페름기 말 혼돈의 광기를 맥락 안에 넣어둘 필요가 있다.

기후과학은 오래도록 소수만 이해하는 분야였지만, 오늘날 그 기초를 숙지시키는 것은 행성 지구의 시민을 길러낼 책임이 있는 모든 시민교육의 핵심 부분이 되어야 마땅하다. 한 가지 숫자는 특히, 다음 몇 세기 사이에 인류가 맞닥뜨릴 난제에 관한 대화에서 빠져서는 안 될 요소다. 바로 100만분의 일(피피엠) 단위로 측정한 대기 중 이산화탄소의 양이다. 지난 수백만 년 동안 행성 위의 이산화탄소 수준은 빙하시대 동안의 200피피엠 언저리와 훨씬 더 따뜻한 시기 동안의 280피피엠쯤 사이를 왔다 갔다 해왔다. 행성은 산업혁명 이전에도 이 사이에 있었고, 그 이전에 인류의 모든 문명이 오가는 동안에도 이 사이에 있었다. 인류 문명은 모두 기후가 두드러지게 안정한 구간에서 일어났다. 환경운동가 빌 맥키번Bill McKibben이 웹사이트 350.org를 개설한 목적은 350피피엠 너머가 인간의 경험에서 완전히 벗어난 진정으로 위험한 영역이라는 사실을 강조하기 위해서였다. 2013년에 세계가 어이없이 400피피엠을 기록했을 때, 전 지구의 과학자들은 경악했다.

손을 쓰지 않고 내버려두면, 이 전 지구적 화학실험은 거의 확실히 문명의 안정성을 위협할 것이다. 마지막으로 이산화탄소가 400피피엠에 이르렀을 때, 해수면은 결국 오늘날보다 15미터 더 높은 위치까지 올라갔다. 하지만 페름기의 끝에는 350.org에 자릿수가 몇 개 더 필요했을지도 모른다.

"그러니까 현대의 해양에—페름기 말에 그랬듯—탄소 4만기가톤을 더하면, 말하자면 이산화탄소 농도가 300피피엠에 있다가 3만 피피엠으로 가게 됩니다." 페인이 말했다.

우리는 둘 다 소리 내 웃기 시작했다. 이 숫자는 이해가 불가능하다. 대기의 이산화탄소 농도가 3만 피피엠인 행성은 이미 지구가 아니다.

"설마 그게 실제로 3만 피피엠까지 갔다고 생각하는 건 아니죠?" 내가 물었다.

"우리도 잘 모릅니다. 전 그게 미친 숫자인지 아닌지도 모르겠어요." 페인이 더 자세히 설명했다. "저는 그걸 이런 식으로 생각해요. 백악기 말 대멸종 [소행성] 충돌이 땅 위에서 한 번이라도 터졌던 모든 핵무기의 50만 배 되는 에너지 비슷한 것을 생산했다는 사실을 생각해보세요. 그게 200킬로미터의 충돌구를 만들어냈잖아요. 그 충돌구는 여기부터 재면, 로스앤젤레스까지 절반은 갈걸요. 정말이지 상상할 수도 없지요. 그런데 그게 생물권에 미친 악영향은 페름기 말 근처에도 가지 못했죠. 그러니 이게 뭐였건, 그것은 매우 극단적이었다는 겁니다."

"해양에서 종의 90퍼센트를 멸종시키는 뭔가가 필요한데…… 지나친 낚시질의 도움 없이 말이지요." 페인이 껄껄 웃으며 말했다. "그러니 이 점도 명심하는 게 중요하겠죠? 우리가 지난 200년 사이에 관찰해온 멸종의 대부분, 그 대부분은 기후변화가 아니라 직접적인 인간의 상호작용에서 비롯해요. 과도한 어업, 과도한 사냥, 직접적인 서식지 파괴에서 비롯하는 것이지, 기후변화나 해양화학의 변화 때문이 아니란 말입니다. 페름기 말에는 그런 것도 없었어요. 무슨 말이냐면, 이건 모두 기후와 해양화학이어야 한다는 거죠. 그래서…… 저는 우리한테 3만 피피엠 이산화탄소를 배제할 수 있는 증거가 전혀 없다고 생각해요. 그리고 만일 내기를 걸어야 한다면, 저는 그 대기의 이산화탄소가 3000피피엠보다는 3만 피피엠에 더 가까웠다는 데 걸겠어요."

(현재 일반적으로는 페름기 말 대기 이산화탄소 농도를 8000피피엠 언저리로 추정하지만, 그래도 우스꽝스러울 만큼 높은 수치이기는 마찬가지다.)

추가된 그 모든 이산화탄소는 어느 정도 빠르게 주입되기만 하면,

앞에서 이야기한 과학소설의 온도까지 행성을 데울 뿐만 아니라 해양을 완전히 쑥대밭으로 만들 것이다. 바다가 이산화탄소를 흡수할 테고 해양의 pH는 곤두박질할 것이다. 바로 이 일이 우리의 현대 해양에서 시작되고 있다.

하지만 기간이 그 무엇보다 중요하다. 대기 안에서 이산화탄소가 어느 정도 서서히 형성되는 한, 아무리 막대한 양이라고 해도 길게 보면 해양이 따라잡을 수 있다. 점진적인 풍화 과정이 육지의 암석을 부수어 해양으로 씻어 내리고, 그러는 동안 제산제가 배탈 난 위장을 달래듯이 바다가 산성화로 입은 충격을 완화한다. 대기 중으로 주입되는 이산화탄소가 많으면 많을수록, 암석은 더 빠르게 풍화되어 사라진다.

"이산화탄소를 추가하면 두 가지 이유로 풍화가 늘어납니다." 페인이 말했다. "하나는 빗물의 산성이 강해진다는 겁니다. 하지만 많은 지구화학자가 사실상 더 중요할지도 모른다고 생각하는 이유는 그냥 행성이 더워진다는 것 자체입니다. 그래서 더 많은 증발이 일어나고 빗물도 많아지면, 시스템(수권, 기권, 생물권, 지권 사이를 끊임없이 오가는 물에 의해 하나로 연결된 지구계 – 옮긴이)에 더 많은 물이 뿜어져 들어가서 화학적 풍화 과정을 더 활발히 가동할 수 있으니까요."

하지만 암석이 풍화되는 데에는 시간이 걸린다. 많은 시간이. 말하자면 속담에 나오는 새가 산비탈에 부리를 다듬다 마침내 산을 쪼아 없애는 수준의 시간이. 대기 중 이산화탄소의 값을 암석이 풍화되어 사라지는 속도보다 빠르게 올릴 수만 있다면 언제든 해양을 산성화할 수 있다.

"그래서 기간이 정말로 중요합니다." 페인이 말했다. "해양이 이러한 것들에 어떻게 응답할지는 기간에 달려 있어요. 장기적으로는 여분의 탄소를 시스템 안에 많이 추가해도 대부분의 탄소는 지질학적으로 석회암(탄산칼슘)이 되어 도로 나옵니다. 그래서 멀리 보면, 이 모든 석탄과 석유를 우리가 태우고 있으니 결국은 해양에 석회암이 더 많아지게 되어 있습니다. 문제는 그렇게 되는 데 걸리는 기간이 10만 년이라는 겁니다. 이건 사람들에게 도움이 안 돼요. 그러니까 현대 해양을 생각해보면, 우리가 하고 있는 일은 기본적으로 그냥 이산화탄소를 태우는 일입니다. 그러니까 해양에 탄소를 추가하고 있는 셈이지만, 칼슘을 추가하고 있지는 않잖아요? 아무도 칼슘을 태워서 대기로 들여보내지는 않으니까요."

고생물학자가 자신의 가설이 실시간으로 펼쳐지는 광경을 보는 일은 매우 드물지만 인류세의 현대 해양은 페인과 일행을 위해 반갑지 않은 개념 증명 비슷한 것을 제시한다. 오늘날 해양 종의 4분의 1을 공급하는 산호초는 심지어 온건한 이산화탄소 방출만 실현되어도 운이 다할 가능성이 큰데, 먹이사슬의 밑바닥 층은 인류가 생성한 이산화탄소를 최근에 뒤집어쓴 여러 바다에서 이미 고투하고 있다. 오늘날 산성화하고 있는 남빙양의 수역에서는 익족류翼足類, pteropod라 불리는 작은 반투명의 나풀거리는 부유 달팽이의 껍데기에 구멍이 팬 모습이 눈에 띄어왔다. 익족류는 남극 먹이사슬의 바닥 일부를 형성한다. 2008년에 미국 해양대기청NOAA의 과학자 니나 베드나르셰크Nina Bednaršek가 연구선을 타고 남극대륙 주위를 돌아다니다가 이 부식된 생물체들을 발견했다. 2050년에 이르면, 해양 산성화는 남빙양 전체를 익족류가 살 수 없는 곳으로 만드는 생태적 참사를 초래할 것이다. 남극대륙 주변에서 심란한 발견을 한 이후로, 베드나르셰크는 시애틀 연안에서도 겉모양이 망가진 익족류를 찾아냈다. 태평양 연안 북서부에 사는 어린 연어의 먹이 중 절반 가까이가 그것인데 말이다.

"이것은 익족류가 녹느냐 마느냐, 또는 위태로워지느냐 마느냐의 문제가 아니에요. 그렇게 될 건 이미 확실하니까요." 베드나르셰크가 내게 들려준 말이다.

지금은 거의 주목받지 못하지만 해양 산성화의 전망은 다음 수십 년 사이에 진정으로 세상을 변모시키는 수준이 될 수도 있을 것이다.

페름기 말 이른바 유령의 집 수치는 우리가 마음만 먹으면 시스템 안으로 주입할 수 있는 탄소의 총량을 왜소해 보이게끔 하지만, 이 사실이 인류를 구원하지는 않는다. 밝혀진 바에 따르면 무엇보다 중요한 것은 이산화탄소 방출의 속도지, 절대부피가 아니다. 이 점이 바로—2억5200만 년 전 지구상에 만연했던 조건은 히에로니무스 보스Hieronymus Bosch가 그린 지옥세계 같았음에도—페인이 캘리포니아대학교 샌타크루즈캠퍼스에서 동료 매슈 클래펌Matthew Clapham과 함께 『페름기 말 해양에서의 대멸종: 21세기를 위한 태곳적 유사물?End-Permian Mass Extinction in the Oceans: An Ancient Analog for the Twenty-First Century?』이라는 제목의 논문을—정색을 하고—출간할 수 있었던 이유다.

현대의 산호초가 21세기의 끝에 어떤 모습일지는 아무도 모르지만 대죽음이 조금이라도 지침이 된다면, 그 모습은 처참할 것이다.

나는 페인에게 물어보았다. 만약에 잠수사들이 페름기 말 대멸종이 절정일 때 행성의 생물초를 다시 방문한다면, 한때는 과달루페산맥을 지은 것과 같은 휘황찬란한 생물초가 있던 곳에서 그들은 무엇을 보게 될까?

"아마 초록빛 점액을 잔뜩 보겠지요. 어쩌면 해파리가 크게 증식해 있었을지도 모르죠. 그럴 수도 있어요. 알기 어렵습니다."

나는 인류에게 최악의 각본은 무엇이냐고 그에게 물었다.

"제가 생각하는 최악의 각본은 우리가 해양을 산성화하는 것, 우리가 그 안에 사는 모든 산호와 다른 모든 큰 동물을 죽이는 것, 그래서, 맞아요, 결국은 당신도 점액 세계와 마주치는 거예요."

페름기 말 대멸종의 가장 기괴한 특징 가운데 하나는 온 세계—호주에서 남중국을 거쳐 캐나다의 브리티시컬럼비아주에 이르는—해양 퇴적물에 이소레니에레탄isorenieretane이라 불리는 색소가 존재하는 것이다. 이 색소는 녹색황세균이라는 고약한 더껑이가 광합성을 할 때 사용하는데, 녹색황세균은 특이한 해양 조건이 조성되어야 번성한다. 무산소, 유독한 황화수소 그리고 무엇보다 중요한 햇빛. 햇빛이 있었다는 건 이 해로운 세균의 증식이 얕은 바다에서 이루어졌다는 뜻이다. 하지만 바닥부터 꼭대기까지 산소를 빼앗긴 해양이란 해양학적으로 재고할 가치도 없다. 바다 표면이 줄곧 공기를 섞어

주고, 바람과 파도가 끊임없이 해양을 휘저어 꼭대기 층에 산소를 공급하기 때문이다.

"동일과정설은 완전히 틀렸다네." 피터 워드가 말했다. "전적으로 틀렸지. 그걸 따라가면 길을 잃고 말아. 현재는 과거의 열쇠로 열 수 없거든. 과거에는 근본적으로 너무나 달라서 우리가 개념화조차 할 수 없는 시기들이 있기 때문이지. 유광층photic zone(물기둥에서 빛이 투과할 수 있는 꼭대기의 얇은 대역) 안에 있으면서, 게다가 대기에 산소가 있는데도, 겨우 2미터나 5미터나 10미터 아래 해양에서 산소 하나 없이 지낼 수 있다는 사실? 이건 정말 기이한 거라네. 지금과는 근본적으로 달라."

그러고는 워드는 이렇게 덧붙였다. "이 모든 질문은 사실 하나로 통한다네. 컴프가 얼마나 옳을까?"

리 컴프Lee Kump는 펜실베이니아주립대학교에서 지구과학의 수장을 맡고 있다. 그는 행성이 페름기의 끝에 열사병으로 살해당했을 뿐만 아니라 독가스인 황화수소까지 흡입했다고 생각한다. 그리고 그는 집을 장식하는 특이한 비법도 좀 알고 있다.

"요즘 시중에서 살 수 있는 그 램프들이 스테이크를 요리할 때 쓰는 소금 벽돌이라는 거 아시죠?" 컴프가 펜실베이니아주립대학교 사무실에서 내게 물었다. "당신도 좀 사야 해요. 그건 대부분이 페름기 말의 소금 침전물이니까요."

페름기 끝에 판게아의 안쪽이 메마른 초대륙의 지옥 구덩이가 되어감에 따라, 전 세계의 내해가 바짝 말라가면서 거대한 (그리고 이제는 경제적으로 중요한) 소금 광상을 뒤에 남겼다. 내가 사는 보스턴에서는 아일랜드산 페름기 소금으로 겨울 도로의 얼음을 제거한다.

"저는 그냥 우리 그릴을 둔 바깥에 있다가, 사람들이 이런 것—티베트산 소금 벽돌—을 요리할 때 그릴 위에 얹는 용도로 팔고 있기에 하나 샀어요. 그것 말고도 우리 집에는 장식을 위한 램프도 있답니다."

극도의 고열, 통렬한 해양 산성화, 오존 파괴와 더불어 페름기 살해범으로는 다음을 포함한 다른 후보들도 제안되었다. 화산에서 방출된 이산화황을 비롯해 결과적으로 숲을 죽이는 강렬한 산성비, 황에어로졸이 태양을 차단함으로써 잠깐씩 몰아치는 **냉기**, 화산에서 피어오르는 다량의 유독 가스(제1차 세계대전의 전장에서도 생소하지 않았을 가스)에 호흡기가 망가져 찾아오는 고통스러운 사망, 직접적인 이산화탄소 중독에다 수은 독성까지. 미친 듯 날뛰는 잠재 살해범이 너무도 많아서, 더글러스 어윈은 우스개로 페름기 끝의 용의자 과잉에 "오리엔트 특급 살해" 대멸종 이론이라는 별명을 붙였다.

그는 "오직 단테만이 진정으로 이 세계 정의를 실현할 수 있을 것"이라고 쓴다.

"맞아요. 그러니까 살해범이 결코 모자라지 않았던 건 확실해요." 컴프가 말했다.

이 추리소설에 용의자 둘을 더 보탤 수 있다. 그 무서운 해양 무산소증의 망령과 무산소증의 유독한 연루자, 산소가 없을 때만 세균이 만들어낼 수 있는 황화수소 말이다.

썩은 달걀 냄새를 맡아본 적이 있다면, 당신도 황화수소가 무엇인지 아는 것이다. 1피피엠만 되어도 그것은 이미 여지없이 코를 찌르는 똥 냄새를 공기 중에 풍기기 시작한다. 700~1000피피엠쯤 되면, 당신은 즉사한다. 그리고 이 일은 실제로 일어난다. 황화수소는 '분뇨 가스manure gas'로도 알려졌는데 거름 구덩이에서 일하다가 너무 고농도로 흡입한 무수한 농사꾼의 목숨을 앗아갔다. 이는 유정과 가스정 부근에서도 위험 요소다. 예컨대 (시적이게도) 텍사스주 퍼미안 분지에서 시추 작업을 하던 사람들도 기반암에서 새어 올라오는 가스에 죽임을 당하곤 했다.

2005년에 컴프는 이 악취 나는 가스가 대죽음에 책임이 있을지도 모른다는 의견을 내놓았다. 황화수소를 얻으려면 먼저 무산소증—그 자체로도 충분히 유능한 살해자—이 필요하다. 그런데 다른 대멸종과 마찬가지로, 질식사하고 있는 해양에 특징적으로 나타나는 무생물 암석은 세계 도처에 존재한다. 파키스탄의 솔트레인지Salt Range에서부터 이탈리아 북부의 돌로미테알프스Dolomites, 중국 남부, 미국 서부, 그린란드를 거쳐 예전에 고래잡이 전초 기지였던 북극해의 스피츠베르겐과 그 너머에 이르기까지, 해양 안의 무산소증이 페름기의 끝에는 전 지구적 신호처럼 보인다. 그리고 그 신호는 멸종 뒤에도 수백만 년 동안 완전히 소멸되지 않았다. 어쩌면 이로써 회복이 잔인하리만치 느렸던 까닭도 해명될지 모른다.

이 질식해가는 바다를 설명하려는 시도로 과학자들은 원래—시베리아트랩으로부터 엄청난 이산화탄소가 주입되었을 때 틀림없이 일어났을 일로서—행성이 달아오르면서 극지와 열대의 온도 차이가 줄어드는 바람에 전 지구적 해양 순환이 멈추었을 것이라고 추측했다. 내가 이 글을 쓰고 있는 동안에도 북극의 곳곳은 평소보다 섭씨 16도 더 따뜻한 한 달을 겪은 참이고, 해양 순환은 그린란드가 빠르게 녹으면서 느려지고 있는 것처럼 보인다. 만일 그 순환이 페름기에 완전히 멈췄다면 심해가 산소를 잃었을 테고 혐기성 세균이 도약하면서 해양에 황화수소를 퍼뜨렸을 것이라고 고해양학자들은 추측했다.

하지만 뒤이은 모형화 작업으로 밝혀진 바에 따르면, 해양을 이처럼 멈추는 것은 거의 불가능하다. 해저 화산, 지역적 염도 차이, 해양 활동의 변덕이 아무리 꾸물꾸물이라도 결국은 순환을 다시 가동한다.

"정체된 해양은 현실에 존재할 수 없어요." 컴프가 말했다.

이는 좋은 소식이지만, 그렇다면 전 지구적 무산소증의 신호와 황화수소는 어떻게 설명할까?

컴프는 무산소증을 몰아간 게 해양 정체가 아니라 극도의 열 자체라고 생각한다. 간단한 물리학은 물은 따뜻할수록 붙잡을 수 있는 산소가 적다고 말한다. 동물 생리의 불운한 우연으로, 날이 더울수록 동물은 더 많은 산소를 소비해야 하는 것도 사실이므로, 바다가 따뜻해지기 시작하면 산소 부족은 급속히 문제가 된다. 하지만 페름기의 끝에 무산소증을 몰아가고 있던 또 한 요인은 다시 한 번, 육지에서 일어나는 풍화였을지도 모른다. 풍화는—데본기의 위기들에서 그랬듯—인과 같은 영양분을 미친 듯이 바다로 쏟아 넣고 있었고, 바다에서 이는 폭발적인 플랑크톤 성장과 병적인 질식의 먹이가 되었다.

"우리는 온실기후 아래서 육지의 풍화가 더 심하고 인이 해양으로 전달되어 영양분을 공급하는 여러 환경을 시뮬레이션해왔어요. 그 해양은 어떤 의미에서는 오염된 연못과도 같지요." 컴프가 말했다.

"하지만 연못과 달리, 해양에는 황산염도 있거든요. 그래서 그다음에는 황화수소가 발생하기 시작하죠."

해양에 불길하게도 녹색황세균이 존재하는 것에 더해, 전 세계의 페름기 말 해양 노두를 현미경으로 보면 바보의 황금(금빛 나는 황철석) 구슬들이 눈에 띈다. 황철석의 존재는 어느 수역에 유독한 황화수소가 퍼졌다는 숨길 수 없는 징후 중 하나다.

하지만 여기서 컴프의 개념적 도약이 일어난다. 황화수소는 해양에서 접촉한 모든 동물을 죽이기도 했겠지만, 그뿐만 아니라 육지에서의 떼죽음에도 책임이 있었을지 모른다. 2005년에 그는 막대한 양의 유독한 황화수소 방울이 수면으로 올라와 바다 밖으로 퍼짐과 동시에 육지 위로 펼쳐지면서 유독하고 악취 나는 연무로 땅을 뒤덮으며 거의 모든 것을 죽였을지도 모른다고 주장하는 논문을 썼다.

뒤이은 컴퓨터 모형화 작업이 해양에서 그처럼 파국적인 가스 방출이 일어날 개연성이 낮다는 것을 보여주었을 때, 컴프는 그 생각을 보류해야 했고 다른 살해 수법들이 앞으로 나섰다. 하지만 그가 그 악몽 각본을 완전히 버린 건 아니었다. 컴프가 말했다.

"자, 제가 최근에 구상한 공포영화에 관해 말해볼게요. 저기 미국 국립대기연구센터NCAR 사람들이 갖고 있는 이 값비싼 모형은 하루 주기로도 돌릴 수 있고 1년 주기로도 돌릴 수 있는데, 페름기 조건을 넣을 때마다 거기서 하이퍼케인hypercane이 발생하고 있어요."

이런.

하이퍼케인이란 시속 800킬로미터의 바람을 동반한 채 지옥에서 오는 대륙 크기의 허리케인으로, 대기 모형에서 해양 온도를 유례없는 영역으로 올릴 때마다 갑자기 튀어나온다. 섭씨 40도에 가까운 바닷물과 마찬가지로, 시속 800킬로미터의 바람은 거의 상상할 수도 없을 만큼 세다. 그것은 가장 강력한 토네이도 안쪽의 가장 빠른 바람보다도 시속 320킬로미터가 더 빠른 속도다. 오직 핵폭발의 영향을 직접 받을 때나 잠깐 도달하는 종류의 풍속이다.

"이놈은 초대형 허리케인이에요. 북극권까지 단숨에 침투할 수 있는 엄청나게 강력한 놈이죠. 대륙 전체를 뒤덮는단 말입니다. 그러니까 이놈은 너무나—도저히 믿을 수 없을 만큼—거대하다는 데서 육지 위로 침투할 엄청난 위력을 얻는 셈이죠. 그래서 제가 NCAR에 있는 사람들에게 시키려고 애써온 것 가운데 하나는 그런 놈 하나가 황화수소를 담은 해양을 가로지르게 하는 거예요. 하이퍼케인이라면 그걸 빨아올릴 테니까요."

공포영화의 초점이 잡히기 시작했다.

"그러면 이런 허리케인이 생기겠죠. 이 시속 800킬로미터의 바람을 지녔을 뿐만 아니라, 황화수소까지 실린,"—그가 큰 소리로 웃기 시작했다—"**게다가** 이산화탄소를 겸비한. 그러면 이 유독한 초超허리케인이 육지와 마주치게 될 거예요."

컴프는 웃음을 그치지 않았다. 그것은 자신이 하고 있는 말이 무시무시한 미친 소리임을…… 그리고 사실일 수 있음을 아는 사람의 신경질적인 웃음이었다.

요약하자면 이렇다. 해양은 급속히 산성화하고 있었다. 행성의 막대한 면적을 뒤덮은 그 해양은 거품 욕조만큼 뜨거웠고 산소는 전혀 없었다. 병색 짙은 조수에는 이산화탄소와 황화수소가 둘 중 하나의 독만으로도 살해범으로서 부족함이 없었을 만큼 너무도 많이 퍼져 있었다. 러시아의 경관은 폭발하면서 몇 킬로미터 깊이의 용암에 질식해가고 있었다. 이 화산에서는 신경독의 안개와 치명적인 스모그가 흘러나오고 있었고, 더 위쪽 높은 곳에서는 오존층이 할로겐화탄화수소에 뜯겨 나가 행성 표면에 치명적인 방사선을 쏟아붓고 있었다. 산성비가 숲을 파괴하고 있었고 풍경은 강이 구불거리기를 멈출 정도로 척박했다. 이산화탄소 수준이 너무도 높아지고 지구온난화가 너무도 심해져서 땅의 많은 부분은 곤충마저 견딜 수 없을 정도로 뜨거워져 있었다. 그리고 이제 늪지의 독가스로 만들어진 컴프의 비현세적인 초대형 허리케인이 나타나 하늘을 찌르며 대륙을 통째로 지워버렸을 것이다.

나는 이러한 페름기 말 각본의 일부가 얼마나 터무니없는지를 감안하여, 오늘날에 비교하는 게 과연 적절하냐고 컴프에게 물었다.

"글쎄요. 오늘날 우리가 대기 중으로 이산화탄소를 주입하고 있는 속도는, 우리의 가장 쓸 만한 추산에 따르면, 페름기 말 동안의 속도보다 열 배가 더 빠르거든요. 그런데 속도가 중요하잖아요. 그러니까 오늘날 우리는 안 그래도 생명체가 적응하기 매우 어려운 환경을 만들어내고 있는데, 게다가 그 변화를 지구 역사상 최악의 사건들보다 열 배쯤 더 빠른 속도로 가하고 있단 말이죠."

"그게 집에 가져갈 교훈이에요."

그가 다시 껄껄 웃었다.

"비관론자가 되라는 게 아니라요."

제5장

The End-Triassic
Mass Extinction

트라이아스기 말 대멸종

2억100만 년 전

지구의 앞날에 아직도 대멸종이 더 있으리라는 소식은 거의 기쁘다 할 만한 소식이다. 페름기 말의 상상할 수 없는 크레센도를 목격할 정도로 불운했던 모든 것은 틀림없이 그때가 행성의 최후라고 확신했을 것이다.

하지만 지구상의 석호, 동굴, 외딴 연못, 심해 협곡을 마지막 하나까지 뒤져서 가장 허약하고 볼품없는 거주자까지 완전히 씨를 말리지 않는 한, 행성은 살아남을 수 있다. 사실 대규모 대멸종을 겪은 행성은 살아남는 데서 그치지 않는다. 행성은 새롭게 꽃을 피운다. 이는 행성이 트라이아스기에 비로소 (완벽하게 문자 그대로) 실행한 일이다. 지구사 최악의 순간을 지나 1000만 년이 흐른 뒤, 전투에 지쳤던 초대륙은 화색을 되찾고 이제 신화적인 파충류의 시대를 열었다. 하지만 호시절은 오래가지 않았다. 페름기 끝에 우발적으로 그랬듯, 땅은 트라이아스기 끝에도 한 번 더 아가리를 벌려 생물권을 집어삼킬 것이었다.

시간이 보존에만 유별나게 무자비한 탓에, 화석 기록이 존재하는 것만도 기적 같은 일이다. 지구사의 많은 부분은 세월에 지워지고, 뒤섞이고, 없어져왔다. 하지만 2억 년 묵은 트라이아스기의 행성 살해범은 여기에 해당하지 않는다. 놈은 그런 무명의 설움을 겪지 않는다. 지구상의 생명체 4분의 3을 지워버린 트라이아스기 말 대멸종의 범행자는 맨해튼 서쪽의 거의 모든 건물에서 여전히 뚜렷하게 눈에 띈다.

하지만 어느 한 대멸종에 도달하려면 먼저 죽일 대상이 필요한데, 그 세계는 다시 파괴되기 전에 지금껏 벌어졌던 최악의 상황에서 우선 회복해야 했다. 쉽지 않은 일이었다. 트라이아스기의 끝에 이르면 자신감 있는 신세계가 확립될 테지만, 이 기간이 시작되는 시점에 행성은 여전히 전혀 알아볼 수 없을 만큼 폐허가 되어 있었고 거의 살 수도 없는 곳이었다. 페름기 말 참사의 절정을 넘긴 뒤였음에도, 이 시기는 틀림없이 행성 지구 최후의 비참한 나날로 보였을 것이다. 생명체가 존재한 곳도 재난을 틈타 침입한 기회주의자들, 어디에나 있는 대합조개 클라라이아 따위가 지배했고, 그동안 나무 같은 것들은 (그 이유가) 궁금하게도 **1000만 년** 동안 변함없이 자리를 비웠다. 이 극도로 늦어진 회복은 한때 페름기 말 종말이 전례 없이 강했기 때문에 생긴 결과로 생각되었다. 당신이 누군가의 얼굴을 한 대 갈기면, 그 사람은 좀 있다가 비틀거리며 다시 일어설지도 모른다. 하지만 누군가를 시속 160킬로미터의 차로 들이받으면, 그 사람을 달래서 다시 일으켜 세우기는 훨씬 더 어려울 것이다.

그러나 더 근래의 연구가 보여준 바에 따르면 비단 페름기 말 멸종의 격렬함뿐만이 아니라 트라이아스기로 한창 들어서서까지 존속한 무자비하게 황폐하고 비현세적인 조건들도 대죽음 직후의 시기 동안 끊임없이 지구를 쓰러뜨렸을지 모른다. 근래의 과학 논문들은 이 지옥 같았던 행성의 환경에 관해 돌려 말하지 않는다. 예컨대 2012년에 과학 학술지 『사이언스Science』에 실린 한 논문은 "트라이아스기 초初 온실기 동안의 치명적으로 뜨거웠던 기온"이라고 공언했다. 이 연구를 진행한 중국지질대학교의 지질학자 야둥쑨亞東孫과 그의 동료들은 장어를 닮은 아주 작은 생물체의 화석 이빨에 함유된 산소 동위원소를 분석해, 해양의 많은 부분이 변함없이 생명을 적대한 수백만 년 동안 열대에서 섭씨 40도에 육박하는 해수면 온도가 지속되었음을 보여주었다. 육지에서는 무생물 행성의 중간부 전체가 섭씨 60도를 웃도는 비현세적 기온을 겪었다. 이 극심한 열은 트라이아스기 초에 행성의 중간부 전체에 걸쳐 큰 물고기 화석이 없고 비슷하게 열대에 가까운 육지 어떤 곳에도 동물이 없다는 점과도 일치한다. 일어나긴 했던 모든 회복의 사건은 어룡ichthyosaurs이라고 불리는 돌고래 비슷한 파충류의 놀라운 진화가 그랬듯, 대부분 극지로 이관되었다. 암석 안의 우라늄 동위원소를 분석하던 조너선 페인은 해양에서의 무산소증 또한 멸종 후 **500만 년** 동안 여전히 만성적인 스트레스 요인 중 하나였음을 보여주었다. 잔인하게도, 대죽음의 먼지가 가라앉은 지 고작 200만 년 뒤에 얼마 안 되던 페름기 말의 생존자 사이에서 대규모 멸종의 맥박이 한 번 더 뛰기까지 했다.

고등생물의 역사에서 가장 끈질기게 끔찍했던 때가 어쩌다 땅덩어리들이 하나의 초대륙으로 합쳐진 유일한 때라는 사실은 아마도 결코 우연의 일치가 아닐 것이다. 판게아의 특이한 배치가 행성에서 대기 이산화탄소 규제 능력을 빼앗아 행성의 온도조절장치를 망가뜨렸을지도 모른다. 초대륙의 가장자리는 풍화되면서 이산화탄소를 끌어내렸지만, 광대하고 메마른 안쪽에서는 사실상 물이라고는 구경도 할 수 없었다. 물이 없다는 것은 풍화가 없다는 뜻이었고, 풍화가 없다는 것은 지구가 이산화탄소를 끌어내리는 가장 확실한 기제가 망가졌다는 뜻이었다.

"그래서 우리의 기후 모형에서 초대륙을 형성해보면, 결국 안쪽이 마르게 됩니다. 그래서 내륙은 그 시점에 전 지구적 탄소 순환에 전혀 기여하지 않는 거나 마찬가지예요. 암석을 풍화시킬 물이 없기 때문이죠. 그러니까, 맞아요. 판게아처럼 대륙도가 높은 어느 시기에 화산이 분화한다면 이산화탄소 조절장치가 망가지리라는 건 당신도 상상이 될 거예요. 갑자기 이산화탄소가 거침없이 증가하게 되죠." 리 컴프가 내게 말했다.

그 결과로, 트라이아스기 초기는 극심하게 뜨거웠다.

그 밖에 주요한 이산화탄소 폐기장의 일부는 생물초와 얕은 해양의 대륙붕에 있다. 여기서 산호는(또는 멸종의 뒤를 따라온 미생물은) 탄소를 석회암으로 가두고, 그동안 탄소가 풍부한 플랑크톤도 해저로 가라앉아 결국 암석이 된다. 작은 대륙 한 묶음이 있으면 큰 초대륙 하나가 있을 때보다 해안선이 많아진다는 것은 단순한 기하학적 사실이다. 그리고 해안선이 많아지면 얕은 바다의 생명체에 들어 있는 탄소를 매장할 대륙붕 공간도 많아진다. 하지만 페름기와 트라이아스기에는 비대해진 초대륙 주위에 이 공간을 제대로 공급하지 못했으므로, 단순한 기하학에 제동이 걸려 생물학적 탄소 펌프가 서버리곤 했다. 그 결과로 더 많은 이산화탄소가 대기에 고였고 행성은 식을 재간이 없었다. 게다가 거대한 이산화탄소 흡수원인 나무와 숲마저 페름기 이후로 1000만 년 동안 거의 사라졌으므로, 그 모든 추가 이산화탄소를 실어 나를 곳은 아무 데도 없었다.

그래도 결국 행성은 아무리 느리게라도 식을 것이었고, 생명은 변덕스럽게라도 회복할 것이었다. 하지만 트라이아스기 초기의 지구는 변함없이 대체로 망가진 세계였고 열대 판게아의 황무지들은 생명체가 살지 않는 불모의 땅이었다.

그런 다음 대죽음 2000만 년 뒤, 뭔가 아름다운 일이 일어났다. 비가 오기 시작한 것이다.

비는 내리고 또 내렸다. 그리고 내리기를 그치지 않았다.

공룡이 나타났다. 머지않아, 최초의 꽃*이 피었다. 악어의 조상들이 다음 순서로 최초의 진정한 포유류와 함께 등장했다. 카르니아조 다우多雨 사건Carnian Pluvial Event으로 알려진 이 행성 규모의 폭우는 지구사에서 조금밖에 연구되지 않았지만 비범한 사건이다. 수문이 열려 건조했던 세계가 간절히 원하던 물로 흠뻑 젖은 이 사건은 '트라이아스기 지구 녹화'로도 불려왔다.

하지만 이 '녹화greening'는 그다지 자애롭지 않았을지도 모른다. 실은 심지어 소규모 대멸종을 하나 더 동반했을지도 모른다. 이때 육지에서 느릿느릿 돌아다니던 많은 파충류와 페름기 말의 낙오자가 사라져감으로써 신세계에 길을 열어준 것으로 보인다. 바다에서

* 산미구엘리아(Sanmiguelia)를 가리키지만, 최초의 꽃식물로서 지닌 지위는 논란의 대상이다. 꽃식물이 진정으로 번성하려면 1억 년도 더 걸릴 것이었다.

는 탈라토사우루스thalattosaur라고 불리는 날씬한 해양 파충류가 이 사건 때 사라졌고, 그동안 암모나이트도 다시 한 번 강타당했다.—이것이 크게 놀랄 일은 아니다. "얘들은 당신이 잘못 보면 멸종합니다."(암모나이트는 걸핏하면 죽은 척하기 때문에 자칫하면 멸종한 줄 알 테지만 그리 쉽게 죽지 않음을 뜻하는 농담－옮긴이) 시카고대학교의 고생물학자 데이비드 야블론스키David Jablonski가 변덕스럽게 호황과 불황을 오가는 이 두족류 집단에 관해 내게 해준 말이다.—이 극적인 기후변화는 또 다른, 더 작은 규모의 홍수 현무암(앞서 페름기 말에는 홍수 현무암이 대륙으로 분출되어 시베리아트랩을 생성했음을 기억하라－옮긴이)이 어떻게든 개시한 것으로 보인다. 트라이아스기의 해양 아래에서 분출된 그 홍수 현무암은 오늘날 캐나다 태평양 연안의 브리티시컬럼비아주에 위치한 산맥에서 찾아볼 수 있다. 판게아가 북쪽으로 살짝 이동한 것도 행성이 초대형 몬순을 퍼 올리는 마중물이 되었을지 모른다.

트라이아스기 후기에 이르러서는 새로운 질서가 확립되었다. 삽 모양의 머리를 한 거대한 양서류들이 질퍽질퍽한 범람원의 둑에서 햇볕을 쬐기도 하고 쓰러져 물에 잠긴 소철류 위로 무거운 몸을 끌고 나오기도 했다. 이 무렵의 한 장면에는 거북이가 도착해 있었고, 날아다니는 작은 익룡도 도착해 있었다. 그리고 말할 것도 없이 새로운 주인공들이 두 다리로 숲을 쏘다니고 있었다. 공룡 얘기다. 비록 대개는 작고 드물었지만 말이다. 하지만 아직은 이들의 차례가 아니었다. 몰락한 단궁류와 이들의 새로운 일가인 포유류를 위한 때도 아니었다. 포유류가 다시 정상을 노리려면 1억 년도 더 기다려야 할 것이었다.

이들 대신에 트라이아스기 세계를 지배한 한 혈통은 살아남아 오늘날에 이른다. 이 폐위된 왕족은 아직도 늪가에 출몰하고 짜증을 내며 느릿느릿 골프장을 가로지르지만, 트라이아스기 세계에서는 이 악어의 친족이 지구를 통치했다.

나는 트라이아스기가 창조한 이 새로운 세계를 찾아, '위험 채광 중 출입금지' 경고 표지판을 지나쳐 버지니아주-노스캐롤라이나주 경계선상의 흙길을 따라 흔들거리며 달렸다. 그리고 버지니아자연사박물관에서 평생 혹사당해 심하게 녹슬고 우그러진 픽업트럭 한 대를 뒤따랐다. 우리는 잠깐 길 밖으로 휙 방향을 틀어서 (야생 칠면조로도 알려진) 키 90센티미터의 수각류獸脚類, theropods 공룡 한 마리를 피한 뒤—녀석은 깃털을 휘날리며 트럭 앞에서 미친 듯이 팔짝팔짝 뛰었다—솔라이트채석장Solite Quarry의 계량소로 들어갔다. 건물 밖에는 현장에서 발굴한 암석이 한 덩이 있었고, 거기에 다소곳이 찍혀 있는 (칠면조의 것과 다르지 않은) 세 발가락의 공룡 발자국이 화석 기록에 슈퍼스타가 도착했음을, 그리고 그들이 여기 트라이아스기에서 소박하게 시작했음을 알리고 있었다.

이 현장은 최근에 소유권이 창조론자들에게로 넘어간 터였고, 그래서 버지니아자연사박물관은 이 세계적으로 유명한 2억2500만 년 된 라거슈테테Lagerstätte(화석이 예외적으로 잘 보존된 퇴적 광상–옮긴이)

의 나머지 부분을 회수하기 위해 허둥지둥 움직이고 있었지만, 급기야 그곳의 새 주인들은—연로한 지구에서 유래한 박물관 작업의 성과물에 조금도 감동하지 않은 채—암석들을 폭파해 도로 자재로 바꿔버리기 시작했다. 2, 3주 전에는 발굴에 자원한 어떤 사람이 'COEXIST(공존하라)' 범퍼 스티커가 붙은 자동차를 몰고 현장으로 왔다. 세계의 모든 주요 종교에서 뽑아낸 상징들을 특징으로 삼은 그 스티커에 광산의 복음주의자들은 격분했고, 그 대가로 박물관은 현장에 접근할 권리를 잃을 뻔했다.

"우리는 그 사람들이 일하는 곳에 우리가 함께 있다는 것만으로도 지극히 행운이라고 느껴요. 그래도 그냥 다른 것에 연관된 스트레스가 많았어요. 있잖아요. 저 사람들이 언제 터뜨릴까? 언제 터뜨릴 예정이지?" 박물관 총감독인 조 케이퍼Joe Keiper가 안전모를 쓰고 곧 폭파될지 모를 현장을 살피며 말했다.

"지금도 좀 불안해요. 왜냐하면, 저 뒤쪽에서 그들이 몇 주 전부터 잔해를 전부 치우는 작업에 매달리고 있거든요." 그가 말하는 동안 발굴 현장 옆에서 유압식 괴물들이 불길하게 우르릉거렸다. "그들이 이 자리로 올 준비를 하고 있다는 소리죠. 우리는 여기 밖에서 그저 하루가 더, 하루가 더, 하루가 더 생겼다는 걸 다행으로 느끼고요."

케이퍼는 암석에서 실러캔스를 발굴하며 오전을 보냈고, 그동안 나는 두 고생물학자와 함께 수천 년에 걸쳐 덮인 태곳적 호수의 바닥 층을 암석 망치와 끌로 다시 벗겨내며 각종 식물, 아주 작은 민물새우 수천 마리, 그리고 이따금 30센티미터 길이의 헤엄치는 파충류를 찾아냈다. 몇 년 전, 박물관은 메키스토트라켈로스Mecistotrachelos

를 이 채석장에서 발견했다. 이 참으로 기괴한 작은 파충류는 팔 아래쪽 몸통에 이상한 가죽 같은 날개가 붙어 있었는데, 그 날개는 부챗살처럼 밖으로 펼쳐지고 튼튼한 막으로 덮여 서로 연결된 갈비뼈로 만들어졌다.* 녀석은 아마도 미끄러지듯 공중을 가르며 한때는 트라이아스기의 호숫가 휴양지였던 그 자리에서 벌레를 사냥했을 것이다. 그리고 녀석이 먹을 것이 지천이었다. 60센티미터에 못 미치는 이 점판암은 이른바 곤충 층이었다. 세계에서 가장 절묘하게 보존된 곤충 층 가운데 하나인 그것이 페름기의 끝에 초토화된 지 수백만 년 뒤에 벌레 세계가 회복되었음을 엿보게 해주었다.

"2억2500만 년 동안 지하에 있었던 거지만, 이 벌레들을 가지고 실험실로 돌아가서 보면 더듬이 마디도 셀 수 있고 더듬이 마디에 난 털도 셀 수 있어요. 보존 상태가 기적적이랍니다." 케이퍼가 말했다.

트라이아스기 후기에는 이곳과 같은 잔잔한 열곡호裂谷湖, rift valley lakes가 노스캐롤라이나주와 버지니아주에서부터 위로 뉴저지주와 뉴욕시를 거쳐 코네티컷주와 심지어 캐나다의 노바스코샤주까지 줄곧 뻗어 있었다. 이 지역은 오늘날의 좁다란 동아프리카 열곡(지구대)과 흡사했다. 탕가니카호Lake Tanganyika와 말라위호Lake Malawi가 자리를 잡은 동아프리카 열곡은 동아프리카가 대륙의 나머지에서 뜯겨 나오는 솔기 부분이다. '열곡'의 '쪼갤 열裂'이 여기에서 유래한다.

* 현대에 동남아시아에서 볼 수 있는 '하늘을 나는 용(flying dragon)' 도마뱀(다시 말해, 날도마뱀)과 비슷하다.

트라이아스기에는 북아메리카의 동쪽 해안 지방을 따라 늘어선 호수들과 아프리카의 서해안이 판게아의 중심을 달려 내려오는 절취선과도 같았고, 초대륙은 바로 이 선을 따라 결국 찢어질 것이었다. 그래서 미국의 동쪽 바닷가와 아프리카의 서해안이 이 호수들의 화석을 공유하며 지금의 위치에 있게 된 것이다. 초대륙이 찢어지기 시작하자 이 거대한 열곡으로 물이 흘러들어와 호수들을 만들어낸 뒤, 이 열대 트라이아스기 피난처의 물가로 생소한 악어 사촌들의 낯선 신세계를 불러들였다.

현대의 눈으로는 이 동물의 대부분을 악어로 알아볼 수 없을 것이다. 이들이 악어가 아닌 이유는 그 때문이다. 이들을 악어와 동일시한다면 공룡을 '새'라 부르는 것과 마찬가지일 것이다. 관계를 역행시킨다는 말이다. 맞다. 일부는 현대의 악어처럼 네 다리를 모두 딛고서 느릿느릿 움직였고 주둥이에는 뾰족한 이빨이 가득했지만, 뉴멕시코 자리에 살던 에피기아Effigia 같은 종류는 재빨랐고 유연했고 이빨이 없었고(!) 두 다리로 질주했고, 거의 쓸모없는 한 쌍의 몽땅한 팔을 자랑했다. 포스토수쿠스Postosuchus 같은 종류는 「쥐라기 공원」의 특대형 벨로키랍토르velaciraptor와 맞붙어도 꺾이지 않을 만큼 강했다. 환상적인 갑옷으로 치장한 종류도 있었다. 예컨대 데스마토수쿠스Desmatosuchus는 돼지를 연상케 하는 납작한 코부터가 아르마딜로와 비슷한 초식동물이었지만, 어깨 부분에서 튀어나온 뿔 같은 부속물이 시선을 사로잡는 뾰족뾰족한 갑옷으로 둘러싸여 있었다. 이 동물은 텍사스주 팬핸들Panhandle 곳곳의 범람원과 강을 순찰했다. 이런 동물들이 지금껏 스테고사우루스Stegosaurus와 비슷한 정도로 여섯 살짜리들의 공상에 강력하게 침입하지 않았다는 게 의아하다.

트라이아스기에 세상을 통치한 악어 사촌들은—화석 기록 안의 다른 모든 것과 마찬가지로—자신들이 지배한 공룡의 그늘에 오래도록 가려져 있었지만, 비로소 마땅한 대우를 받기 시작했다. 우리가 그 채석장에서 땅을 파기 전주에, 근처에서 일하던 한 무리의 다른 고생물학자, 노스캐롤라이나주립대학교에서 온 한 팀이 이른바 '캐롤라이나 도살자Carolina Butcher'를 발견했다고 공표했다. 몸길이 2.7미터의 이 악어 친척은 뒷다리로 걸었고 캐롤라이나의 최상위 육식동물로서 이 열대 호수의 주변부를 공포에 떨게 했다. 이 동물을 묘사한 화가들의 그림은 무시무시하다. 악어 특유의 생김새를 한 짐승이 아가리를 쩍 벌리고 살기등등하게 울부짖으며 앞쪽으로 휘청거리는 식이다. 과학계에 새로운 또 한 종류의 악어 친척도—이놈은 갑옷을 두르고 뾰족한 징이 박힌 위협적인 목덜미를 뽐내며—최근에 노스캐롤라이나주의 주도인 롤리Raleigh 근처에서 발굴되어 나왔다. 이 모든 생물체가 이 광대한 태곳적 호수계 주위에 모여 있었다. 당시에 이 호수계는—세상이 찢어지기 시작할 때까지—판게아의 가장 열악한 대륙 안쪽 가운데서도 해양으로부터 거의 최고로 먼 위치에 고립되어 있었다. 이는 판게아의 플라이오버 지역flyover country(비행기를 타고 미국 동부와 서부를 오갈 때에나 겨우 내려다보는 내륙 촌구석이라는 느낌의 표현-옮긴이)이었는지도 모르지만, 그 밑에서는 행성의 새로운 특징 하나가 활짝 열리고 있었다. 바로 대서양이다.

판게아의 왕국이 마침내 분열하기 시작한 트라이아스기의 끝에, 세상은 한 번 더 종말을 맞을 뻔했다.

맨해튼에서 나서 저지시티에서 자란 컬럼비아대학교의 고생물학자 폴 올슨은 10대일 때, 그 불쑥 나타나는 팰리세이즈의 절벽 밑 허드슨강의 강둑 곳곳을 탐험했다. 우뚝 솟은 현무암 성벽들은 강 건너 고층건물들에게 돌의 언어로 당당하게 응수했다. 오늘날 이 성벽이 일부를 구성하는 기념비적인 마그마 솔기들의 연결망은 트라이아스기의 끝에 대서양을 가로질러 적도의 양쪽에 갑자기 나타난다. 팰리세이즈의 밑에는 이 기간의 더 이른 시기에서 유래하는 (노스캐롤라이나에 있는 것과 같은) 평화로운 열곡호의 침적물이 훨씬 더 많다. 차량이 조지워싱턴다리를 지날 때마다 강철 대들보에서 웅웅거리는 저음이 꾸준히 들려오는 이곳에서, 올슨은 사라진 세계의 유물을 사냥하곤 했다. 이 절벽들 곁에서 독학한 돌 수집가는 대도시 강둑에 묻힌 태곳적 파충류와 어류의 유해를 캐냈다.

1970년, 올슨의 조숙한 고생물학은 세상의 이목을 이 고등학생에게로 이끌기 시작했다. 리처드 닉슨 대통령에게 편지 쓰기 운동을 벌여서 뉴저지주의 자기 집 근처에 버려져 있던 화석 풍부한 채석장이 개발되는 것을 막는 데 성공한 그는 17세의 나이에 『라이프Life』 지에 양면 기사가 실리는 결과를 얻었다. 그 채석장은—지금은 월터 키디 공룡 공원Walter Kidde Dinosaur Park으로 알려진—닉슨의 자문단 일부의 반대를 넘은 후 국가적 명소 중 하나로 지정되었다. 그들은 대통령에게 10대와 엮이지 말라고 충고했다. 윌리엄 새파이어William Safire와 패트릭 뷰캐넌Patrick Buchanan은 대통령에게 보내는 회람에

"보나 마나 '네안데르탈인의 날개' 따위에 관한 장난질"이라고 휘갈겨 썼다.

40년이 지난 지금의 올슨은 부스스한 백발과 그에 어울리는 콧수염을 자랑하지만, 잠시도 가만히 있지 못하는 청소년기의 성정은 아직도 그대로다. 또한 있을 법하지 않은 화석 산지들을 찾아내는 그의 천부적 재능은 결코 시들지 않았다. (버지니아주-노스캐롤라이나주 경계에 있는, 내가 찾아간 솔라이트채석장의 화석 자산도 그가 발견한 것이다.) 현기증 나는 기간과 대멸종을 다루는 분야에 몸담은 올슨은 자신의 일에 낙천적인 느낌으로 접근한다. 그는 기꺼이 지구사의 기간을 맥주 한 잔을 예로 들어 설명한다. 거기서 동물의 기간은 겨우 위에 뜬 거품에 해당한다.

경력 초기에는 올슨도 다른 고생물학자들처럼 트라이아스기의 끝에 멸종이 있었다는 확신조차 없었고, 흐릿하기는 화석 기록도 마찬가지였다. 트라이아스기의 악어 세계가 패배하긴 했는지 몰라도, 그것은 공정한 게임이었으며 공룡이 뒤이어 오래도록 우위를 차지한 것은 그저 경기를 더 잘해서였다는 게 많은 고생물학자의 생각이었다. 하지만 점점 더 많은 양의 문헌이 육지와 바다에서 종이 대량으로 사라졌을 뿐만 아니라 그것도 통렬하게 느닷없이 사라졌음을 입증한 뒤, 올슨은 마침내 멸종의 현실성에 설득되었다. 1억3500만 년 뒤에 지구를 물려받을 포유류와 마찬가지로, 공룡도 먼저 트라이아스기 말의 아수라장에서 재임자들—이 경우는 악어 문중—이 난폭하게 전복된 뒤에야 세상을 인수할 수 있었다.

대멸종의 명백한 급작스러움을 고려한 올슨은 1990년대와 2000년대

초에 몇 편의 논문을 발표해 유행에 어울리는 범행자를 제안했다. 바로 위에서 온 죽음death from above이다. 그리고 유력한 용의자가 있었다. 국제우주정거장에서도 보이는, 퀘벡주 마니쿠아강Manicouagan에 있는 100킬로미터 너비의 거의 완벽하게 원형인 호수계. 그 구덩이는 아닌 게 아니라 격변에 해당하는 소행성 충돌로 생겨났지만, 나중에 그 사건은 트라이아스기 대멸종보다 1400만 년 앞서서 상대적으로 평화로운 시기 동안에 닥쳤음이 밝혀질 것이었다. 공룡을 제거한 것보다 그리 작지 않은 소행성이 지구상의 생명에 사실상 아무 충격도 미치지 않았을 수 있다는 사실은, 오래도록 대멸종의 앨버레즈 소행성 충돌 가설—지구상의 생명이 지질학적 기간에 걸쳐 점진적으로가 아니라, 날벼락을 맞아 몇 분 안에 제거될 수 있으리라는, 한때 물의를 빚은 의견—의 영향 아래 길러진 한 세대의 고생물학자들에게 충격이었다.

"커다란 충돌구가 여기 있으니 그것은…… 지구상 모든 종의 4분의 1에서 3분의 1을 죽여 없앨 만큼 커다란 소행성이 원인이었어야 한다고 일찍부터 추정해왔는데, 우리가 아무것도 찾지 못하다니!"라고 피터 워드는 쓴다. "아무 일도 일어나지 않았다니! 소행성 충돌의 치명성은 과대평가되었을지도 모른다."

올슨은 트라이아스기 죽음의 신을 찾아 다른 곳을 보기 시작했다. 그리고 그러는 동안 뉴욕 팰리세이즈의 러몬트-도허티 지구관측소Lamont-Doherty Earth Observatory에 있는 그의 사무실—그가 어렸을 적 탐험했던 바로 그 절벽 위—에서 줄곧, 자신이 뒤쫓는 신출귀몰한 행성 살해범을 말 그대로 타고앉아 있었다.

트라이아스기 당시의 뉴욕시에서 수백만 년 동안, 생명은 파충류가 지배하는 몽환적 청소년기에 머물렀던 행성의 서두르지 않는 리듬을 따랐고, 앞으로 문제가 있을 낌새는 전혀 없었다. 악어를 닮은 6미터 길이의 루티오돈rutiodon이 뉴어크Newark(허드슨강을 사이에 두고 뉴욕시 서편에 있는 도시 – 옮긴이)에서 물로 미끄러져 들어가, 무기인 길고 날렵한 주둥이를 젓가락처럼 휘둘러 열대 호수에서 물고기와 민물 상어를 집어냈다. 이들이 오후에 한숨 돌리러 모로코의 진흙투성이 둑 위로 몰려들면, 호들갑스러운 공룡 한 떼가 두 다리로 종종걸음 쳐 호숫가 속새(양치식물 속샛과의 상록 여러해살이풀 – 옮긴이)를 뚫고 사라지곤 했다. 물론 모든 동물이 그처럼 쉽사리 공경을 표하지는 않았다. 둥글넓적한 프라이팬을 머리로 단 특대 크기의 성질 더러운 양서류들은 꿈쩍도 않다가 두어 번 신음을 토해 자신의 짜증을 내보인 뒤 마지못해 물가를 공유하는 데 동의했다. 그리고 땅거미가 내리면, 팔 밑에 날개가 돋은 아주 작은 파충류들이 호숫가 소철에서 뛰어올라 변두리 늪지에서 뭉게뭉게 피어오르는 곤충 떼 속으로 미끄러져 들어가곤 했다. 뉴저지 산악지대의 삐죽삐죽한 봉우리들 너머로 해가 지면, 귀뚜라미를 닮은 빵 덩이만 한 벌레들의 귀청이 떨어질 듯한 울음소리가 침엽수 대성당에서 낮게 둥둥거리며 물 위로 메아리치곤 했다.

이 장면 밑의 지각은 판게아가 벌어짐에 따라 잡아당긴 엿처럼 얇아지고 있었다. 말랑말랑한 지구의 맨틀이 거대하게 방울져 행성 위의 동물 대부분을 죽일 수밖에 없는 궤도상의 표면으로 솟아오르고 있었다. 판게아가 찢어지는 동안 3000만 년이 넘도록 아무 일도 없다가, 뭔가가 무섭게 잘못되기 직전이었다.

내가 올슨을 만나러 그의 사무실에 갔을 때, 그는 나를 자신의 녹슨 도요타 픽업트럭에 어물쩍 태운 뒤 액셀을 밟았다. 100만 년쯤은 전혀 대수롭지 않을 수 있는 분야에서 일하면서도, 그는 마치 시간 자체가 다 떨어져가는 것처럼 차를 몰았다.

"이 차는 나한테 갚을 게 아무것도 없어요." 팰리세이즈파크웨이 위에서 공격적으로 차들을 추월하면서 그가 말했다. 우리는 절벽 바닥에 차를 세웠다. 멀리서 크레인들이 원월드트레이드센터One World Trade Center의 위쪽 층을 바쁘게 왔다 갔다 하면서 윙윙거리는 소리가 강 건너로 약하게 퍼져왔다. 그렇지만 허드슨강을 사이에 두고 그 스카이라인에서 분리된 이곳은 평화로웠다. 우리 앞에 우뚝 솟은 현무암 건축물은 빠르게 퍼지는 가죽나무 가지와 옻나무를 비롯해 제시카에 대한 사랑과 청소년 패거리에 대한 충성을 고백한 뒤 바래가는 스프레이 그림에 가려진 채 방치되어 있었다. 나는 이 우뚝 솟은 화산암 성벽을 전에도 뉴욕시에 왔을 때마다 강 건너에서 100번은 보아온 터였다. 그것은 언제나 멀리서 내게, 거대한 경관 앞에서 누구나 똑같이 느끼는 둔하고 피상적인 경외심을 일깨워주었다. 하지만 지질학의 유령 이야기들은 그 경치의 위엄을 해명해주기는커녕, 아찔한 아름다움을 보태 위엄의 위력을 배가하고 사방에서 윙윙거리는 벌떼 같은 인간에 대한 거의 위협적인 무관심으로 절벽을 윤색한다.

"사람들은 이처럼 전 지구적으로 중요한 뭔가가 도시 바로 옆에 있다는 걸 알고는 언제나 경이로워하죠." 올슨이 욕조의 테두리처럼 허드슨강을 에워싸는 거대한 절벽에 대해 말했다. 수십 년 동안, 팰리세이즈는 허드슨리버학파Hudson River School의 화가 혹은 군침을 흘리는 개발자 같은 부류를 끌어들여왔지만 지금은 대멸종 연구 분야에서 신성시하는 땅이다.

미국 국립과학재단NSF의 연구비(아니면 곧 부서질 듯한 수제 러시아산 선상 가옥이라도) 없이 페름기 세계를 파괴한 시베리아트랩이 가장 극적으로 노출된 장소를 한 번이라도 볼 사람은 거의 없을 것이다. 공룡을 쓸어내버린 뒤 지금은 멕시코에서 수백만 년 치 해양성 석회암에 깔려 숨어 있는 충돌구를 볼 사람은 더더욱 드물 것이다. 하지만 트라이아스기 세계를 제거한 대륙성 홍수 현무암은 동떨어져 있거나 숨어 있기는커녕 부동산 개발업자들의 경쟁이 치열한 곳이다. 오죽했으면 뉴저지주의 역대 주지사 네 사람이 최근에 『뉴욕타임스』 특별 기고란에 '팰리세이즈에 가하는 위협The Threat to the Palisades'이라는 제목으로 이 화산암 절벽을 매입해서 도시 외곽을 무분별하게 확장하는 현상에 관한 글을 써 보냈겠는가. (만약 이들이 2억100만 년 전에 살아 있었다면, 그 특집 기사는 틀림없이 '팰리세이즈**가** 가하는 위협The Threat of the Palisades'이 되었을 것이다.)

이 절벽들은 한때 마그마가 지나는 거대한 지하 통로였다. 여기서 조금 더 서쪽으로 분수처럼 눈부시게 뿜어낸 마그마가 쌓여서 만들어진 게 오늘날 뉴저지 북부에 있는 워청산맥이다. 이 산맥은 두터운 동심원의 현무암 파도로 그 주의 윗면을 싹 쓸어낸다. 구글 지도에서 지형을 켜고 한번 보라. 이는 부글거리는 한 대야의 용암이 땅 위로 줄줄 흘러나온다면 어떤 모습일지 당신이 상상하는 것과 거의 정확히 같은 모습이다. 오늘날 이 태곳적 용암 더미는 초록빛이고 교외 구획들로 얼룩덜룩해서, 80번 주간고속도로로 가는 운전자의 눈에는 분명 아래의 대형 할인점, 복합 상업 지구, 주차장 위로 그늘을 드리우는 뉴저지주 패터슨 근처의 경사진 땅일 뿐이다. 이 대량의 분출물을 공급한 지하의 화산 배관은 분출이 끝난 순간 동결된 뒤로 팰리세이즈에서 마침내 젖혀져 올라가 침식됨으로써, 자신이 무엇을 보고 있는지를 아는 모든 사람에게 트라이아스기 말 화산작용의 거대한 규모를 드러냈다. 이를 포함한 여러 차례의 분출이 한때 쪼개지는 초대륙을 용암으로 뒤덮은 면적은 달 표면적의 3분의 1에 해당한다. 대서양중앙마그마지대Central Atlantic Magmatic Province, CAMP로 알려진 이 영역은 시베리아트랩에 대한 트라이아스기의 응답이다. 이 화산작용에서 생긴 팰리세이즈 비슷한 경관이 지금은 프랑스, 브라질, 모로코처럼 멀리 떨어져 존재한다. 한때 뉴저지와 인접해 있던 모로코에서는 오늘날 똑같은 현무암으로 이루어진 치솟은 단면이 북아프리카의 아틀라스산맥 안에 줄줄이 늘어서서 그 경관의 특징을 이룬다.

2013년에 올슨은 당시 매사추세츠공과대학의 박사 후보자였던 테렌스 블랙번Terrence Blackburn이 이끄는 팀과 함께, 자신이 화석을 사냥하며 어린 시절을 보낸 이 그림 같은 절벽이 창조된 연대를 명확하게 측정해 트라이아스기 말 대멸종의 시점과 비교했다. 모로코에서 채취한 암석 심과 캐나다 펀디만Bay of Fundy에서 채취한 암석 심을, 뉴욕시 맞은편 조지워싱턴다리에서 갈라져 나가는 혼잡하게 얽힌 고속도로들 아래서 채취한 심과 함께 분석한 올슨은 멸종이

CAMP 분출과 동시대에 일어났을 뿐만 아니라 지질학적 관점에서는 거의 순간적으로 일어나기도 했음을 알아냈다. 유례없이 정밀한 방사선 연대 측정법을 사용한 그의 팀은 그 땅이 처음 열린 때가 2억 156만 년 전—바로 전 지구적 멸종들의 시기—이었음을 알아냈다. 대륙성 홍수 현무암은 당시에 60만 년에 걸쳐 네 차례 잠깐씩 박동하면서 분출했다.

올슨은 자신의 천체물리학 지식을 화석 기록에 창의적으로 응용해 이 참사를 더욱더 깊이 분석했다. 북극성, 그 변치 않는 하늘의 붙박이는 사실 수천 년에 걸쳐서 보면 행성이 축을 중심으로 감지할 수 없을 만큼 떨림에 따라 새로운 북극성으로 대체된다. 행성이 천천히 기우뚱거림에 따라 행성의 서로 다른 부분에 도달하는 햇빛의 양도 달라진다. 이로써 열대 근처 현장에는 몬순기후와 더 건조한 기후가 왔다 갔다 하는 효과가 나타날 수 있다. 그 결과로, 호수들은 대략 2만 년 간격으로 깊어졌다가 얕아지기를 거듭하고 거듭하고 또 거듭한다. 호수가 얕을 때의 암석은 호수가 깊을 때와 전혀 다르다. 전자인 붉은빛 이암에는 동물 발자국과 나무뿌리가 섞여 있지만, 얇은 층이 여러 겹으로 쌓인 검은빛의 후자에는 물고기 화석들이 절묘하게 보존되어 있다.

"호수 퇴적물은 빛깔로 판독하는 우량계와 같지요." 올슨이 말했다.

이 트라이아스기 말 열곡호에 쌓인 퇴적암은 행성의 규칙적인 떨림을 입증하는, 붉은빛과 검은빛의 진정한 시어서커(대개 줄무늬를 넣어 짜는 오글오글한 여름 옷감 – 옮긴이)다.

올슨은 가장 통렬했던 첫 번째 멸종의 물결이 이 가운데 겨우 한 층 안에서, 아마도 2만 년 안짝—지질학적 한순간—에 일어났음을 알아냈다. 시간여행이 발명되지 않는 한, 이는 지질학자가 아득히 먼 시간을 들여다보기 위해 구할 수 있는 거의 최고 해상도의 창이다. 그것은 아찔하도록 짧은 시간에 지구상 동물의 4분의 3을 제거하고, 트라이아스기를 끝내고, 고대의 악어 계보를 신속히 퇴위시켜 이들의 짧은 치세를 일단락지은 사건이었다.

트라이아스기의 끝에 일어난 화산작용의 상상할 수 없는 규모는 내가 올슨과 함께 팰리세이즈로 현장 학습을 다녀온 뒤에야 충분히 인식되기 시작했다. 이 항상 존재하는 현무암이 내가 보는 모든 곳에서 보이기 시작했다. 나는 코네티컷주 뉴헤이븐New Haven을 운전해서 지나가다가, 도시 위로 불쑥 나타나는 이스트록East Rock의 나무 없는 가파른 면이 현무암과 오싹하도록 닮았음을 알아차렸다. 아닌 게 아니라 그것은 현무암이고, 놀라울 것도 없이 트라이아스기-쥐라기 경계 부근에서 온 것이다. 캐나다 펀디만에서 북방긴수염고래를 살피는 도중에도, 나는 표면상으로는 바다의 실태를 보도하러 거기에 간 거였지만 일행이 그랜드매넌섬Grand Manan Island의 우뚝 솟은 절벽을 지나치는 동안 경탄하지 않을 수 없었다. 거대한 조각상처럼 깎아지른 절벽의 옆모습이 팰리세이즈와 거의 똑같다는 느낌이 들었다. 아니나 다를까, 집에 왔을 때 잠깐 구글을 찾아보니 이 거대한 절벽도 2억 년 전에 마그마가 창작한 것으로 드러났다. 펜실베이니아주 게티즈버그에 있는 그 역사적 전장의 주요한 특징도—그리고 무엇보다도 그 결정적 전투의 행로 자체를—대멸종의 종말론적 지질활동이 빚어냈다. 피켓의 돌격Pickett's charge(남북전쟁 당시 최대 승부처인 게티즈버그 전투에서 남군이 펼친 공격으로 피켓은 지휘관의 이름이다-옮긴이)이 처참한 운명을 맞으러 올라간 묘지능선Cemetery Ridge의 점진적 경사는 아래에 깔린 트라이아스기 말 화산작용의 마그마 배관이 만들어낸 것이다. 전장에 윤곽을 부여하는 게 바로 이 거대한 현무암 관입암상이라는 말이다.

다음으로 그곳에는 태곳적 마그마 더미인 리틀라운드탑Little Round Top이 있다. 거기서 북군 대령 조슈아 챔벌린Joshua Chamberlain이 남군의 공격을 물리쳤을 때 남군의 저격수들은 트라이아스기 말 현무암 놀이터인 450미터 밖 악마의 소굴Devil's Den에 쪼그리고 앉아 있었다. 전장을 종횡으로 가로지르는 그물 같은 돌벽은 마그마 바위들로 대충 꿰맞춰진 뒤, 1863년 7월 3일에 총알로 벌집이 된 병사들로 뒤덮였다. 전쟁터 북쪽의 맥퍼슨능선McPherson Ridge을 뚫고 지나가는 철로를 따라 걸으면, 동해안 지방 위아래로 흩어져 있는 것과 같은 종류의 고요한 호수 퇴적물 속에서, 그곳이 트라이아스기 화산작용으로 뒤집히기 이전의 평화로운 세계를 볼 수 있다. 그리고 플럼런크리크Plum Run Creek—전투 둘째 날에 시뻘겋게 흐른 뒤로 '블러디런Bloody Run'이라는 별명이 붙은 시내—를 건너는 다리에는 변변찮은 발자국들이 있다. 당신의 손보다 크지 않은 그 발자국은 그 지역에서 채석된 사암 덩어리에 찍힌 트라이아스기 공룡의 발자국이다. 화산암이 구석구석 퍼져 있는 것은 미국 북동부의 특징일 뿐만 아니라 북아프리카, 유럽, 아마존의 특징이기도 하다. 트라이아스기의 끝에 분출된 대륙성 홍수 현무암이 오늘날 차지하는 면적은 통틀어 1000만 제곱킬로미터가 넘는다.

"우리는 행성 규모의 화산작용에 관해 이야기하고 있는 겁니다." 올슨이 말했다.

뉴어크에서 보았던 잔잔한 호숫가 장면은 트라이아스기의 끝에 땅이 찢겨 열리고 골짜기마다 용암이 채워진 순간 불의 호수로 탈바꿈했을 것이다. 액체 암석의 간헐천들이 갈라진 땅을 따라 공기 중으로 1마일(1.6킬로미터) 높이까지 용솟음쳤고, 그 균열부는 수백 킬로미터를 뻗어나가며—뉴욕주의 롱아일랜드해협Long Island Sound에서 캐나다 퀘벡주까지, 다시 말해 모리타니에서 모로코까지 그리고 아마존 밑으로 거의 320킬로미터를 달리며—연기 나는 시커먼 암석의 황무지를 뒤에 남겼다. 하지만 페름기 말 대멸종 때와 마찬가지로 행성을 황폐화한 것은 이 지역적 혼돈이—아무리 극심했어도—아니라, 지질구조가 아수라장이 된 동안 풀려난 화산가스였다.

"우리가 이 멸종과 연관된다고 보는 것 가운데 하나는 매우 극적인 이산화탄소 증가입니다." 올슨이 말했다. 또 시작이다.

화석 식물이 이산화탄소가 치솟고 있었음을 입증한다. 식물은 잎 표면에 난 아주 작은 구멍을 통해 이산화탄소를 들이쉰다. 하지만 구멍이 너무 많으면 숨쉬기가 쉬워지는 대신 대가를 치러야 한다. 말라 죽기도 쉬워지는 것이다. 그래서 식물은 기공을 최소로, 다시 말해 숨은 쉴 만하지만 필요량은 넘지 않는 수준으로 유지한다. 고이산화탄소 시기에는 이산화탄소가 풍부한 공기를 홀짝이면서 더 적은 기공으로도 그럭저럭 지낼 수 있다. 유니버시티칼리지 더블린의 고식물학자 제니퍼 매켈웨인Jennifer McElwain은 2억 년 된 화석 식물들 안에서 태곳적 잎들에 달린 기공의 수가 트라이아스기 말 대멸종 기간에 급감했음을 발견했다. 식물이 기공을 줄여서 대응하고자 한 변인은 화산에서 방출된 이산화탄소의 범람이었음이 틀림없다. 페름기 말의 경우와 마찬가지로, 이 대멸종 기간에도 탄소 동위원소 기록이 한 차례 엄청나게 변하는 지점이 있고, 이는 대량의 탄소가 대기로 유입된 사실을 가리킨다.

"그 기간의 이산화탄소 수준은 정말 끔찍합니다. 절대적으로 끔찍해요. 우리는 그게 두 배가 되었다고 알고 있는데, 어쩌면 세 배가 되었는지도 몰라요. 우리는 이산화탄소가 두 배로 뛸 때마다 기온은 평균적으로 [섭씨] 약 3도가 바뀐다고 생각해요. 그리 대단치 않게 들리지만 이건 빙하시대와 오늘날의 차이예요. 의미 있는 양일 뿐만 아니라, 극치는 두드러지게 변화시키죠. 데스밸리Death Valley(금광을 찾던 사람들이 더위로 죽어갔다는 데서 '죽음의 골짜기'라는 이름을 얻은 캘리포니아주의 계곡 – 옮긴이)에서 어제 북아메리카 6월 기온이 역대 최고치를 기록한 건 우연의 일치가 아닐 겁니다." 올슨이 말했다.

다시 말해, 트라이아스기의 생물체에게 3도는, 안 그래도 따뜻한 행성이었던 곳에서 생사를 가르는 차이였을지도 모른다. 상황 파악을 위해 말하는데 기후변화에 관한 정부 간 협의체International Panel on Climate Change, IPCC는 여느 때와 다름없이 이산화탄소를 방출한다면 이 세기의 끝에 이르기 전에 온난화가 5도를 웃돌 것으로 예상한다.

이 대멸종 층—예컨대 뉴저지주 클리프턴에 있는 어느 퇴직자 전용 아파트 뒤편 암석 안에서 발견된 층—에서 올슨을 포함한 여러 고생물학자는 태곳적 식물의 유해와 함께 꽃가루까지 찾아냈는데, 모두 한결같이 이런 기후적 충격에 뒤흔들린 식물계를 드러냈다. 꽃가루처럼 덧없는 어떤 것이 수억 년 동안 살아남을 수 있다는 게 놀랍게 느껴질지도 모르지만, 꽃가루는 사실 지구상에서 가장 오래 견디는 생물학적 구조물 가운데 하나다. 고식물학자 앨런 그레이엄Alan Graham은 이렇게 쓴다. "만약에 망치, 자전거 사슬, 펜치, 꽃가루를 백금 도가니에 넣어 불화수소산과 함께 일주일 동안 가열한다면, 금속 물체들은 소화되거나 심하게 부식되겠지만, 꽃가루 벽은 거의 말짱할 것이다."

"이 대멸종의 시점에 일어나는 일 가운데 하나는 열대의 여러 식물 집단에서 다양성이 완전히 훼손되는 겁니다." 올슨이 말했다.

올슨에 따르면, 트라이아스기의 뉴저지에서 다양한 열대 식물계가 산산조각 났을 때 갑자기 이를 대신해서 수백만 년 동안 그 자리를 지배한 것은 잎사귀가 사이프러스의 잎처럼 짧고 뭉툭한 단 한 종류의 나무였다.

"놈은 아마도 아주 뜨거운 조건에서 사는 데 전문가였을 거예요." 그가 말했다.

하지만 식물계만 이 선사시대 기후변화로 고통받은 것은 아니었다. 자신의 화석이 흩뿌려져 있는 러몬트-도허티 지구관측소의 사무실로 돌아간 올슨은 나에게 동물 영역에 남은 그 참사의 흔적을 보여주었다. 그의 일은 그를 중국 서부까지 데려가지만, 세계에서 트라이아스기 화석이 가장 풍부한 자리 몇 군데는 세 개 주에 인접한 이 지역에 있다. 올슨은 그의 사무실에서 멀지 않은 허드슨강 강변에서 열두 살짜리 아들과 함께 발견한 일련의 태곳적 발자국을 나에게 보여주기 위해 현지에서 채집한 방대한 암석을 샅샅이 뒤졌다. 그 발자국들은 태곳적 악어 사촌과 공룡이 멸종 경계의 양쪽에서 겪은 진화적 운세의 두드러진 역전을 실물로 보여주었다. 대멸종 이전에는 다섯 발가락의 특대형 발자국들이 있었는데, 발자국의 주인은 어느 사악한 라우이수쿠스류Rauisuchia였다. 이 거구의 운동선수 같은—악어보다 비늘 덮인 호랑이에 더 가까운 모습으로 만들어진—악어 친척이 그 시절의 우세한 포식자였다.

"그래서 보시다시피 이놈은 당시에 돌아다녔던 공룡들 대부분보다 거의 세 배나 큽니다." 올슨이 말했다.

대멸종 이후에는 이 비율이 뒤집혀서, 이들의 대역을 맡은 공룡들의 세 발가락 발자국이 곧 대중이 상상하는 거대한 규모를 띠었다. 이 비율은 1억3500만 년이 넘도록 그대로 머물러 있을 것이었다. 그동안 가장 순한 악어들만이 역경을 뚫고 쥐라기에 도달했다. 꿈틀거리면서 멸종의 경계를 넘은 것은 이 한 계열의 꼬맹이들이었다.

"이 멸종 이후 악어 친척의 일부는 전적으로 사랑스럽기만 했습니다. 솔직히 말해서, 이들은 틀림없이 정말로 귀여웠을 겁니다. 거의 개처럼요. 하지만 우리가 악어로 알아볼 만한 놈은 하나도 살아서 경계를 건너지 못했습니다. 이들은 그 생활양식을 쥐라기에 다시 발명해야 했어요." 올슨이 말했다.

트라이아스기 말 대멸종의 극단성은 페름기 말의 근처에도 가지 못하지만, 화산에서 나온 막대한 양의 탄소가 대기로 주입되었고 그 결과로 치명적인 초온실을 동반했다는 점에서 일종의 대죽음 2세였던 것으로 보인다. 하지만 트라이아스기 말 대멸종도 미흡하나마 우리의 다음 몇 세기에 대한 섬뜩한 본보기 역할을 해줄지 모른다.

"이러한 분출에 걸린 기간은 현대의 지구온난화와 해양 산성화에 비교할 만합니다." 올슨이 말했다.

트라이아스기의 끝에는 열파가 육지를 덮쳤을 뿐만 아니라 바다도 초토화되었다는 증거가 있다. 이매패bivalves(대합, 가리비, 굴 같은 생물체)는 대죽음 이후에 해양에서 완족류의 자리를 대부분 대신함으로써, 해양 생태계에 매혹적이지는 않지만 획기적인 이행을 표시한 터였다. 하지만 그 이매패의 절반은 트라이아스기의 끝에 멸종할 것이었다. 껍데기를 씌운 오징어처럼 생긴 이들의 친척, 암모나이트는 (죽은 것처럼 소파 위로 기절해 쓰러지는 이들의 전형적인 방식으로) 다시 한 번 거의 완전히 화석 기록에서 사라진다. 새로이 반짝했던 어룡도 열에 하나는 죽었다.

하지만 트라이아스기 말 대멸종의 병목을 통과하지 못할 많은 바다생물체 중에서 가장 낯선 놈은 전설적 수수께끼인 코노돈트 conodont였을지도 모른다. 코노돈트는 주로 놈들의 아주 작고 묘하게 바로크적인 이빨로 유명하다. 『뉴요커The New Yorker』의 필자 존 맥피John McPhee는 언젠가 그 이빨을 이렇게 묘사했다. "늑대의 턱 같기도 하고, 어떤 것은 상어 이빨, 화살촉, 톱니 모양의 도마뱀 가시 같기도 하다. 비대칭인데도 보기 싫지 않은, 자연 그대로의 매력을 지닌 물건이다." 이 조그만 이빨들은 두 가지 이유로 흥미롭다. 첫째, 정유 회사에 없어서는 안 된다. 가열하면 색이 변하는 이 이빨들이 암석 안에서 석유가 나오기에 완벽한 조건을 지닌 '원유생성구간 oil window'이 어디에 있는지를 분명히 알려주기 때문이다. 그리고 둘째, 150년 동안 아무도 이 자질구레한 장신구의 정체를 짐작도 못했다. 과학사가 사이먼 넬Simon Knell은 이 이빨의 모호함에서 영감을 받아서 (비꼴 의도 없이) 코노돈트의 정체성은 고생물학자들에게 "신화의 물건—돌에 박힌 채 아무나 와서 자신의 지적 기운을 시험해 보게 해주는 아서 왕의 검"이 되었다고 썼을 정도다. 근래의 복원도에서는 이 까슬까슬한 골동품들이 장어를 닮은 작은 생물체들의 입으로 쑤시고 들어가, 스탠 윈스턴Stan Winston(「쥐라기 공원」 등의 특수 효과를 맡았던 미술감독-옮긴이)의 제작실에서 금방 튀어나온 엽기적인 연동 태엽 장치처럼 딱딱 들어맞는다. 삼엽충과 마찬가지로 코노돈트는 진정한 생존자였다. 터무니없이 성공한 이 집단은 거의 3억 년 동안 화석 기록을 확실하게 어지르며 대죽음까지도 견뎌낸다. 그러다가 트라이아스기의 끝에, 그 억겁의 성공 뒤에, 낯선 턱만 뒤에 남기고 갑자기 사라졌다.

독일의 고생물학자 빌리 지글러Willi Ziegler는 언젠가 "코노돈트는 신과 같다"고 사색했다. "이들은 어디에나 있다."

없어졌을 때까지.

하지만 해양에서 가장 두드러지는 트라이아스기 말 멸종의 특징은 산호가 대대적으로 파괴된 것이었다.

"산호초는 거의 완전히 멸종합니다. 전적으로 이 멸종 때 행성에서 그냥 근본적으로 사라집니다." 올슨이 말했다.

텍사스-오스틴대학교의 유명 고생물학자 로언 마틴데일Rowan Martindale의 사무실은 세계 곳곳에서 채집한 태곳적 생물초 덩어리로 장식되어 있다. 과달루페산맥에서 잘라 가져온 페름기의 해면 덩어리도 여기 포함된다. 그는 지구사 전체에 걸쳐 생물초의 운명을 추적하는 일을 한다. 엄청난 성공과 급격한 붕괴의 이야기를 모두 다 추적하지만, 트라이아스기의 이야기는 둘 다에 해당된다. 생물초는 5대 대멸종의 모든 순간 상실을 겪었지만, 트라이아스기의 끝에 일어난 붕괴는 특히 두드러졌다. 지구사에서 가장 장엄한 생물초 형성 사건이 벌어진 뒤에 왔기 때문이다.

"트라이아스기의 가장 늦은 말기에, 생물초는 정말로 크게 성공하거든요. 고전적인 사례가 바로 오스트리아와 독일에 걸쳐 있는 알프스죠." 마틴데일의 말이다. 마틴데일이 박사학위 연구를 수행한 곳이기도 한 이 동화 속 산들은 대부분이 산호초로 지어져 있다. 이 산호초가 형성된 시절에 유럽은 판게아의 **동쪽** 해안에 붙은 열대의 테티스해를 둘러싸고 옹기종기 모여 있었다. 잘츠부르크를 에워싸는 구릉들은 음악의 소리(영화 「사운드 오브 뮤직」처럼)와 함께 살아 있을지도 모르지만, 트라이아스기 말 대멸종의 궁극적 희생자들과 함께 죽은 몸이기도 하다.

"트라이아스기-쥐라기 경계에 가보면, 약 30만 년 동안 암석 기록에 생물초와 산호라고는 한 종류도 없어요." 마틴데일이 말했다.

2억 년 전이었지만, 트라이아스기의 끝에 생물초가 소멸한 사건은 21세기를 위해 소름 끼치도록 깊은 울림을 남긴다.

"트라이아스기-쥐라기 사건이 끔찍한 건, 그게 현생 산호에게는 사상 최대의 성공작이라는 점이에요. 그게 큰일인 건 그래서예요." 마틴데일이 말했다.

지구사에서 그보다 먼저 출현했던 더 고풍스러운 생물초계—예컨대 데본기의 광대한 생물초 또는 텍사스 위로 불쑥 나타나는 페름기의 석회암—는 다른 행성의 유물이었다. 해면, 완족류, 거대한 방해석 뿔의 낯선 조각보인 동시에 석회화하는 조류에 의해 함께 교결된 벌집이었다. 하지만 트라이아스기는 현생 산호초의 탄생을 대변한다. 오늘날 플로리다에서 시드니에 이르는 생물초를 구성하는 종류의 돌산호는 여기 트라이아스기에 처음 나타났다. 화석 기록에서 영원히 거의 말끔히 쓸려나가기 전에 말이다.

페름기 말의 재방송처럼, 이 대량의 자연적 격감에서 특히 무서운 것은 범행자다. 당시 뉴저지 등지에서 솟구쳐 나오는 이산화탄소가 막대하게 주입될 때마다 화학적으로 발맞춰 응답하고 있던, 더 따뜻하고 산소가 더 부족하고 산성은 더 강한 해양 말이다.

"그것은 기본적으로 그냥, 이 엄청난 생물초계 붕괴와 같은 말이에요. 만약에 당신이 트라이아스기 말에 있고 생물초에 의지해서 산다면 당신도 멸종할 공산이 크지요." 마틴데일이 말했다.

다음 수십 년이 어떻게 흘러가느냐에 따라, 오늘날도 같은 말을 할 수 있을지도 모른다.

"올해 들어 일전에 터크스케이커스제도Turks and Caicos Islands(서인도제도의 일부-옮긴이)에 있는 케이커스플랫폼Caicos Platform에 올라갔었어요. 우리는 '경이로운 생물초'라고 불리는 이 생물초들을 보러간 건데, 사람들이 호텔 보트를 띄운답시고 무턱대고 새 수로를 파놓아서 모두 죽었더군요. 정말 속상했어요." 그가 말했다.

현대의 산호초계를 보면 트라이아스기의 끝에 해양에서 무슨 일이 벌어졌는지 이해하는 데 도움이 된다. 현대의 산호초계는 1980년대 초 이후로 아마 30퍼센트는 줄었을 것이다(지질학적으로는 순식간에 벌어진 처참하고 번개 같은 기습이다). 산호의 성장 속도는 과거 20년 사이에 20퍼센트가 느려졌는데, 통렬한 백화白化, bleaching 사건—물이 따뜻해져서 산호가 먹이를 얻기 위해 의존하는 미생물을 빼앗길 때 일어나는 일—은 점점 더 흔해졌다. 인간은 현재 대기 중 이산화탄소 농도를 해마다 2피피엠씩 높이고 있다. 획기적인 한 연구에 따르면, 만약 이 추세가 계속되어 해양이 계속 산성화하면 전 세계의 산호초가 "급속히 침식되는 잡석 더미가 될" 시한은 세기 중반이다. 생물초를 보려고 스노클을 쓰고 트라이아스기 말 대멸종 뒤의 바다로 뛰어든 사람은 다시 이 미래로 끌려가서 한때 총천연색 생명이 구름처럼 피어올랐던 산호가 깨어져 끈적끈적한 겉껍질만 남은 세계를 마주하게 될 것이다.

앞에서 언급했듯이 현대 해양은 산업혁명이 시작된 이후로 산성도가 30퍼센트 더 높아진 것으로 대기 이산화탄소에 이미 반응해왔다. 조개껍데기, 산호의 뼈대, 많은 유형의 플랑크톤 같은 것뿐만 아니라 오징어 머리에 든 가속도계까지도 탄산칼슘으로 이루어져 있다. 당신은 제산제나 분필 구실을 하는 탄산칼슘과 더 친숙할지도 모른다. 초등학교 과학 시간에 분필을 산에 넣으면 무슨 일이 일어나는

지 살핀 것도 기억할지 모른다. 하지만 이산화탄소가 퍼진 해양은 산성이 강해질 뿐만 아니라, 변화된 화학작용이 탄산염을 생물학적으로 쓸모없는 중탄산염의 형태로 가둬버림으로써 해양에서 탄산염을 빼앗기도 한다. 그 결과로 동물은 껍데기와 뼈대를 지을 탄산염을 구할 수 없게 된다. 정치가들은 과량의 이산화탄소가 초래하는 결과에 당황해서 어쩔 줄 모르지만, 이번에도 이 모두는 변함없이 꽤 간단한 화학이다.

산성이 더 강하고 탄산염이 덜 풍부한 물에서는 산호가 석회화하기 어려워서 밀도가 떨어지는 탓에 더 잘 깨지고 폭풍과 포식에 더 취약해진다. 그리고 약해져만 가는 뼈대를 만드는 데 더 많은 에너지를 투입하느라, 평소 번식에 쓰던 자원이 소모된다. 2007년의 한 연구에 따르면, 호주 퀸즐랜드대학교의 오베 호그굴드버그Ove Hoegh-Guldberg가 이끈 연구자들은 "생물초의 부식이 석회화를 넘어설 [이산화탄소] 농도는 450~500피피엠"이라고 추정했다. 다시 말해, 이 농도에서 산호초와 산호초에 의존하는 동물의 붕괴가 본격적으로 시작될 것이다. 현재의 탄소 방출 추세를 고려할 때 우리가 이 지점에 도달할 시기는 세기 중반일 가능성이 높다. 우울하게도, 호그굴드버그와 그의 동료들은 IPCC가 예측한 이산화탄소 방출량의 최저치를 사용했다. 다시 말해, 지금껏 국제 기후협정이 진지하게 제안한 각본 가운데 가장 낙관적인 각본을 따라도 아마 세기 중반에 이르면 이 세계의 산호초는 파괴될 것이다. 호그굴드버그는 500피피엠을 넘으면 산호가 성장을 완전히 멈춘다고, 그리고 세기말까지 600~1000피피엠에 이를 것이라는 더 비관적인 방출 예상치는 흔히

들 말하듯 "생각할 수도 없다"고 언급했다.*

덧붙이자면, 산호는 온도 변화에 지극히 예민하다. 많은 종이 차가운 온도에서 살 수 없을 뿐만 아니라, 물이 너무 따뜻해져도 생명을 위협하는 백화 사건을 겪는다. 생물초를 짓는 산호에는 황록공생조류zooxanthellae라 불리는 미생물이 붙어살고(산호가 맨 처음 이 공생자를 모집한 때는 트라이아스기였다), 산호는 이들에게 의존해 자신의 먹이를 광합성한다. 바다가 유별나게 따뜻해지는 사건이 터지면, 황록공생조류가 이 관계에 말 그대로 해독을 끼치기 시작해 산호는 자포자기의 심정으로 이들을 쫓아내는 게 아닐까 생각된다. 이것을 '백화'라 부르는 데에는 그럴 만한 이유가 있다. 백화 사건 이후에 생물초를 찾아간다는 것은 사막의 뼈만큼 하얀 탄산칼슘의 파노라마를 찾아가는 것이기 때문이다. 백화는 산호에게 의학적 응급상황이어서, 백화 사건을 겨우 버텨내는 드문 군락도 대개는 예전 광휘의 지친 유령으로 남았을 뿐 미래의 위기에는 더욱더 취약하다. 수백 년 된 산호 군락의 핵심 집단이 보여주듯이 과거 수십 년 사이에 산호를 제거해온 전 지구적 백화 사건의 파도는—2015년에 플로리다초Florida Reef와 하와이제도를 강타한 끔찍한 백화처럼—최소한 지난 수천 년 동안 전례가 없었다. 게다가 다가오는 세월 동안 강해지기만

* 트라이아스기의 산호초는 대기 이산화탄소 농도가 현재보다 훨씬 더 높은 체제 아래 번성했지만, 호그굴드버그와 그의 동료들은 이 사실이 허수아비 논증으로 이용될 여지를 다음의 회의론으로 재빨리 해체한다. "[현생] 산호는 트라이아스기 중기에 발생했고, 그래서 훨씬 더 높은 대기 이산화탄소 아래서 살았지만, 이들이 탄산염 광물 포화도가 낮은 물에서 살았다는 증거는 전혀 없다. (…) 해수의 탄산염 이온, pH, 탄산염 포화도 감소와 같은 중요한 연관 변화를 일으키는 것은 대기 이산화탄소의 완충되지 않은 급속한 증가이지 그것의 절대값이 아니다."

할 것 같다. 해수면 상승도 만성 스트레스로 인해 약해져서 더 높은 땅으로 움직일 수 없는 산호를 사실상 '익사'시켰다. 그 결과 이들이 먹이를 얻기 위해 의존하는 공생 유기체는 광합성이 불가능한 더 깊고 더 어두운 물속에 남게 된다. 이 위협에다 남획과 오염에서 오는 위협을 합쳐보면, 한 생태학자가—해양 종 25퍼센트의 집주인 노릇을 하는—전 세계의 생물초를 "좀비 생태계"로 일컬은 이유를 알 수 있다.

"학계에서는 50년 뒤에 생물초가 어떤 모습일지를 상당히 심각하게 걱정하고 있어요. 사람들은 어떻게든 우리가 당장 세포조직을 얼리기 시작해야 한다는 이야기를 하고 있어요." 마틴데일이 말했다.

불행히도 산호초를 대신할 풍경은 결코 사진발을 잘 받지 않는다. 퀸즐랜드대학교의 생물학자 존 판돌피John Pandolfi의 표현에 따르면 전 세계 산호초는 "점액으로 내려가는 미끄러운 경사면"에 있다. 생명체가 살지 않는, 초록빛 곤죽으로 뒤덮인 박살 난 무더기의 파노라마가 되어가리라는 말이다.

"이미 생물초들은 오동통한 바닷말로 전향하기 시작했어요." 마틴데일이 말했다.

"그러니까 이것만 기억하세요. 미래에 온도가 어떻게 변하느냐 혹은 pH가 어떻게 변하느냐 하는 관점에서 우리가 예측하는 데이터에 의지해 제가 하려는 말은, 우리가 실제로 옮겨가고 있는 곳에서 산호는 버티기 힘들 거라는 거예요."

비록 지금까지는 전 세계적 산호초 파괴 대부분이 침입종과 오염, 남획으로 일어났지만("플로리다의 생물초는 상대적으로 이미 지워진 생물초에 속해요"라고 마틴데일은 말했다), 다음 세기에 이르러 해양화학에 변화가 온 뒤에 이어질 전 지구적 생물초 붕괴는 지구사에서 진정으로 드문 재앙이 될 것이다. 과학계가 해양 산성화의 무시무시한 현실성을 제대로 깨달은 것은 고작 지난 10여 년 사이이다. 심지어 지구온난화보다도 더, 해양 산성화는 화석 기록을 이해하는 사람과 해양의 미래를 생각하는 사람들을 가장 괴롭히는 문제다.

생명의 나무에서 뻗은 다른 가지 하나가 언젠가 지질학자들을 낳는다면, 그들은 이상하게도 우리의 플라이스토세-인류세 경계에서 산호초가 갑자기 사라지는 것을 알아차리고, 이 지층을 그보다 2억 년 전인 트라이아스기-쥐라기 경계와 비교할지도 모른다. 이 먼 미래의 지질학자들이 얼마나 영리하냐에 따라, 이들은 심지어 두 암석에서 비슷하게 터무니없는 탄소와 산소 동위원소의 변동을, 그리고 그것이 정확히 양쪽 멸종 시점에 일어난 막대한 탄소 주입과 온난화 급증을 가리킨다는 점까지 눈치 챌지도 모른다. 우리가 산호초를 제거하는 데에는 수십 년밖에 걸리지 않을지도 모르지만, 트라이아스기 말 대멸종이 조금이라도 지침이 된다면 이 생태계가 회복되는 데에는 수십 년이나 수백 년, 혹은 수천 년조차도 아니라 수백만 년이 걸릴 것이다.

우리가 산호초 해체에 기여하는 일을 얼마나 많이 저질렀는지 고려한 뒤에, 지질학적 시간을 닮은 시간 차원으로 들어가 이 추세를 앞날에 투영해보면 왜 오늘날 일어나는 일을 지구사 최악의 재난과 비교하는 게 불합리하지 않은지가 분명해진다.

러몬트-도허티 지구관측소 주차장에 있는 올슨의 차로 걸어가는데, 뭔가가 시야 바로 밖에서 땅땅거리기 시작했다.

"우리의 시추 계획이 시작되고 있나보군요. 아주 묘하게도, 이게 탄소를 격리시키려는 시도와 관계가 있답니다. 아 참, 우리가 그 얘기는 안 했군요." 올슨이 말했다.

경이롭게도 한때 고등생물의 역사에서 네 번째 대규모 대멸종을 일으켰을지도 모르는 올슨의 사무실 아래 바로 그 절벽(팰리세이즈)이 이제는 여섯 번째 대멸종을 피하는 데 동원되고 있다. 올슨과 그의 컬럼비아 동료 데니스 켄트Dennis Kent와 데이브 골드버그Dave Goldberg가 옳다면, 탄소를 내뿜어 트라이아스기 세계를 파괴한 바로 그 종말론적 현무암이—그 절벽과 그것이 행성에 저지른 해묵은 죄에 대한 묘한 종류의 속죄로서—언젠가는 인류가 발생시키는 이산화탄소의 막대한 저장고 역할을 할 수도 있을 것이다. 이 이산화탄소 매장의 비결이란, 전부터 행성을 극도의 이산화탄소 온실에서 구조해온 풍화 과정의 매우 가속된 형태가 될 것이다.

"현무암은 이산화탄소와 매우 빠르게 반응해서 석회암을 생성하기 때문에, 펠리세이즈와 용암류는 현대 이산화탄소의 잠재적 흡수원이기도 합니다. 그래서 실제로 조만간 현실이 될 수 있을 법한 이산화탄소 격리법 중 하나는 이산화탄소가 발전소에서 대기로 들어가기 전에 붙잡은 다음, 그것을 깨진 현무암에 주입하는 겁니다. 그러면 현무암이 상당히 급속히 석회암으로 바뀔 거예요. 그래서 그걸 실제로 보여주려고 우리가 여기[컬럼비아]에서 실험을 해왔지요. 작년에는 뉴욕주고속도로thruway에 있는 14번 출구에 탐색용으로 구멍을 하나 뚫었는데, 지금은 이것이 실제로 가능한 일인지 판정하기 위해 여기[러몬트-도허티 지구관측소]에다 탐색용 구멍을 뚫고 있는 거예요."

이러한 인간의 독창성은 지구화학의 모든 추세가 현재 가리키고 있는 낭떠러지를 피해갈 수도 있다는 낙관적인 전망을 할 수 있는 한 가지 이유다. 트라이아스기의 마지막 시간들과 지금 사이에는 의심의 여지 없이 사람을 불안하게 하는 명백한 유사점이 있다. 지금 공격적인 기후 조치를 취하지 않는다면, 행성 위의 기온은 이번 세기의 끝은 아니라도 그다음 세기 동안의 어느 시점까지 자그마치 6도가 뛰어오르고, 해양은 수천 년 척도상에서가 아니라 수십 년 안에 산성화할 것으로 예상된다. 하지만 지질학적 기록에 들어 있는 이처럼 끔찍한 사건들조차도 희망을 품을 몇 가지 이유를 제공한다. 돌산호는 어쨌거나 트라이아스기 말 멸종을 견뎌냈다. 안 그랬다면 오늘날 주위에 없을 것이다. 같은 식으로, 설사 최악의 전망이 실현되더라도 산호가 완전히 멸종할 공산은 매우 적다. 지질학적 기록에는 당찬 생존자가 가득하다. 이들이 들어가 버텨낸 외딴 영역들(이른바 레퓨지아refugia)의 견딜 만한 국지적 조건이 이들로 하여금 최악의 상황이 모두 끝날 때까지 기다릴 수 있게 해주었다. 아마 일부 재간 있는 산호는 극한 조건에 적응할 수 있을 테고, 그러면 진화가 멸종에서 탈출하는 경사로를 열어줄 것이다. 지질학적 기록이 지침이라면 생존자들이 오늘날 우리에게 익숙한 대규모 생물초 구조와 생태계를 재확립하는 데에는 수백만 년이 걸리겠지만, 행성은 믿을 수 없을 만큼 회복력이 강하다. 당찬 암모나이트를 보면 알 수 있다. 암모나이트는 트라이아스기 말에 화산들이 행성을 파괴한 뒤로 화석 기록에서 수백만 년 동안 잠잠했지만, 결국은 공룡의 시대에 수줍게 다시 등장해 마침내 갖가지 새로운 모양과 크기로 현란하게 퍼져나가며 폭발했다.

위안을 얻을 또 한 가지 이유는 트라이아스기의 끝에 가담했을지도 모르는 추가 살해범들이 단기간에 인류를 위협할 것 같지는 않다는 점이다. 시사되어온 바에 따르면, 트라이아스기 말의 지구온난화는 해양 바닥에 막대하게 저장되어 있던 동결된 메탄의 안정을 깨뜨려서 그것이 부글부글 표면으로 올라오게 만들기도 했다. 메탄은 그 자체가 지극히 강력한 온실가스일 뿐 아니라 대기 중에서 분해되면 이산화탄소가 된다. 해양 바닥에서 메탄이 방출된 파국적 사건은 트라이아스기에 이미 벌어져 있던 기후 참사를 더욱 악화시켰을 것이다. 비슷한 매장량의 동결된 메탄이 오늘날에도 해양의 차갑고 어두운 구석구석에 도사리고 있다. 시카고대학교의 지구물리학자 데이비드 아처David Archer는 이 심해 탄소 저장고의 파괴적 잠재력에 관해 이렇게 썼다.

> 물 분자와 결합된 수화물hydrate 상태의 메탄이 2, 3년 안에 10퍼센트만 대기에 도달한다고 해도, 그것은 대기 중의 이산화탄소 농도가 열 배 증가한 것과 동등한, 상상할 수 없는 기후 충격일 것이다. 메

탄 수화물 저장고들은 지구의 기후를 [극한의] 온실 조건까지 겨우 2, 3년 안에 온난화할 잠재력을 지니고 있다. 그러므로 메탄 수화물 저장고가 제기하는 초토화의 가능성은 핵겨울이, 혹은 혜성이나 소행성 충돌이 제기하는 파괴 가능성에 맞먹을 것으로 보인다.

하지만 이러한 메탄 수화물이 트라이아스기에는 위협적인 존재였는지 몰라도, 현대 해저에 있는 메탄 수화물은—세상에 종말을 가져올 잠재력을 지녔음에도—이 같은 종류의 파국적 방출을 상당히 꺼리는 것 같다. 게다가 트라이아스기의 출발 상태는 현재 행성보다 **훨씬** 더 따뜻했다. 당시의 행성은 지금보다 더 조금만 밀어도 기우뚱 넘어져 이런 종류의 치명적인 악순환 속으로 빠져들었을지 모른다.

트라이아스기 말 대멸종이 우리가 현대에 마주한 난관들에 대한 최고의 비유가 아닐지도 모른다고 생각할 이유는 또 있다. 러트거스 대학교의 지구화학자 모건 샬러Morgan Schaller가 계산한 바에 따르면, 홍수 현무암이 분출할 때마다 피나투보산Mount Pinatubo이 하루에 세 번 분화할 때와 동등한 정도의 황산염 에어로졸이 방출되어 햇빛을 가린다. 피나투보산은 1991년에 필리핀에 속한 화산이었는데 폭발 당시에 전 지구의 기온을 3년 동안 섭씨 0.5도만큼 떨어뜨렸다. 황산염 에어로졸을 성층권으로 뿜어 넣는 방안이 현재 지구온난화에 대한 지구공학적 해답의 하나로서 권유되며 논란을 불러일으키고 있다. (논란이 되는 한 가지 이유는 이것이 해양 산성화 해결을 위해서는 아무것도 하지 않는다는 데 있다.) 트라이아스기 말에 황산염은 그 모든 이산화탄소의 효과를 일시적으로 상쇄함으로써 비슷하게 잠깐이지만 기온을 떨어뜨리는 구실을 했을지도 모른다. 샬러는 그 결과로 열대 세계에 화산성 겨울이 찾아왔을 것이라고 주장한다. 황산염은 대기 중에서 2, 3년밖에 존속하지 못했을 테지만(화석 기록에서 한랭화를 뒷받침하는 증거가 발견되지 않는 이유는 이 때문인지도 모른다), 이산화탄소 초온실은 그다음에 전속력으로 활동을 개시한 이후로 수천 년 동안 존속했을 것이다. 사실 행성이 잠깐 식기는 식었는지 몰라도, 그랬다면 풍화 속도를 억제함으로써 이산화탄소 농도가 이 구간에서 어느 때보다 더 높이 올라가게 해주었을 것이다. 이 경우는, 황산염이 결국 비가 되어 대기에서 빠져나왔을 때 뜨거운 시기로 돌아가는 더욱더 극단적인 변동이 있었을 것이다.

대멸종 기간에 잠깐씩 폭발적으로 추워졌을 가능성을 고려한 올슨은 공룡이 우선적으로 살아남고 군림하던 악어류가 멸종한 데 대한 설명까지 제안했다. 이 설명은 아마도 모든 공룡에게 깃털이 있었을 것이라는, 갈수록 그럴듯해지는 발상에 호소한다. 이 단열재가 이들의 독특한 생리와 더불어 공룡으로 하여금 순간적 한파와 그다음에 뒤따르는 초온실을 둘 다 견뎌낼 수 있게 해주었을 것이다. 아직까지 화석 기록에 짧은 화산성 겨울을 뒷받침하는 증거는 전혀 없다. 고이산화탄소 온실이 수천 년 동안 존속했다는 증거만 있을 뿐이다. 그렇지만 이번에도, 행성을 파멸시킨 것은 불과 얼음을 오간 기후의 채찍질이었을지도 모른다.

트라이아스기가 쥐라기로 넘어가는 100만 년가량의 고통스러운 과도기가 지난 뒤, 생명은 다시 꽃을 피웠다. 공룡은 떠난 경쟁자가 포기한 틈새를 식민지로 삼고 마침내 성장해서는 행성의 위풍당당한 집사가 되어 자신의 가장 신화적인 시대로 들어갔다.

차를 몰고 뉴욕시를 떠나 보스턴으로 돌아가던 나는 한 표지판을 스쳤다. 91번 주간고속도로를 탈 때마다 수없이 보아온 것이었지만 이번엔 더는 저항할 수 없었다. 거기에는 공룡주립공원DINOSAUR STATE PARK이라고 쓰여 있었다.

그 생뚱맞은 지형지물은 코네티컷주 하트퍼드를 벗어나자마자 울창한 코네티컷계곡Connecticut River Valley의 교외 구획과 복합 상업 지구에 둘러싸여 있다. 공룡주립공원에 도착한 나는 전혀 감동하지 않으리라고 예상하면서 와스프WASP(앵글로·색슨계 백인 프로테스탄트—옮긴이)적인, 재정적으로 보수적인 코네티컷주의 공룡들이 (테니스보다 격이 떨어지는) 라켓볼을 치는 모습을 떠올리며 혼자 낄낄거렸다.

하지만 폐장 시간이 다 된 공원의 지오데식 돔으로 걸어 들어가 그 장소의 대표 명물을 마주친 순간 나는 웃음을 멈추었다. 사암 바닥을 정신없이 돌아다니는 공룡 발자국 수백 개가, 또 다른 열곡호의 돌이 된 물가에 얹혀 있었다. 하지만 이번에는, 찢기는 판게아의 심장부에 아직까지 깊이 들어 있기는 했어도 행성 위의 생명은 대멸종의 건너편으로 막 넘어와 있었다. 이제는 쥐라기의 새벽이었다. 분출은 잠잠해진 터였고, 근래에 종말이 있었음은 이 새로운 명단의 동물들이 존재하는 데서만 명백할 뿐, 이들은 마치 아무 일도 없었던 것처럼 자신만만하게 행성을 다스렸다. 광활한 지역의 현무암이 풍화되어 사라지고 이산화탄소를 끌어내리면서 늘 그렇듯 행성을 다시 식힌 터였고 판게아의 열곡을 채웠던 용암의 호수들은 닳아 없어지지 않는다면 지질학의 납골당으로 처박힐 처지가 되어 있었다. 진정된 행성은 여기 코네티컷계곡에서도 나른한 리듬을 되찾고 있었다. 새로운 건 지배계급뿐이었다. 공룡.

길이 30센티미터가 넘는 그 발자국들은 대멸종 이전에 왔던 꼬마 공룡들의 것에 비하면 실로 거대했다. 누가 이 자국을 남겼는지는 모르지만(발자국을 보존하기에 좋은 조건이 사체를 보존하기에 좋은 조건과 똑같지는 않다), 고생물학자들은 딜로포사우루스Dilophosaurus라는 길이 6미터가 넘는 거대한 공룡(영화 「쥐라기 공원」에서 영묘하게도 개 크기의 주름 장식을 두른 도마뱀으로 변신해 독이 있는 가래를 뱉었던 놈)이 아니었을까 생각한다. 이런 세 발가락의 거대한 발자국이 이 호숫가 전역에 흩뿌려져 있었지만, 트라이아스기의 살해자 악어가 찍은 발자국은 아무 데서도 발견되지 않았다.

낮은 각도에서 조명을 받아 뚜렷하게 도드라져 보이는 그 거대한 공룡 발자국들과 내가 홀로 있는 동안, 보이지 않는 스피커들이 날아다니는 곤충의 윙윙거림, 멀리서 우르릉거리는 천둥소리 따위를 퍼부어 태고의 습도를 떠올리게 해주었다. 소철이 늘어선 열대 호반의 벽화로 에워싸인 길을 따라 6미터 크기의 딜로포사우루스 모형 두 마리가 전시장을 활보했다. 거대한 발을 젖은 모래에 눌러 박으며 왕년에는 목적을 가지고 출몰하던 곳을 이리저리 살폈다.

그 마맛자국 난 돌판이 어찌나 깊이 가슴을 파고드는지, 나는 거의 창피함을 느꼈다. 화석 발자국에는 묘하게 사적인, 어쩌면 동물이 여러 시대를 넘어서까지 제공하는 뼈 자체보다 훨씬 더 그러한 뭔가가 있다. 흔히 연극배우처럼 위협하는 자세로 뒤틀려 있는 박물관의 회반죽 공룡 복원물과 달리 이 발자국들은 전혀 극적이지 않고 단조로웠다. 이 발소리에는 가식이 없었다. 이 동물은 생명의 역사에서 자신이 차지하는 자리를 전혀 의식하지 않았다. 이것은 쥐라기에 살았던 생명의 한 장면이 아니라, 어느 화요일 오후에 펼쳐진 생명의 한 장면이었다. 여기서는 발자국이 멈춘다. 저기서는 발자국이 다른 방향으로 다시 시작한다. 여기서는 발자국이 느닷없이 펄쩍펄쩍 달리고 저기서는 발자국이 좁아지다 정지한다. 여기 암석 안에 기록된 이 발자국들은 실재했던 망설임의 순간들이었다. 물가를 돌아다니던 이 이루 말할 수 없이 오래된 동물들의 머리뼈 속에서 일어난 온갖 변덕과 종잡을 수 없이 연이은 생각. 문득, 이들은 저마다 나름의 개성과 일대기가 있는 개체였다는 생각이 들었다. 내가 여기서 이 개성을 뜻하지 않게 조우하고 있는 순간은 잠깐일지 몰라도 그 생물체들 자신이 태평하게 아랑곳하지 않았던 이 순간들은 영구히 보존되겠지. 이런 생각만으로도 나는 우리를 갈라놓은 시간과 공간의 건널 수 없는 골을 잊을 수 있었다. 주차장에서 자동차 경보장치의 둔탁한 비명이 들려올 때까지는.

내 옆으로 한 여성과 그의 남자 친구가 이 같은 뜻밖의 외경심을 품고 전시물에 다가갔다. 손에 들린 반짝이는 아이폰과 인세인클라운포시Insane Clown Posse(항상 광대 분장을 하는 미국의 힙합 밴드 – 옮긴이)

티셔츠를 보아하니, 여자는 (내가 틀렸을 수도 있지만) 박물관 소장품들 사이에서 완모식표본(새로운 종이 공식 기재될 때 사용된 표본－옮긴이)을 가려내며 일생을 보냈을 것 같지는 않았다. 하지만 관람자들을 겸손하게 만드는 여기 아득히 먼 시간의 은근한 꾸짖음에는 묘한 중독성이 있었다.

"우리한테 뭐가 남게 될까?" 여자가 에너지 음료를 들이켜고 있는 남자 친구에게 물었다. 남자가 캔을 내려놓고 여자를 살피듯 쳐다보았다.

"우리는 뒤에 무얼 남길 것 같으냐니까?" 여자가 대답을 재촉했다.

The End-Cretaceous
Mass Extinction

백악기 말 대멸종

6600만 년 전

어느 혜성이 가던 길에 지구를 덮친다면, 그것은 순식간에 지구를 산산조각 낼지도 모른다. (…) 하지만 우리의 위안은, 삼라만상을 만든 바로 그 위대한 권능이 그의 섭리로 그것을 다스린다는 점이다. 그래서 그처럼 끔찍한 참사는 그게 최선이어서 일어나야 할 때까지는 일어나지 않을 것이다. 그동안 우리는 우리 자신의 중요성을 지나치게 당연시하지 말아야 한다. 무한한 수의 세계가 신의 지배를 받고 있으므로, 만약 이 세계가 전멸한대도 삼라만상 안에 이를 아쉬워할 존재는 거의 없을 것이다.

—벤저민 프랭클린, 1757

지금 공룡의 장엄한 군림을 축하하는 대신에 그들의 서거를 곱씹는다는 것은 거의 부당해 보인다. 공룡은 번성했고 적응했고 다양화했고 지배했지만, 가장 인상적이기로 말하자면 이해할 수 없는 길이의 시간 동안 **오래갔다.** 현생 인류가 이 행성에 머문 기간은 100만 년에도 한참 못 미친다. 공룡은 2억 년이 넘는다. 이 웅장한 시간 폭은 연대표를 혼란스럽게 하는 데 기여한다. 예컨대 백악기의 상징적인 슈퍼 포식자 티렉스는 시간상으로 인간과 훨씬 더 가까이 살았지, 쥐라기의 명배우 스테고사우루스*와는 한번도 가까이 산 적이 없다. 이른바 공룡의 몰락이라는 것조차도 반드시 보이는 그대로인 것은 아니다. 다시 말해, 현대의 조류(새)는 반박할 여지 없이 공룡(티렉스와 똑같은 수각류)이기도 하고 포유류보다 종이 엄청나게 더 풍부하기도 하다.

"포유류보다 조류의 종이 두 배는 더 많습니다." 폴 올슨이 내게 말했다. "그러니까 우리는 아직 공룡의 시대에 살고 있는 셈이죠. 포유류는 결코 공룡만큼 성공한 적이 없어요. 아직도 말입니다."

* 과학박람회의 실사모형들이 둘 사이의 전투를 묘사하더라도 말이다.

어떤 이들은 인류를 더 고급한 생명을 향한 필연적 진보의 마지막 구성원으로 볼지도 모른다. 하지만 이 위로가 되는 관점은 1억3600만 년 동안 포유류가 공룡의 그늘에서 고분고분 농노로 지냈다는 엄연한 사실과 아귀가 맞지 않는다. 이 배치를 뒤집는 데에는 상상할 수도 없는 참사가 필요했다.

월터 앨버레즈는 이렇게 쓴다. "[중생대는] 안정한 세계였다. 방해받지 않은 채로 있었다면 [그 세계가] 무한히 계속되었을 수도, 조금 더 진화한 공룡의 후손이 지배하는 어떤 세상에서 인간은 결코 나타나지 않았을 수도 있다고 믿을 만한 이유는 충분하다."

공룡은 육상동물의 역사에서 지금까지 늘 주인공이다. 우리 자신의 이야기로 가기 위한 약간의 특이한 서두가 아니라는 말이다. 모든 시기에 걸쳐 이들은—포식자와 먹잇감, 초식동물과 육식동물을 아울러—모든 생태적 지위에 거주했고—비둘기처럼 생긴 안키오르니스anchiornis에서 격납고만 한 아르젠티노사우루스argentinosaurus까지—모든 크기*에 걸쳐 있었다. 아르젠티노사우루스 같은 용각류龍脚類, sauropods의 크기는 이들이 뀐 메탄 방귀가 중생대를 그토록 따뜻하게 만드는 데 일조했을지도 모를 만큼 기념비적이었다.

공룡은 열대 해변을 따라 모든 것을 시들게 하는 태양 아래서도 몰려다녔고, 우거진 극지의 숲을 가르며 북극광과 남극광의 유령 같은 불빛 아래서도 쏘다녔다.

바로 이처럼 완전한 권세가 백악기의 끝에 이들이 몰락한 사건을

* 알려진 공룡들의 추정 중량은 여섯 자리가 넘는 범위에 분포한다.

행성의 역사에서 가장 집중적으로 연구된 신화적 사건의 하나로 만든다. 알맞게 선정적인 형태로 이들을 때린 치명타는 참사라 할 만큼 급작스러웠고 환각을 일으킬 만큼 장엄했다.

백악기의 끝에, 태양계 안에서 5억 년 사이에 어떤 행성에 충돌한 것으로 알려진 소행성 중에서도 가장 큰 소행성이 지구를 강타했고……. 이와 거의 동시에 사상 최대의 화산 분화 한 건이 인도 곳곳을 **깊이 3.2킬로미터**가 넘는 용암으로 질식시켰다.

"멸종한 게 공룡뿐이었을 리가 없지요." 뉴멕시코 자연사·과학 박물관New Mexico Museum of Natural History and Science의 학예사 톰 윌리엄슨Tom Williamson이 말했다. 윌리엄슨과 나는 뉴멕시코주의 북서부의 사막에서 화석을 채집하며 긴 하루를 보낸 뒤 캠프스토브 불에 그슬린 화이타를 조몰락거리며 테카테Tecate 맥주를 마셨다. 사막은 윌리엄슨에게 제2의 고향이지만 이번 여름에는 여기에 미국 국립과학재단의 지원을 받은 정예부대가 합류했다. 이 부대에는 미국 네브래스카주와 영국 에든버러의 여러 대학과 텍사스주 베일러대학교에서 온 많은 과학자가 포함되었다. 지구화학자, 고생물학자, 지자기층서학자, 지질연대학자의 현대적 혼합체인 이 팀이 이 암석들 안에서 밝혀내고자 한 것은 지구사에서 가장 유명한 대멸종의 직접적 여파로 산산이 부서진 한 세계가 스스로 재조립된 경위였다.

"포유류도 어마어마하게 사라졌어요." 윌리엄슨이 사탕처럼 줄무늬가 그어진 에인절피크시닉에어리어Angel Peak Scenic Area의 절벽과 협곡을 건너다보며 말했다. "유대류는 거의 지워졌죠. 조류도 어마어마하게 죽었고요."

공룡의 멸종은 백악기 말 대멸종 이야기의 일부일 뿐이었다는 윌리엄슨의 요지는 충분히 이해되었다. 그 주에 먼저 나는 앨라배마대학교의 고생물학자 데이나 에릿Dana Ehret과 함께 앨라배마주의 도시 셀마의 외곽에서 모사사우루스mosasaur라 불리는 18미터 길이의 말도 안 되는 바다 괴물이 남긴 뼈를 찾아 해양성 백악층을 샅샅이 뒤진 터였다. 백악기의 해양을 통치했던 그 모사사우루스도 모두 죽었다. 이 사나운 파충류가 나란히 헤엄치다가 이따금 집어삼키기도 했던 거대한 암모나이트의 촉수와 위풍당당한 나선형 껍데기는 데본기 이후로 수억 년 동안 해양에 출몰한 터였지만, 그 암모나이트도 모두 죽었다. 해저에는 오늘날 프랑스 남부의 하얀 절벽에서 그리고 피레네산맥을 뚫고 수 킬로미터를 달리는 두꺼운 지층에서 볼 수 있는 막대한 생물초를 만들어낸 양동이나 부메랑 모양의 거대한 조개들—후치厚齒이매패류rudists—이 있었지만, 그것도 모두 죽었다. 더 먼 연안에서 목이 연필처럼 가는 수장룡이 노를 저어 돌아다니는 동안 파도 위에서는 날개폭이 비행기만큼 넓은 기린 크기의 익룡이—생체공학 모형 제작자들이 쏟는 최선의 노력을 조롱하면서—머리 위로 미끄러지듯 날아다녔지만, 이 모든 생물체가 바다의 아래위에서 가장 이국적인 악몽의 절정에 있던 그 옛날 지구를 대표하다가 지질학적으로는 한순간에 모두 죽었다.

그리고 육지에 있던 공룡과 살아 있던 거의 모든 다른 것도 마찬가지였다.

뉴멕시코 위로 넘어가면서 사막의 악지를 우수에 찬 황혼으로 붉게 비춘 태양은 한마디 하지 않을 수 없을 정도로 너무나 마음을 사로잡았다.

"믿을 수 없지 않아요?" 윌리엄슨이 멀리 협곡을 응시하며 말했다. "어디든 다른 데 있다면 이런 건 국가 기념물일 텐데. 여기서는 그게 유전油田이라니. 뉴멕시코주의 그랜드캐니언이나 마찬가지인데 아무도 이런 곳을 알지도 못하다니."

아래의 악지에서는 풍경을 가르는 울퉁불퉁한 진입로들이 아니나 다를까, 땅에서 태곳적 햇빛을 빨아올리는 석유 펌프 잭들로 이어졌다.* 멀리서는 가느다란 한 가닥의 탁하고 노리끼리한 스모그가 지평선을 따라 옆으로 흘러갔다.

"그건 포코너스Four Corners 화력발전소에서 나오는 스모그 층이에요. 뉴멕시코산 백악기 석탄을 때고 있죠. 공룡들이 먹던 나무 말입니다." 윌리엄슨이 말했다.

공룡의 나무에서 나온 연기가 위의 공기에 걸려 있건만, 아래 암석에 공룡은 더 이상 존재하지 않았다. 이 악지는 잿빛, 자줏빛, 구릿빛, 검은빛, 붉은빛 띠를 두른 모습이 더 남쪽의 샌환분지San Juan Basin에 있는 악지를 닮았다. 그곳에는 신화를 만드는 티렉스와 티타노사우루스의 넓적다리가 가득하지만, 이 협곡은 백악기 말 대멸종

* 2014년에 나사는 뉴멕시코주의 이 구석에서 메탄 구름 한 덩이가 떠다니는 것을 발견했다. 그것은 브론토사우루스에게서가 아니라, 그 지역의 탄층 메탄가스 사업에서 연간 60만 미터톤의 속도로 꾸준히 새어나오고 있다.

을 간신히 넘기자마자 파충류의 시대 이후 충격의 여파에서 깨어나지 못한 상태로 보존된 더 소박한 화석들로 채워져 있다. 이런 구릉에서 최우수상은 티렉스의 범퍼카만 한 머리뼈가 아니라 족제비를 닮은 생존자들의 콩알만 한 이빨이다. 눈을 가늘게 뜨고 먼지투성이 악지를 보면서 나는 한가로운 개울, 우각호, 숲, 늪지에서 수줍은 포유류가 훨씬 더 크게 자라 더 자신 있게 새로운 세계의 소유권을 주장하는 모습을 상상해보았다.

해가 진 뒤, 햇볕에 그은 팀원들은 따닥따닥 타는 모닥불의 편안한 친밀감을 연료 삼아 농담을 건네고 스포츠에 관해 논쟁을 벌였다. 영국에 살고 있는 일리노이주 토박이로서 사랑하는 불스Bulls와 블랙호크스Blackhawks의 해외 경기를 기를 쓰고 쫓아다니는 에든버러 대학교의 고생물학자 스티브 브루사테Steve Brusatte도 열성적인 참가자 중 하나였다. 하지만 결국 대화는 사막에 묻힌 동물들에게로 돌아갔다.

안타깝게도, 우리 대부분은—아무리 어린 시절에 열병처럼 집착했더라도—나이를 먹으면서 공룡에 대한 흥미를 잃지만 브루사테의 그 열정은 결코 시든 적이 없다. 그는 근래 티렉스의 발생을 중점적으로 연구하고 있다. 이 집단은 그들의 1억 년 역사 대부분 동안 크기가 인간만 했고, 알로사우루스류allosauroids 같은 더 원시적인 다른 집단이 먹이사슬의 꼭대기에서 안락한 지위를 누리는 동안 하찮은 존재로 머물러 있었다. 하지만 뭔가 매우 나쁜 일이 백악기의 더 초기에 그 상징적인 대멸종이 일어나기 거의 2000만 년 전에 일어나

티렉스가 꼭대기로 가는 길을 치워주었을지도 모른다. 해양 아래서 막대한 양의 용암이 꿀렁꿀렁 뿜어져 나왔다. 카리브해에서도, 인도에서 찢겨 나오던 마다가스카르에서도. 그리고 태평양의 심장 깊은 곳에서 부글거리던 괴물 같은 화산 지대, 세계 최대의 홍수 현무암인 온통자바고원Oontong-java Plateau에서도. 이 분출들이 다시 한 번 막대한 구획의 해양을 무산소로 만들어 수많은 바다생물을 멸종시켰던 것으로 보이는데, 심지어 육지에도 기후변화의 동력을 공급함으로써 알로사우루스를 넘어뜨렸을지도 모른다. 알로사우루스에게 무슨 일이 일어났건, 북아메리카와 아시아의 꼬마 티렉스들은 그들의 뒤를 이어 왕위를 물려받았다. 그러고는 순식간에, 지금껏 땅을 밟은 모든 것 가운데 가장 크고 가장 나쁜 놈이 되었다.

브루사테가 사심 없는 제삼자는 아니지만, 나는 그에게 티렉스가 그토록 굉장한 명성을 얻을 자격이 있느냐고 물었다.

"제 말은, 우리가 아는 한 티렉스는 지금껏 육지에 살았던 포식자 가운데 가장 큰 놈이라는 거예요. 오늘날에는 북극곰이 그렇거든요. 티렉스는 북극곰을 짓밟을 수 있을 테고요." 그가 말했다.

"다른 공룡들이 포식자로서 티렉스 크기에 육박한 경우는 있었지만, 어떤 공룡도 그렇게까지 우람하지는 않았어요. 놈은 정말로 그 정도 우상이고 그런 위치를 차지할 자격이 있어요. 제 말은 놈의 몸집이 13미터 길이에 7톤이나 될 정도로 엄청나게 크다는 겁니다." 그가 터무니없이 커다란 소리로 웃으며 말했다. "오늘날 살아 있는 것 중에 그런 건 하나도 없어요."

"놈은 우리처럼 양쪽 눈을 써서 입체를 볼 수 있었을 거예요." 브루사테가 말을 이었다. "뇌에 커다란 시엽視葉, optic lobe이 있었거든요. 게다가 거대한 후엽嗅葉, olfactory lobe이 있었으니까 냄새도 정말 정말 잘 맡았을 테고요. 저주파 소리를 들을 수 있는 속귀도 있었어요. 놈은 지능적인 동물이었어요. 뇌가 상당히 컸거든요. 억세기만 한 놈은 아니었어요. 꽤 똘똘한 놈이기도 했답니다."

나는 티렉스가 공격할 때, 몽롱하고 흐리멍덩한 눈으로 상어처럼 건성으로 응시하면서가 아니라, 냉랭하고 단호하게 위협을 가하며—당신을 죽이고 싶어 하는 거대한 새에게 지당한 투지를 불태우며—공격했다고 상상했다. 그렇지만 브루사테에게 티렉스에 관해서 가장 흥미로운 것은 놈의 터보 달린 생물학이 아니라, 백악기의 끝에 이들이 경험한 천문학적 출세와 더욱더 급격한 (그리고 좀 더 문자 그대로의) 천문학적 몰락이다.

"티렉스에 관해 많은 사람이 깨닫지 못하는 한 가지는 티렉스가 실제로 최후의 공룡이었다는 점입니다." 그가 아쉬운 듯 말했다. "소행성이 강타했을 때 놈이 거기 있었어요. 그때 티렉스만큼 지배적이고 상징적인 어떤 것이 당장에 퇴장합니다. 아니면 설사 공룡을 강타한 게 화산이었더라도, 그것은 여전히 믿기지 않을 만큼 갑작스러웠어요. 이 위대한 공룡이 있다가 그냥 가버리고, 수만 년 안에 믿을 수 없이 다양한 포유류가 새로 생기죠. 아무것도 티렉스 크기 근처에도 가지 못하지만, 지질학적 용어로 그것은 **칼날**knife edge입니다. 당신은 이 커다란 공룡들이 지배한, 티렉스가 먹이사슬의 꼭대기에 있던 한 세계에 있다가 여기 우리에게 보이는 세계로 오는 거예요. 티렉스를 궁극의 공룡, 궁극의 포식자라고 쳐도, 녀석이 백악기 끝에 일어났던 일을 이겨내기에는 충분치 않았던 겁니다."

그래서 도대체 백악기의 끝에는 무슨 일이 일어났기에?

유명 논문인 『백악기-제3기 멸종의 외계 원인Extraterrestrial Cause for the Cretaceous-Tertiary Extinction』이 과학계에 미친 영향력은 아무리 강조해도 모자라다. 1980년 이전에, 공룡의 죽음은 어느 정도 비참한 무지의 장막에 가려져 있었다. 이 무지를 누설하는 게 바로 공룡의 서거에 관한 참으로 정신 나간 이론들의 확산이었다. 런던자연사박물관의 학예사였던 앨런 캐리그Alan Charig는 언젠가 그의 재임 동안에 제의된 여든아홉 종의 용의자 목록을 작성했다. 다음은 그 가운데 일부다.

"질병, 영양 문제, 기생충, 내분, 호르몬 및 내분비계의 불균형, 추간판 탈출, 민족적 노망, 공룡 알을 먹이로 삼은 포유류, 기온이 유발한 배아의 성비 변화, 크기가 작은 뇌(그리고 결과적인 어리석음), 자살하는 정신병."

그 밖에도 사람들이 다양한 수준의 진지함을 띠고 제안한 살해범으로는 우주공간에서 온 에이즈로 인한 사망과 근래에 번성한 꽃식물을 섭취한 탓에 유행한 불치의 변비가 포함되었다.*

* 풍자적 신문인 『디 어니언(The Onion)』도 근래에 이 장난에 가담해, 기대를 저버리지 않고 이렇게 보도했다. "고생물학자들이 판정하기에, 공룡은 그들이 신뢰한 누군가에게 살해당했다."

1980년, 지질학자 월터 앨버레즈와 노벨상을 받은 물리학자인 그의 아버지 루이스가 과학계에 (그리고 이 끝도 없는 공허한 추측에) 펑 하고 구멍을 내면서 어떤 발견을 통해 지질학의 150년을 뒤집었다.* 동일과정설에 눌려 빈사 상태였던 격변론catastrophism의 정신을 되살리듯, 앨버레즈 부자가 암석 기록에서 발견한 증거는 공룡의 시대 끝에서 성서에 나올 법한 파괴를 지목했다.

엽서 그림으로 쓰면 완벽할 듯한 중세 이탈리아의 소도시 구비오의 바깥쪽, 아펜니노산맥Apennine Mountains의 풍광 좋은 산속에서 작업하던 월터 앨버레즈는 해양 바닥에서 밀고 올라온 어느 석회암 노두의 백악기 암석과 제3기 암석 사이에서 갑자기 플랑크톤이 거의 통째로 멸종한 구간을 발견하고 어쩔 줄 몰랐다. 두 층을 분리시킨 한 점토층에는 궁금하게도 화석이 전혀 없어서 앨버레즈는 지구상의 생명을 뒤엎은 이 구간이 얼마나 오래갔는지 알고 싶었다. 호기심을 자극하는 이 암석의 틈새는 지질학에서 백악기-팔레오세K-Pg 경계인데, 혹은 더 구식이지만 아직도 널리 쓰이는 용어를 사용하자면 백악기-제3기K-T 경계로 알려져 있다.**

지질학에서 암석층의 두께는 종종 그것의 퇴적 속도를 오해하기 쉽게 만들지만, 이 탈바꿈 간격이 오랜 시간에 걸쳐 이어졌을지 모른

* 심지어 앨버레즈의 논문도 당시에 기괴한 이론들이 급증해 유포되고 있다고 지적하면서, "어느 가상의 북극 호수에서 해양 표면으로 민물이 흘러넘친 점"에 의존한 어느 이론을 언급했다.

** K-T와 K-Pg의 K는 '백악'에 해당하는 독일어 단어인 Kreide를 가리킨다. C자는 캄브리아기(Cambrian period)의 약어로 이미 사용했기 때문에 백악기(Cretaceous period)의 약어로 쓸 수 없었다.

다는 점은 의심할 이유가 전혀 없었다. 유명한 초기 지질학자 찰스 라이엘도 1세기가 훨씬 넘는 세월 전에 백악기 지층과 제3기 지층 사이에서 생명의 심각한 단절을 알아차리고 추론을 하긴 했지만, 그 혼란은 수백만 년 치 암석이 사라졌기 때문에 나온 결과가 분명하다고 설명해버렸다.

그 수수께끼를 최종적으로 해결하려고, 앨버레즈 부자는 이 불모의 점토층에서 시간이 얼마나 흘렀는지를 알아내는 독창적인 방법을 고안했다. 소행성이라는 살해범이 연루되었을지 모른다는 의심은 결코 품지 않았지만, 나이 많은 앨버레즈는 무해한 유성우에서 발생하는 먼지가 미미하지만 꾸준한 속도로 수백만 년에 걸쳐 땅 위로 떨어질 것으로 추론했다. 그 층에 있는 미량원소 이리듐—이 먼지의 한 성분—의 양을 측정하면 둘 중 한 가지가 명백해질 것이다. 이리듐이 전혀 발견되지 않는다면, 백악기와 제3기 사이에 무슨 일이 벌어졌건 그 일은 이 외계 먼지의 꾸준한 비가 재난 층에 쌓일 수 없을 만큼 빠르게 일어났음을 알게 될 테다. 반대로 소량의 희유금속이 쌓였다면, 이는 엄청난 범위의 시간이 흘렀던 것임을, 그러니 백악기의 끝에 그 변화들이 점진적으로 일어났던 것임을 의미할 테다. 그들은 이탈리아에서 채집한 표본을 로런스버클리 국립연구소Lawrence Berkeley National Laboratory로 보내 일류 핵 화학자 프랭크 아사로Frank Asaro와 그의 간이 핵 반응로에 분석을 맡긴 뒤 결과를 기다렸다.

그로써 알게 된 결과는 도무지 말이 되지 않았다. 옳거니, 표본에는 이리듐이 있었지만 그들이 예상한 양보다 거의 100배나 많았다. 그렇다면 가장 그럴듯한 설명은 우주 먼지의 비가 오랜 세월에 걸쳐 가볍게 내린 게 아니라, 한 번에 갑자기 하늘에서 파국적으로 퍼부어졌다는 것이었다.

앨버레즈 부자가 구비오를 조사하던 때와 동시에, 네덜란드의 고생물학자 얀 스밋Jan Smit도—스페인 카라바카Caravaca에 있는 석회암의 K-T 경계에서 플랑크톤이 갑자기 변하는 것에 관해 비슷하게 궁금해하다가—독자적으로 이리듐 층을 발견했다. 앨버레즈 부자는 먼저 발표한 덕에 지질학 사상 가장 많이 인용된 한 논문 속에서 영생을 얻었다. 반면 얀 스밋에게는 위키피디아 한 페이지도 할애되지 않았다.*

공룡이 우주 돌멩이에게 살해당했다는 발상에 대해 정당한 과학적 회의론에서부터 당혹스럽도록 무식한 선언에 이르기까지 다양한 반응이 나왔다. 예컨대 『뉴욕타임스』 편집국은 이렇게 코웃음을 치는 선언을 내놓았다. "세속적 사건의 원인을 별에서 찾는 일이라면, 천문학자는 점성술사에게 맡겨야 한다." 이에 대해 월터 앨버레즈는 기자에게 편지를 보내 이렇게 답했다. "우리도 제안 하나 할까요? 과학적 질문에 판결을 내리는 일이라면 기자는 과학자에게 맡기는 게 최선이 아닐는지요?"

그래도 이리듐 층 하나로는 모든 사람을 설득하기에 충분치 않았으므로, 1980년대의 많은 나날은 신랄하기 일쑤인 열띤 논쟁 속에 소모되었다. 라이엘의 동일과정설에 길든 고생물학자들은 벼락출세한 물리학자와 천문학자 나부랭이가 주제넘게 자기들이 사랑하는

* 앨버레즈는 인자하게 스밋을 이리듐 층의 "공동 발견자"라고 부른다.

화석 기록을 거꾸로 자기들에게 설명하려 든다고 보았으므로, 두 진영의 논쟁은 특히 더 신랄했다. 이 묵은 적대감의 많은 부분은 지금까지도 좀처럼 사라지지 않는다. 일례로 내가 인터뷰한 한 지질학자는 모든 대멸종에 관한 의문에 답을 얻도록 도와주기로 하고는, K-T 멸종만은 "지나치게 정치적"이라면서 제외시켰다. 월터 앨버레즈는 논쟁에서 벌어지는 악다구니의 많은 부분을 추문에 굶주린 황색신문 군단의 탓으로 돌리지만, 그의 진영에도 따옴표를 부적절하게 남발한 책임이 있었고 그 따옴표 몇 개의 폭소를 자아내는 맹공격은 그의 아버지에게서 나왔다.

"나는 그가 무능력자라고 말하겠습니다." 그 멸종에 대한 다른 설명으로 화산작용을 드는 학계의 어느 경쟁자에 관해 루이스 앨버레즈가 『뉴욕타임스』에 한 말이다. "나는 그가 구장에서 쫓겨나 완전히 사라졌다고 생각했어요. 아무도 더는 그를 학회에 초대하지 않으니까요." 같은 인터뷰에서 나이 많은 앨버레즈는 이렇게 비웃은 것으로 유명하다. "고생물학자를 나쁘게 말하기는 싫지만, 그들은 사실 그다지 훌륭한 과학자가 아닙니다. 우표 수집가에 더 가깝지요."

"이 논쟁에서 맞붙은 사람들은 결국은 욕을 하게 되곤 했어요." 한 과학자가 한탄했다.

『백악기-제3기 멸종의 외계 원인』이 발표된 뒤로 11년 동안 소행성 회의론자들은 입을 모아 "충돌구는 어디에?"를 물었고, 그동안 충돌 지지자들은 충돌 구조물을 찾아 온 지구를 샅샅이 뒤졌다. 심지어 K-T 경계에서 충격을 받은 석영 알갱이들이 발견된 사실도, 그런 것을 만들어낼 수 있었을 것은 격렬한 충돌(또는 공룡의 핵무기 시험)뿐인데도, 의심하는 사람들을 잠재우는 데에는 거의 아무런 소용이 없었다. 충돌구가 결코 발견되지 않을지도 모르는 민망한 가능성도 있었다. 어쩌면 소행성은 해양에 착륙했는지도, 그래서 그것이 지각에 뚫은 충돌구는 그때부터 지구의 지질구조판 가장자리를 따라 늘어선 섭입대에서, 해양 지각을 끊임없이 아래의 용광로로 다시 쑤셔 박아 재활용하고 있는 그곳에서 모두 씹혀버렸을지도 몰랐다.

그때 연구자들이 충돌구로 포위망을 좁혀 들어가고 있는 분야에서 단서들이 천천히 흘러나오기 시작했다.

나는 작은 활자로 인쇄된 오래된 지질학 논문들을 휙휙 넘겨 지도 좌표를 찾은 다음 텍사스주 웨이코 바깥쪽에서 롱혼(뿔이 긴 소-옮긴이)을 키우는 목장 소유주에게 연락했다. 그리고 내가 공룡을 살해한 소행성으로 말미암은 쓰나미의 잔해를 찾아 그의 땅을 쑤시고 다녀도 되겠느냐고 물었다. 놀랍게도 그는 그러라고 말했다. 여기 텍사스 한복판에서 지질학자들이 찾아낸 낯선 암석의 범벅이 이 종말로 가는 길을 가리켰으므로, 나는 그것을 직접 보고 싶었다.

텍사스 남동부의 땅은 넓고 평탄할 뿐 아니라 해안을 향해 가는 동안 지질학적 시간을 가르며 점차 앞날로 나아간다. 브라조스강이 바다로 가는 길에 휴스턴 옆을 둘러 가서 지구사를 관통하는 일종의 스틱스강(그리스 신화에서 산 자와 죽은 자의 경계를 가르는 강-옮긴이) 구실을 하므로, 카약을 타고 가다 잠깐씩 뛰어내리기만 하면 둑을 따라 연대 순서로 화석을 채집할 기회를 얻을 수 있다. 나는 강을 가로지르는 고가다리 아래서 5000만 년 된 조가비와 상어 이빨을 모았다.

해안에 더 가까운 곳을 탐험했다면 더 근래에 살았던 생물체의 유해를 찾았을 것이다. 매머드의 이빨이나 초대형 아르마딜로의 골판 따위가 곳곳의 포인트 바point bar(강굽이에 초승달 모양으로 모래나 자갈이 퇴적된 지형 – 옮긴이) 위에서 텍사스의 태양 아래 노출되어 있다. 하지만 나는 상류로 시간을 거슬러 가는 길이었다.

나는 텍사스주 글렌로즈에 있는 창조증거박물관Creation Evidence Museum에서 멀지 않은 곳에 있었다. 이 비영리단체를 이끄는 관장의 약력을 웹사이트에서 보면, 현대 과학의 언어를 철기시대에 기원을 둔 신화들과 화해시키고자 귀엽도록 기상천외한 발상을 추구하며 보낸 일생을 엿볼 수 있다. 이를테면 번지르르하게 들리는 그의 '수정덮개이론Crystalline Canopy Theory'은 6000년 전 창조 이튿날에 창공이 어떻게 만들어졌는지를 과학기술적으로 설명해줄 목적으로 제안되었다. 텍사스주의 석유 경제가 지질학의 사실성에 의존하는 동안에도, 텍사스 거주자의 다수는 여전히 지질학의 매력에 고집스럽게 저항한다.

전기로 여닫는 목장의 출입문에 도착했을 때 내가 만난 목장 주인 로니 멀리낵스Ronnie Mullinax는 과묵한 사나이로 텍사스 독립(텍사스는 19세기에 멕시코와 전쟁을 치른 뒤에 독립했다 – 옮긴이)의 마스코트처럼 카우보이모자, 장화, 데님, 잠자리 선글라스를 걸치고, 허리에는 내가 지금까지 보았던 것 가운데 가장 큰 권총을 차고 있었다. 서로 치렛말은 별로 하지 않았지만 이상한 요구를 하며 그의 땅으로 나를 초대한 사람이 나 자신이었음을 고려할 때, 그는 극도로 후하게 시간을 베풀었다. 그리고 나를 포함해 내가 텍사스농공대학교에서 영입한 과학자 두 사람을 자신의 전 지형 만능 차로 K-T 현장까지 태워다 주는 데에도 품위 있게 동의했다. 우리는 덜컹거리며 흙길을 따라 달리고 개울과 들을 건너—그의 소중한 소들에 경탄하느라 잠깐씩 멈추며—그 사유지의 맨 끝에 있는 숲에 이르러 멈추었다. 그는 우리더러 내리라고 말하더니 지체 없이 권총집에서 총신이 긴 총을 꺼냈다.

"뱀 때문입니다." 그가 나를 안심시켰다. 그가 우리를 이끌고 숲으로 들어간 뒤 내려간 도랑에서 평화로운 시냇물이 작은 노두 위로 굴러 떨어졌다. 그 노두의 일부는 내가 지금껏 보았던 것 가운데 가장 기이한 암석으로 이루어져 있었다. 여기, 칼리지스테이션과 웨이코의 중간에서 숲속에 있는 작은 폭포 하나에 걸쳐 중생대가 별안간 신생대가 되었다. 내가 고생물학자 한 명과 지질학자 한 명을 영입한 이유는 내가 보고 있는 게 무엇인지를 이해하는 데 도움을 받기 위해서였지만, 그들도 암석 안의 이해할 수 없는 혼돈에 나만큼이나 혼란스러워했다.

이 범벅은 가까운 어딘가에서 엄청난 소행성 충돌이 일어난 다음에 멕시코만에서 살상의 파도가 철벅 튀어나온 데서 말미암은 일종의 낙진이라는 의견을 먼저 내놓은 사람은 얀 스밋이었다. 숲속의 작은 폭포 바닥에 있는 소란스러운 한 층에는 깨진 석회암 덩어리들이 마구 뒤섞여 한데 교결되어 있었다. 이것은 쓰나미가 일으킨 최초의 초토화였다고, 쓰나미로 해저가 확 찢긴 충격으로 튀어나온 땅 덩어리 자체가 위에서부터 부서져 내린 거라고, 스밋은 말했다. 이 혼란스러운 암석 위에는 두꺼운 사암층이 있었다. 해양이 바닷가에서 씻겨 나오고 산사태에서 풀려난 모래와 함께 아직 철벅거릴 때, 쓰나미가 발생한 지 몇 시간 혹은 며칠 만에 그 모래가 바닥으로 가라앉기 전에 쌓인 층이었다. 이 사암의 위에는 황금처럼 반짝거리는 연필 두께의 가느다란 층이 있었다. 이곳의 더 고운 알갱이들은 드라마가 진정되고 바다가 다시 한 번 잔잔해진 뒤에야 물에서 벗어나 가라앉을 수 있었다.

아이티계 미국인 지질학자 플로렌탕 모라스Florentin Maurasse도 아이티의 빌로크Beloc에서 원래는 해양 바닥에서 형성된 암석들을 연구하다가 비슷하게 낯선 모래 지층이 K-T 경계에 던져져 있는 것을 발견했다. 머지않아 쿠바와 멕시코 북동부에서도 다른 쓰나미 단면들이 발견되었다. 뭔가 매우 나쁜 일이 멕시코만 안쪽 어딘가에서 벌어졌던 게 분명했다. K-T 연구자들은 그들의 충돌에 감질나게 다가가고 있었다.

유카탄과학연구센터Centro de Investigación Científica de Yucatán, CICU의 지질학자 마리오 레볼레도Mario Rebolledo는 백악기의 끝에 지구상의 생명을 거의 지워버린 그 거대한 충돌구를 속속들이 알고 있다. 그는 그 6600만 년 된 구조물을 생업으로 연구할 뿐만 아니라 그 안쪽에서 살기도 한다. 나는 레볼레도를 멕시코 유카탄주의 사방으로 뻗어나가는 주도, 메리다에서 만났다. 이 인구 100만의 도시는 스페인 식민지 시대의 중심지에서 둥글게 퍼져나가며 매력적인 파스텔

빛 저택들, 자갈길들, 대성당들을 완비하고 있을 뿐만 아니라 파충류의 시대를 마감한 폭 177킬로미터의 충돌 구덩이 안쪽에 쏙 들어앉아 있다. 충돌구는—침식되고 수백만 년 치 해양성 석회암에 파묻혀—표면에서 보이는 게 아니라 유카탄반도의 지하에서 복잡한 동심원 같은 타박상을 형성하며 멀리 멕시코만까지 도달한다. 그것은 지난 10억 년 사이에 형성된 것으로 알려진 지구상의 모든 충돌구 가운데 가장 크다. 그리고 그것이 만들어진 순간과 똑같은 지질학적 순간에 공룡, 헤엄치던 거대 파충류, 익룡, 암모나이트 말고도 행성 위에 살던 많은 것이 절멸했다. 우리는 몰레 포블라노라는 멕시코 음식을 먹으며 공룡의 마지막 시간을 이야기했다.

레볼레도는 이 충돌구가 훤히 보이는 곳에 수십 년 동안 숨어 있다가 발견된 기구한 사연을 구구절절 풀어놓았다. 1950년, 석유를 사냥하는 지구물리학자들이 국가 소유의 멕시코 정유 회사인 페멕스Pemex에서 일하다가 유카탄반도 밑에서 거대한 원형 구조를 발견했다. 끌어올린 시추 심에서 녹은 암석을 본 순간, 그들은 그것을 고대의 용암으로 일축하고 그 구조 전체가 모종의 파묻힌 거대 화산이라고 추론했다. 화산은 석유를 시굴할 최적의 장소가 아니어서 그 신기한 구조는 수십 년 동안 무시되었다.

앨버레즈 부자가 1980년에 중대 논문을 발표한 결과로, 충돌구를 찾기 위한 광란의 전 지구적 수색이 뒤따랐다. 그 수색은 10년이 넘도록 지속되었다. 1년도 지속할 필요가 없었는데 말이다. 1970년대 후반, 지구물리학자 안토니오 카마르고Antonio Camargo와 글렌 펜필드Glen Penfield가 다시 페멕스에서 일하다가 그 유카탄반도 아래의 구조를 그 지역의 중력 측량으로 재평가하고 나서 그것이 전혀 묻힌 화산처럼 보이지 않는다는 사실을 깨달았다. K-T 학계가 1981년에 유타주 스노버드Snowbird에서 열린 어느 학회에서 충돌구는 어디에 있을까 궁금해하고 있는 동안 펜필드와 카마르고는 휴스턴에서 열린 어느 석유 산업 회의에 참석해 한 논문에 관해 발표하면서 멕시코 해안의 칙술루브Chicxulub라는 소도시를 중심으로 방사되는 충돌구 비슷한 구조는 실제로 충돌구이며, 공룡을 죽인 바로 그 충돌구일 공산이 크다고 역설하고 있었다. 청중 속에 있던 『휴스턴 크로니클Houston Chronicle』의 기자 카를로스 바이어스Carlos Byars가 그 발견을 상세히 기록하는 기사를 썼지만 이 발견은 10년 동안 계속해서 고생물학자들의 눈을 철저히 피해 다녔다. 10년 뒤 바이어스가 다시 한 번 어느 지질학 학회에 청중으로 참석했을 때, 지구과학자들이 분명 경악스러울 만큼 거대할 충돌구 하나의 행방에 관한 고심을 털어놓았다. 쓰나미의 증거가 브라조스강 등지에 있음을 고려할 때 멕시코만 안의 어딘가에 그런 충돌구가 존재해야만 한다는 것이었다.

"바이어스가 문자 그대로 청중 속에서 벌떡 일어나 말했어요. '어디 있는지 제가 압니다!' 모든 사람이 '아니, 이 친구가 미쳤나' 하는 표정으로 그를 쳐다봤죠. 그래서 그는 사무실로 전화를 걸어 10년 전 기사를 팩스로 보내달라고 해서 장내의 사람들에게 보여주었어요." 레볼레도가 말했다.

10년을 찾아다닌 끝에, 충돌 지지 집단에게 마침내 충돌구가 발견되는 순간이었다.

"저는 카를로스가 마땅한 칭송을 받지 못했다고 생각해요. 어느 시점에 누군가는 더 많은 공을 그에게 돌려야 해요." 레볼레도가 말했다.

나는 레볼레도에게, 같은 언론인으로서 내가 기꺼이 돕겠다고 말했다. 하지만 이 새로 발견한 암석 속의 흉터들은 어떤 종류의 참사를 의미하는 걸까?

"운석 자체가 너무나 거대해서 그 운석은 어떤 종류의 대기도 아랑곳하지 않았어요. 초당 20~40킬로미터로 이동하고 있었는데 폭이 10킬로미터—어쩌면 14킬로미터—였으니, 대기를 누르면서 도저히 믿을 수 없을 만큼 엄청난 압력을 형성해서 그 앞의 해양은 완전히 날아가버렸지요." 레볼레도가 말했다.

이런 숫자는 정밀하지만 재앙의 규모를 쓸모 있게 전달하지는 않는다. 그것이 의미하는 바는 에베레스트산보다 더 큰 돌이 총알보다 20배 더 빠른 속도로 날아와 행성 지구를 때렸다는 것이다. 이는 너무나 빠른 속도여서 그 돌은 747기의 순항 고도에서 땅까지의 거리를 0.3초 만에 가로질렀을 것이다. 소행성 자체가 너무나 커서 심지어 충돌 순간에도 소행성의 꼭대기는 여전히 747기의 순항 고도보다 1마일은 더 **위로** 솟아 있었을지도 모른다. 거의 순간적으로 내려오는 동안 아래의 공기를 너무나 격렬하게 압축해서 소행성은 순식간에 태양의 표면보다 일곱 배나 더 뜨거워졌다.

"심지어 대기의 압력이 소행성 앞쪽에 구덩이를 파기 시작한 다음에야 소행성은 구덩이에 닿았어요. 그때, 운석이 그라운드 제로(피폭 지점–옮긴이)에 접촉한 순간, 운석은 완전히 멀쩡했어요. 운석이 너무나 육중해서 대기가 찰과상 하나도 입히지 않았지요." 레볼레도가 말했다.

할리우드에서 컴퓨터 그래픽으로 묘사한 전형적인 소행성 충돌 장면에서는 외계의 숯덩이 하나가 모락모락 연기를 피우며 하늘을 가로지른다. 하지만 이와 달리 유카탄에서는 한순간 청명한 날이었다가 다음 순간 세상이 이미 끝장나 있었을 것이다. 소행성이 땅과 충돌한 순간 공기가 있어야 했을 그 위의 하늘에는 그 돌이 구멍을 뚫어놓은 터였고, 구멍을 채운 우주공간의 진공은 대기에 둘러싸여 있었다. 하늘이 이 구멍을 닫으러 몰려든 순간, 엄청난 부피의 흙이 충돌 직후 1초 또는 2초 안에 지구 궤도와 그 너머로 배출되었다.

"그러면 저기 달 위에 공룡의 뼛조각들이 있을 수도 있겠네요?" 내가 물었다.

"그렇죠, 어쩌면."

오스틴에 있는 텍사스대학교와 임페리얼칼리지런던에서 온 연구자들과 더불어 레볼레도는 어느 1000만 달러짜리 탐험에 몸담고 있다. 목표는 수백 미터를 뚫고 내려가, 신생대의 조용한 석회암 눈 더미를 지나 이 격변으로 생겨난 암석의 소용돌이로 들어가는 것이다. 특히, 레볼레도 팀은 충돌구의 안쪽에 있는 이른바 피크 링peak ring으로 뚫고 들어갈 것이다. 이 피크 링—본질만 말하자면, 충돌구 안쪽의 고리 안에 들어 있는 고리—은 예사로운 충돌에서는 생겨나지 않는다.

충돌구는 꽤 간단한 현상, 다시 말해 길 잃은 강속구가 우주공간에서 날아와 땅에 뚫은 크고 깔끔한 주발처럼 보일지도 모른다. 하지만 땅이 그저 길을 벗어난 자갈로 곰보가 되는 게 아니라 소규모 세계에 의해 허물어지는 때, 뒤에 남는 흉터는 더 흥미로운 형태를 띤다. 진정으로 거대한 충돌구—예컨대 멕시코에 있는 것을 비롯해 태양계 안에 몇 개 안 되는 드문 지점—는 부서지기 쉬운 암석의 경관 전체를 거의 액체로 변형시키므로 외곽은 사진작가 헤럴드 에저튼Harold Edgerton이 고속 촬영한 우유 방울처럼 구르고 튀어 오른다. 칙술루브에서 소행성이 순간적으로 땅에 낸 구멍은 깊이가 32킬로미터—경악스럽게도, 지구의 맨틀을 뚫을 정도—가 넘었고, 폭도 100킬로미터가 넘었다. 상상할 수 없는 그다음 몇 초에 걸쳐 땅은 돌멩이를 던져 넣은 연못의 표면처럼 움직였다. 다시 말해, 복잡한 봉우리들과 잔물결들이 유카탄 전역에서 다 함께 출렁이며 우르릉거리다 말도 안 되는, 이미 다 만들어진 산맥으로서 준비를 마친 상태로 동결되어 구덩이 바닥 위로 히말라야만큼 높이 불쑥 나타났을 것이다.

레볼레도와 일행은 충돌의 이국적인 물리학과 지질학도 해명하고, 외상을 입은 경관에서 생명이 되살아나는 있을 법하지 않은 현상도 해명하고 싶어 한다. 이 불지옥 같은 충돌 후後 세계에 관한 얼마간의 흥미로운 실마리는 2000년대 초에 그 지역 인근의 야시코포일Yaxcopoil에서 꺼낸 다른 시추 심에서 뽑혀져 나왔다. 거기, 수백 미터의 석회암 아래에는 충돌 자체로 박살 난 암석이 갑자기 뒤범벅되어 있었다. 하지만 이 범벅 가운데에는 심해의 열수분출공熱水噴出孔, hydrothermal vent계에 더 잘 알려진 낯선 광물도 혼합되어 있었다. 열수분출공이 부글거리는 해저 화산과 대서양 중앙해령 근처에서는 바닷물이 알껍데기와도 같은 지구의 지각 아래에서 대류하고 있는 지옥 같은 세계와 뒤섞일 수 있다. 그 공룡 충돌구에서 이 소용돌이

치는 세계는 충돌 직후의 혼돈이 가라앉고 해양의 바닷물이 갓 건국된 멕시코 염라국으로 다시 으르렁거리며 들어오면서 시작되었다. 포유류가 육지에서 거물들이 사라진 유령 세계를 물려받는 동안, 유카탄에 팬 이 엄청나게 깊은 상처는 멸종 뒤에도 200만 년 동안 뜨거운 채로, 중생대에 바치는 펄펄 끓는 묘비로 남아 있었다.

우즈홀해양연구소에서 파견한 팀이 1977년에 처음으로 갈라파고스 연안 해저에 있는 열수분출공을 찾아갔을 때, 그들은—백화되어 하얀 게에서부터 갯지렁이에 이르는—하나의 완전한 생태계를 발견하고 어안이 벙벙했다. 생명을 주는 양지바른 수조에서 멀리 떨어진 이 생태계는 햇빛 대신에 땅에서 뿜어져 나오는 금속성 짙은 국물을 먹고 사는 화학합성 세균이 떠받친다. 그 획기적인 탐사 이후로, 열수분출공은 지구상 생명의 기원을 밝혀줄 후보지로 상정되어 왔다. 레볼레도의 시추 탐사대는 충돌 직후 재난 지대에서 살았던 극한 미생물의 화석을 뒤져볼 예정이다. 만약 칙술루브가 실제로 이 강인한 생명체의 집주인 노릇을 했다면, 어쩌면 비슷한 충돌구들이 수십억 년 전 지구상의 초기 생명체를 위해서도 똑같이 했을지 모른다는 두근거리는 발상이 동기를 부여했다. 40억 년 전 태양계가 아직 정리되고 있던 동안, 유카탄에 닥친 것과 같은 충돌은 일상다반사였다. 가장 큰 충돌체는 킬로미터 단위로가 아니라, 다른 행성과 비교해서 가늠한다. 초기 지구의 해양은 심히 불친절했지만, 어쩌면 거대한 소행성이 새긴 열수가 나오는 틈새들은 그렇지 않았을지도 모른다. 어쩌면 엄청난 충돌로 팬 구덩이는 떼죽음에 연루된 범죄 현장이 아니라, 오히려 유아기 생명의 요람이었을지도 모른다.

그래도 나는 그 충격 자체의 효과에 관해 더 알고 싶었다. 충돌과 관련된 무엇이 실제로 공룡을 죽였을까? 그 살육이 멕시코에서 아무리 섬뜩했더라도, 땅에 난 177킬로미터의 구멍 하나가 나머지 **4억 4000만 제곱킬로미터**의 행성이 사실상 씨가 마른 이유를 설명해주지는 않는다. 나는 세계에서 손꼽는 충돌 모형 연구자인 퍼듀대학교의 제이 멜로시Jay Melosh에게 전화를 걸었다. 멜로시에게는 전후 관계가 명료하다.

"기본적으로 지구상의 모든 종과 더불어 틀림없이 거의 모든 동물이 죽었습니다. 그것도 아마 충돌 당일에 그랬을 겁니다." 그가 말했다.

이 소견으로는 공룡이 죽은 방식에 관해 미묘하거나 복잡할 게 아무것도 없다.

"공룡은 대부분 문자 그대로 그 자리에서 구워졌습니다."

충돌에 관해 묻기에 얼핏 타당한 첫 번째 질문은 이것이다. 그것은 어떤 모습이었을까? 하지만 이는 거의 무의미한 질문이다. 그 충돌을 볼 수 있었다면, 당신은 죽었을 테니까.

"당신이 충돌의 수천 킬로미터 안에 있다면, 맨 처음 보게 될 것은 불덩이입니다. 그리고 당신이 가장 먼저 겪게 될 일은 눈이 머는 것이고, 그다음엔 당신 주위의 모든 것에 불이 붙을 겁니다." 멜로시가 말했다.

우주공간에서 보낸 어느 암석 특사가 2013년에 러시아 첼랴빈스크를 방문해 유리창들을 박살내며 차량용 카메라로 찍은 유튜브 클립을 양산했을 때, 운석이 일으킨 피해는 많은 사람을 놀라게 했다.

"첼랴빈스크의 경우만 해도 불덩이를 보고 있던 사람들은 일시적으로 눈이 멀었습니다. 불덩이는 자외선도 많이 방출했고, 그래서 사람들이 그 자외선만 쐬고도 햇볕에 탄 듯 그을렸습니다. 그런데 이건 겨우 20미터밖에 안 되는 조그만 물체가 대기 중에서 에너지를 소진한 경우였습니다." 멜로시가 말했다.

첼랴빈스크가 방출한 에너지의 양은 TNT 0.5메가톤에 해당했다. 칙술루브는 1억 메가톤을 방출했다.

"그 숫자를 체득할 현실적인 방법은 전혀 없습니다. 산 하나를 들어서 다시 중력권 바깥의 우주로 던져 넣고도 남을 숫자인 건 확실합니다." 멜로시가 말했다.

앨라배마 해안의 공룡들이 관람한 쇼는 다소 빠르게 끝났을 것이다. 이상한 불덩이가 소리 없이 수평선에 나타나자마자 죽었을 테니까. 하지만 이 치명적인 빛의 장막이 뚫지 못할 만큼 멀리 떨어져 있던 공룡들에게도, 충돌 소식은 곧 도달할 것이었다.

"그러니까 맨 처음 도착할 것은 불덩이에서 나온 복사열인데, 이것도 너무나 뜨거워서 대개는 눈으로도 느낄 정도이지만, 그다음에는 분출물이 도착하게 됩니다."

경이적인 양의 땅이 그 구덩이에서 파내졌다. 그것이 분출물ejecta인데, 그렇게 부른 이유는 그 땅이 문자 그대로 분출되어 궤도로 들어갔기 때문이다. 땅의 무례한 속박에서 잠시 풀려난 암석은 대륙 간 탄도의 궤적을 따라 지구의 멀리까지 도달했다. 돌아온 순간, 그것은 대기 중에서 활활 타며 전 세계를 운석의 눈보라로 몰아넣었다. 이것이 소행성 이론에 전 지구적으로 치명적인 추력推力(물체를 운동 방향으로 미는 힘 - 옮긴이)을 제공하는 기제 가운데 하나다.

"그 분출물이 약 한 시간 안에 땅을 뒤덮었습니다." 멜로시가 말했다. "그게 떨어지기 시작했을 때 하늘은 빨갛게 변했을 테고, 기온은 갑갑할 정도로 뜨거워졌을 겁니다. 그런 다음 더 뜨거워지고, 더 뜨거워지고, 더 뜨거워졌겠죠."

멜로시는 동료들과 함께, 도착한 암석으로 지표면이 받았을 에너지를 제곱미터당 10킬로와트로 계산했다. 그런 다음 그게 정확히 뭘 의미하는지 알아내기 위해 가전제품으로 눈을 돌렸다.

"제가 뭘 했냐면 제 오븐의 각종 설정에서 에너지가 얼마나 입력되는지를 측정했습니다. 그랬더니 '구이broil'에서 제곱미터당 약 7킬로와트를 얻을 수 있더군요. 그러니까 이거면 당신도 그게 어땠을지 감이 잡힐 겁니다."

굽기는 20분 동안 지속되었을 것이다.

"피신처를 찾지 못한 모든 동물은 문자 그대로 통구이가 되었겠지만, 그게 많은 생존을 설명합니다." 그가 말했다.

멜로시는 애초에 새 같은 일부 계통의 생존이 그 이론을 반증하는 점을 걱정했다. 현생 조류는 바깥의 열린 공간에서 시간을 보내기 때문에 소각될 가능성이 크다. 잔존하는 포유류들은 굴을 파서 지옥을 피할 수 있었겠지만 말이다.

"하지만 알고 보니 모든 현생 조류는 어느 물새목目의 후손이고, 이 물새의 현생 친척들은 둑에 있는 구멍에 둥지를 틀더군요." 그가 말했다. "그러니까 새는 아마 그렇게 해서 살아남을 수 있었을 겁니다. 숨을 수 있는 굴이 있었던 거죠. 충돌이 6월에서 7월 사이에 일어났으니까 아마도 당시에는 알을 품고 있었을 겁니다."

잠깐. 뭐라고?

지질학자가 어떤 것을 수십만 년 안쪽으로 못 박을 수 있을 때, 그것은 정밀 척도 지질연대학의 승리로 여겨진다. 우리가 무슨 수로 어떤 **달**에 소행성이 덮쳤는지를 알 수 있단 말인가? 멜로시는 고식물학자 잭 울프Jack Wolfe의 연구 결과를 꺼내들었다. 와이오밍주 티포트돔Teapot Dome의 K-T 경계에서 수련과 연蓮의 남은 부분을 연구하면서 그 구간에서 수련의 씨를 찾았지만 더 나중에 꽃이 피는 연의 씨는 하나도 찾지 못했다는 울프의 주장에 따르면, 충돌은 6월 초의 어느 시점으로 배치된다.

"그다음에 올 것은 지진의 흔들림입니다." 멜로시가 말했다.

"그건 진도 12의 지진에 비교할 수 있을 겁니다. 이건…… 뭐랄까, [지각의] 탄력이 그렇게 많은 에너지를 담을 수는 없기 때문에 진도 12의 지진 같은 건 없지만 충돌의 규모가 크다면 분명히 가능합니다."

해양학자들이 발견한 어마어마한 태곳적 사태沙汰들, 이를테면 캐롤라이나 연안 수중 반도인 블레이크노즈Blake Nose를 비롯해 여러 위치의 대륙붕 가장자리에서 찾아낸 푹 주저앉은 퇴적물들도, 연대가 백악기의 끝으로 추정된다. 우즈홀해양연구소, 텍사스농공대학교, 에든버러대학교에서 나와 한 팀으로 일한 이 고해양학자들은 이렇게 쓴다.

"북아메리카 동해안의 많은 부분이 [K-T] 충돌 사건 동안 파국적으로 망가졌을 때, 지구의 표면에 최대 규모의 해저 사태 하나를 만들어낸 게 틀림없다."

지진은 심지어 행성의 반대편에서도 확실히 알아차릴 수 있었을 것이다. 어느 지구물리학자가 나중에 나한테 말했듯이, 진도 11~12의 지진이라면 행성 위 다른 모든 곳 어디에서라도 진도 9의 지진으로 느껴질 것이다.

"그다음에는 마지막으로 폭풍이 있었습니다." 멜로시가 말했다.

1908년에 60미터짜리 우주 암석이 (다행히도) 시베리아의 아무 데도 아닌 곳 한복판을 때렸을 때에도, 그 폭발에서 비롯한 폭풍은 수백 제곱킬로미터에 이르는 숲을 통째로 쓰러뜨렸다. 멜로시는 폭풍을 모르지 않는다. 미 육군의 초청으로 한 폭풍을 비교적 근거리에서 경험한 적이 있었다. 육군은 애리조나주 레이크하바수시티Lake Havasu City 외곽에서 충격파의 효과를 연구하고 있었다. 멜로시는 고성능 폭약 500톤이 폭발하는 현장을 1킬로미터 밖에서 목격할 기회를 얻었다.

"정말 인상적이었어요. 공기 중에서 충격파를 실제로 볼 수 있답니다. 마치 반짝거리는 공기 방울 하나가 완전한 침묵 속에서 팽창하는 것처럼 보이죠. 그게 아주아주 빠르게 커져서 우리에게 도달한 다음에야 소리가 들렸어요. 우르르 쾅! 하지만 그 소리를 듣기 전에 발이 떨리는 걸 느꼈죠. 지진에너지는 공기 중의 소리보다 더 빠르게 전파되니까요. 그러니까 발에서 떨림을 느끼고, 이 일렁이는 공기 방울—말하자면 비눗방울 같은 것—이 정말로 빠르게 커지는 게 보이고, 그런 다음 우르르 쾅 소리가 들린단 말입니다. 우리는 귀마개를 꽂고 있어서 아무도 귀청이 찢어지지 않았지만, 근처에 있던 자동차 한 대는 유리창이 완전히 박살 났어요." 멜로시가 말했다.

칙술루브의 음속 폭음은 도저히 상상할 수도 없었을 것이므로, 현대에 어떤 비유를 사용해도 그 규모를 예시하는 데는 결국 실패한다. 한 번이라도 시험한 적이 있는 최대 규모의 핵무기는 50메가톤의 소비에트산 괴수인 차르 봄바Tsar Bomba였다. 차르 봄바는 1961년에 시베리아에서 폭발했는데 핀란드에서도 유리창이 깨졌다. 거기에 200만을 곱하면 칙술루브에 다가가기 시작한다. 사실, 만약 소련과 미국이 둘 다 냉전의 전 과정에 걸쳐 개발한 핵무기를 몽땅 한자리에서 풀기로 작정하더라도, 칙술루브 충돌은 여전히 10만 배 더 강력할 것이다. 하지만 핵무기는 기록된 인간 역사에서 가장 강력한 폭발을 대표하지 않는다. 지금껏 기록된 가장 시끄러운 현상 가운데 하나는 1883년 8월 27일에 있었던 화산 크라카토아Krakatoa의 분화였다. "폭발이 어찌나 격렬한지 절반이 넘는 내 선원들 고막이 찢어졌다"고 쓴 노럼캐슬Norham Castle호의 선장은 당시 그 화산으로부터 64킬로미터 밖에 있었다. "이제는 사랑하는 아내 생각뿐이다. 심판의 날이 온 게 확실하다." 크라카토아가 낸 소리는 480킬로미터(대략 마이애미에서 알래스카 사이의 거리) 밖에서도 "멀리서 울리는 중포重砲 소리"로 들렸고, 지구를 네 바퀴나 돌았다.

크라카토아를 가져다가 그 일이 두세 번이나 열 번 더가 아니라 50만 번 더 한꺼번에 일어나도록 만들면, 칙술루브에 근접하기 시작한다. 대륙성 홍수 현무암의 경우와 마찬가지로—그리고 동일과정설의 정신과는 반대로—오늘날 우리 세계에는 이 태곳적 격변의 질적인 무시무시함에 관해 도움을 줄 수 있는 정보가 거의 없다.

그래도 도움이 될 만한 한 가지가 있다면 멜로시가 임페리얼칼리지런던의 동료들과 함께 개발한 충돌 효과 계산기다. 나는 온라인으로 이용할 수 있는 그 계산기를 띄운 다음, 칙술루브 충돌의 사양을 기입했다. '충돌과의 거리'로는 '2900킬로미터'를 입력해 보스턴에서는 K-T를 어떻게 경험했을지 알아보았다. 소리가 그 먼 길을 달려 매사추세츠에 와서도 92데시벨이었다면 소리만으로도 고통스러울 만큼 시끄러웠을 것이다. 게다가 시속 288킬로미터로 폭풍이 닥쳤다면 목조 건물들과 이 일대의 나무 90퍼센트를 쓰러뜨리고도 남았을 것이다. 이 모두가 멕시코에서 일어난 한 건의 충돌로 말미암은 일이다.

충돌의 맨 처음 결과는 불이었을지도 모르지만, 말 그대로 바람에 떨어져 나온 낙진이 오싹한 최후의 일격이었을지도 모르며, 이로써 "파괴하는 데에는 얼음도 충분히 대단할 것"이라는 로버트 프로스트의 직관에 신빙성을 부여한다. 유카탄의 황산염이 풍부한 탄산염 더미를 소행성이 때렸을 때, 햇빛을 막는 에어로졸이 행성 표면을 여러 달 동안 어둑하게 만들 만큼 성층권으로 주입된 것으로 생각된다. 많이 어두웠다면, 햇빛이 줄어든 결과로 밀림의 세계가 모진 추위를 겪었을 테고, 그뿐만 아니라 지구상 거의 모든 생명에 뒷돈을 대는 광합성도 상당히 방해를 받았을 것이다. 어쩌면 이러한 흐려짐이 그 해양층의 멸종을, 다시 말해 K-T 경계에서 플랑크톤이 거의 완전히 사라지는 양상을 설명할지도 모른다. 먹이사슬의 바닥을 고이던 이 다리들이 걷어차이면 머지않아 꼭대기의 모사사우루스도 파멸하기 시작한다. 육지의 초목에 관해 말하자면, 이 K-T 충돌 겨울이 현대에 낙엽수가 상록수보다 우세한 이유를 설명할지도 모른다. 낙엽수는 춥고 어두운 고난을 몇 달이고 더 잘 견딜 수 있어서 이후로 언제나 이 지구적 가지치기에서 우위를 누려왔다고. 이 적막강산을 겪은 우리의 땃쥐 비슷한 조상들로 말하자면, 핏빛 하늘과 살을 지지는 바람 그리고 뒤따르는 잔혹하고 끝없는 겨울을 견디는 동안—그리고 마지막 남은 소수의 거물이 쓰러져 죽는 모습을 지켜보는 동안—자연스러웠을 생각은 하나뿐이다. 이게 참말로 세상의 끝이로구나. 비극적인, 어느 장엄한 행성을 위한 뜻밖의 종결부.

칙술루브 충돌에 관한 한 가지 위안은, 과거 수십 년 사이에 집중적으로 탐색해서 우리의 태양계 안에서 궤도가 지구와 교차하는 소행성의 목록을 작성한 덕분에, 우리가 다음 사실을 알고 있다고 높은 수준으로 자신한다는 점이다. 허공에서 우리를 당장 파괴하겠다고 위협하는 것은 하나도 없다. 최소한 1000년 동안은. 에로스라는 K-T 충돌체보다 훨씬 더 큰 소행성 하나는 과거에 지구 궤도를 (다행히 지구가 태양 둘레를 돌면서 다른 곳에 가 있는 동안) 가로지른 적이 있고, 그것의 궤도가 제멋대로 끌어당기는 목성과 토성의 영향을 받아 진화하는 한, 결국은 다시 지구 궤도를 가로지르게 될 것이다.

"하지만 우리는 수십만 년을 이야기하고 있는 겁니다." 멜로시가 말했다.

그다음에 다른 천체가 하나 더 있다. 8216 멜로시라는, 어떤 충돌 전문가의 이름을 딴 소행성.

"그건 주主소행성대에 있는 놈이어서, 지구를 위협하고 있지 않습니다." 멜로시가 나를 안심시켰다.

유카탄에서도 주춤주춤 어마어마한 칙술루브 충돌구를 활용하려는 시도를 해왔지만, 아무것도 볼 게 없는 곳에 관광지를 만들기는 어려운 노릇이다. 그래도 이곳이 모든 대멸종 중에서도 가장 유명한 대멸종의 그라운드 제로임을 알기에, 나는 테두리에서부터 출발하는 충돌구 관광 일정 하나를 대충 꿰맞추었다. 충돌구 자체는 표면에서 보이지 않을지 몰라도, 그 파국적 구조를 간접적으로 만나볼 다른 방법이 있다. 소행성 충돌은 지구상 생명의 역사를 중대하게 바꿔놓았을 뿐만 아니라, 유카탄에서 1000년이 넘는 인간의 역사를 빚어내기도 했다.

6600만 년 된 충돌 구덩이의 윤곽선을 표시하는 지도를 유카탄에 있는 마야 유적의 지도와 비교해보면, 범상치 않은 무늬가 퍼뜩 눈에 들어온다. 마야문명의 마지막 수도 마야판과 같은 자리들이, 정확하게 이 유령 같은 고리의 테두리 위에 지어져 있다. 그리고 마야문명의 마지막 순간과 공룡 시대의 마지막 순간을 표시하는 이 두 종류의 획기적인 자리가 겹치는 것보다 더욱더 신기한 것은, 그게 우연의 일치가 아니라는 사실이다.

모든 문명이 그렇듯, 마야문명의 탄생도 민물에 접근할 방법을 확보하는 데 달려 있었다. 유카탄에 민물을 공급하는 것은 석회암 안에 그림처럼 뚫려 있는 용식함지溶蝕陷地, sinkhole들이다. 세노테cenote

로 알려진 이 지형은 밀림 안에 깎아지른 오아시스로서 돌연히 나타난다. 이는 절단된 석회암이 통째로 무너질 때 형성된 결과로 지하의 강에 접근하게 해준다. 그 강에는 백악으로 이루어진 유카탄의 바다 암석을 통과해 걸러지는 민물이 흐른다. 세노테가 마야문명을 가능하게 만들었다. 유카탄에 있는 세노테들을 지도 위에 그렸을 때 나타나는 이상한 분포는 한참 밑의 암석에 담긴 훨씬 더 심각한 소란을 반영한다. 그 지역에서 석회암이 무너진 것은 그 소란 탓이다. 이러한 민물 용식함지들 사이에서 싹틀 수밖에 없었던 그 고고학적 자리들을 살펴보던 연구자들은 주목할 만한 사실을 발견했다. 마야 사회가 유카탄 안에 있을 법하지 않은 160킬로미터의 호를 그렸음을. 유네스코는 이를 세노테의 고리Ring of Cenotes라 부르고, 월터 앨버레즈는 비운의 충돌구Crater of Doom라 부른다.

유카탄 현지 안내이었던 헤네르는 내가 마야의 마지막 수도 마야판에 가고 싶어 하자 당혹스러워했다. 하지만 밑에 있는 충돌 구조가 만들어낸 구멍에서 물을 끌어 온—그리고 그 결과로 충돌구의 테두리에 있는—그 고대 도시는 존재 자체를 백악기 말 대멸종에 빚지고 있다.

"거기 가는 사람은 우리밖에 없을 겁니다." 그가 말했다.

헤네르는 마야어를 말하는 가정에서 자란 마야족이었다. 그의 고향인 야시코포일에는 마야 유적이 흩어져 있었다. 마야족이 1000년 전 밀림에서 자신들의 도시를 버렸을 때 사라진 것은 아님을 나도 알고는 있었지만, (지금도 메소아메리카에서 살고 있는 수백만 마야족과 공통된) 그의 인적 사항은 이방인인 나의 귀를 쫑긋하게 했다. 누군가가 아틀란티스 출신이라는 (또는 창밖의 참새가 실은 공룡이라는) 말을 듣는 것과 조금은 비슷했다. 그는 나처럼 뭣도 모르는 그링고gringo (라틴아메리카에서 영미권 사람을 낮춰 부르는 말 - 옮긴이)들을 치첸이트사나 우슈말Uxmal 같은 잘 다져진 장소로 실어 나르곤 했다. 그 거석문화 유적들이 진열하는 예전 제국은 당시의 모든 고전적 영광에 잠겨 있지만, 이후에는 마찬가지로 웅장하게 몰락했다.

마야문명은 한때 온두라스에서 멕시코까지 뻗어 나갔지만 9세기의 끝에 정박했던 어마어마한 도시들을 평민과 귀족 할 것 없이 서둘러 버리고 떠난 뒤, 덩굴에 싸여 퇴락하는 낭만적 내세에 맡겨졌다. 수수께끼 같은 마야의 몰락은 기후변화와 마야족 자신들이 초래한 환경 악화를 비롯한 다양한 요인의 탓으로 돌려져왔다. 헤네르는 마야족의 언어와 문화를 보존할 필요성에 대해 맹렬하게 방어적이었지만, 자신의 조상을 용서하지는 않았다.

"그들은 땅에서 숲을 없애버렸어요. 나무를 몽땅 잘라냈으니, 가뭄이 왔죠……. 당신은 우리가 거기서 교훈을 얻을 수 있었겠지 생각하겠지만, 우리는 그러지 않아요." 그가 소리 내어 웃으며 말했다. "사람들은 자신들의 사제, 자신들의 통치자를 존경하지 않기 시작했어요. 이유는 그들이 물을 더 가져다주지 못했기 때문이죠. 사람들은 신이 그들에게 노했다고 생각했어요."

이때 무너진 이후, 인구 1만6000의 도시 마야판은 망가진 제국을 정비했다. 후기 고전주의 시대는 절정기 마야문명의 퇴폐적 유령으로 비하되어왔지만, 유명을 달리한 옛 수도는 의식을 치르던 중심부 사원의 피라미드(신실한 마야족이 동포를 산 채로 해부하던 곳)에서부터 수백 킬로미터에 걸친 교역망에 이르기까지, 전성기를 누리는 복잡한 사회의 모든 장신구를 갖추고 있었다. 마야판이 15세기에 갑자기 버려져 공황에 빠지고 마야문명이 멸종되었을 때, 그것은—모든 멸종이 그렇듯—복잡한 현상이었다. 가뭄(3200년 만에 최악인)과 한파(어쩌면 반대편 세계의 화산작용이 유발했을)와 기아가 모두 나타나 지배왕족의 몰살과 소름 끼치는 도시 공동화를 촉발했다. 이 시점에도 마야문명은 잊힐 운명이 아니었는지도 모르지만, 그다음 수십 년은 조금도 유예를 주지 않았다. 거대한 허리케인이 닥쳤고, '피를 토하는 병'으로 불린 역병이 돌았고, 마야족을 15만 명은 죽였을 전쟁이 여기저기서 터졌고, 마지막으로 전례 없는 어떤 사건이 있었다. 마야문명이 수십 년의 환경적·사회적 혼돈으로 헐떡거리고 있을 때, 끝은 수평선을 넘어 조용히 돛을 달고 이들을 맞으러 왔다. 저 너머에서 온 마지막 모욕은 소행성 충돌만큼이나 예측할 수 없는 것이었다. 1517년, 마야족은 스페인 사람을 만났다. 그때부터 피라미드는 지어지지 않을 것이었다.

이것이 사회와 생태계가 몰락하는 방식이며, 또한 온 세상이 몰락하는 방식으로 밝혀진다. 앞으로 볼 테지만 공룡의 죽음에 관해서도 더 미묘한 그림이 드러나고 있다. 그 그림은 이 참사에 숨이 끊어질 때까지 단 한 번의 목 조르기 이외에 더 많은 요소가 있음을 암시한다. 마야문명의 끝과 마찬가지로, 백악기에 무서운 끝을 가져온 것 또한 갈수록 개연성이 낮아지는 일련의 타격이었을지도 모른다. 동전을 충분히 여러 번 던지면 결국은 뒷면만 연달아 100번도 나오기 마련인데, 지구는 나이가 아주 많다. 이는 마야족에게 해당되었던 만큼 공룡에게도 해당되었고, 우리가 현대에 거주하는 전 지구적 사회에도 해당된다.

나의 충돌구 관광에는 아직 한 정거장이 더 남아 있었다. 그라운드 제로. 헤네르와 나는 마야판에 있는 충돌구의 테두리를 떠나 충돌구의 정중앙에 있는 소도시 칙술루브푸에르토Chicxulub Puerto로 차를 몰았다. 이 유람은 고속도로 주행으로 한 시간이 더 걸렸는데 그렇게 해서 겨우 충돌구의 반지름을 이동했다는 사실이 참사의 규모를 어느 정도 가늠하게 해준다. 칙술루브는 지구상 생명의 역사에서 성지와도 같다. 이 지명은 공룡의 웅장한 죽음과 동의어가 되어왔다. 세상에는 역사적 사건을 기념하는 관광 명소가 가득하고 그 사건들은 우리 종의 근래 역사라는 눈 깜짝할 사이에 일어났지만, 여기 칙술루브에는 열 배는 더 중요한 역사적 사건, 어느 천체에 의한 대학살이 지구상 생명의 궤도를 재조정하고 우리의 존재를 가능케 만든 사건의 현장이 있었다.

헌병대의 검문소를 통과한 뒤, 우리는 칙술루브 자체가 화려한 해변 도시라는 걸 알게 되었다. 대양에서 바로 건진 도미와 얼음처럼 찬 솔Sol 맥주를 제공하는 낮게 깔린 노천카페가 줄줄이 늘어서 있었다. 나는 바닷가에 서서, 물새들이 순찰하듯 몰려다니는 치약처럼 새파란 물을 건너다보며 중생대의 마지막 순간들을 상상해보았다. 어느 정도는 나도 희미하게 이해할 수 있었다. 이를테면 소행성이 대낮의 하늘에 불규칙 위성처럼 갑자기 나타나는, 환영처럼 짧은 그림.

아직 바깥의 우주공간에 있던 소행성은 억겁의 시간 동안 이어져온 것과 똑같은, 바람 한 점 없는 진로상에 있었고, 한 대륙 분량의 우주 쓰레기가 마침내 태양계에서 가장 흥미로운 장소 위에 부려지기 직전이었다. 이것이 중생대가 끝나기 전 최후의 평온한 순간이었다. 그 순간 파도 위에서는 익룡들이 활기차게 날면서 기이하고 창백한 형체가 하늘에서 점점 커지는 줄도 모른 채 물고기를 찾아 얕은 바다를 살폈다. 덜 그럴 법하기는 하지만 문제의 암석이 소행성이 아니라 얼음투성이 혜성이었을 가능성도 있다. 그랬다면 그 혜성은 죽음의 전차처럼 여러 주 동안 하늘에서 이글거리며, 마지막 시간을 다소 더 극적으로 예고했을 것이다. 백악기의 마지막 몇 주 동안 밤이 되면, 하드로사우루스hadrosaur들은 설칠 게 뻔한 잠자리에 들면서, 한밤에 숲 바닥 위로 그림자를 드리우는 이 낯선 새 별을 불안하게 쳐다보곤 했다. 수억 년 공룡의 삶이 그들 뒤로 펼쳐졌건만 남은 것은 천금 같은 몇 시간뿐이었다. 생소한 불빛은 아름다웠겠지만, 하늘의 절반을 가로질러 뻗어 나가며 이상하게 마음을 뒤흔들었을 것이다. 티렉스는 (잊기 쉽지만) 실제로 살아서 숨 쉬는 동물이었다. 그도 이 장관을 비슷하게 목격했을 테고, 그 장관은 땅에 도착하기 전 며칠 동안은 대낮의 하늘에서도 눈에 띄는 특징이었을 것이다. 이 정도 각본은 나도 간신히나마 상상할 수 있다. 그렇지만 이 조용한 접근 다음에 무엇이 왔는지는 모든 상상력을 무력하게 한다.

내가 성장한 매사추세츠주의 소도시, 식민지 시대에 지어진 그곳의 물막이 판자를 두른 집들에는 한 집 걸러 한 집 꼴로 18세기의 이류 소목장小木匠이나 그 밖의 사람들의 생애를 기념하는 명패가 붙어 있다. 칙술루브푸에르토가 같은 종류의 역사적 자기중심주의에 시달린다고 말할 수 없다. 여기에는, 부활절 휴가를 즐기러 시내 광장에 모인 사육제의 천막들과 만만한 사냥감들 뒤에, 치장 벽토를 바른 낯선 기념비 하나가 숨겨져 있었다. 그 콘크리트 판의 앞면에는 얼빠진 공룡의 뼈대들이 돋을새김으로 조각되어 있었다. 그것의 바닥에는 깨져서 알아보기 힘든 뼈 모양의 시멘트에 야릇한 묘비명 하나가, 철자도 안 맞는 스페인어로, 보아하니 주머니칼로 휘갈겨져서 CATACLISMO MUNDIAL(세계 대격변)을 추모하고 있었다.

내용은 **'반경 10킬로미터의 거대한 소행성이 이 위치를 때렸다'**로 읽혔다.

그 위치는 지난 1억 년 사이에 일어난 가장 중요한 사건의 그라운드 제로였건만, 이것이 그 사건의 유일한 기념물이었다.

"애들이 만든 것 같군요." 헤네르가 말했다.

"칙술루브가 사람들 말만큼 대단한 건 아니거든요." 앨버레즈 소행성 충돌 가설의 회의론자로 유명한 프린스턴대학교의 지질학자 거타 켈러Gerta Keller가 말했다.

게르만 민족의 특징이 어렴풋이 느껴지는 말씨로 전해진 그 가시 돋친 말은 교활하고 집요하게 신경 건드리기라는, 현 상황에 이르기까지 학계에서 켈러가 맡아왔던 역할을 단적으로 보여주었다. 그는 거대한 돌 하나가 백악기의 끝에 가까운 어느 시점에 멕시코를 때렸다는 말을 의심하는 게 아니라, 그게 대멸종의 원인이었다는 발상을 터무니없다고 생각한다.

뉴저지주 프린스턴에 있는 켈러의 책상 위에는 공룡 시대의 끝을 소행성에 의한 아마겟돈과는 매우 다르게 해석한 어느 화가의 그림이 걸려 있다. 이제 너무나 널리 받아들여져 공룡에 관한 모든 이야기에서 잠깐만 언급해도 다 아는 어느 멸종 각본을, 켈러는 '뻥'이라고 생각한다.

온도가 치명적으로 뛰었다던데?

"정신 나간 소리죠. 증거도 없고요."

핵겨울이 왔다던데?

"아니에요."

텍사스에 있는 게 쓰나미 퇴적물이라던데?

헛소리.

하늘의 대재앙이 터지기 일보직전에 수평선에 걸려 있는 모습을 카리브해의 티렉스가 눈을 가늘게 뜨고 바라보는 그림은 자연사박물관의 붙박이 세간, 그리고 거의 대중문화의 일부가 되어왔다. 그리고 그 충돌에 가까운 모든 곳에 있었던 모든 공룡이 분명 열대판 심판의 날처럼 보이는 것을 목격한 뒤 의심의 여지 없이 증발에 의해 신속하고 눈부시고 고통 없는 죽음을 맞이했을 것이다. 하지만 소행성 충돌과 같은 국지적 사건 하나가 중생대의 끝을 가져올 수 있으리라는 발상에 켈러는 코웃음을 친다.

"나한테 그 생각은 완전히 판타지로 보입니다. 100~120킬로미터의 구덩이를 남기는 충돌들이 무능하다면, 150~170킬로미터의 그 구덩이 넘어 온 땅을 쓸어내린다라." 그의 말은 암암리에 퀘벡에 있는 트라이아스기 마니쿠아강 충돌구 같은 불발탄과 칙술루브와 같은 이른바 세계 파괴범을 비교하고 있었다.

켈러의 책상 위 그림에 담긴 티렉스 두 마리는 인도의 어딘가에 있다. 이 화가의 묘사 안에서, 그들은 입에 거품을 물고 고통으로 몸부림치며 드러눕는다. 원경은 우뚝 솟은 화산과 갈라진 땅에서 토해내는 눈부신 용암의 홍수로 찢기고 있다. 전경은 바짝 말라 시들어 있다. 나무와 관목이 썩어가고, 공기는 황으로 희부옇다. 페름기 말과 트라이아스기 말 대멸종 때도 그랬듯, 화산이 공룡의 시대를 끝냈다고 켈러는 말했다. 그것은 지구온난화와 해양 산성화의 종료 시간이었다고, 먼저 왔던 페름기와 트라이아스기의 종말과 꼭 같았다고.

켈러가 이렇게 말할 수 있는 것은 그저 끈질긴 반대주의 정신의 증거가 아니다. 경이롭게도, 10억 년 사이에 지구에 충돌했다고 알려진 소행성 가운데 가장 큰 소행성이 지구를 덮친 때와 거의 정확히 같은 순간에, 인도 서부는—곳에 따라 깊이 3.2킬로미터가 넘는—용암에 묻혀 질식되고 있었다. 이 인도의 화산작용은 만약 미국을 덮쳤다면 알래스카를 제외한 본토의 48개 주 전체를 180미터의 용암으로 뒤덮고도 남았을 만큼 극심했다.

이것이 K-T의 가장 당혹스러운 측면이다. 그리고 35년 동안, 이 대멸종을 설명해치울 단순한 소행성 이야기를 지지해온 사람들에게는 약간 짜증 나는 정도를 넘어서는 측면이기도 하다. 다른 멸종 경계들에서 소행성을 찾으려고 미친 듯이 뒤진 끝에 홍수 현무암만 찾아냈을 때마다 신기하게도 최대 규모의 홍수 현무암 하나가 항상 백악기의 맨 끝에 존재한다는 사실은, 그것만 아니면 소행성 충돌에 관한 근사하고 깔끔한 이야기로 보이는 것에 변함없는 옥에 티다. 켈러가 처음으로 그렇게 우기는 것도 아니건만 유카탄에 있는 충돌구가 아니라 이 데칸트랩Deccan Trap이 백악기를 끝냈다는 주장 때문에, 그동안 그는 K-T 학계에서 친구를 거의 얻지 못했다.

켈러는 전형적인 경로를 반듯하게 밟은 끝에 종신재직권을 가진 프린스턴대학교의 지질학자라는 흔치 않은 위치에 도달한 게 아니었다. 스위스의 어느 시골 농가에서 열두 형제의 골칫덩어리 막내였던 그의 야망은 거듭 좌절당했다. 먼저 10대일 때에는 어느 정신과 의사가 그에게 의사가 되겠다는 희망을 버리라고(그런 백일몽을 꾸기에는 출신 배경이 너무 미천하다고) 말했고, 다음에는 지겨운 일만 떠맡는 도제 생활 탓에 재봉사로서의 꿈도 접었다. 세상 구경을 하기로 작심한, 잠시도 가만히 있지 못하는 켈러는 유일하게 합리적인 일을 실행했다. 원점으로 돌아가 히치하이크로 북아프리카와 중동을 건넌 것이다.

"나는 별종이에요." 켈러가 인정했다.

시베리아 횡단 철도 여행을 준비하는 동안, 그는 몸이 아픈 동료를 돌보다 병이 들어 사경을 헤매기도 했다.

"너무 아파서 기차를 타고 빈Vienna 병원으로 갔더니, 병원 사람들이 그때까지 살아 있는 걸 기적으로 여기더군요. 정맥 주사를 꽂은 채로 6주 동안 격리된 뒤로는 병원 출입을 삼갔어요. 그렇게 하는 습관이 붙었죠." 켈러가 말했다.

6개월 뒤, 그는 마침내 호주에 있게 되었다.

"그때 은행 강도 현장에서 총을 맞았어요." 그가 무덤덤하게 말했다. "사망 선고를 받았죠."

총알이 심장과 척추 사이로 지나가면서, 폐를 뚫고 반대편 갈비뼈를 으스러뜨렸다.

"파란 하늘 전체가 한 편의 영화가 되어 내 생애가 지나가는데, 끝나갈 무렵에 내가 '나는 죽고 싶지 않아'라고 말했더니, 그걸로 끝나더군요. 그러고는 이 섬뜩한 경험을 했는데, 내가 시드니로 가서 그 위를 떠돌고 있었어요. 아주 평화로운 경험이었죠. 나는 어느 공원을 구경하면서 그 공원 수영장에 있는 사람들도 구경하고, 공원 주위를 지나가는 차들도 구경했어요. 그때 이놈의 구급차가 나타나고 사이렌이 요란한 소리를 내면서 이 평화를 깨뜨렸죠. 그리고 어떤 여자가 소리를 지르면서 엄마를 불러대는 소리가 들려서 정말 짜증이 났어요. 나는 '맙소사, 나라면 절대 저러지 않을 텐데' 하고 생각했죠. 그때 느닷없이 내 몸이 빨려 내려갔는데, 내가 그 소리를 지르는 여자였고, 병원 일꾼 둘이서 나를 붙들어서 내려놓고 있었어요."

나는 켈러가 실제로 시드니 위를 날았다고 생각하는지, 아니면 그가 본 것이 극도의 압박을 받은 뇌의 환각이었는지 물어보았다.

"그건 현실이었어요!" 켈러가 항의했다. "나는 내가 한 번도 본 적이 없었던 지역을 봤어요. 나중에 가보고 정말 섬뜩했다고요."

"우스운 건, 내가 항상 스물셋에 죽겠다고 생각했다는 거예요." 그가 말을 이었다. "나는 늙고 싶지 않았고, 그래서 어릴 때 내 생명의 한도를 스물셋으로 잡았어요. 그러다 스물둘에 총을 맞았고, 그

때 어쩌면 스물셋이 되는 것도 그리 나쁘지 않겠다고 마음을 고쳐먹었죠."

피터 워드가 익사에 가까운 체험을 했듯이, 켈러도 간발의 차이로 멸종을 피했다.

켈러의 삶은 그 거짓말 같은 궤적을 이어갔다. 그는 성인 고졸자로서 샌프란시스코의 빈민가에 상륙한 뒤 샌프란시스코주립대학교에 입학했고, 거기서 그의 학자적 삶은 마침내 더 전통적인 경로를 따르게 되었다.

이 팍팍한 배경이 학술 경기장에서 켈러가 보여주는 (어떤 이들은 고집이라 말할지도 모르는) 강인함을 설명할지도 모른다. 여기서 그는 우세한 K-T 서술을 치받음으로써 동료들의 경멸을 자초했다. 그는 내게, 유난히 격분한 학계의 한 경쟁자가 자신에게 부친 편지가 담긴 구두 상자를 아직도 갖고 있다고 말했다. 그 경쟁자는 행간 여백 없이 타자로 친 열 쪽짜리 장광설을 매주 5년 동안 보냈다고 한다. 켈러가 동료들의 화를 돋우는 데 얼마나 유능한지는, 학술회의에서 그의 발표 뒤에 이어지는 질의응답 시간에 분명히 드러난다. 그 시간은 공개적인 의견 교환이라기보다 영역 싸움에 더 가까워 보인다.

켈러는 K-T에서, 그가 생각하기에는 이산화탄소가 몰아간 터무니없는 기후변동의 물증인, 자신이 나미비아 연안의 깊은 해양에서, 또한 튀니지와 텍사스에서 시추한 심들에 담겨 끌려 올라온 화석 플랑크톤의 동위원소로부터 해독해낸 암호를 가리킨다. 그가 말한 바로, 해양에서는 섭씨 4~5도, 육상에서는 자그마치 8도나 치솟는 급속한 온난화가 1만 년이 안 되는 사이에 일어나 생명을 몰살시켰다.

그러는 동안 지난날의 멸종들에서와 마찬가지로, 해양은 산성화했다. 왜소해진 플랑크톤의 재해 종이 멸종 이후 수천 년 동안 번성한 사실이 이를 입증한다.

"정상적인 군집은 이렇게 생겼어요." 켈러가 멸종 이전에 번성한 단세포 플랑크톤의 얽히고설킨 나선형 껍데기 사진을 보여주며 말했다. "그때 기후변화라는 스트레스가 도입되면, 예전 기후에 특화된 종은 떨어져나가죠. 스트레스가 계속 늘어나 극도로 스트레스를 받은 상태에 도달하면 그 군집은 이런 모습이 돼요. 다른 모든 것이 멸종해가는 동안 이 재난 기회주의자가 세력을 넘겨받지요."

멸종의 경계를 건너면서 이 유기체들의 껍데기는 더 작아지고, 더 단순해지고, 더 못생겨져서, 아주 작은 탄산칼슘 방울들로 바뀌었다. 해양 산성화와 멸종이 부식에 대한 방책으로써 표면적을 줄인 껍데기들을 골라낸 것이다.

"이 녀석들은 죽일 수 없어요."

충돌 겨울이 그랬듯, 해양 산성화도 먹이사슬의 바닥을 들어내는 강력한 수법을 제공해 결국 해양 생태계 전체를, 모사사우루스를 포함해서 무너뜨린다.

켈러는 자기편에 탄력이 붙었다고 생각한다. 한때 소행성 분출물로 점화된 전 지구적 산불에서 생긴 검댕으로 해석되었던 층들에 관해 다른 의견이 제기되어온 한편, 무엇보다 그러한 전 지구적 화재에 필요한 산소의 양이 이 제안된 살해 수법을 의심스럽게 만들 수도 있다. 켈러는 이렇게 말했다. 대기가 일시적으로 피자 오븐의 온도까지 가열되었다는 주장을 생물학자들은 오래전부터 회의적으로 바라보았다고, 왜냐하면 공기를 호흡하는 조류, 포유류, 양서류, 파충류가 살아남았는데 이들은 피자 오븐 속에서 숨을 쉬지 않는 경향이 있기 때문이라고 말이다. 산성비의 원인이 되고 햇빛을 차단하는 이산화황이 칙술루브 충돌의 중대한 한 요소라는 이론에 관해 말하자면, 켈러의 동료인 파리지구물리연구소Institut de Physique du Globe de Paris의 안리즈 슈네Anne-Lise Chenet는 데칸 화산작용이 한 번만 크게 박동했어도 이 스모그가 소행성 충돌의 총 산출량과 같은 양만큼 대기로 주입되었을 것으로 추산한다. 충돌 지지자들이 원래 상상했던, 킬로미터 높이로 전 세계를 질주하는 쓰나미도 수정되어 겨우 수십 미터까지 낮아졌다. 수십 미터도 여전히 무시무시하지만, 종말의 동인이 될 만큼은 아니다.

내가 텍사스에서도, 멕시코의 다른 곳에서도 보았던 그 쓰나미 퇴적물에 대한 켈러의 해석은 그의 주요 이설 가운데 하나의 교의를 형성한다. 켈러에게, 웨이코 외곽 브라조스강 위에 있는 스밋의 쓰나미층은 살상의 파도가 휩쓴 뒤 참사가 남긴 모래 폐기장이 아니라, 모래투성이 해저에 수천 년에 걸쳐 평화롭게 쌓인 단조로운 퇴적물에 해당한다. 켈러도 그 암석들의 맨 밑에는 칙술루브 충돌의 증거가 있다고 말했지만, 그는 그 위의 사암층에 작은 생물체가 판 굴들을 가리켰다. 그의 경쟁자들에게는 논쟁의 대상이거나 보이지 않는 그 굴들은 이곳이 오래도록 평화로운 환경으로서 최소한 10만 년 동안 내내 안정되어 있었음을—파괴로 몇 시간 또는 며칠 만에 창조된 환경이 아니었음을—암시한다. 이 암석들에 들어 있는 화석 플랑크톤에 대한 자신의 해석을 근거로, 켈러는 그 대멸종의 위치를 이 물의를 일으키는 사암보다 1미터도 더 위쪽에 둔다. 대멸종은 충돌 한참 뒤에 일어났으며, 따라서 소행성이 일으켰을 수는 없다는 뜻이다.

흥미로운 설명이었다고 말한 후에 나는 켈러에게 다음과 같이 털어놓았다. 하지만 구비오에 관한 앨버레즈의 상징적인 이야기는—플랑크톤 멸종이며, 석회암의 갑작스러운 단절이며, 점토층이며, 이리듐 발견이며—뭐랄까, 전부 다 그냥 보기에는 너무나 빌어먹을 정도로 **설득력이 있다**고 말이다. 켈러가 호탕하게 웃었다.

"매우 설득력이 있죠. 맞아요. 당신이 층서학에 관해 아무것도 모른다면 말이죠."

켈러는 이탈리아에 있는 그 유명한 앨버레즈 구간이 수백만 년을 압축하면서, 엄청난 시간 구간이 없어졌다고 주장한다. 게다가 켈러는 버클리대학교의 지질연대학자 폴 렌의 2013년 연구 결과, 즉 일반적으로 지금까지 측정된 그 충돌과 그 멸종의 가장 권위 있고 정확한 연대로 여겨지는 정설에도 이의를 제기한다. 렌은 몬태나주 헬크리크Hell Creek에 있는 세계적으로 유명한 K-T 퇴적층을 연구한 결과로, 소행성의 타격과 지구상 동물 대부분의 죽음을 서로의 3만 년 안쪽—지질 기록이 허락하는 거의 최단 거리—으로 배치할 수 있었다. 하지만 켈러는 충돌이 멸종보다 최소한 10만 년은 앞섰다는 자신의 연구 결과를 고수하면서, 렌의 논문에 표시된 오차 범위들은 해석의 여지를 남긴다고 주장한다.

"그건 정말 완전한 헛소리예요." 나와 통화하던 렌의 말은 켈러가 자신의 결과들을 설명할 때 전형적으로 보이는 반응을 연상시켰다.

"아시겠지만, 켈러 자신이 그의 가장 나쁜 적이에요. 왜냐하면, 한편으로는 나도 데칸트랩이 연관된다는 데 관해서는 그가 옳다고 생각하기 때문이죠. 켈러는 그걸 정말로 열심히 추적해왔고, 나는 켈러가 그 일선에서 정말로 중요한 일들을 해냈다고 확신해요. 하지만 칙술루브가 K-T 경계보다 앞선다는 고집은—알다시피 그 시간적 거리도 처음에는 30만 년이었다가 켈러도 최근에는 줄이고 있지만—그의 신뢰도를 완전히 갉아먹을 뿐이에요. 도무지 말도 안 되는 자신의 견해들을 수용하기 위해 켈러는 지질학적 현실을 여러모로 왜곡했어요."

그렇지만 데칸트랩 자체의 연대 측정에서 켈러의 팀이 근래에 얻은 결과는 연구 성과로서 반박의 여지가 없다. 현장 연구 철마다 켈러 그룹은 그의 프린스턴 동료 블레어 쇼인Blair Schoene을 앞세우고 인도에 가서 백악기의 끝에서 끄집어낸 이 어마어마한 용암 더미들을 치근거려 나이를 알아내려 애써왔다. 이 프린스턴 팀이 새로운 날짜를 하나하나 주워 모을 때마다, 화산작용이 가장 파괴적이었던 기간은 K-T 경계를 향해 한 발짝 한 발짝 더 가까워진다.

1억 년이 넘는 세월 전, 인도는 초대륙 곤드와나와 이혼했다. 동물이 태어난 이래로 지속해온 오랜 결혼이었지만, 인도는 분명 이 결합에 관해 감상적이지 않았던 듯 백악기 후기에 거의 1년에 반 발짝(15센티미터)이라는 (지질학적으로 말해) 맹렬한 속도로 원시 인도양을 가로질러 꽁지가 빠지게 도망쳤다. 하지만 약속한 종점에서 아시아와 만나기 전, 인도는 헤매다가 레위니옹열점Réunion Hotspot 위를 지나는 불운을 겪었다. K-T에 가까운 어느 시점에, 아직 섬이던 인도 대륙은 잠시 안팎이 뒤집히면서 상상할 수 없는 규모로 용암을 분출했다.

경이롭게도, 이 데칸트랩은 오늘날도 여전히 용암을 분출하고 있다. 마다가스카르의 800킬로미터 동쪽에 있는 섬나라 레위니옹의 동쪽 옆구리에서, 한때 인도로 용암을 쏟아냈던 레위니옹열점이 아직도 용암을 쏟아낸다. 피통드라푸르네즈Piton de la Fournaise라는 화산은, 그리고 사실 레위니옹이라는 국가 전체는, 연대가 백악기의 끝까지 거슬러 올라가는 고색창연한 유산을 지닌 이 지구 맨틀의 변칙적으로 뜨거운 구간이 가장 근래에 표출된 것일 뿐이다. 한참 밑에 있는 맨틀의 성난 땅뙈기 위에서 태평양판이 미끄러짐에 따라 하와이 제도의 섬들이 서쪽에서 동쪽 방향으로 더 젊어지는 것과 마찬가지로, 레위니옹열점도 머리 위의 지질구조판이 이동함에 따라 비슷하게 인도양을 가로지르는 경로를 그려왔다. 데칸트랩의 분출 이후로 6600만 년 사이에, 이 열점은 지각을 뚫어 몰디브공화국, 세이셸공화국, 모리셔스공화국을 차례로 창건한 뒤 현재의 위치인 레위니옹 섬 아래에 도착했다. 하지만 이 열점이 맨 처음 끓어오르기 시작한 곳은 인도의 밑이었다.

K-T 대멸종 수십만 년 전, 공룡이 아직 팔자 좋게 지구를 쿵쾅거리고 있을 때, 이 구간의 맨틀이 맨 처음 깨어나면서 용암이 용솟음쳐 나왔다. 주로 뭄바이 부근의 작은 지역에 국한되었던 이 용암 홍수들도 오늘날 우리에게는 참사처럼 보이겠지만, 켈러의 말에 따르면, 이 첫 분출은 데칸트랩이 궁극적으로 분출한 용암의 4퍼센트밖에 설명

하지 않는다. 그렇지만 비교적 소규모였던 이 데칸트랩의 초기 분출 조차도 기후에는 엄청난 해를 끼친 것으로 보인다. 멸종 15만 년 전에 먼저 있었던 급격한 온난화, 해양 산성화의 증거, 탄소 순환의 변동은 화산성 이산화탄소의 주입과 관계가 있다고 생각된다. 이 몇 차례 얼굴을 붉힐 만큼의 온기에는 급랭이 뒤따랐을지도 모른다. 노스다코타주에서 발굴된 식물 화석들은 대멸종 이전에 기온이 지질학적으로 잠깐 사이에 섭씨 8도나 떨어졌음을 보여준다. 이 한파는 첫 번째 분출 기간에 갓 만들어진 데칸 현무암이 풍화됨에 따라 이산화탄소도 끌려 내려간 게 원인이었을지도 모른다. 그 냉기는 한때 온실 세계였던 곳에 심지어 빙하를 가져다주었을지도 모른다. 해수면이 K-T 경계 직전에 급락하는 것처럼 보이기 때문이다. 백악기 말 대멸종 기간에 걸쳐 있는 몬태나주의 전설적인 헬크리크 악지에서 연구한 결과로, 워싱턴대학의 고생물학자 그레그 윌슨Greg Wilson은 소행성이 덮치기 **전** 지질학적으로는 잠깐처럼 보이는 사이에 그 지역에서 포유류의 약 75퍼센트가 멸종했다고 보고했다. 이와 함께 한때 우세했던 집단이 완전히 철퇴를 맞았는데, 여기 포함된 유대류는 열한 종 가운데 열 종이 멸종했다. 이 기후와 동물군의 전환은 너무도 극심했기에, (이 신호들이 진짜라면) 최소한, 마치 완전히 무관한 소행성 충돌 주도의 아마겟돈으로 가는 기묘한 서막처럼 보인다.

반면에 어떤 이들은 K-T에 앞서 기온 변동이 그렇게까지 극심했다는 것, 또는 소행성이 덮치기 전에 생물권이 죽음의 문턱에 있었다는 것 자체에 회의적이다. 『사이언스』 지에 실린 한 논평에서, 펜실베이니아주립대학교의 고식물학자이자 충돌 지지자인 피터 윌프

Peter Wilf는 이 "양로원 폭격 각본bombing-the-nursing-home scenario"을 다채롭게 조롱했다.

"살해범은 오래전에 잡혔습니다." 그는 나에게 보낸 이메일에서 소행성을 가리키며 이렇게 썼다.

칙술루브 충돌이 아니라 데칸트랩이 중생대를 끝냈다면, 그 일은 아마도 이 화산들의 중년에 용암 분출이 격변 수준으로 박동하는 동안 일어났을 것이다. 최초의 용솟음이 있은 지 얼마 뒤, 소행성 충돌과 비슷한 시기에 녹은 땅을 펑펑 들썩이게 만드는 틈새였던 이 인도 안의 화산계는 갑자기 망가진 소화전으로 바뀌었다. 이 '주요 국면'의 분출은 프랑스만 한 면적을 곳에 따라 깊이 3.2킬로미터가 넘는 용암으로 뒤덮었다.

오늘날 인도 서부에 있는 3500미터 높이의 바코드가 찍힌 산들, 예컨대 마하발레슈와르Mahabaleshwar의 삐죽삐죽한 줄무늬 현무암 봉우리들은 이 진절머리 나도록 많은 녹은 암석으로 조각된 것이다. 태곳적에 데칸트랩에서 분출된 용암은 "지구상에 알려진 가장 광범위하고 방대한 용암류"에 의해 심지어 인도 아亞대륙 반대쪽 연안의 벵골만으로까지 넘쳐 들어간 것으로 드러난다. 이 녹아 흐른 강은 약 1만 세제곱킬로미터의 용암을 싣고서 거의 1600킬로미터에 달했을, 달리 말해 대략 시카고와 보스턴 사이의 거리를 건넜다.

그리고 멕시코에서 마야족이 저도 모르게 공룡을 죽인 충돌구 위에 내려앉아 그것에 의존해 민물을 구했듯이, 반대편 세상의 승려들도 백악기 말 대멸종의 지질에 호감을 느꼈다. 스물두 세기 전부터

서고츠산맥Western Ghats의 밀림에서, 불교도들은 이 데칸 현무암의 절벽들에 수도원 20여 채와 절 다섯 채를 새겨 넣었다. 이것이 그 놀라 자빠질 아잔타석굴로, 세노테의 고리와 마찬가지로 유네스코 세계유산이다. 수천 년 전 승려들이 깊이 들어앉아 조용히 명상에 잠긴 그 암석은 세상을 멸망시켰을지도 모르는, 너무도 기초적인 불교의 개념인 무상無常—만물의 덧없음—을 곰곰이 생각하기에 꼭 맞는 장소였다.

미국지질학회의 연례회에서, 캘리포니아대학교 버클리캠퍼스의 지질학자 마크 리처즈Mark Richards가 연단에 올랐다. 꽉 들어찬 청중의 다수는 K-T에 관한 지난 35년 논쟁의 상흔을 간직한 참전용사들이었다. 청중은 방금 켈러와 그의 동료들이 앨버레즈의 소행성을 묵살하고 곧바로 데칸 화산작용의 어깨에 책임을 떠넘기는 소리를 연달아 들은 참이었다. 전선이 다시 한 번 분명히 그어졌고, 프로그램에는 리처즈의 강연이 'K-T 슈퍼스타들과의 협연'이라고 나와 있었다. 월터 앨버레즈, 얀 스밋, 그리고 소행성 충돌의 연대를 거의 정확히 멸종 시점으로 규정하는 데 다른 누구보다 더 큰일을 했던 폴 렌. 거타 켈러의 성가신 고古 판타지를 논박할 드림팀이 있다면, 이 팀이 바로 그 팀이었다.

하지만 리처즈가 지체 없이 시작한 그의 이야기는 평소와 분위기가 달랐다.

"오늘은 어느 힘센 고릴라에 관한 이야기로 시작할까 합니다. 저는 그 고릴라가 말하자면 둔갑을 해서 열 배 더 막강한 고릴라가 되었다고 생각합니다."

과거 모임에서 소행성의 치명성에 대한 보증인으로 나선 과학자들은 데칸트랩의 존재를 멸시 섞인 혼잣말로만 언급했고, 그 반대도 마찬가지였다. 하지만 리처즈는 이 쟁점에 정면으로 맞붙은 동시에, 동물이 존재한 억겁의 세월 전체에서 가장 큰 소행성과 가장 큰 홍수 현무암 중 하나가 괴이하게도 (그리고 어떤 이들에게는 불편하게도) 동시에 발생했음을 인정했다.

"이런 일이 무작위로 일어날 확률은 둘 중 하나를 뜻하는 것으로 보입니다. 일종의 인과적 결과였거나, 모종의 신이 개입했거나." 그가 말했다. "그리고 저는 후자에 관해서는 전문가가 아니어서—저는 지구물리학자인지라—몇 년 전에는 좀 터무니없는 가설로 여겨졌을지도 모르지만, 이제는 저도 그다지 터무니없는 발상이 아니라는 데 집중하려고 합니다."

켈러의 조사팀과 마찬가지로, 리처즈와 렌을 비롯한 다른 사람들도 진작부터 인도에서 용암 더미를 쑤시고 돌아다니며 시간을 보내고 있었다. 서고츠산맥을 돌아 올라가는 험난한 여정 뒤, 절벽을 끌어안고 있는 도로를 똥배짱 부리는 운전자들과 같이 쓰면서 이 집단은 마하발레슈와르의 어마어마한 봉우리들에서 암석을 채집했다. 리처즈 일행은 특히 용암 더미의 어느 정도 위쪽에서 암석이 명백히 돌변하는 것을 보고 궁금해했다. 트랩의 맨 밑에서 맨 처음 용암이 용솟음친 뒤, 암석 안에서 뭔가가 근본적으로 달라졌다. 이것이 바로 와이Wai 아층군亞層群, subgroup의 시작이었다. 그 더미 안에 들어 있는 이 괴물 같은 용암 무더기가 데칸트랩 전체의 최소 70퍼센트를 차지한다.

"와이 아층군을 빼면, [데칸트랩은] 세계 수준의 홍수 현무암 사건으로 여겨지지도 않을 겁니다." 리처즈가 말했다.

와이 아층군은 안에 담긴 용암의 부피가 예사롭지 않을 뿐만 아니라, 아래의 암석과 비교하면 암석 자체의 화학성분도 달라진다. 데칸트랩의 역사에서 더 일찍 분출된 더 작은 규모의 분출물에는 지구의 지각에서 온 성분들이 용암 안에 넉넉히 섞여 있어서, 용암이 표면으로 느긋하게 올라왔음을 암시한다. 하지만 와이 아층군의 출발점에 있는 용암은 지구의 깊은 안쪽에서 온 암석의 징후밖에 띠지 않는다. 이는 이 용암이 깊은 곳에서 미친 듯이 가파르게 탈출해서 지각과는 거의 전혀 상호작용하지 않았음을 나타낸다.

"이것은 소방 호스가 맨틀에서 곧장 빠져나오는 것과 마찬가지입니다." 리처즈가 말했다.

리처즈가 인도에서 가져온 자신의 데이터를 분석하는 동안, 그의 친한 친구이자 버클리대학교 동료인 동시에 고생물학계의 신인 월터 앨버레즈는 구글 어스Google Earth로 트랩의 지리를 살펴보고 있었다. 그는 위성사진에서 더 약하고 더 오래된 용암류를 가르고 달리는 단층선들이 꼭대기의 거대한 와이 아층군을 가르고 연장되지는 않는다는 것을 알아차렸다. 앨버레즈에게 이는 먼저 일어난 분출과 소방 호스가 시간상으로 상당히 단절되어 있음을 가리켰다. 안락의자에서 계시를 받은 앨버레즈는 흥분해서 리처즈에게 전화를 걸었다.

“K-T 경계에 얽힌 문제들과 씨름하고 있을 때 월터 앨버레즈가 일요일 오후에 전화를 걸어서 당장 건너와야 한다고 했습니다. 당장 건너와야 한다는 건, 데칸트랩이 하품을 하면서 ‘우린 끝났어’라고 말하고 있었을지도 모르는…… 그 순간에 뭔 일이 터졌다는 뜻이었죠.” 리처즈가 말했다.

“반전은 여기에 있습니다.” 리처즈가 말을 이었다. “거타 켈러를 포함한 한 무리의 고생물학자가 보여준 사실이지만, 시추 심들을 통해 벵골만을 들여다보면, 그곳에는 이 막대한 용암류가 백악기 퇴적물 위를 덮고 있습니다. 그 용암류가 정확히 K-T 경계에 들어온다는 말입니다.”

리처즈에게 전체 형태가 파악되는 순간은, 가족이 다름 아닌 유카탄의 마야 유적에 가서 휴가를 보내고 있을 때 찾아왔다. 휴가를 떠나기 전 앨버레즈는 리처즈에게 유카탄에 있는 충돌구를 분명히 보여주는, 마야문명에 동력을 공급한 세노테들이 명백하게 충돌구의 테두리에 딱 붙어 있는 그 신기한 지도를 보여주었다.

리처즈가 치첸이트사 근처의 어느 세노테에 가본 뒤, 영감이 그를 덮쳤다.

“호텔 방으로 돌아와서, 저는 이 업계에서 깨달음이라 할 만한 것에 다다를 수 있는 최단 거리까지 다가갔습니다. 말 그대로 침대에 꼿꼿이 앉은 채로, 새벽 3시에 내 컴퓨터를 꺼내서 식구들이 자는 동안 문헌을 검색하기 시작했습니다.”

리처즈가 갑자기 떠올린 것은 캘리포니아대학교 버클리캠퍼스의 동료 마이클 망가Michael Manga의 논문이었다. 그는 지진이 멀리 있는 화산을 촉발할 수 있으리라는 가설과 씨름해온 터였다. 딱히 새로운 발상은 아니었지만, 이 발상은 통계적 입증의 힘을 얻기 시작하고 있었다.

1960년, 기록된 역사상 가장 큰 지진이 칠레를 덮쳤다. 38시간 뒤, 240킬로미터 떨어진 코르돈카우예Cordón Caulle화산의 뚜껑이 열렸다. 그보다 1세기도 더 전에는 찰스 다윈도 칠레의 발디비아에서 비슷한 지진을 경험했는데, 하루 안에 미친마위다Michinmahuida화산과 세로얀텔레스Cerro Yanteles화산의 분화가 잇따랐다. 다윈은 분별 있게 두 현상에 인과적 연관성이 있다고 생각했지만, 설득력 있는 기제를 제시하는 데에는 애를 먹었다. 지진과 화산의 직관적 관련성을 시사하는 이 증거는 오랜 세월 동안 일화로만 머물렀다. 하지만 근래에 통계학이 적용되면서 그것은 서서히 실재하는 현상으로 밝혀졌다. 지진의 강도와 지진이 화산을 작동시킬 수 있는 거리 사이에 관계가 있는 것으로 보인다. 바로 이 관계를 리처즈의 동료 망가가 개략적으로 서술하고 있었다. 지진의 규모를 진도 11이라는 어처구니없는 크기로, 그러니까 칙술루브가 유발한 것과 같은 종류로 키워서 망가가 계산한 바에 의하면, 그것이 화산을 작동시키는 거리는 사실상 전 지구적이다. 다시 말해, 진도 11의 지진은 온 세계의 화산을 터뜨릴 능력이 있어야 한다. 칙술루브 충돌로 인한 지진 규모라면—리처즈가 한밤중에 계시를 받아 깨달았듯이—인도의 단조로운 화산들을 종말의 동인으로 둔갑시킬 수 있었을 것이다.

1997년에 칙술루브를 변론하는 동안 앨버레즈 자신도 거의 기적적으로 일치하는 소행성과 화산작용의 시기에 당혹스러워하며 이렇게 썼다. "훌륭한 형사는 K-T와 데칸의 시기적 일치 같은 단 한 가지 우연의 일치도 무시해서는 안 되며, 그것이 시베리아트랩과 페름기-트라이아스기 경계 사이의 일치와 같은 두 번째 우연의 일치로 뒷받침될 때, 그건 무조건 의미가 있어야 한다. 하지만 당장 내가 알기로는 아무도 충돌, 화산작용, 대멸종의 연결 고리에 대한 합리적인 설명을 갖고 있지 않다."

이제 그 모두에 연결 고리가 생긴 것이었다.

소행성 충돌이 인도에서 화산작용을 일으켰을지도 모른다는 발상은 전혀 새롭지 않았다. 앞서 수십 년 사이에 잠시 품어보았던 그 생각은 데칸트랩이 처음 박동한 연대가 충돌보다 어쩌면 수백만 년이나 앞선 시점으로 측정되면서 철회되었다. 화산작용이 시작된 다음에 소행성이 충돌했다면, 인과적 연관성이 있을 가망은 전혀 없다고 연구자들은 추론했다. 데칸트랩은 충돌의 대척지, 다시 말해 지진에너지가 집중되었을 지구의 정반대 쪽에 있지도 않았고, 어쨌거나 설사 거기에 있었다 해도 충돌은 혼자 힘으로 그토록 큰 참사를 일으킬 만큼 강하지도 않았다.

하지만 리처즈는 만약 자신의 발상이 옳다면—만약에 이미 누가 한 번만 더 걷어차주기를 기다리며 에워싸고 있던 화산계를 칙술루브가 폭발시킬 수 있었다면—데칸트랩만 충돌에 걷어차여 증속 구동으로 들어간 게 아니라, 온 세계의 호상열도도 중앙해령계 전체와 더불어 똑같이 되지 않았을까 생각한다. 충돌 뒤에, 짜깁기한 행성의 솔기마다 불이 붙어 별처럼 많은 화산이 뻥뻥 터졌을 것이라고.

전쟁 중인 이론들을 짜릿하게 화해시키고 백악기 말 대멸종에서 화산작용의 역할을 부활시킬 가능성에도 불구하고, 리처즈는 지혜롭게도 공룡이 죽은 주된 책임을 할당하는 일은 피해왔다. 경이로운 두 사건은 아직도 서로에게 불편하도록 가까운 거리에서, 그 멸종에 매우 가까운 어딘가를 맴돈다. 그 멸종에서 데칸트랩이 궁극적으로 했던 구실을 다그쳐 물으면 그는 대충 얼버무린다. 그 분출의 성격과 시기에 관한 분야에서 더 정밀한 척도의 새로운 측정치들이 계속 쏟아져 들어오기 때문이다.

"내가 지금껏 내린 최고의 결정은 무엇이 K-T 경계 멸종의 원인이었나에 관해서는 절대로 어떤 의견도 취하지 않은 겁니다." 그가 내게 말했다. "도대체 그런 말을 할 이유가 전혀 없어요. 내 말은, 이게 지금껏 매우 표독스런 논쟁이었다는 거예요. 나는 거기에 얼씬거리지 않으려고 애써왔고요. 몇 년만 더 있으면 무슨 일이 있었는지 알아낼 수 있을 겁니다. 그럴 바엔 그냥 우리 모두가 친구가 되어서 알아내는 편이 낫지요. 같이 말입니다. 이 이야기는 앞으로 더 흥미로워지기만 할 거예요."

그의 동료 폴 렌은 그리 소심하지 않다.

"나는 아마도 우리가 불덩이니 지옥살이니 하는 것에서 멀어지고 있는 거라고 생각해요." 그가 말했다.

"이건 수십 년 동안 대단한 미스터리였어요. 도대체 왜, 우리가 알기로 다른 어떤 대멸종도 충돌과 결정적으로 관련되지 않는 반면에 더 커다란 대멸종들은 모두 데칸트랩 같은 홍수 현무암과 연관되는 것일까? 왜 이처럼 기괴한 우연의 일치가 있을까?"

"칙술루브가 총이었고 데칸트랩은 총알이었다는 게 답일 겁니다." 그가 말했다.

그래서 행성의 역사에서 육지를 가장 널리 차지한 동물 집단이자 1억3600만 년 동안 지구를 통치한 동물 집단인 공룡을 제거하려면 무엇이 필요할까? 글쎄, 이 정도면 될지도 모른다. 기후가 백악기의 끝에 점점 나빠지면서, 온실의 열파가 거듭되는 동안 간간이 짧고 매서운 겨울이 찾아왔다……. 샌프란시스코 크기의 소행성 하나가 순식간에 대기를 헤치고 들어와 이를 중단시키고 멕시코에 모르도르 Mordor(『반지의 제왕』에 나오는 암흑의 땅 – 옮긴이)를 창건하고, 주위의 모든 것을 소각하고, 수백 킬로미터 내륙까지 쓰나미를 보내 먼 바닷가 너머 미국 동부의 해안 지역을 무너뜨리고, 암흑기를 몰고 오고, 플랑크톤 증식을 가로막고, 먹이그물을 망가뜨리고 나서 산성비가 내리고, 그다음에…… 반대편 세상에서는, 중앙해령이 해양저에서 우르릉거리는 동안, 땅의 역사에서 이전에는 파국적인 두세 장章에서만 그랬듯 땅이 열려 인도 서부를 불에 빠뜨려 죽이고, 해양을 산성화하고, 수천 년 동안 세상에 가혹한 더위를 가져왔다.

말할 것도 없이, 이는 변함없이 추측에 근거한 스케치다. 사실을 말하자면, 우리는 아직 공룡의 마지막 날들이 어땠는지를 전혀 모른다. 우리가 아는 것이라고는 그날들이 이루 말할 수 없이 무시무시했다는 것뿐이다.

공룡이 어떻게 그토록 있을 법하지 않을 정도로 끔찍한 패를 받을 수 있었는지를 묻는 편이 합당해 보인다. 이들의 죽음에서 살해 수법들의 완전무결한 과잉 결의를 보자하면 거의 공룡을 증오하는 어떤 파괴의 신이 복수심을 불태우고 있는 듯하다. 더 그럴듯하기로 말하자면, 그것은 너무 크게 성공한 데 따른 불운한 결과였을 것이다. 공룡은 영원과 다름없는 시간 동안 행성을 절대적으로 지배했다. 돌아다니는 시간이 길수록 아주아주 드물고 아주아주 고약한 꼴을 보게 될 가능성도 커진다. 인간이 지금껏 돌아다닌 시간은 100만 년에도 한참 못 미치지만, 우리가 100만 년을 **수백** 번 더 버틸 수 있다면, 우리에게도 얼마간의 좋은 날과 얼마간의 궂은 날이 생길 것이다.

차를 몰고 앨라배마주의 시골 지역을 돌아다니며 앨라배마대학교의 고생물학자 데이나 이렛Dana Ehret과 함께 모사사우루스를 사냥하면서 긴 하루를 보낸 참이었던 나는 이제 그만하고 집에 가서 햇볕에 입은 화상을 보살피고 싶은 마음이 간절했다. 우리의 포획량은 괜찮았다. 쓰러진 괴물에게서 등뼈를 찾기는 쉬웠다. 이들의 뼈는 폭풍우가 치고 나면 그 주州의 침식되고 있는 우곡雨谷들의 백악에서 어김없이 씻겨 나온다. 하지만 이렛에게는 끝난 게 아니었다. 그는 어느 국한된 노두의 층을 이룬 K-T 경계 자체, 어떤 모사사우루스도 헤엄쳐 건너지 않는 암석 안의 그 구분선을 잡고 싶어 했다. 이렛은 자신을 "앨라배마 소요객"이라 부르며, 그 이름에 어울리게 살고 있었다.

"여기가 도대체 어디죠?" 그가 물었다.

그날은 강이 평소보다 2.4미터 더 높게 흐르고 있었고, 그래서 캠퍼스에서 한 시간여 거리에 있는 K-T행 노두는 물에 잠겨 있었다. 그렇지만 그에게는 차선책, 그가 한 번도 가본 적 없는 자리가 하나 있었다. 어느 은퇴한 미시시피주의 지질학자가 마치 낚시꾼이 자기가 좋아하는 터를 같은 스포츠맨에게 맡기듯 그에게 넘겨준 자리였다.

"여긴 어딘지도 모르는 곳 한복판이에요." 그가 종이 지도를 더듬거리며 말했다. 터스컬루사(앨라배마대학교가 있는 곳－옮긴이)에서 남쪽으로 두 시간 반을 내려온 앨라배마 시골길에서, 우리의 전화기는 이제 통신 범위를 벗어나 쓸모가 없었다. 우리는 목화밭 뒤에 또 목화밭, 형편없이 녹슨 양철 판잣집, 그리고 셔츠 없이 작업복만 걸치고 자기 집 현관에 앉아서 총을 들고 있는 남자를 지나쳤다. 이렛은 다시 지도를 들여다본 다음 고개를 들어 예상치 않은 게 분명한 어느 교차로를 바라보았다.

"여긴 어딘지도 모르는 곳 한복판이에요." 그가 다시 말하더니, 잠시 말을 끊었다.

"그냥 조금만 더 가봅시다." 그러고는 덧붙였다. "이거 너무 신나는데요."

우리는 다 와가고 있었다. 길섶에 어질러져 있는 굴 껍데기들은 백악기의 맨 끝에서 온, '악마의 발톱Devil's Toenails'이라는 별명을 얻은 거대하고 울퉁불퉁한 조가비였다. 만약 우리가 차를 몰고 남쪽으로 너무 멀리 왔다면 우리는 K-T를 쌩 지나쳤을 테고, 그래서 앨라배마와 미시시피에 있는 모사사우루스와 티렉스 대신에 거대한 고래 뼈와 초기 영장류들을 발견했을 것이었다.

우리는 풀 죽은 닭 수백 마리를 녹슨 철제 우리 안에 차곡차곡 채워서 끌고 가는 픽업트럭 한 대를 지나쳤다. 고속도로의 바람이 닭들의 깃털을 헝클어뜨렸다. 망신당한 공룡 몇 마리가 그 여지없는 파충류의 눈으로 우리 밴을 노려보면서, 한때 자랑이었던 자신들의 혈통에 떠맡겨진 굴욕 속에서 우리를 고발했다.

길가의 너덜너덜해진 시골 표지판에 **'83만 평 팝니다'**라는 문구가 쓰여 있었다.

"K-T 경계에 정확히 올라앉은 83만 평이요!" 이렛이 우스갯소리를 했다. 갑자기 거대한 층상 건축물 하나가 고속도로 갓길에서 솟아올랐다.

"저게 그걸 겁니다." 갑자기 진지해진 그가 더 잘 보려고 목을 앞으로 쭉 빼며 말했다. 이렛은 길섶에다 밴을 처박다시피 주차하고는 잠시 운전을 쉬었다. 도로 절개면 중턱에서, 암석들이 갑자기 색을 바꾸었다.

"저게 확실히 그겁니다."

그 절벽의 위쪽에는 새로운 세계가 있었다. 우리의 세계가.

제7장

The End-Pleistocene Mass Extinction

플라이스토세 말 멸종

5만 년 전

끝없는 공룡의 시대에 뒤따른 세계, 팔레오세는 기이한 세계였다. 뉴멕시코주 에인절피크의 협곡에서, 윌리엄슨의 팀은 이 전쟁신경증shell-shock에 빠진 새 행성을 복원하려 애쓰고 있었다. 이 뉴멕시코의 악지에는 거북이 껍데기, 악어 뼈와 함께 포유류 이빨이 꽉 들어차 있었다. 어디서 많이 본 듯하지만 이 포유류들은 대부분 현대 세계에 후손을 남기지 못한 무력한 혈통이었다. 다른 곳에서는 지구가 진정으로 낯선 실험을 진행하면서 공룡의 소멸이 남긴 생태적 틈새를 메우려 안간힘을 쓰고 있었다. 남아메리카에는 티타노보아titanoboa라는, 길이가 거의 15미터에 달하는 1100킬로그램짜리 뱀이 있었다. 이 괴물 뱀은 무섭기로 치면 그 대륙의 '공포새terror bird'와 맞먹을 것이다. 공포새는 팔레오세에 처음 진화했지만 나중에 말 크기의 머리, 공룡 같은 발, 거대한 갈고리 모양의 부리를 키울 것이었고, 이것들로 전원 지대를 공포에 떨게 함으로써 죽은 사촌들의 가업을 이었다.

"신나는 사실이죠. 몇몇 아주 기이한 유형의 새들이 존재해서 본질적으로 공룡의 틈새를 메우다니. 새가 곧 공룡이라는 건 말할 나위도 없지만, 아시다시피 새들은 벨로키랍토르 같은 것들이 남긴 틈새를, 그들이 멸종한 뒤로도 수백만 년 동안 채우고 있는 거예요." 스티브 브루사테가 말했다.

동물군이 쉽게 급변했다면, 기후는 더욱더 예측할 수 없었다.

"팔레오세와 에오세는 기후가 아주 정신없이 왔다 갔다 한 시기였어요." 브루사테가 이 말을 할 때 우리는 모든 것을 말려 죽이는 뉴멕시코의 태양 아래 먼지 날리는 마른 강바닥 위를 걷고 있었다. 그렇지만 이 사막의 열은 우리의 조상들이 마주한 전 지구적 한증막에 비하면 아무것도 아니었다.

"우리가 알기로 그때는 정말로 뜨거운, 오늘날보다 훨씬 더 뜨거운 시기였어요. 그리고 우리가 어디로 가고 있는지를 고려할 때 우리는 뜨거운 시기 동안 우리 행성이 어떻게 될지를 알아야 해요. 그때는 훨씬 더 뜨겁기만 했던 게 아니라, 기온이 이렇게 순간적으로 엄청나게 치솟곤 하는데 그게 수만 년쯤, 아니면 기껏해야 수십만 년밖에 지속되지 않거든요. 그래서 우리가 여기서 그걸 연구하고 있는 거예요."

"완전한 거북이 배딱지를 찾았다!" 윌리엄슨이 악지 꼭대기에서 소리쳤다.

"와, 멋지다." 브루사테가 소리쳐 답하며 그 눈길을 끄는 등성이를 살펴보았다. "거길 어떻게 올라갔어요?"

포유류의 시대 초기의 온실은 5600만 년 전에 찌는 듯한 최대치를 찍었는데, 이때 대략 오늘날의 화석연료 매장량과 같은 양의 탄소가 대기와 해양으로 방출되었다. 2만 년도 걸리지 않은 그 과정의 결과로, 기온이 섭씨 5~8도 치솟았다. 이 사건은 팔레오세-에오세 최고온기Paleocene-Eocene Thermal Maximu, 줄여서 PETM으로 알려져 있다. 출처는 북대서양 안의 깊은 곳, 해저 아래에서 막대한 양의 저장된 화석연료를 불태워버리고 있던 화산들이었을지도 모른다. 이산화탄소와 메탄이 가스를 뿜어냄에 따라 기후는 지글거렸을 테고, 아마도 육지의 영구동토가 녹음으로써 되먹임 고리를 가동시킨 다음 더욱더 많은 이산화탄소와 메탄을 내보낸 결과로 행성을 더욱더 온난화했을 것이다. 이는 한마디도 현대의 귀에 고무적으로 들리지 않을 것이다.

PETM 사이에 산호초는 복부를 심각하게 얻어맞았고, 그동안 초기의 말과 같은 포유류는 몸집을 줄여 열을 억제하고 극지 쪽으로 내달았다. 거기 있던 북극해가 미지근한 섭씨 24도였다. 열파가 수그러들었을 때조차 지구는 여전히 열병에 걸린 듯 따뜻했다. 오늘날 캐나다 북극권 지역 안에서 강풍에 노출되어 있는 엘즈미어섬 위에는, 얼음으로 꽉 채워진 바다를 내려다보는 어느 불모의 산비탈 위에서 화석 나무 그루터기들이 예전에 에오세의 습지림이 있던 자리를 표시한다. 한때는 그 숲에서 날여우원숭이와 코끼리거북을 비롯해 하마를 닮은 동물들과 악어가 살았다. 이산화탄소 방출과 기후 감도 climate sensitivity(햇빛을 가두는 힘이 달라졌을 때 기온이 바뀌는 정도-옮긴이) 모형들은 최악의 경우 우리의 현대 행성이 이 에오세의 증기탕으로 돌아갈 것으로 전망한다.

이 고이산화탄소 온실이 공룡의 시대에 시작되어서 포유류의 전성기 초기에 군림한 원인으로 제안된 한 가지는—다시 한 번—인도다. 섭입대들이 이 섬 대륙을 질질 끌고 해양을 가로질러 아시아를 향해 접근하면서, 해양저를 펴내 땅속으로 내려 보내는 동시에 죽은 바다생물이 오랜 세월에 걸쳐 쌓은 수천 킬로미터의 탄산염을 집어삼켰다. 탄산염을 먹은 암석은 선봉에 선 화산들을 통해 끊임없이 공중으로 탄산가스를 내뿜었다. 인도가 아시아로 충돌한 4500만 년 전 무렵, 수천만 년 동안 가동한 이 이산화탄소 공장이 문을 닫으면서 화산들도 조용해졌다. 충돌이 히말라야를 하늘로 밀어 넣는 동안, 화산의 암석들과 갓 태어난 산맥이 풍화하기 시작하면서 이산화탄소 농도를 더욱더 끌어내렸다. 4억 년 앞서 애팔래치아와 함께 오르도비스기 빙하시대가 생겨났을 때와 마찬가지로, 히말라야의 융기와 풍화가 시작된 순간 현대의 빙하시대로 가는 길고 느린 쇠퇴에도 시동이 걸렸다.

오래도록 무성한 숲으로 뒤덮인 수렵 금지 구역이었던 남극대륙은 호주 대륙과 드디어 분리되기 시작하면서, 초대륙 곤드와나의 마지막 흔적이기를 그만두었다. 최남단의 대륙이 빙모를 키우기 시작한 뒤 더 춥고 더 건조한 기후가 전 지구를 가로질러 퍼짐에 따라, 에오세는 3400만 년 전 오한을 느끼며 생을 마감했다. 이렇게 해서 오래된 온실기후가 극지에 얼음이 있는 더 현대적인 기후로 넘어온 결과로, 동물에 중대한 반전이 일어났다. 머리에 손잡이가 달린 코뿔소처럼 생긴 브론토테륨brontotherium을 비롯해, 기괴한 생김새의 여러 포유류도 극빙이 처음 비친 이때 자취를 감추었다. 오늘날 우리에게 친숙한 초지와 사바나가 퍼지면서 원시림보다 더 커지기 시작했다. 이 전환을 '대단절'에 해당하는 프랑스어로 '그랑드 쿠퓌르Grande Coupure'라고 부른다. 하지만 멸종과 발생은 신생대에도 언제나 그랬듯 계속되었고, 대개의 종은 천수를 누린 뒤에 다행히도 대멸종의 무차별 살육과는 아무 상관없이 지질학적 계절 변화에 굴복했다. 대중의 상상 속에서 부당하게 무시되는, 공룡의 시대 이후의 세계는 공룡 크기의 뿔 없는 코뿔소부터 18미터 길이의 메갈로돈 상어에 이르는 별의별 것이 주역으로 출연하는 신나는 세계였다.

그러다가 겨우 300만 년 전, 이산화탄소가 비실비실 빠져나가기를 계속하다 북아메리카와 남아메리카가 파나마에서 손을 잡았을 때—이 결혼으로 전 지구의 해양 순환 경로가 바뀌면서—행성의 꼭대기도 얼음으로 뒤덮이기 시작했다. 북극은 이후 아마도 대부분이 언제나—다시 말해, 우리 자신의 시기 이전까지는—변함없이 얼어 있었을 것이다. 이제 북극은 앞으로 여름이 수십 번만 지나면 녹아 없어질 것으로 예상된다.

땅이 식을 만큼 식었던 260만 년 전쯤부터는, 땅을 햇빛 속으로 기울여 넣었다 뺐다 하는 행성의 흔들림이 기후를 지배하기 시작한 결과로, 행성 전체가 대빙하시대great ice age(신생대 제4기 빙하시대의 다른 말-옮긴이)의 얼음 속으로 떠밀려 들어갔다 나오기를 반복하게 되었다. 이 주기적 흔들림이 여름에 땅을 태양에서 먼 쪽으로 기울였을 때에는 얼음이 두께 1마일이 넘는 초대형 빙상의 형태로 대륙을 가로질러 행진할 수 있었다. 그 땅에 온 겨울은 수만 년 동안 얼음의 품 안에 대지를 끌어안았다. 지난 수백만 년에 걸쳐 이 우주공간에서의 흔들림과 지구 궤도의 규칙적 변화가 행성을 얼음이 전진했다 후퇴하는 주기로 떠밀어 넣었다 빼기를 아마 50번도 넘게 반복했을 것이다.

이는 우리를 오늘날로 이끈다. 우리는 문득 우리 자신이 대빙하시대의 빙하기들 사이에 끼어 있음을, 하나의 짧은 간빙기에 들어 있음을 깨닫는다. 전에 왔다 간 수십 번의 따뜻한 유예기와 마찬가지로, 이 기간의 온기도 길어봐야 수천 년이다. 우리는 이 쾌적한 휴가가 이미 지속해온 시간보다 훨씬 더 오래갈 것으로 기대해서는 안 된다. 우리는 지질학적 한순간에 대빙하시대의 어느 한 빙기로 다시 던져질 것을 예상해야 한다. 그 시기 동안 뉴욕시는 남극대륙의 끄트머리처럼 보일 테고, 엠파이어스테이트빌딩도 대륙 빙상의 얼음 면에 견주면 시시한 점처럼 보일 것이다. 빙하시대가 돌아오면 바다들이 120미터를 곤두박질하면서 우리의 친숙한 해안선을 수백 킬로미터 밖으로 밀어내고 호주를 아시아로, 아시아를 북아메리카로 연결할 것이다. 나중에 다시 이야기할 테지만, 이 장기 예측은 인간의 개입으로 혼란에 빠졌다.

신기하게도, 지난 수백만 년의 급격한 기후변동들은—가혹한 빙하시대를 들락거리는 동안에도—극소수의 멸종밖에 일으키지 않았다. 이소텔루스 렉스나 둔클레오스테우스가 지구사의 더 이른 빙기에 사라져간 것과 달리 털매머드와 거대 땅늘보, 커다란 유대류들과 자동차만 한 아르마딜로는 빙하시대와 따뜻한 간빙기를 오간 근래 지질사의 많은 변동을 기분 좋게, 까다로운 행성에 맞춰 자신들의 행동 범위를 바꿔가며 견뎌냈던 것으로 보인다.

그러다가 지질학적으로 한순간 전에, 그 세계는 소유했던 커다란 육상 포유류의 절반을 잃었다.

이 사건은 '근시간near-time' 멸종으로 알려져 있다. 지질학자에게,

겨우 수천 년 전에 일어난 사건은 어제 일어난 것과 다름없기 때문이다. 이 근시간 멸종은 성경에 나올 법한 백악기 끝의 혼돈 이후로 대형 육상 척추동물이 입은 가장 큰 타격에 해당하는데, 이는 다른 어떤 멸종과도 다른 양상을 띤다. 다시 말해, 해양 영역은 완전히 피하고 식물군도 거의 말짱하게 내버려둔 채, 주로 카리스마 넘치는 대형 육상 포유류에게 영향을 미친다.

상대적으로 안정적이었던 수백만 년이 지난 뒤, 심지어 셀 수 없이 많았던 가혹한 기후변동을 모두 헤쳐 나온 시점에 갑자기 낯선 멸종의 물결이 행성 전역을 휩쓸었다. 그리고 이 망령은 근래에 아프리카에서 진화한 영장류의 한 종인 호모사피엔스가 영웅적으로 이주할 때마다 소름 끼치도록 그림자처럼 따라다녔다. 겨우 수만 년 전에 시작된 이 멸종들은 대륙에서 대륙으로, 다음엔 외딴 섬들로 뛰어올랐고, 억제되지 않은 채 계속되어 오늘날에 이른다. 인위적 멸종을 생각하면 가솔린을 꿀꺽꿀꺽 삼키는 사슬톱이 고목을 가르거나 산업계의 저인망 어선이 녹슨 쟁기 날로 해저의 씨를 말리는 모습이 떠오르지만, 사실 인류의 이익은 출생 이후로 지금껏 생물다양성의 손해와 동의어였다.

4만~5만 년 전 사이 어느 시점에, 호주는 유대류 사자와 거대 캥거루를 잃었다. 이들은 지금 살아 있는 종류보다 훨씬 더 컸고 그래서 훨씬 더 느렸다. 호주는 디프로토돈diprotodon도 잃었다. 느릿느릿 움직이는 거대 초식동물이었던 이들은 크기가 코뿔소만 한, 지금껏 존재했던 가장 큰 유대류였다. 호주는 날지 못하는 거대 새도 잃었다. 이들은 키가 180센티미터가 넘었다. 호주는 거대 비단뱀, 육지 악어 두 종, 그리고 메갈라니아megalania라 불리는 커다란 왕도마뱀도 잃었다. 길이가 4.5미터에 달하는 메갈라니아는 마치 트라이아스기로 가는 도중에 길을 잃은 것처럼 보인다. 호주는 땅 위의 동물 가운데 무게가 100킬로그램이 넘는 동물이란 동물은 마지막 한 마리까지 완전히 잃었다. 이 멸종의 물결이 덮친 때는 무슨 유별난 기후 요동이나 소행성 충돌 기간이 아니라, 첫 번째 인간이 호주에 도착한 때와 얼추 그 시점이 같다.

현생 인류가 유럽과 아시아로 처음 퍼져 들어갔을 때, 그 지역의 동물군은 더 오랜 기간을 멸종에 시달렸다. 이 멸종들은 유라시아로부터 상아가 곧은 코끼리, 털매머드, 털코뿔소, 털이 그다지 많지는 않았던 코뿔소를 비롯해 하마, (세상에서 가장 화려한 뿔을 뽐내던) 거대 사슴, 동굴 곰, 동굴 사자, 점박이하이에나를 앗아갔다. 유라시아는 네안데르탈인도 잃었다. 도구와 불을 사용했고 죽은 동족을 묻었던 그 다른 종류의 사람 말이다. 네안데르탈인과 현생 인류의 만남은 지독히 짧았다. 네안데르탈인의 유전자가 유럽인과 아시아인 안에 아직도 살아 있으니, 둘의 사랑은 종을 초월한 게 분명하지만 말이다.

대중이 막연하게 공룡이 함께 있는 과거 어느 때로 바라보는 털매머드의 멸종 시점은 너무도 근래여서, 눈 속에서 다시 꺼낸 털매머드의 고기를 먹을 수 있을 정도다. 과학 저술가 리처드 스톤Richard Stone은 시베리아에 갔을 때 한 러시아 동료가 그러는 걸 목격했다. "그는 자신이 직접 먹어본 뒤 보드카를 연거푸 마신 다음 이렇게 말했다. '윽, 정말 지독하군. 마치 아주 오랫동안 냉장고에 넣어둔 고기 맛이 나는데요.'"[5] 동유럽과 러시아 전역에는 집들이 매머드 뼈만으로 지어진 게 특징인 주거지 유적이 뿔뿔이 흩어져 있는데, 그중에서도 놀라 자빠질 우크라이나의 메지리치Mezhyrich 유적지에는 150여 마리에게서 나온 뼈가 포함되어 있다.

1만2000년 전쯤, 인간은 북아메리카에 도착했다. 동시에, 다시 말해 상대적으로 안정적이었던 수백만 년이 지난 뒤—또한 급격히 왔다 갔다 하는 기후를 모두 헤쳐 나왔음에도—북아메리카는 어마어마한 수의 대형동물군을 잃었다. 이 대륙은 장엄함으로 치면 어디든 현대 아프리카의 사바나에서 목격되는 수준을 훨씬 뛰어넘는 동물한 벌의 고향이었다. 이 대륙도 토종 매머드 네 종, 토종 코끼리 비슷한 곰포테리움, 토종 거대 땅늘보를 잃었고, 그 땅늘보 일부는 뒷다리로 우뚝 서면 키가 4.5미터에 달했다. 이 대륙은 무게가 1톤이 넘었던 토종의 거대 아르마딜로도 잃었다. 곰만 했던 비버도. 지금 살아 있는 어떤 곰보다도 훨씬 더 컸던 짧은얼굴곰Arctodus 같은 곰들도. 그리고 거대한 종류의 페커리, 맥, 스태그무스, 카피바라, 들개, 난쟁이영양, 관목소euceratherium, 삼림사향소bootherium, 마스토돈도.

마스토돈의 똥에 의존해 살았던 어느 곰팡이류의 홀씨가, 이 멸종은 식생의 변천이나 기후변화와 같은 자연적 힘에서 말미암은 게 아니었음을 암시한다. 이 홀씨가 급감한—마스토돈을 비롯해 이 곰팡이류가 의존한 대형동물군이 사라졌음을 가리키는—그 순간에도 이 동물들이 좋아한 가문비나무 숲은 퍼지고 있었다. 아메리카 원주민의 사냥터를 비롯해 대형동물군을 과도하게 사냥해서 몇 세대 만에 멸종시키기가 상대적으로 얼마나 쉬운지를 시뮬레이션하는 컴퓨터 모형들도 다른 용의자를 가리킨다.

북아메리카는 그 많았던 낙타도 잃었다. 낙타는 이 대륙에서 기원해 진화한 뒤 나중에야 아시아와 아프리카로 퍼져 나갔다. 실험적으로 군 호송대에 도입된 낙타들이 1850년대에 남서부를 건넜을 때, 에드워드 빌Edward Beale 중위는—이 동물의 조상과 그 땅의 관계도 모르고—낙타들의 비범한 효용성에 즐거워하면서도 깜짝 놀랐다. 자신들의 진화적 고향을 씩씩하게 가로지르면서 이들은 "달리 쓸모없는 잡초를 비롯해 가축이 피하는 식물들을, 예컨대 뉴멕시코 안의 철도 용지用地를 따라 자라는 크레오소트 관목(남가새과科 상록 관목-옮긴이)까지" 먹어치웠다.

북아메리카는 아메리카얼룩말뿐 아니라 말도 잃었다. 북아메리카의 말 이야기는 호기심을 끈다. 말은 이 대륙에서 수백만 년에 걸쳐 진화한 다음, 1억2000만 년 전쯤 갑자기 멸종했다가 수천 년 뒤에야 스페인의 식민지 개척자들이 다시 들여왔다. 만약 말이 지금부터 수백만 년 동안 이 대륙에 존속한다면 먼 미래의 지질학자들은 아마도 이 이상한 수천 년 기간의 부재를 알아채지 못할 것이다.

전에는 넘쳐나던 북아메리카 대형동물군의 사체를 청소하는 것으로는 먹고살 수 없게 된 결과로, 대륙은 지금까지 날았던 새 가운데 가장 큰 새에 속하는 테라토르니스teratornis와 더불어 콘도르의 다수를 잃었다. 다이어울프와 검치호도 잃었다. 아메리카치타도 잃었고, 아울러 지금까지 존재했던 가장 큰 고양잇과의 하나로서 아프리카의 사촌보다도 더 컸던 아메리카사자도 잃었다. 이 동물들 다수의 유해를 그들이 죽은 곳에서 찾아볼 수 있다. 예컨대 로스앤젤레스 시내에도, 그 도시의 혼잡한 동네 미러클마일Miracle Mile을 따라가다 보면, 라브레아La Brea 타르 구덩이에 채워진 천연 아스팔트 곤죽 안에 이들의 뼈가 보존되어 있다.

이 동물 모두가 북아메리카를 너무도 근래까지 돌아다녀서, 미래 지질학자들에게는 이들이 본질적으로 바로 지금 멸종한 것처럼 보일 것이다. 우리 시대가 자연사박물관에서 관람할 수 있는 세계들보다 덜 웅장하다고 생각되는 것은 착각일 뿐이다. 최근에 벌거숭이가 된 우리 경치가 울부짖는 짐승을 잃고 빈곤해진 것은 고작 지질학적 한순간 전부터다.

하지만 그 야생 동물들은 진화적 유령들 안에 아직도 살아 있다. 북아메리카 안에서, 미국 서부의 발 빠른 가지뿔영양들은 자신들의 어떤 현존 포식자보다도 우스꽝스러울 만큼 더 빨리 달린다. 그도 그럴 것이, 이들의 속도는 현존하는 포식자에 맞춰진 게 아니다. 그것은 이들이 끊임없는 아메리카치타의 끔찍한 추격에서—지질학적 한순간 전까지—도망쳐야 했던 흔적일지도 모른다. 내가 기차를 타고 뉴멕시코의 키오와국립초지Kiowa National Grassland를 지날 때, 그 부재가 손에 잡힐 듯 생생히 느껴졌다. 이 아메리카의 세렝게티는 바람에 노출된 채 텅 비어 있는데, 홀로 방황하는 한 마리 가지뿔영양만이 아직도 유령을 피해 달리고 있었다.

플라이스토세의 진화적 그림자는 농산물 통로 안에도 아직 살아 있다. 열매 안의 씨앗은 동물이 먹은 다음 퍼뜨리라고 고안된 것이지만, 아보카도에 있어 이는 별 의미가 없다. 그 당구공만 한 알맹이를 통째로 삼켰다가는 최소한 며칠은 소화관이 고통을 겪게 될 것이다. 하지만 나무에서 먹이를 구하는 거대 동물들이 사는 땅에서는 그

열매의 존재가 조금 더 이해가 간다. 예컨대 때때로 공룡에 대비되는 땅늘보들은 그 씨앗을 삼켰고 거의 삼킨 줄도 몰랐다. 땅늘보는 지질학적으로 한순간 전에 사라졌지만, 특이한 열매 아보카도는 남아 있다.

땅늘보와 나머지 아메리카 대형동물군의 멸종은 너무도 근래에 일어난 일이라 오늘날까지도 그랜드캐니언에는 거대 땅늘보의 똥으로 가득한 동굴들이 남아 있다. 똥을 헤치고 나아가는 것에 관해 지금껏 쓰인 가장 감동적인 구절일 법한 글에서, 작고한 애리조나대학교의 고생물학자 폴 마틴Paul Martin은 그랜드캐니언의 램퍼트동굴Rampart Cave을 탐험한 어느 날을 이렇게 묘사했다.

> 천천히 동굴 속으로 더 깊이 나아가면서, 우리는 대성당에 들어온 듯 침묵에 빠졌다. (…) 일렬종대로 우리는 어느 도랑으로 걸어 들어가, 늘보 똥을 통과했다. 멈췄을 때 우리는 가슴 깊이로 켜켜이 쌓인 늘보 똥 안에 서 있었다. 그곳에는 바람 한 점 없었지만, 그 퇴적물은 암모니아든 썩어가는 분뇨의 다른 냄새든 흔적도 없이 잃어버린 다음이라, 공기는 향을 피운 것처럼 수지 냄새가 났다. 아무도 한마디도 하지 않았다. 정적 속에서 나는 뒷덜미의 머리털이 곤두서는 것을 느꼈다. 수피교도나 신비주의자가 아니라도 이 어슴푸레하고 천장 낮은 방이 성역임을 감지할 수 있었다. 죽은 자를 위한 무덤에 그치지 않고, 램퍼트동굴은 멸종한 자를 받들어 모셨다.

이 멸종의 책임이 원주민에게 있었다는 인기 없는 발상으로, 이미 고인이 된 마틴보다 더 많은 포화를 한몸에 받은 사람은 아무도 없다. 그가 자신의 '과잉overkill' 이론을 처음 제안한 때는 1960년대였다. 많은 탈근대의 사회과학자와 인류학자가, 이미 식민주의에 의해 인간성을 빼앗기고 몰살당한 제일국민First People(아메리카 원주민 - 옮긴이)이 엇갈린 전 지구적 멸종의 물결을 일으킨 원흉일 수 있다는 발상을 역겨워했다. 마틴을 가장 큰 목소리로 비판한 한 사람은 그의 애리조나대학교 동료이자 정치과학 교수였던 바인 델로리아Vine Deloria Jr.였다. 그는 마침내 아메리카 원주민 창조론의 한 형태를 신봉했는데, 그 이론에서 아메리카 원주민은 북아메리카에서 기원한 뒤로 늘 그곳에 있었다. 이와 반대되는 과학적 증거가 유전학, 고고학, 고생물학에서 쏟아져 나와, 아메리카 원주민은 대략 1만2000년 전에 아시아로부터 도착했고 뒤이어 북아메리카 대형동물군이 초토화되었음을 가리켰는데, 이는 서양 문화제국주의의 추가 행위로 여겨졌다. 하지만 마틴은 선사시대 사람들에게 현대적인 자연보호의 이상을 위배한 책임을 지우는 것은 우스꽝스러운 일일 것이라는 데로 시선을 돌리려 갖은 애를 쓰면서, "우리가 다음 1만2000년 사이에 대형 포유류의 멸종을 땅늘보의 시절 이후로 아메리카 원주민이 1만2000년 기간에 일으킨 만큼 적게 일으킨다면, 우리는 스스로를 믿을 수 없을 만큼 운이 좋다고 여길 수 있을 것"이라고 주장했다. 말년에 마틴은 아프리카와 아시아에서 코끼리와 낙타를 수입해 아메리카 서부에 다시 살게 함으로써 생태적으로 빈곤해진 미국 경치를 회복시킬 것을 주창하기까지 했다.

과학적으로 더 유식한 그의 동료들 사이에서 과잉 이론에 비판적이었던 사람들은 그 멸종들에 대한 다른 설명으로 지난 빙하시대의 끝에 일어난 기후변화를 지적했고, 이로써 일찍이 개척정신을 불태운 인간들의 혐의를 풀어주었다. 북아메리카가 가장 근래의 빙하시대에서 벗어나는 과도기 동안 실제로 극적인 기후변화를 경험하기는 했다. 하지만 북아메리카는 전에도 플라이스토세 동안 그런 경험을 너무도 무수히 해온 터였고, 최근 빙하시대의 끝에 일어난 기후변화들이 빙하기와 간빙기를 오간 그 이전의 많은 진동보다 조금이라도 더 크거나 더 심하지 않았다는 사실도 분명했다. 플라이스토세의 짐승들은 자기들이 더 좋아하는 서식지를 뒤쫓아 활동 영역을 옮기면서, 더 일찍이 있었던 변화들을 쉽게 헤쳐 나온 터였다. 변화하는 기후는 노련한 사냥꾼 무리가 불어나며 퍼지는 동안 불을 놓아 경치를 바꿈으로써 부과한 일종의 혼란에다 불안정성의 요소를 하나 더 추가한 결과로 생물권을 더 취약하게 만들었을지도 모른다. 하지만 인간이라는 궁극적 침입종을 도입하지 않아도 북아메리카의 대형동물군이 멸종했을 것이라고 생각할 이유는 전혀 없다. 게다가 야행성 동물이 멸종에서 더 무사한 경향이 있었던 이유를 기후변화에 호소해 설명하기란 거의 불가능하다. 식물이 거의 멸종하지 않은 것에 대해서도 같은 말을 할 수 있다. 마틴이 그랜드캐니언에서 마주친 바로 그 땅늘보 똥이 드러낸 한 끼 식사 속 식물들은 북아메리카의 메마른 경치 안에서 여전히 번성하고 큰뿔야생양과 야생 당나귀가 기꺼이 먹는다. 느리고 방어 수단도 없었던 거대 땅늘보가 먹을 게 모자라서 사라졌을 가능성은 별로 없어 보인다.

마지막으로, 마틴의 이론을 시험할 대조군이 존재했다. 수천 년 동안 인간에게 발견되지 않고 남아 있던 여러 섬과 땅덩이에서, 대형동물군은 전에 수도 없이 그랬듯 플라이스토세의 끝에도 기후변화를 견뎌내다가, 인간이 마침내 그들의 바닷가에 도착했을 때 비로소 파괴되었다. 마지막 땅늘보들이 북아메리카 본토에서 사라진 때는 1만 년 전이었을지도 모르지만 마틴의 제자였다가 플로리다대학교의 고생물학자가 된 데이비드 스테드먼David Steadman이 2005년에 화석들을 찾아낸 한 종은 히스파니올라섬과 쿠바섬에서 5000년 동안이나 더 남아 있었다. 서인도제도에 처음으로 인간이 정착했을 때, 이 카리브해의 땅늘보들도 빠르게 자취를 감추었다.

경이롭게도, 털매머드 또한 극도로 외딴 섬들에서 자그마치 이집트 피라미드 건축의 황금기까지 눈에 띄지 않고 살아남았다. 이 시대착오적 매머드들은 어느 날 문득 고립되었지만, 안전하게 시베리아 연안의 브란겔Wrangel섬 위에, 그리고 알류샨열도의 먼 북쪽, 베링해 중에서도 적막한 프리빌로프제도에 속한 세인트폴섬 위에 있었다. 이 피난처들이 인간에게 발견되지 않은 덕분에 매머드가 살아남은 반면 이들의 본토 친척들은 수천 년 먼저 멸종으로 쓰러졌다.

비슷하게, 스텔러바다소라는 **길이 9미터**의 거대한 바다소 사촌도 북태평양 해안에서 1만2000년 전 무렵에 근절되었지만, 러시아 연안의 사람이 살지 않는 코만도르스키예제도Commander Islands에서 작은 잔류 개체군으로서 방해받지 않고 18세기까지 그럭저럭 살아남았다. 코만도르스키예제도는 1741년에 모피 상인들에게 발견되었다. 이 **12톤**의 거대 동물은 사냥되던 끝에 이들의 마지막 보루—따라서 이들 세계의 전부—였던 이 섬들 위에서, 인간에게 발견된 지

30년 만에 멸종했다.

대륙들에 가해진 피해는 1만 년 전에 끝났지만, 섬들은 수 세기에 걸쳐 밀려오고 또 밀려오는 멸종의 물결에 끊임없이 시달렸다. 섬들이 그 옛날의 다부진 탐험가들에게 차례로 발견되었기 때문이다. 약 2000년 전, 인도네시아인은 아우트리거outrigger(뱃전에서 배 밖으로 노 받침대를 내밀어 단 – 옮긴이) 카누를 타고 인도양을 건너서 마다가스카르로 가는 주목할 만한 여정을 마친 뒤, 기어이 바닷가에 닿아 현지 동물군을 싹 쓸어버렸다. 이때 박동한 멸종은 땅돼지의 어느 친척과 열일곱 종의 여우원숭이를 앗아갔는데, 그 가운데 가장 큰 종이었던 아르카이오인드리스Archaeoindris는 크기가 고릴라만 했다. 마다가스카르는 토종 하마, 토종 코끼리거북, 어마어마하게 큰 토종 코끼리새도 잃었다. 선 키가 3미터가 넘었던 이 새는 낳은 알도 용량이 2갤런(약 8리터)을 훌쩍 넘어서, 심지어 (새가 아닌) 공룡을 포함해 지금껏 존재했던 모든 동물의 알려진 알 가운데 가장 컸다. 이 커다란 알껍데기는 이 섬에 "박살 난 조개껍데기처럼 땅에 어질러져" 있어서 어렵지 않게 찾아볼 수 있다. 초기 마다가스카르인을 위해 진수성찬을 제공한 게 틀림없다.

지난 수백 년 사이에는 용감한 폴리네시아인들이 태평양 길에 올라 수천 킬로미터씩 떨어진 조그만 환초들과 군도들을—뉴칼레도니아에서부터 하와이와 이스터섬을 거쳐 핏케언제도the Pitcairns에 이르기까지—기적처럼 식민지로 삼은 결과, 수천 종의 날지 못하는 새를 포함한 각 섬만의 동물군은 무수한 달팽이를 비롯해서 그 밖의 동물들과 더불어 뿌리가 뽑혔다. 하지만 사냥은 인류의 멸종 설비에 들어 있는 유일한 무기가 아니다. 이 섬의 동물군은 주로 우리의 털북숭이 화물인 쥐와 돼지 따위가 파괴했을지도 모른다.

뉴질랜드에서는 이국적이고 날지 못하는 모아moas라는 새의 화석 기록이 보여주듯이, 초대형이었던—일부는 농구 골대보다 더 컸던—이 새들은 땅이 비틀비틀 햇빛 속을 들락거릴 때마다 성큼성큼 섬을 오르내리며 플라이스토세의 까다로운 기후에 쾌활하게 대처했다. 하지만 500년 전, 마오리족이 뉴질랜드에 도착한 뒤 모아는 자취를 감추었다. 이 멸종은 캘리포니아대학교 로스앤젤레스캠퍼스의 조류학자이자 지리학자였던 재레드 다이아몬드Jared Diamond를 당혹스럽게 했다. 『총, 균, 쇠』[6]의 지은이이기도 한 그는 인간의 술책만으로 멸종을 일으킬 수 있다는 발상이 겉보기에 우스꽝스럽다고 생각했다. 그는 연구를 위해 멀기도 하고 접근하기도 어려운 뉴기니의 가우티에르산맥Gauttier Mountains에 가 있던 때에 이러한 회의를 버렸다. 거기서 그는 전혀 겁이 없는 나무타기캥거루와 마주쳤다.

> 카우티에르에서 일하기 전까지, 나는 얼마 안 되는 마오리족이 그 광활한 뉴질랜드 남섬에서 어떻게 모아를 전부 죽일 수 있었을지, 그리고 클로비스(뉴멕시코주 동부의 도시 – 옮긴이)의 사냥꾼들이 1000년여 만에 남북 아메리카에서 대형 포유류 대부분을 없애버렸다는 모시만-마틴Mosimann-Martin 가설을 도대체 어떤 사람이 진지하게 받아들일 수 있는지 도무지 이해할 수 없었다. 마취나무타기캥거루Dendrolagus matschiei라는 그 커다란 캥거루를 떠올리면, 더는 그 가설

이 하나도 놀랍지 않다. 녀석은 어느 나무 줄기의 2미터 높이에 가만히 서서, 근처 훤히 보이는 곳에서 이야기를 나누는 나와 내 조수를 빤히 지켜보고 있었다.

인간을 접해본 적 없는 동물들의 이 천진난만함이 그 멸종들의 많은 부분을 해명할 것이다. 게다가 이 두 발로 걷는 이상한 포유류, 웬만한 사슴보다 더 작고 무서운 발톱이나 이빨도 없는 친구가 그토록 치명적일 수 있다는 걸 어떤 동물이 무슨 수로 알겠는가? 실은 20세기에 이르렀을 무렵, 이런 부류의 무지에 피해를 입기 쉬운 모든 육상동물은 이미 비싼 대가를 치른 터였다. 하지만 사람이 살지 않았고 사람에게 발견되지도 않았던 남극대륙은 다른 모든 대륙을 덮친 멸종의 물결을 피했다. 그러다 마침내 빅토리아 시대의 탐험가들이 이 대륙의 바닷가에 도착했다. 그리고 인간은 그 이전 5만 년에 걸쳐서 새로운 땅덩어리들로 진출한 제일국민들을 환영해왔을 가능성이 큰, 그 영양가 높고 겁 없이 우호적인 종류의 동물군을 마주쳤다. 1912년에 도착한 순간, 노르웨이의 탐험가 로알 아문센은 자신의 행운을 믿을 수 없었다. "우리는 진정한 꿈의 나라에 산다"라고, 그는 새로운 대륙에 관해 썼다. "물개가 배로 다가오고 펭귄이 천막으로 와서 자기들을 쏘라고 한다." 이 생소한 동물들에게는 다윈이 사람에 대한 "유익한 두려움salutary dread"이라 부른 것을 발달시킬 시간이 없었던 결과였다. 아메리카의 토착민이건, 유라시아의 선주민이건, 호주의 원주민이건, 짐작건대 사냥의 명수였을 모두에게, 그들의 새로운 고국은 틀림없이 아낌없이 퍼주는 꿈의 나라로 보였을 것이다. 물웅덩이 주위에 옹기종기 모여 있는 겁 없는 사냥감의 거대한 무리는, 마주치는 순간 저항할 수 없을 정도로 유혹적인 현상금으로 판명되었을 게 틀림없다.

그렇게 말했지만, 대부분의 시간을 인간과 함께 보낸 아프리카 대형동물군의 상대적인 온전함은 과잉 가설에 반대되는 증거로 인용되어왔다. 하지만 이는 규칙을 입증하는 예외일지도 모른다. 200만 년에 걸쳐 인류의 조상들이 사냥감을 뒤쫓는 기술과 전략을 휘두르는 데 능숙해지기만 하는 동안 사람들과 서서히 공진화한 이 동물들은 전 지구의 당사자들 사이에서 유독 "인간에 대한 유익한 두려움"을 익히는 데 꼭 필요한 진화 시간과 끔찍한 경험을 보유하고 있었다. 그런데도 아프리카조차 토종 대형동물군의 21퍼센트를 잃었고, 큰 동물일수록 더 심하게 타격을 받았다.

영국의 지질학자 앤서니 핼럼Anthony Hallam은 식민지시대 이전에 이미 생태계가 망가졌다는 이 기록을 인용하며 (다소 볼썽사나운 승리주의에 취해) 이렇게 말한다. "식민지시대 이전 비서구 사회의 생태적 지혜가 우월하다는 낭만적인 생각은 영원히 떨쳐버려라. 대자연과 사이좋게 사는 고귀한 야만인이라는 관념은 그것이 속한 신화의 영역으로 보내야 한다. 인간은 결코 자연과 사이좋게 산 적이 없다."

인간의 계획이 인간의 탄생 이래로, 그리고 인간의 번영이 일반적으로 나머지 자연계를 희생한 대가로 펼쳐져온 것처럼 보인다는 사실은 과학의 엄연하고 마음을 뒤흔드는 발견 가운데 하나다.

이 파괴적인 인간의 그늘은 지난 몇 세기 사이에 넓어져왔고, 이 매우 가까운 과거에 있었던 멸종들의 목록은 비극적이고 잘 알려져 있다. 호주의 유대류 태즈메이니아호랑이에서 출발한 그 목록은 북아메리카의 나그네비둘기를 거쳐(둘은 모두 마지막 날들을 동물원에서 보냈다), 유럽의 큰바다쇠오리와 모리셔스의 도도에까지 이른다. 중국에서 댐, 낚시 도구, 보트 운항이 앞을 거의 못 보는 강돌고래의 일종인 양쯔강돌고래baiji를 멸종까지 몰아온 것은 겨우 지난 10년 사이이다. 그리고 2015년에는 북부흰코뿔소의 맨 마지막 수컷이, 행성 위를 달려온 100만 년의 끝에서 무장한 수단인Sudanese 야생동물 순찰대의 경호를 받고 있는 모습이 전 지구의 헤드라인을 장식했다(2018년 3월 19일에 사망했다). 그 밖에 저인망 어선이 할퀸 해양 대륙붕 위에서 헤집어져 잊혔거나 말끔히 타버려 연기만 나는 우림 지대에서 사라진 셀 수 없이 많은 종은 결코 알려지지 않을 것이다.

그래서 진화는 인간에게서 어떤 혁신거리를 마주쳤던 것일까? 무엇이 이만한 파괴를, 이렇게 빨리, 전적으로 단 한 종의 영장류가 제공한 까닭을 해명할 수 있을까? 데본기 후기 동안의 생명체 안에서는 초기 육상식물에게 생겨난 깊은 뿌리, 두꺼운 목질 조직, 씨앗이 그런 파괴를 제공했다면 호모사피엔스가 거의 순식간에 전 지구로 확산한 데 뒤이어 자연환경을 지배한 까닭은 무엇이 해명할 수 있을까?

문화와 관계 있을지도 모른다.

말할 것도 없이, 문화라는 말로 내가 가리키고 있는 것은 모네의 「수련Water Lilies」 연작이나 어거스트 윌슨August Wilson의 희곡들이 아니라, 정보를 세대에서 세대로 전달하는 호모사피엔스의 능력이다. 우리는 정보를 나머지 동물계와 마찬가지로 유전자 부호를 통해서만이 아니라 언어와 행동, 저술과 같은 기술을 통해서도 전달한다. 바로 문화 덕분에 우리는 별 수 없이 자연선택의 망치가 우리를 때려서 끈질기게 고쳐주기를 빈둥거리며 기다리는 대신, 환경이 변할 때마다 즉흥적으로 그 환경에 적응할 수가 있다.

문화는 DNA와 마찬가지로 정보다. 정보로서의 문화는 자신을 얼마나 효과적으로 전달하느냐를 바탕으로 전파되고 진화한다. 유전자와 마찬가지로 언어나 행동의 형태로 부호화되는 정보도 사람들을 살려주거나 그들에게 어떤 유형의 이익을 베푸는 것이 훨씬 더 널리 퍼진다. 윤작, 아니면 배나 무기나 옷을 짓는 법 같은 것에 관한 정보가 여기에 포함될 수 있을 것이다. 그리고 터프츠대학교의 철학자 대니얼 데닛Daniel Dennett이 주장해왔듯이, 이 과정은 인간의 독창성을 조금도 끌어들일 필요가 없다. 폴리네시아인의 배 형태는 자연선택에 의한 진화 비슷한 어떤 것에 의해 설계되었다고 데닛은 말한다. 열악한 배 설계는 그 배에 탄 사람들이 항구로 돌아오지 않았으므로, 다음 세대의 배 제작자들에게 채택받지 못했다. 그 대신에 배 제작자들은 바다가 선택한, 여행을 견뎌낸 설계만을 채택했다.

하지만 비록 배의 설계가 배를 만드는 사람이 알 길 없는 여러 이유로 상상된 뒤에 모든 것을 아는 설계자가 아니라 바다에 의해 형태가 다듬어졌다 해도, 문화적 진화를 통해 연달아 여러 세대에 걸쳐 꾸준히 배의 개선이 축적되면—지질학적으로는 거의 당장에—태평양만큼 위압적인 자연적 장벽도 극복할 능력이 있는 경이로운 선박이 남게 된다. 더 나은 배를 만드는 기법(또는 사냥 방법, 또는 동물의 생가죽으로 옷 만드는 법, 또는 금속을 다루는 전문 지식)에 관한 변하기 쉬운 정보를 여러 세대를 뚫고 내려가 전달하는 이 능력은 기술이 새로운 조정과 수정을 수없이 축적하도록, 그래서 진화적으로 눈 깜짝할 사이에 훨씬 더 적응적이 되도록 해주었다. 문자 언어의 발명은 물리적 세계를 다루는 일에 관한 이 정보가—이제는 유전체 바깥의 책, 잡지, 신문, 과학 학술지 안에, 그리고 최근에는 인터넷 안에 살면서 돌연변이하는 가운데—훨씬 더 널리 퍼지도록 해주었다. 창에서부터 핵무기로 이어지는 일직선의 문화적 진화—문화적 단계통군—가 존재한다. 문화는 우리가 진화 시간의 족쇄를 벗어 던지게 해주었다.

오늘날 이러한 수만 년의 문화적 진화가 우리에게 준 세계에서 우리는 물리적 환경에 대해 너무도 막강한 장악력을 얻은 나머지 이제는 지구계 전체의 손잡이 여러 개를 손에 쥐고 있을 뿐만 아니라, 그것들을 격렬하게 비틀고 있다.

한 가지 혁신은 특히 더 우리를 진정한 의미의 지질학적인 힘으로 탈바꿈시켜왔다. 바로 태곳적 탄소를 암석 기록에서 최대한 많이 꺼내 대기 중에서 모두 한꺼번에 불태우려는 우리의 전 지구적 노력 말이다. 이는 보통 때는 대륙성 홍수 현무암이 사용하도록 마련된 초능력이다.

수억 년 동안 행성은 막대한 양의 탄소를 밀림의 석탄 속에, 또는 해양저에서 흩날리는 플랑크톤 속에 묻어서 저장해왔다. 겨우 2, 3세기 사이에, 인류는 이 모두에 성냥불을 붙이려 애를 쓰고 있다. 여러

모로 이 지질학적 모닥불은 기괴하고 부자연스러워 보이지만, 지구의 역사에 비추어 바라보면, 수억 년 또는 수십억 년마다 발생하는 중대한 대사적 혁신의 하나인 것처럼 보이기도 한다. 역사 이래로 생명활동은 아직 손대지 않은 에너지 저장고를 더 효율적으로 사용하는 새로운 방법을 끊임없이 발명해왔고, 그 에너지는 궁극적으로 지구를 때리는 햇빛에서 온다. 이 태양에너지를 붙잡는 한 방법은 식물 안에 있는 광합성이다. 또 한 방법은 그 태양에너지를 자신의 잎 속에 당으로 저장하는 식물을 먹는 것이다. 또 다른 방법은 그 식물을 먹는 생쥐를 먹고 소화시킴으로써, 먹이사슬의 더욱더 높은 곳에서 그 태양에너지를 빼돌리는 것이다. 하지만 근본적으로, 이는 1억 5000만 킬로미터 떨어진 우주공간에서 폭발하고 있는 어느 별에서 흘러나오는 광자의 에너지를 붙잡는 것일 뿐이다. 석탄과 가솔린에 들어 있는 태곳적 식물의 탄소를 태움으로써 복잡하고 에너지 집약적인 사회에 동력을 공급하는 방법은 그러한 생물학적 혁신 가운데 가장 근래에 이루어진 혁신일 뿐이다.

"석탄은 3억 년 동안 아무도 사용법을 알아낸 적 없는 자원이에요." 스탠퍼드의 조너선 페인이 말했다. "그것은 그냥 거기에 놓여 있었어요. 에너지 저장고의 하나일 뿐이었는데 우리가 사용법을 알아낸 거죠."

이 혁신의 결과로, 인간 문명은 이제 끊임없는 에너지 폭발, 수억 년어치 햇빛이 연소 기관과 발전소에서 한꺼번에 방출되는 전 지구적 초대형 물질대사에 의해 떠받쳐진다. 이산화탄소는 문명을 지탱하는 이 새로운 물질대사의 한 가지 부산물인데, 우리는 지금 해마다 화산보다 100배 더 많은 이산화탄소를 방출한다. 이는 지구 온도조절장치가 암석 풍화와 해양 순환을 통해 따라잡는 능력을 한참 추월한다. 두 과정은 늘 그렇듯 1000~10만 년의 기간 위에서 작동하기 때문이다.

하지만 인간의 독창성 때문에 합선되고 있는 지구계가 탄소 순환만은 아니다. 우리는 25억 년 사이에 지구의 질소 순환에 일어난 가장 큰 혼란을 겪고 있기도 하다. 이는 난해한 지구화학처럼 들릴지도 모르지만 그 파문은 굉장하다. 식물은 살려면 질소가 필요하다. 미러클-그로도 질소로 만든다. 20세기에 이를 때까지 생물학적으로 이용할 수 있는 거의 모든 질소는 콩과 식물의 뿌리에 들어 있는 미생물에 의해 고정되었다(질소고정이란 공기 속의 질소 기체 분자를 원료로 하여 질소 화합물로 만드는 일이다 – 옮긴이). 이제 인간은 화석연료를 태워 이 비료를 합성함으로써, 해마다 자연계가 고정하는 것보다 두 배 더 많은 질소를 고정한다. 20세기 이전에는 인구가 키울 수 있는 작물의 수가 인구의 크기를 제한했고, 작물의 수는 자연에 있는 거름 같은 공급원에서 구할 수 있는 질소 비료의 양이 제한했다. 그러다 1909년에 독일인 화학자 프리츠 하버가 인공적인 질소고정 공정을 발명해 이 자연적 한계를 깼다.

뒤이어 농업이 폭발한 게 직접적 원인이 되어 수십억 명의 사람이 오늘날 살아서 존재한다. 안 그랬으면 이들은, 누구보다도 나 자신부터 여기 있지 않을 것이다. 이게 바로 인구 도표상에서 우리를 불안하게 하는 그 직각이 하필 20세기에 있는 까닭이다. 전 세계 인구가 10억 명으로 불어나기까지는 1850년 전후까지 20만 년이 걸렸다.

이제 우리가 10억 명을 인구에 한 번 더 보태고 있는 주기는 10여 년, 인간이 물리도록 공급하는 이 식물 먹이(인공 비료)가 이러한 높은 출산율을 떠받친다.

인위적인 질소고정은 그 사람들 모두뿐 아니라 전 세계 해양의 광대한 데드존에 대해서도 책임이 있다. 산업적 농경에서 유출된 비료가 데본기/페름기/트라이아스기 방식의 식물성 플랑크톤 증식을 일으켜 해양에서 산소를 강탈하기 때문이다. 그리고 이 질소 순환에 일어난 커다란 동요는 거꾸로 탄소 순환으로 되먹임된다. 그 수십억 명의 새로운 사람들이 요구하는 더욱더 많은 양의 태곳적 탄소가 암석에서 불태워져 이들의 현대적인 생활방식을 보조하기 때문이다. 지난 빙하시대의 끝에 인간이 만든 멸종들이 인류가 세계를 통과한 경로와 많은 연관이 있었다면, 오늘날의 멸종들은 세계가 우리를 통과하는 경로와 더 많은 연관이 있다. 생명을 지속시키는 질소와 탄소의 순환이 인간의 계획에 의해 경로가 바뀌고 틀어지기 때문이다.

하지만 영장류의 한 종인 우리의 개체 수를 부풀리고 쉽게 퍼지는 데드존을 해양 안에 창출하는 것 외에도, 그 모든 추가된 식물 먹이는 지구 동물군에게서 훨씬 더 미친 듯한 반전을 만들어냈다.

당연한 일이지만 아주 근래까지도 행성 위의 모든 척추동물은 야생동물이었다. 하지만 경악스럽게도, 오늘날 야생동물은 지구의 육상동물 가운데 3퍼센트밖에 안 된다. 인간과 우리의 가축, 우리의 애완동물이 나머지 97퍼센트의 생물량을 차지한다. 이 프랑켄슈타인 생물권은 산업적 농경이 폭발한 결과이기도 하고, 야생동물 자체의 존재비가 1970년 이래로 50퍼센트나 감소해와서 속이 빈 결과이기도 하다. 이 도태는 직접적 사냥뿐만 아니라 전 지구 규모의 서식지 파괴에서도, 이를테면 지구의 땅 거의 절반이 농지로 바뀌어온 데서도 비롯한다.

해양이 비슷한 변형을 겪은 기간은 겨우 지난 수십 년이다. 제2차 세계대전 동안 발전했을지도 모르는 공산품이 이 기간에 바다 위에서 단련되어왔다. 해마다 저인망 어선들이 미국 본토 두 배 면적의 해저를 갈아엎어 저서생물을 없애버린다. 다채로운 바다생물을 접대하던 산호와 해면의 정원들이 아무도 살지 않는 고랑 진 벌판으로 변해버린다. 이 저인망 어선들이 이 모든 파괴의 성과로 보여줄 것이라고는 1950년 이래로 모든 대형 해양 포식자의 최대 90퍼센트를 제거한 게 전부다. 여기에는 저녁 식탁의 친숙한 주요리인 대구, 넙치, 농어, 참치, 황새치, 청새치 따위, 그리고 상어가 들어간다. 그 초토화의 한 조각으로 27만 마리의 상어가 단 **하루** 만에 죽임을 당하고, 주된 목표물인 이들의 맛도 없는 지느러미는 지위를 상징하는 고명으로서 중국인 기업 오찬의 사발들로 들어간다. 그리고 오늘날, 어업의 압력이 높아지고 있는 바로 그 순간, 어선의 수가 늘어나는 바로 그 순간, 산업적 저인망 어선들이 고갈된 전래의 어장을 버리고 더욱더 먼 곳의 수산자원을 뒤쫓으며 더욱더 정교한 어군 탐지 기술을 사용하는 바로 그 순간, 전 지구적 어획량은 바닥나고 있다.

바닷가로 더 가까이 가보자면, 해양 생물다양성의 원천인 산호초도 규모가 1980년대 이후로만 세 배나 감소해왔다. 이 천국은 남획, 오염, 침입자로 괴로워하지만, 5억 명의 사람들은 거기에 의존해 먹을 것을 구하고, 폭풍에서 보호받고, 일거리를 얻으며, 그 가운데 다수는 개발도상국에서 가난하게 산다. 지질학적 과거의 몇 번 안 되는 생물초 붕괴 사건에서 그랬듯 현생 생물초도 온난화와 해양 산성화로 말미암아 이 세기의 끝에 이르면 붕괴할 것으로 예상되는데, 시기는 훨씬 더 이를 수도 있다. 1997~1998년에 기온이 종전의 최고 기록을 깨는 동안, 전 세계 생물초의 15퍼센트가 죽었다. 그리고 2015년에는 이상하게 미지근한 물로 에워싸인 죽음의 물결이 이미 강타당한 플로리다키스Florida and the Keys제도 남부의 생물초들을 한 번 더 휩쓸고 지나가면서, 수백 년 동안 살아남았던 산호들을 포함한 광활한 산호 지대를 없애버렸다. AP통신의 보도에 의하면 그동안 하와이에서는 "이 섬들이 지금껏 목격한 최악의 산호 탈색"이 진행되고 있었다. 이 자연적 격감은 1997~1998년처럼 따뜻해지는 바다에 힘입어 태평양 전역을 휩쓸 것으로 예상되는 전 지구적 탈색 사건의 일부다. 그리고 이것도 마지막 사건은 아닐 것이다.

앞서 살펴보았듯이, 태평양 연어와 같은 물고기의 먹이를 절반까지 대주기도 하고 남극 생태계의 기초를 구성하기도 하는 그 나풀거리는 익족류와 마찬가지로, 몇몇 종류의 플랑크톤은 이미 태평양 북서부에서도 남극대륙 주위에서도 녹아가고 있다. 이들은 2050년에 이르기 전에 남빙양에서 완전히 없어질 수도 있을 것이다. 그리고 바다에 얼음이 줄어들면 크릴도 줄어들 것이다. 크릴이 먹고사는 말무리는 얼음 밑면에서 재배되기 때문이다. 크릴은 산성화하는 해양에도 민감해서, 과학자들은 해양 산성화만으로도 세기의 끝에 이르면 남극 크릴의 최대 70퍼센트가 감소할 것으로 예상한다. 크릴은 물개, 펭귄, 고래를 먹여 살리지만, 생태계 안에서 살파salpa라 불리는 젤라틴 튜브 같은 플랑크톤의 군체로 대체되어가고 있다. 크릴은 플랑크톤의 태양에너지를 고래로 바꾸는 반면에, 살파는 영양적 가치가 거의 없어서 포식자도 드물다. 익족류나 크릴이 없는 남빙양은 완전히 결딴난 남빙양이다.

그리고 다가오는 수십 년 사이에 우리는 해양에 점점 더 많은 것을 요구하기만 할 것이다. 인구가 성장해 아마도 110억 명을 넘길 테고, 그 성장의 대부분은 가난한 개발도상국에서 비롯할 텐데 가난한 개발도상국은 운이 다한 산호초에서 거두는 해산물에 대한 의존도가 너무 높기 때문이다.

그래서 어디를 봐도 상황은 그리 좋아 보이지 않는다. 맞다. 동물계 안의 희생자에는 인간에게 명백한 위협을 가하는 무서운 최상위 포식자도 포함된다. 예컨대 사자도 그 수가 예수 시절에는 100만이었다가 1940년대에는 45만으로, 오늘날에는 2만으로 떨어졌다. 98퍼센트가 감소했다는 말이다. 여기에는 뜻밖의 희생자도 포함되어 있다. 예컨대 나비와 나방도 존재비가 1970년대 이후로 35퍼센트 정도 감소했다.

모든 멸종 사건과 마찬가지로, 지금까지는 이 사건도 단계적으로 복잡하게 진행되어왔다. 그 기간은 수만 년에 걸쳤고 우리 종이 아프리카를 떠난 때 시작되었다. 다른 대멸종들도 유사하게 수만 년, 수십만 년, 또는 데본기 후기에서처럼 심지어 수백만 년에 걸쳐 펼쳐져 왔다. 그렇다면 미래의 지질학자들에게, 수천 년 전 제일국민이 퍼져나가 새로운 대륙들과 외딴 제도들로 들어가는 동안 일으킨 멸종의 거대한 물결은 현대성과 그것의 커가는 식욕에 의해 현재 풀려나고 있는 파괴의 물결과 거의 구분되지 않을 것이다.

자, 이제 그 미치광이 같은 부분, 그리고 5대 대멸종이 실제로 얼마나 심각했는지를 밝혀내야 하는 부분으로 넘어가겠다. 앞서 본 초토화의 기록에도 불구하고, 그리고 많은 과학 언론인과 자연보호 비영리단체들이 처음 다섯 번의 대멸종과 동등한 여섯 번째 대멸종이 진짜로 현재 진행 중이라는 암담한 얘기를 아무렇지도 않게 떠들고 다니고 있음에도 불구하고, 인류는 아직 지난 5억 년 사이에 있었던 대규모 대멸종들의 사망자 수에는 발끝에도 다가간 적이 없다……, 아직까지는. 지난 400년 사이에, 문서로 입증된 것만 따져도 800여 종의 멸종이 있었다. 이는 비극이 분명할뿐더러 엄청난 수를 빠뜨리고 셌을 가능성이 높지만, 알려진 190만 종으로 나눌 때 800종이 멸종했다면 1퍼센트의 10분의 1도 안 되는 멸종에 해당하고, 이는 페름기 말에 대면 하늘땅 차이다. 페름기 말 동안에는, 후하게 반올림하면 거의 100퍼센트에 달하는 고등생물이 지구상에서 죽임을 당했다.

물고기는 과거 수십 년 사이에 산업적 규모의 어업으로 열에 하나씩 죽어왔을지도 모르지만, 멸종한 경우는 매우 드물다. 이를테면 해마다 향유고래는 우리와 같은 양의 해산물을 먹는데도—이들의 역사적 개체수에 비교하면 미미하지만—수십만 마리의 향유고래가 아직도 존재한다. 지구상 생명체의 총체적 붕괴와 같은 것은 페름기의 끝에도, 아니 다른 어떤 대멸종에서도, 육지에서건 바다에서건 존재한 적이 없었다. 사실, 생물다양성은 아직도 번성하고 있다. 창밖을 내다보면 당신에게도 파릇파릇하고 새 소리와 토실토실해져가는 다람쥐로 가득한 어떤 곳이 보일 것이다. 그 모든 거대 땅늘보와 매머드와 마스토돈과 도도와 코뿔소와 청개구리와 나그네비둘기와 천산갑과 양쯔강돌고래를 잃고도, 큰 그림에서 우리는 이 찬연한 생물권의 복부를 한 방 갈겼을 뿐이다. 아득히 먼 시간의 전 지구적 대학살들에 비교하면 특히 더 그렇다.

때 이르게 행성의 사망 기사를 내는 게 일부 계통에서 줄곧 유행한 데 관해 미래학자 스튜어트 브랜드Stewart Brand가 쓴 글에 따르면 "헤드라인들은 부정확하기만 한 게 아니라, 누적되는 동안 우리와 자연의 관계 전체를 끊임없는 비극의 관계로 규정한다. 비극의 핵심은 그것을 고칠 수 없다는 것이고, 이는 절망과 무위를 위한 공식이다. 임박한 불운에 관한 나태한 낭만주의가 내정된 관점이 된다."

사실 지질학적 관점에서 보자면, 행성은 오늘날 그 역사에서 어떤 시점보다 더 대멸종에 대한 저항력이 강할 것이다. 무엇보다도, 우리는 탄소를 쑤셔 넣는 판게아 초대륙의 기하학적 구조 안에 있지도 않고(비록 인간이 전 세계에 침입종을 도입해 초대륙 살이의 부정적 측면 일부를 재창조해오긴 했지만), 도망칠 길이 원천봉쇄된 오르도비스기의 고립된 섬 세계에 있는 것도 아니다(비록 서식지 분열이 비슷한 난제를 제기하겠지만). 하지만 어쩌면 현대의 지구가 지닌 회복력의 가장 중요한 측면은 해양에서 지난 수억 년에 걸쳐 일어난 변화일지 모른다. 지금 해양에는 그 어느 때보다도 많은 산소가 공급된다. 지구의 가장 유익한 변화 일부는 지구의 가장 소박한 거주자, 플랑크톤 덕분에 이루어졌는지도 모른다.

플랑크톤은 시간이 가면서 몸집도 몸무게도 점점 더 늘어왔고, 동시에 해양과 지구상의 생명에 엄청난 결과를 남겼다. 오늘날의 갑옷을 두른 단세포 부유생물—유공충류, 식물을 더 닮은 규조류, 석회비늘편모류coccolithophore 같은 생물체—은 우리 눈에는 현미경으로나 보이지만 그래도 고생대의 단세포 플랑크톤, 다시 말해 세균과 녹조류가 주류였던 한 벌의 생물체에 비하면 엄청나게 큰 것이다. 이런 종류의 현생 플랑크톤에는 또한 광물 바닥짐(배의 균형을 위해 바닥에 싣는 중량물 – 옮긴이)이 실려 있다. 이 추가된 짐은 플랑크톤의 크기와 합쳐져 플랑크톤이 훨씬 더 깊은 해양으로 가라앉았다가 나중에야 다시 생명체에게 먹히도록 해준다. 여기에는 엄청난 결과들이 따르는데, 해양에서 눈발처럼 내려앉는 이 생물체를 먹으려면 산소를 있는 대로 다 쓰며 해저로 내려오는 동안 바다를 휘저을 수밖에 없기 때문이다. 만약 플랑크톤이 먹히기 전에 해양으로 더 깊이 가라앉을 수 있다면, 해양의 산소극소대역Oxygen Minimum Zone, OMZ도 마찬가지일 것이다. 해양에 용존 산소가 존재하는 최저층을 말하는 OMZ는 오늘날 약 600미터 아래에 있다. 하지만 지구의 과거에는—플랑크톤 입자가 더 잘아서 더 천천히 가라앉았을 때에는—OMZ가 훨씬, 훨씬 더 얕아서 생명을 초토화하는 결과를 가져왔을지도 모른다. 오늘날에는 OMZ가 바다생물 대부분이 사는 곳인 얕은 대륙붕의 범위에서 안전하게 벗어나 있다. 하지만 고생대에는 더 얕았던 OMZ가 (예컨대 해수면 상승이나 지구온난화, 영양분 오염 때문에) 올라가기만 하면 대륙붕 위로 쏟아졌으므로, 산소에 굶주린 물이 얕은 곳까지 올라와 바다생물을 질식시킬 수 있었다. 그 결과는 대멸종이었다.

"고생대 안에서 우리는 실제로 해양 무산소 사건에 관해 언급도 하지 않습니다. 너무 흔해서요." 조너선 페인이 말했다. "중생대 안에서는 그것을 이런 흥미로운 일들이 있었다고 언급하지만, 신생대에 이르면 기본적으로 그냥 그걸 찾지도 않습니다."

오늘날의 상황은 지극히 특이한 것이다. 우리는 헤아릴 수 없는 속도로 동물을 사냥하고 파괴하고 있지만, 인류가 내일 사라진다면 행성은 금세 회복할지도 모른다. 우리가 탄소를 대기와 해양으로 던져 넣는 일을 멈춘다면, 수천 년 만에 탄소는 석회암이 되어 그 체계에서 빠져나올 것이다. 하지만 우리는 조만간 멈출 것 같지 않고, 아아, 우리의 약탈은 지질학적으로 심각한 초토화를 불러일으키지 않고서는 영원히 이어지지 못한다.

2011년에는 캘리포니아대학교 버클리캠퍼스의 고생물학자 앤서니 바노스키Anthony Barnosky와 그의 동료들이 『지구의 여섯 번째 대멸종은 이미 도착했을까?Has the Earth's Sixth Mass Extinction Already Arrived?』라는 논문을 발표했다. 그 논문에 관한 대중 언론의 보도로 판단하자면 답은 명백한 긍정인 것처럼 보인다. 하지만 사실 그 논문이 예측한 바에 의하면, 행성은 수백 년에서 수천 년 동안 환경 파괴를 계속해서 늦추지 않은 뒤에야 5대 대멸종 수준의 멸종에 도달할 것이다. 이 결과도 지질학적 관점에서는 여전히 순간적이겠지만, 인간의 관점에서 여섯 번째 대멸종은 아직, 다행히도 약간 거리가 멀다.

그렇지만 그 논문이 다음을 언급하기는 했다. 빙상 붕괴에 대한 추정들과 마찬가지로 이 예보도 얼마간의 예기치 않은 기습을 간과할지 모른다고. "생태계는 비선형적 방식으로 응답할 것"이라고 바노스키와 그의 동료들은 경고했다. "점진적으로 누적되는 환경적 동요에" 생태계가 그렇게 응답하리라는 이 연구자들에 따르면, 우리는 피해를 그다지 알아차리지조차 못할지도 모른다. 다시 말해, 우리가 "생태적 문턱"에 도달해서야 그 시점에 우리에게 "크고 갑작스러운 생물적 변화"가 닥쳐올 수도 있을 것이다.

티핑포인트가 존재할 수도 있다는 말이다.

미국지질학회의 2014년 연례회에서 스미스소니언의 고생물학자 더글러스 어윈이 강단에 올라 연회장에 가득한 지질학자들에게 연설한 주제는 대멸종과 전력망 고장의 역학관계였다. 둘이 같은 방식으로 펼쳐진다는 게 그의 주장이었다.

"이것은 미국해양대기청NOAA 웹사이트에서 가져온 2003년 미국 대정전의 사진들입니다." 그렇게 말한 그는 밤 시간 위성사진 하나를 끌어 올렸다. 북동부의 초거대도시가 우주공간의 차가운 암흑 아래 수백만 와트를 불사르며 이글거리는 사진이었다. "이것은 정전되기 스무 시간 전입니다. 롱아일랜드와 뉴욕시를 볼 수 있습니다."

"그리고 이것은 정전 상태에 들어간 일곱 시간입니다." 그가 말하면서 끌어 올린 새로운 지도는 어둠에 싸여 있었다. "뉴욕시는 거의 캄캄합니다. 정전은 쭉쭉 뻗어 올라가 토론토로 들어갔다가, 쭉쭉 뻗어 나와 미시간과 오하이오에 이르렀습니다. 캐나다와 미국 양쪽의 엄청난 구간을 이동했죠. 그런데 그게 대부분은 오하이오의 통제실에 있던 소프트웨어 버그 탓이었습니다."

어윈이 내놓은 의견에 의하면, 대멸종도 이 전력망 고장처럼 펼쳐질지 모른다. 다시 말해, 손실의 대부분은 최초의 충격—전력망 고장의 경우는 소프트웨어의 작은 결함, 그리고 대멸종의 경우는 소행성과 화산—이 아니라, 뒤따라 쏟아지는 이차적 고장들에서 비롯될 것이다. 이는 아무도 이해 못 하는 파괴적인 연쇄반응이다. 어윈이 생각할 때 대부분의 대멸종은 결국 외부의 충격 때문이 아니라, 먹이그물의 내부 역학관계가 예기치 않게 흔들려서 파국적으로 고장 난 데 따른 결과였다. 2003년에 캄캄해져가던 동부 해안 지방과 똑같았다. 정전 몇 시간 만에 북동부가 전력 부하의 80퍼센트를 잃었는데, 이 모두가 사소한 국지적 사고 때문이었다.

"그 붕괴를 어떻게 통제해야 하는지가 명확하지 않았기 때문에—다 지나고 난 후에는 그것이 쉽게 진압되었어야 했다는 게 분명해졌지만—그것이 미국 북동부를 가로지르는 망들의 고장으로 비화된 겁니다. (…) 제가 이에 관해 언급하는 이유는 수학적 관점에서 볼 때 이 먹이그물을 이해하는 문제는 정확히 전력망의 성격을 이해하는 [것과 같은] 문제로 밝혀지기 때문입니다."

"이와 같은 대멸종이 진행되는 동안에는 생태계가 매우 빠르게 붕괴합니다." 그가 말했다.

나는 앞서 어윈에게 글을 써서, 현재 우리 행성에서 5대 대멸종과 동등한 여섯 번째 대멸종이 진행되고 있다는, 요즈음 유행하는 생각에 관한 그의 의견을 구한 터였다. 많은 대중과학 기사가 이를 기정

사실로 취급하고, 아닌 게 아니라 인간의 자만심과 근시안이 지나치게 심해서 우리가 행성 전체를 우리와 함께 무너뜨리고 있다는 생각에는 감정적으로 만족스러운 뭔가가 있다.

어윈은 그것이 쓰레기 과학이라고 생각한다. 그는 내게 보낸 이메일에 이렇게 썼다.

"현재 상황과 과거 대멸종을 안일하게 비교하는 사람들 다수는 그 데이터의 성격 차이에 관해 아무것도 모릅니다. 바다의 화석 기록 안에 기록된 대멸종들이 실제로 얼마나 진정으로 끔찍했는지에 관해서는 말할 것도 없지요. 제가 주장하는 것은 인간이 바다에서든 땅에서든 멸종에 대단한 피해를 주지 않았다는 것도 아니고, 많은 멸종이 일어나지 않았다는 것도 아닙니다. 가까운 미래에 멸종은 더 일어날 게 확실합니다. 하지만 저는 과학자로서 우리에게는 그러한 비교에 관해 정확해야 할 책임이 있다고 생각할 뿐입니다."

나는 그 연례 지질학회에서 이야기를 마친 어윈과 마주 앉을 기회를 잡았다. 나의 첫 질문—그의 한 동료에게서 그 비밀스럽기로 악명 높은 작가 코맥 매카시Cormac McCarthy가 『로드』[7]의 종말 후 세계를 구성할 때 어윈이 일종의 대멸종 자문위원 구실을 했다는 소문을 들었는데 사실이냐는 물음—을 어윈은 쑥스러운 듯 피했다. 하지만 그 사변적인 여섯 번째 대멸종에 관해서는 더 기꺼이 입을 열었다.

"만약 우리가 정말로 대멸종 도중에 있다면—만약 우리가 그때 [페름기 말]에 있다면—가서 스카치 위스키나 한 상자 가져오세요." 그가 말했다.

그의 전력망 비유가 옳다면, 이미 시작된 뒤에 대멸종을 멈추려 애쓰는 것은 건물이 무너져 내리고 있는 동안에 그것의 보존을 촉구하는 것과 비슷하리라.

"우리가 여섯 번째 대멸종에 들어섰다고 주장하는 사람들은 자신의 논변에 있는 논리적 결함을 이해하지 못할 만큼 대멸종을 이해하지 못하는 겁니다. 그들은 그걸 사람들에게 겁을 줘서 행동하게 만드는 방법으로서 주장하고 있어요. 사실은, 만약에 우리가 여섯 번째 대멸종에 들어섰다는 게 진실이라면, 보존 생물학이라는 건 아무 의미도 없는데 말입니다."

대멸종이 시작될 무렵이면, 세상은 이미 끝났을 것이기 때문이다.

내가 말했다. "그러니까 만약 우리가 정말로 대멸종의 한복판에 있다면, 그것은 호랑이와 코끼리를 구하는 문제가 아닐 거라는……."

"그렇죠. 아마 코요테와 쥐를 어떻게 구할지 걱정해야 할걸요."

그가 말을 이었다. "이건 네트워크 붕괴의 문제예요. 전력망과 마찬가지이지요. 네트워크 동역학network dynamics 연구는 이전부터 미국방위고등연구계획국Defense Advanced Research Projects Agency, DARPA에서 어마어마한 돈을 받아내고 있어요. 그걸 연구하는 사람들은 죄다 물리학자라서 전력망이나 생태계에는 관심이 없고 수학에만 신경을 써요. 그래서 전력망에 관한 비밀은, 그게 어떻게 작동하는지를 실제로는 아무도 모른다는 겁니다. 그리고 그건 생태계에서 겪는 것과 정확히 같은 문제죠."

"저도 우리가 모든 것을 똑같이 유지하면서 갈 데까지 가면 대멸종에 도달할 거라고 생각하지만, 우리는 아직 대멸종에 들어서지 않았고, 그건 낙관적인 발견이라고 생각해요. 우리에게 실제로 아마겟돈을 피할 시간이 있다는 뜻이니까요." 그가 말했다.

어윈의 다른 논점, 5대 대멸종의 규모에 비하면 지금까지 인류가 저지른 파괴는 왜소해진다는 것은 미묘하다. 그는 인간이 초래한 무시무시한 파괴를 경시하려는 게 아니라, 대멸종에 관한 주장은 필연적으로 고생물학과 화석 기록에 관한 주장임을 우리에게 상기시키고 있다. 어윈이 다시 말했다.

"자, 나그네비둘기의 현존량이 19세기에 얼마였는지에 대한 추정치가 있습니다. 50억 비슷합니다. 새들이 하늘을 새카맣게 뒤덮었겠죠."

나그네비둘기는 거의 '여섯 번째 대멸종'의 마스코트 역할을 한다. 이들의 절멸은 막대한 규모의 생태적 비극일 뿐 아니라, 인간이 지질학적으로 무시할 수 없는 파괴력이라는 증거이기도 하다.

"자, 그렇다면 이렇게 물읍시다. 비고고학적 문맥 안에는 화석 나그네비둘기가 얼마나 많을까요? 화석 나그네비둘기에 대한 기록이 얼마나 될까요?"

"많지는 않겠죠?" 내가 제시했다.

"두 마리입니다." 그가 말했다.

"자, 여기에는 우리가 없애버린 새가 믿을 수 없을 만큼 잔뜩 있습니다. 하지만 화석 기록을 들여다본다면, 그들이 거기 있었다는 사실조차 알 수 없을 겁니다."

어윈은 자신이 언젠가 갔던 어느 강연을 즐겨 떠올린다. 연사는 자신이 경력을 쌓는 동안 높은 고도의 우림에서 보아왔던 고질적인 손실을 상세히 기록한 생태학자였다.

"그는 이 경험을 베네수엘라에 있는 이런 운무림 속에서 식물이 파괴된 사례로 사용했는데, 이 모든 것이 완전히 사실일 수는 있지요." 어윈이 말했다. "문제는, 그런 운무림 하나를 화석 기록에서 찾아낼 확률이 제로라는 거죠."

화석 기록은 믿기지 않을 만큼 불완전하다. 대략적인 한 추산에 의하면, 우리는 여태까지 감질나게도 지금껏 존재했던 모든 종의 0.01퍼센트밖에 찾아내지 못했다. 화석 기록에 들어 있는 동물 대부분은 완족류나 이매패류처럼 지질학적으로 널리 퍼지기도 했고 뼈대도 튼튼한 종류의 해양 무척추동물이다. 사실, 이 책은 (서술의 목적을 위해) 주로 대멸종으로 제거된 카리스마 넘치는 동물에 초점을 맞춰왔지만, 애당초 우리가 대멸종에 관해 **알 수 있게 된** 유일한 이유는 이 믿기지 않을 만큼 풍부하고, 오래가고, 다양한 해양 무척추동물 세계의 기록이 있어서이지 공룡처럼 크고, 카리스마 넘치고, 희귀한 것의 기록이 있어서가 아니다.

"그래서 이렇게 물을 수 있죠. '좋아, 그렇다면, 지리적으로 널리 퍼졌고, 풍부했고, 뼈대도 튼튼했던 해양 분류군은 지금까지 얼마나 멸종했는데?' 그리고 그 답은, 제로에 상당히 가깝다는 거예요." 어윈이 지적했다. "우리가 많은 것을 잃은 건 아니라는 말이 아닙니다. 문제는 지금까지 우리가 잃어온 것과 같은 종류의 분류군을 화석 기록에서는 한 번도 보지 못한 채로 잃어버릴 수도 있다는 겁니다."

대멸종은 코끼리 같은 크고 카리스마 넘치는 대형동물군이나 운무림 같은 틈새 생태계만 솎아내면서 들이닥치지 않는다. 강인하고 어디에나 있는 유기체—조개와 식물과 곤충 같은 것—도 함께 들어낸다. 이는 믿기지 않을 만큼 어려운 일이다. 하지만 어느 순간 모든 게 미친 듯 돌변해 대멸종 모드로 바뀌면, 아무것도 안전하지 않다. 대멸종은 행성 위의 거의 모든 것을 죽인다.

대멸종이 아직 진행되고 있지 않다는 어윈의 주장은 인류를 굴레에서 풀어주는 것—지구가 매질을 견딜 수 있을 듯하니(행성은 분명 더 험한 꼴도 보아왔으니), 지구를 더 약탈하라는 초대장—처럼 보일지도 모르지만, 실제로는 더 미묘하고 어쩌면 훨씬 더 무서운 주장이다.

여기가 생태계의 비선형적 응답, 혹은 티핑포인트가 들어오는 지점이다. 대멸종에 조금씩 다가가는 일은 블랙홀의 사건지평선event horizon에 조금씩 다가가는 일과 약간은 비슷할지도 모른다. 일정한 선, 어쩌면 그다지 주목할 만하게 보이지도 않을 한 선을 넘어가는 순간, 모든 것이 사라진다는 말이다.

내가 말했다. "그러니까, 이럴지도 모른다는 거죠. 말하자면 모든 게 괜찮아 보이는 곳에서 구태의연하게 있다가 다음 순간……."

"그렇지요. 모든 게 괜찮다가 마침내 괜찮지 않게 되면, 그 순간 모든 게 지옥으로 떨어지는 거죠." 어윈이 말했다.

달리 표현하자면, 대멸종은 헤밍웨이의 『태양은 다시 떠오른다』[8]에서 방탕한 등장인물이 설명하는, 파산이 펼쳐지는 방식과 같은 방식으로 전개될 것이다. "두 가지 방법으로 파산했지. 천천히, 그러고 나서 갑자기 쾅한 거야."

어윈이 말했다. "우리의 앞날에 있는 희망은 이것뿐입니다. 부디 우리가 대멸종 사건에 들어선 게 아니기를."

제8장

The Near Future

가까운 미래

100년 안에 인류가 멸종할
가능성에 대하여

지구는 빠르게 가장 고귀한 거주자에게는 맞지 않는 집이 되어가고 있다. 한 시대만 더 인간의 범죄와 경솔함이 지금과 같은 수준으로 비슷한 기간 내내 조금씩 이어진다면, 지구는 생산성이 떨어지고, 표면이 박살나고, 기후가 극으로 치닫는 상태가 심해지다 못해 타락과 야만의 조짐이, 그리고 어쩌면 그 종이 멸종할 조짐까지 보이게 될 것이다.

—조지 퍼킨스 마시George Perkins Marsh, 1863

우리 다수는 세상이 걷잡을 수 없이 흘러간다는, 중심을 유지할 수 없다는 희미한 불안을 얼마간 공유한다. 맹렬한 들불, 1000년에 한 번 온다는 폭풍우, 치명적인 열파가 저녁 뉴스의 고정 기사가 되어왔다. 그리고 이 모두가 기온이 산업화 이전보다 섭씨 1도도 안 되는 만큼 올라가 행성이 따뜻해진 뒤에 일어났다. 하지만 정말로 무서워지는 대목은 여기부터다.

만약 인류가 매장된 화석연료를 남김없이 불태운다면, 행성은 자그마치 섭씨 18도만큼 더 온난해지고 해수면은 수십 미터가 상승할 가능성이 있다. 이는 심지어 지금까지 측정된 페름기 말 대멸종의 규모보다도 더 큰 규모의 온난화 급등이다. 이 최악의 각본이 실현된다면, 오늘날의 해양·기후계의 위협쯤은 예스러워 보일 것이다. 심지어 그 양의 4분의 1만 온난화한다고 해도 인간이 진화했던, 혹은 문명이 세워졌던 행성과는 아무 상관도 없는 행성이 다시 창조될 것이다. 행성이 마지막으로 4도가 더 더워졌을 때 북극에건 남극에건 얼음이라곤 없었고 해수면은 오늘날보다 80미터가 더 높았다.

나는 뉴햄프셔대학교의 고기후학자 매슈 휴버Matthew Huber를 뉴햄프셔주 더램에 있는 학교 근처 작은 식당에서 만났다. 휴버는 연구

생활의 상당 부분을 초기 포유류의 온실을 연구하면서 보냈는데, 그가 생각하기에 앞으로 몇 세기 사이에 우리는 5000만 년 전 에오세 기후로 돌아갈지도 모른다. 알래스카에 야자수가 있었고 악어가 북극권에서 첨벙거리던 그때로 말이다.

"현대 세계는 PETM 때보다 대량학살 현장에 훨씬 더 가까워질 겁니다. 오늘날은 서식지가 분열되어 있어서 이주하기가 훨씬 더 어려울 테니까요. 하지만 우리가 온난화를 10도 아래로 제한한다면, 적어도 광범위한 열사는 없을 겁니다." 그가 말했다.

2010년에 휴버는 스티븐 셔우드Steven Sherwood와 공저로 근래에 기억하기로 가장 불길한 과학 논문 한 편을 발표했다. 『열 스트레스로 일어나는 기후변화에 대한 적응력의 한계An Adaptability Limit to Climate Change Due to Heat Stress』라는 논문이다.

"도마뱀은 괜찮을 것이고, 새도 괜찮을 겁니다." 휴버는 그렇게 말하면서, 생명은 인위적 지구온난화로 예상되는 가장 파국적인 기후보다도 더 뜨거운 기후에서 번성해왔다는 주석을 달았다. 이는 우리가 진정한 의미의 생물학적 대멸종에 도달하기 훨씬 전에 문명의 붕괴가 올지도 모른다고 의심하는 한 가지 이유다. 촘촘하게 서로 연결되어 있는 동시에 정치적 경계선으로 분할되어 있는 전 지구적 사회는 생명이 견뎌온 조건들을 상상할 수도 없을 것이다. 물론 우리는 당연히 문명의 운명을 걱정하고 있고, 휴버의 말에 따르면 대멸종이냐 아니냐를 떠나서 노쇠하고 부적절한 기반시설—아마도 가장 불길하기로 말하자면, 전력망—에 대한 우리의 간당간당한 의존이 인간 생리의 한계와 결합해 우리 세계를 무너뜨리고도 남을 것이다.

1977년에 고작 여름 하루 동안 뉴욕에서 전력이 나갔을 때, 도시의 구획 전체가 홉스의 자연인 같은 뭔가에게로 넘어갔다. 폭동이 도시 전역을 휩쓸었고, 수천 군데의 사업장이 약탈자에게 파괴되었으며, 방화범이 저지른 화재가 1000건을 넘었다. 2012년 (따뜻해진 세계에서 예상되는 일로서) 인도에 우기가 오지 않았을 때에는 6억7000만 명의 사람들—다시 말해, 전 지구 인구의 10퍼센트—이 전력에 접근할 수 없었다. 이때 배전망은 자기 밭에 물을 대려고 발버둥치는 농부들의 유달리 높은 수요로 마비되었고, 높은 기온은 많은 인도인이 킬로와트를 꿀꺽꿀꺽 삼키는 에어컨을 찾게 만들었다.

"문제는 오늘날 사람들은 전력망이 없으면 뜨거운 한 주조차 감당할 수 없는데, 그게 정기적으로 고장이 난다는 겁니다." 이렇게 말한 그는 낡아가는 조각보 같은, 미국 안의 전력망을 구축하는 부품들은 한 세기가 넘는 동안 닳도록 버려져 있다가 교체된다고 덧붙였다. "사람들이 뭘 보고 조금이라도 나아질 거라고 생각하겠습니까? 평균 여름 기온이 오늘날 5년 만에 한 번 겪는 가장 뜨거운 한 주와 같아질 테고, **가장 뜨거운** 기온은 미국에서 이전까지 한 사람도 경험해본 적 없는 범위에 들게 될 텐데 말입니다. 그게 2050년입니다."

게다가 2050년에 이르면, (2014년에 매사추세츠공과대학에서 발표한 연구 결과에 따르면) **50억 명**의 사람이 물 부족 지역에서 살아가게 될 것이다.

"지금으로부터 30~50년을 전후해 물 전쟁이 시작될 겁니다." 휴버가 말했다.

펜실베이니아주립대학의 리 컴프와 마이클 만Michael Mann은 공저인 『무서운 예언Dire Predictions』에서 단 한 지역의 예를 들어 가뭄, 해수면 상승, 인구 과잉이 어떻게 합쳐져서 문명의 대갈못들을 뽑아버릴지를 묘사한다.

> 서아프리카에서 가뭄이 점점 더 심각해진 결과로 나이지리아에서는 인구 밀도 높은 내륙으로부터 해안의 초대형 도시 라고스로 대규모 이주가 일어날 것이다. 해수면 상승으로 이미 위협받고 있던 라고스에는 이 어마어마하게 밀어닥치는 사람들을 수용할 능력이 없을 것이다. 나이저삼각주Niger River Delta의 줄어들어가는 석유 매장량을 두고 벌어지는 다툼질은 국가의 부패 가능성과 합동으로 여러 요인에 추가되어 심각한 사회 불안을 야기할 것이다.

여기서 "심각한 사회 불안"이란 이미 부패와 종교적 폭력으로 분열된 나라에 닥친 완전한 혼돈을 감추는, 다소 핏기 없는 표현임은 말할 것도 없다.

"그건 좀 악몽 같은 각본이고요. 만약 인구의 10퍼센트가 난민촌에 앉아 있는 피난민이라면 한 나라의 GDP(국내총생산)가 어떻게 될지를 모형화하는 작업은 어떤 경제학자도 하고 있지 않습니다. 하지만 실세계를 보세요. 만일 중국에서 노동하던 한 사람이 카자흐스탄으로 이주해야 하는데, 거기서 일을 하지 않는다면 어떻게 되겠습니까? 경제 모형 안에서야 그들이 당장 일에 투입되겠죠. 하지만 실세계에서 그들은 그냥 거기 앉아서 분통을 터뜨릴 겁니다. 경제적 희망도 없이 쫓겨나면, 사람들은 악에 받쳐서 모든 것을 날려버리는 경향이 있습니다. 이런 종류의 세계에서는 대규모 이주가 전체로서의 국가를 포함한 중요한 제도들을 위협하게 됩니다. 제가 보는 세기 중반까지의 상황은 그리로 가고 있습니다." 휴버가 말했다.

그리고 이런 상황은 2050년 이후에도 결코 나아지지 않는다. 하지만 사회 붕괴에 관한 예보는 사회적이고 정치적인 추측이지 대멸종과는 아무 상관도 없다. 휴버에게 더 흥미로운 것은 생명활동의 준엄한 한계다. 그는 언제 인간 자신이 실제로 붕괴되기 시작할지를 알고자 한다. 그 주제에 관한 2010년 논문에는 어느 동료와의 우연한 만남이 영감을 줬다.

"제가 어느 학회에서 열대의 기온이 지질학적 과거에는 얼마나 뜨거웠나를 다룬 논문에 대해서 발표했는데 [뉴사우스웨일스대학교의 기후 과학자] 스티븐 셔우드가 청중 속에 있었어요. 그는 내 이야기를 듣고, 매우 기본적인 문제를 자문하기 시작했죠. '모든 게 죽기 시작하려면 도대체 얼마나 뜨겁고 습해져야 하지?' 그것은 문자 그대로(질문의 규모로 보나 결국 답이 될 지구온난화 수치의 단위로 보나 – 옮긴이) 한 자릿수밖에 안 되는 종류의 질문이었어요. 생각해보니 자기는 답을 모른다는 걸 깨달았는데 딴 사람도 그런가 싶었겠죠……. 우리가 논문을 쓰도록 동기를 부여한 건 사실 미래의 기후 자체가 아니었어요. 우리가 시작할 때에는 이 거주 가능성의 한계 안에 들어갈 만한 종류의 현실적인 미래 기후 상태가 존재할지 어떨지를 몰랐기 때문이죠. 시작할 때는 그냥 이런 거였어요. '우리도 몰라. 아마 가봐야겠지. 이를테면 전 지구의 평균 기온이 섭씨 50도인 조건으로.' 그런 다음 본보기가 될 만한 기온 관찰 결과 한 벌을 제대로 갖춰서 계산을 해보았는데, 그게 오히려 우리를 두렵게 했어요."

셔우드와 휴버는 이른바 습구 온도를 써서 기온 임계값을 계산했다. 습구 온도는 기본적으로 주어진 온도에서 열을 얼마나 식힐 수 있느냐를 측정한다. 예컨대 습도가 높으면 땀이나 바람 같은 게 체온을 식히는 효과가 떨어지는데, 습구 온도가 이를 설명한다.

"기상학 수업을 들으면, 유리 온도계를 가져다가 꽉 끼는 젖은 양말에 집어넣고 그걸 머리 부근에서 흔드는 식으로 습구 온도를 계산해요. 그러니까 이 온도 한계가 인간에 적용된다고 가정하면, 당신은 실제로 이런 걸 상상하는 거죠. 강풍급의 바람이 벌거벗은 인간에게로 부는데, 그는 물에 흠뻑 젖은 채 햇빛 하나 없는 데서 꼼짝도 하지 않아서 사실상 기초대사 말고는 아무것도 하지 않는 조건." 그가 말했다.

오늘날 전 세계에서 가장 흔한 습구 온도의 최고치는 섭씨 26~27도다. 섭씨 35도나 그보다 높은 습구 온도는 인류에게 치명적이다. 이 한계를 넘어가면, 인간은 발생하는 열을 무한정 발산할 수 없기 때문에 몸을 식히려고 아무리 열심히 노력해도 몇 시간 만에 과열로 죽는다.

"그러니까 우리는 생리니 적응이니 하는 것들이 이 한계와 아무 상관도 없어질 지점을 사실상 넘어가려 하고 있었던 겁니다. 그 한계는 이지베이크오븐E-Z Bake Oven(실제로 작동하는 장난감 오븐의 상품명 – 옮긴이)의 한계니까요." 그가 말했다. "당신이 몸소 익어보세요, 아주 천천히."

무슨 뜻이냐면, 이 한계는 인간 생존 능력을 너무 후하게 쳐줄 가능성이 높다는 것이다.

"현실적인 모형화를 실시하면, 당신은 훨씬 더 일찍 한계에 부딪칩니다. 인간은 젖은 양말이 아니니까요." 그가 말했다. 휴버와 셔우드의 모형화 결과에 따르면, 섭씨 7도만 온난화되어도 지구의 많은 부분이 포유류에게 치명적으로 뜨거워지기 시작할 것이다. 이를 지나서 온난화가 계속되면, 현재 인간이 거주하는 참으로 막대한 넓이의 행성은 습구 온도 섭씨 35도를 넘어가고, 인류는 모든 것을 버리고 떠나야 할 것이다. 안 그러면, 거기 사는 사람들은 문자 그대로 익어서 죽을 것이다.

"사람들은 항상 '오, 저런, 우리가 적응할 수는 없을까요?'라고 말하는데, 어느 정도까지는 그럴 수 있습니다. 제가 이야기하는 건 그 지점 직후입니다." 그가 말했다.

산업화 이전 시기보다 섭씨 1도도 가열되지 않은 오늘날의 세계에서도 열파는 이미 태도를 바꾸어 생명을 위협해왔다. 2003년에는 뜨거운 두 주가 유럽에서 3만5000명을 죽였다. 그것은 500년에 한 번 있는 사건으로 불렸다. 그러나 그 일은 3년 뒤(예정보다 497년 앞서서)에 다시 일어났다. 2010년에는 한 열파가 러시아에서 1만5000명을 죽였다. 2015년에는 많은 이슬람교도가 금식하고 있던 라마단 기간에 파키스탄을 덮친 열파로 카라치에서만 거의 700명이 죽었다. 하지만 이 비극적인 일화들은 앞으로 예상되는 것에 비교하면 새 발의 피다.

"가까운 시일—2050년 또는 2070년—안에 미국 중서부는 가장 세게 얻어맞는 한 곳이 될 겁니다." 휴버가 말했다. "따뜻하고 축축한 공기 기둥 하나가 그냥 때가 되어 미국의 중부 내륙을 통과해 올라가기만 해도 맙소사, 견디기 힘들 만큼 뜨겁고 끈끈하잖아요. 그런데 거기다 2도만 보태보세요. 그러면 **정말로** 뜨겁고 끈끈해집니다. 이런 게 임계값 아니겠어요? 이건 그냥 매끄러운 함수 같은 게 아닙니다. 일정한 숫자를 넘어가면 아주 심하게 다친단 말이죠."

중국, 브라질, 아프리카도 비슷하게 지옥 같은 예보들을 대면하는 동안, 이미 무더위에 시달리는 중동에는 휴버가 "실존적 문제"라고 부르는 것이 나타났다. 이 슬로모션 참사의 첫 깜박임은 국경에서 수만 명의 난민을 수용하기 위해 고군분투하고 있는 유럽인에게 낯익을지도 모른다. 4년간의 혹독한 가뭄 뒤에 시리아 사회의 붕괴와 집단 이주가 찾아왔다는 말이다. 또 다른 사람들은 해마다 200만 명의 순례자를 메카로 데려오는 핫즈Hajj가 수십 년만 있으면 이 지역의 열 스트레스 한계 때문에 물리적으로 이행하기 불가능한 종교적 의무가 될 거라는 예측을 주시해왔다.

하지만 바로 그 최악의 방출 각본이 실행된다면, 열파들은 공중보건의 위기, 또는 미 국방성이 지구온난화를 부르는 말로 "위협 승수threat multiplier"에 그치지 않을 것이다. 인류는 지금 거주하는 땅의 대부분을 버려야 할 것이다. 휴버와 셔우드는 논문에서 이렇게 쓴다. "섭씨 10도의 온난화가 다음 3세기 사이에 정말로 일어난다면, 아마 열 스트레스로 거주할 수 없게 될 육지의 면적은 해수면 상승으로 악영향을 받게 될 면적을 무색하게 만들 것이다."

휴버가 말했다. "아무 초등학생한테나 '포유류는 공룡의 시대에 뭘 하고 있었지?' 하고 물어보면, 아이들이 말해줄 겁니다. 포유류는 지하에 살면서 밤에 밖으로 나왔다고요. 왜 그랬을까요? 자, 열 스트레스가 아주 간단한 설명입니다. 흥미롭게도, 새들은 체온 설정점이 더 높습니다. 우리는 섭씨 37도인데, 새들은 41도에 가깝지요. 저는 사실 이게 아주 먼 과거에 바로 그곳에서 일어난 진화의 유물이라고 생각합니다. 그 습구 온도의 최고치가 아마도 백악기에는 섭씨 37도가 아니라, 41도 언저리에 달했기 때문이라고요."

기후가 드물게 쾌적했던 지난 1만 년은 과거 100만 년 사이에서 가장 고르고 안정된 기간에 속한다. 기록된 역사 전부는 이 특이한 구간 안에서 벌어졌다. 저속으로 촬영해서 빠르게 돌려 보면, 지구는 과거 260만 년에 걸쳐 빙하시대를 들락거린 데 따라 빙하와 함께 팔딱거릴 것이다. 그런 다음, 마지막 장면에서—무수한 빙하가 후퇴한 가장 근래에—농경, 분업, 문자, 고대사 전부, 전 지구를 사로잡은 구세주 숭배, 건축, 해안 도시, 동료가 검토하는 과학, 그리고 초코타코Choco Taco(1980년대에 출시된 아이스크림과자-옮긴이)가 등장할 것이다. 하지만 이 일시적인 기후 배치에 오늘의 안녕—지극히 드문 행운—을 감사해야 한다. '그걸 다 태워버리는' 악몽 조건에서, 휴버의 모형들은 행성의 표면적 절반과 현재 인간이 거주하는 육지 거의 전부를 아우르는 전 지구적 황무지를 산출한다.

"우리가 식물에 관해 안다고 생각하는 것을 토대로 말하자면, 결국 어기게 될 그 온도 임계값에서는 식물 대부분이 살아남을 수 없습니다. 그러니까 그 지점에 이르면 아마 식물의 대부분은 이미 사라졌을 테고, 포유류 대부분은 죽었거나 밤에만 나오거나 둘 중 하나일 겁니다. 하지만 말이죠. 당신이 시베리아에 있다면, 사정이 꽤 좋을 겁니다. 캐나다 북부, 남아메리카 남부, 뉴질랜드, 저는 이런 데다 땅을 살 계획입니다."

나는 휴버에게, 뉴펀들랜드에 갔을 때 부지런히 부동산을 정찰할 걸 그랬다고 농담을 했다. 그는 털끝만큼의 익살기도 없이 대답했다.

"그렇죠. 그런 데가 좋은 곳입니다." 그리고 덧붙였다. "북위나 남위 45도에 있어야 해요."

이는 다른 행성으로의 귀환일 것이다. 호모사피엔스의 진화사보다 한참 먼저 있었던, 밀림과 파충류가 북극을 에워쌌던 시대의 행성. 하지만 실제로 이 원시적 행성을 되살릴 만큼 땅속에 화석연료가 남아 있을까?

"우리가 하는 말이 바로 그겁니다. 이게 실제로 분명히 가능한 일이라는 거." 휴버가 말했다. "그것은 그저 아마도 일어날 수 없을 어떤 것이 아닙니다. 우리가 쓰고 있던 논문이 '이 일은 결코 일어나지 않을 것이다'라고 말하는 것이었어도 기꺼이 발표했을 거예요. 그게 일어나지 않으리라는 걸 안다면 저는 밤에도 더 잘 잘 테고요. 하지만 우리는 수학 계산을 하고 나서 말했죠. '아아, 실제로 이 일은 얼마든지 일어날 수 있겠어.'"

온난화 12도는 고사하고 7도 부근에라도 도달하려면(논문에 따르면 대사로 열을 발산하는 게 불가능하게 될 지대들이 조금 생겨나는 온난화 온도가 7도, 그런 지대가 늘어나 오늘날의 인구 대부분을 에워싸게 될 온난화 온도가 12도다 – 옮긴이), 화석연료를 계속해서 1세기도 넘게 탕진해야 할 것이다. 하지만 그 일을 피하려면, 에너지 회사들이 호의를 베풀어 자신들에게 수익을 주는 매장량의 80퍼센트를 땅속에 내버려두어야 하고, 어마어마하게 큰 무탄소 에너지원을 새로이 만들어내야 할 것이다.

2015년에는 세계의 모든 나라가 파리에서 만나, 행성이 2100년까지 2도 만큼 온난화하는 것을 막기 위한 계획을 협상했다. 많은 논설위원의 장밋빛 평가에도 불구하고, 이들은 파국적으로 실패했다. 구속력 있는 약속은 하나도 없고, 나라들이 합의를 준수할지 말지는 자의에 달렸다. 조인국은 1.5도 온난화를 목표로 삼겠다는 의향을 공표했지만, 그 합의 자체가 만일 모든 나라가 저마다 방출 서약을 지킨다 해도 행성은 여전히 2도를 지나쳐 순항할 것임을 겸연쩍게 인정한다. 하지만 설사 그들이 의미 있는 2도 조약을 공들여 완성하는데 성공했더라도, 그것은 세계의 지도자들이 내놓은 가장 야심찬 계획이 앞으로 산호초의 대부분과 우림의 중요 부분을 없애고, 유례없는 열파와 수많은 멸종을 가져오고, 결국 전 세계의 해안 도시를 물에 빠뜨리는 수준으로 온난화를 제한하리라는 의미 정도였을 것이다. 그리고 해양·기후계가 2100년이 되면 활동을 그만두는 것도 아니므로, 온난화와 해수면 상승은 지속되고, 실제로 수천 년은 아니더라도 수백 년 동안 증가할 것이다.

시카고대학의 지구물리학자 데이비드 아처가 근래에 그 임의적 목표에 관해 논평했듯이, "내 예감으로, 섭씨 2도에 다가갈 무렵이 되면 우리는 그게 노릴 만한 목표라고 한 번이라도 생각했던 게 상당히 정신 나간 짓이었다고 여기게 될 것"이다.

그렇다 쳐도, 이 2도 목표는 사실 극도로 야심차다. 그것에 도달하려면—세계 인구가 계속해서 수십억의 영혼을 보태는 동안—화석연료 사용이 세기 중반까지 0으로 떨어져야 하는 동시에, 세계가 거의 30테라와트의 새로운 무탄소 에너지를 끌어모아야 할 것이다. 이는 세계가 현재 소모하는, 대부분이 화석연료에서 오는 양의 두 배가 넘는 어처구니없는 양이다. 그래서 컬럼비아의 경제학자 스콧 배럿Scott Barrett은 파리협정에 관해 이렇게 썼다. "지금까지 서약된 자발적 기여로 공동의 2도 목표를 달성할 수 있을 유일한 길은 2030년 무렵에 기적이 일어나서, 어떤 기술적 돌파구가 전 지구적 탄소 방출을 강제로 끌어내리는 것이다. 심지어 그때도, 2도 목표 안쪽에 머물 확률은 반을 넘지 않는다."

휴버의 말에 의하면, 그들도 공식적으로 인정하기는 꺼리지만, 기후 과학자 치고 ("독일에 있는 몇 사람을 빼면") 이 세기의 끝까지 행성을 섭씨 2도만 온난화하도록 제한할 희망이 있다고 실제로 믿는 사람은 매우 드물다. 하지만 소박한 과녁을 정함으로써, 우리는 우리가 빗맞히더라도 행성이—말하자면, 다시 에오세로 내던져지는 대신에—4도쯤만 따뜻해지도록 할 수 있을지 모른다. 하지만 4도를 맞히면 어떤 종류의 상금이 있을까? 전형적으로 과묵한 세계은행이 2012년에 펴낸 한 보고서는 4도 더 따뜻한 세계가 "유례없는 규모와 기간의 열파들"을 불러일으킬 것이라고 예측한 뒤, 이 세계를 다음과 같이 더 자세히 묘사했다.

> 이 새로운 고온 기후 체제 안에서는 [열대의 남아메리카와 중앙아프리카, 그리고 태평양의 모든 열대 섬의 경우] 가장 시원한 달이 20세

기의 끝에 가장 뜨거웠던 달보다 상당히 더 뜨거울 것이다. 지중해, 북아프리카, 중동, 티벳 고원 같은 지역에서는 거의 모든 여름철이 현재 경험되는 가장 극심한 열파들보다 더 더울 것이다. (…) 열파, 영양실조, 해수 침입에 의한 음용수의 질 저하 따위나 인간의 건강에 대한 스트레스는 보건 체계에 적응이 더는 불가능한 지점까지 과중한 부담을 지울 잠재력이 있다.

무엇보다 가장 무서운 전망은, 미국의 전 국방장관 도널드 럼즈펠드Donald Rumsfeld의 현자 같은 방식으로 말하자면, "알려지지 않은 미지의 것unknown unknowns"이라 여겨지는 것에서 나온다. 말쑥한 기관원 부대가 회의실로 들이닥쳐 국제 기후 협상의 끝장을 볼 때, 그들이 무장한 도표들은 방출, 기온 상승, 해수면 상승의 매끄러운 함수들을 그린 다음, 2100년이라는 인위적인 날짜에서 끝난다. 이산화탄소를 일정량만큼만 늘리면 기온과 해수면이 한 줄로 발맞추어 올라갈 거라고 그 모형들은 말한다. 그러면 세계의 운명은 비용·편익 분석으로 쉽게 계산할 수 있게 되고, 비용·편익 분석이라면 경제학자들이 의기양양하게 논평 기사로 다룰 수 있다. 옥수수 곡창 지대는 위도가 북쪽으로 얼마얼마만큼 이동할 테고, 이러이러한 나라들의 GDP가 현물로 응답할 테고, 이 모두가 매우 질서 정연하고 예측 가능하다.

불행히도, 지질학적 과거에는 세계가 이런 식으로 행동하지 않는 경향이 있었다. 플라이스토세의 기후변동들을 거치는 내내 북아메리카를 뒤덮었던—현대의 남극대륙보다도 더 컸던—빙상은 2, 3도의 온난화에 응답해 줄어드는 것으로 끝나지 않았다. 그것은 폭발했다. 수천 년에 걸쳐 서서히 줄어드는 대신, 이 얼음의 대륙은 때때로 단 몇 세기에 걸쳐 장관을 펼치며 격렬하게 분해되었다. 1만4000년 전에 일어난 한 차례의 급속한 붕괴인 이른바 해빙수펄스1A Meltwater Pulse 1A 기간에는 그린란드 세 개만 한 얼음이 바다에 빠지며 형성한 얼음 함대들이 해수면을 18미터나 치솟게 만들었다. 가장 근래에 기후변화에 관한 정부 간 협의체 International Panel on Climate Change, IPCC의 보고서가 촉구하는 해수면 상승의 규모는 2100년까지 0.5미터다.

"지질학적 과거의 해수면은 ICPP가 2100년이라는 해를 바라보며 예측하는 것보다 훨씬 더 지구 기후변화에 민감하게 반응했다." 시카고대학교의 데이비드 아처가 쓴 글이다. "과거 해수면은 지구 평균 기온이 섭씨 1도 변할 때마다 10~20미터씩 달라졌다. IPCC의 BAU가 예보하는 섭씨 3도는 20~50미터의 해수면 상승으로 번역될 것이다." IPCC가 이 세기의 끝까지 0.5미터를 예측한 것은 틀림없이 옳을 것이다.* 하지만 옳지 않을지도 모른다.

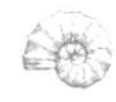

사람들은 2100년 이후에 무슨 일이 일어나는지에 관해 별로 이

* 인위적 온난화 때문에 해수면이 결국은 몇 미터 상승하리라는 점은 아무도 의심하지 않는다. 유일한 문제는 IPCC의 임의적 날짜인 2100년까지 얼마나 올라갈 것인지다.

야기하지 않는다. 인간의 일생이라는 척도에서 다음 세기의 일은 늘 흐릿하고 동떨어진 허구다. 하지만 이 책의 범위는 지질학적이므로 2100년이라는 해는 중요하지 않은 이정표고, 수 세기의 경과도 화석 기록에서는 분리해낼 수 없는, 즉 구분할 수 없는 얼룩이다. 2100년 너머의 수만 년 동안에도 지구는 여전히 훨씬 더 따뜻할 테고 근래 수백만 년 동안 보여온 모습과는 완전히 다를 것이다. 영구 동토의 해동과 심해에서 빠져나오는 메탄도 결국은 인간이 제공하는 것과 같은 만큼의 탄소를 대기에 추가함으로써, 기온을 더더욱—최악의 각본에서는 어쩌면 파충류가 북극권에서 일광욕을 하던 에오세만큼 높이—급등시킬 것이다.

그러니 해수면이 계속 올라갈 것은 불을 보듯 뻔하다. 3도 더 따뜻한 여름철 기온이 반복되면 결국 그린란드는 전부 녹아버릴 것이다. 그리고 빙상 모형 연구자들과 과거 간빙기들의 역사가 우리에게 말해주듯 서남극빙상West Antarctic Ice Shelf의 붕괴가 돌이킬 수 없는 사건이라면, 두어 세기 안에 플로리다의 많은 지역은 물에 잠길 것이다. 방글라데시, 나일강 삼각주, 뉴올리언스도 그럴 것이다. 우리의 기후 실험이 제멋대로 가면, 그 이후로 몇 세기 사이에 뉴욕시, 보스턴, 암스테르담, 베네치아를 비롯해 셀 수 없이 많은 인류의 임시 대피소도 많은 부분이 잠길 것이고 그 자리에서 수만 년, 심지어 수십만 년 동안 물속에 누워 휴식을 취할 것이다. 문명은 지금까지 예순 세기를 헤아려왔지만, 우리가 그걸 다 태워버린다면 그다음 몇 안 되는 세기에 해수면이 60미터 넘게 올라간대도 무리가 아니다. 이는 그리 놀라운 일이 아니다. 문명 이전에도 수천 년 만에, 해양은 대륙붕의 가장자리에 있다가 120미터를 올라왔다. 보스턴은 항구 도시로 지어졌지만, 수천 년 전에는 육지로 둘러싸여 해양에서 320킬로미터도 더 떨어져 있었을 것이다. 해안선이 내륙으로 계속 이주하리라는 것은 하나도 놀랍지 않은 사실로 다가와야 한다. 이는 우리의 해안 정착이 추정하는 영속성을 조롱하며, 해양이 지질학적 시간에 하는 일이다.

하지만 이 모든 잠재적 변화가 우리 행성에 아무리 극심해도, 그게 대멸종과 관계가 있을까? 기다리고 있는 이 터무니없는 미래를 수십 년 너머까지 자세히 들여다볼 때, 경제학자와 정치과학자의 예측은 점차 불투명한 불확실성으로 바뀐다. 하지만 고생물학자는 터무니없는 시간들을 전부터 보아왔다.

시카고대학교의 데이비드 야블론스키는 드문 고생물학자여서, 데본기 초기 갯나리 항문의 형태 같은 대자연의 신비를 분석하는 일이 아니라, 생명의 역사 전체를—그것의 모든 주역 배우, 참혹한 비극, 대大진화의 영광 안에서—곱씹는 데 시간을 쓴다. 나는 우리 종을 이 맥락 안에 넣어보려고—진정으로 큰 그림을 보는 시각을 얻으려고—시카고대학교에 갔다. 나는 우리가 남길지도 모르는 지질학적 유산이 어떤 종류인지 알고 싶었다.

과학자처럼 생긴 누군가를 찾는 캐스팅 감독이라면, 야블론스키를 택하면 실패하지 않을 것이다. 내가 야블론스키를 그의 사무실에서 만났을 때, 그는 헝클어진 머리에 워홀풍의 완족류로 장식된 티셔츠를 입고 있었다. 그는 이야기하는 동안 에너지를 주체하지 못해서, 도무지 그다음 큰 생각을 얼른 꺼내지 못했다. 하지만 큰 질문Big

Questions에 답하는 데 일생을 바치는 사람에게는 치러야 하는 희생이 있다. 야블론스키는 깔끔함을 희생해왔다.

"제가 사무실 문을 열면 눈길을 돌리셔야 합니다." 그가 경고했다.

나도 남들의 어수선한 작업장에 관해 왈가왈부할 처지는 아니지만, 시카고대학교 산하 헨리하인즈연구소Henry Hinds Laboratory에 깊숙이 들어앉은 야블론스키의 사무실은 말하자면, 콜리어 형제Collyer Brothers(1947년에 170톤에 달하는 쓰레기로 채워진 자택에서 죽은 채로 발견된 형제 – 옮긴이)의 주문에 걸려 있는 것 같았다. 그가 문을 연 순간, 수백 년 치의 학술논문이 보였다. 좁은 길 하나가 그 논문으로 이루어진 협곡을 통과해 그의 책상으로 이어졌다.

"그냥 조심조심 여기 있는 무더기를 통과하면 됩니다." 그가 휘청거리는 토템 폴(토템 상을 그려놓은 기둥 – 옮긴이) 하나를 옆으로 밀어내며 말했다. 그 기둥을 이룬 누렇게 변색되어가는 낡은 논문들에는 프랑스인이 1950년대에 가봉에서 했던 야외작업, 혹은 러시아인이 광대한 소련의 멀리 떨어진 구석으로 떠났던 탐험 등 오래전에 잊힌 사건들이 프랑스어, 독일어, 러시아어, 중국어로 자세히 기록되어 있었다. 나는 『벨기에 몬티안년층 다니아조의 이매패류Les Bivalvia du Danian et du Montien de la Belgique』라는 제목의 두꺼운 책을 치우고 사무실 의자에 앉았다.

"이 꼴이라 미안합니다. 저는 정말로 큰 데이터 압박, 실은 공교롭게도 K-T 데이터의 압박 한복판에 있답니다." 그가 과학 문헌의 방대함에 관해 말했다. 그것은 마치 성난 사서의 신이 내린 반어법적 형벌처럼 보였다.

야블론스키에게는 자기 분야에서 나타나는 현상에 이름을 붙이는 데 특별한 재주가 있다. '사형장으로 가는 단계통군'이나 '나사로 분류군Lazarus taxa'이 그런 예다. 후자는 사라졌다가, 때로는 대멸종 후 수백만 년 동안 안 보이다가, 결국은 지구사에서 나중에 돌아오고야 마는 종을 일컫는다. 이 나사로 분류군은 성경에 나오는 같은 이름의 인물처럼 문자 그대로 죽었다가 되살아나는 게 아니라, 레퓨지아refugia라 불리는 특이한 보호구역에서 자신들의 때를 기다린다. 이러한 지구상의 희귀한 장소에서는 국지적 환경의 우연한 유별남이 사방에서 일어나는 대규모 파괴로부터 유기체를 보호해준다. 청동기 시대에 노아의 이야기가 증언하는 진화적 병목이 있었다는 증거는 전혀 없지만, 일종의 진정한 방주들은 지구사 내내 이러한 레퓨지아의 형태로 존재했을지도 모른다. 이 성역들이 피신처를 제공한 덕분에, 포탄쇼크에 빠져 열에 하나가 죽었던 종들이 끈질기게도 뒤따르는 시대의 세상에서 다시 살 수 있었다. 레퓨지아가 화석 기록에서 발견된 적이 한 번도 없다는 사실은 그것의 희소성과 지리적 협소함을 반영할 것이다.

"그러니까 그것은 암흑물질과 약간 비슷합니다." 야블론스키가 말했다. "그게 거기 있다고 생각하는 이유는 그걸 볼 수 없기 때문입니다."

나는 알고 싶었다. 만약 현생이언의 여섯 번째 대규모 대멸종이 진짜로 온다면, 레퓨지아는 어디에 있을까?

"많지 않을 겁니다." 그가 시무룩하게 말했다. "인간의 발자국은 진정으로 구석구석 침투했습니다. 맥머도기지McMurdo Station(남극에 있는 미국의 관측 기지 - 옮긴이)에서부터 그린란드의 북쪽 해안에 이르기까지, 해저 서식지에서부터 산꼭대기에 이르기까지 말입니다. 안데스산맥 안의 외딴 호수에도 금속이 가라앉아 있고 해양이 플라스틱 천지인 것은 말할 것도 없습니다. 그러니 숨을 곳은 정말이지 어디에도 없을 겁니다. 가장 성공할 집단은 정작 사람과 공존할 수 있는 집단이지, 얼마 안 남은 최후의 은신처를 찾아낼 수 있는 집단이 아닙니다. 하지만 사회가 붕괴한다면, 개들은 그냥 되돌아가서 늑대가 될 겁니다. 개속屬은 끝내 아무렇지도 않을 겁니다."

"하지만 해양 산성화와 같은 것은 정말로 문제가 되겠죠." 그가 말을 이었다. "그게 열쇠 아니겠어요? 온난화야 말할 것도 없이 과거에도 얼마든지 있어왔으니까요. 하지만 많은 단계통군이 온난화에 어떻게 대처하죠? 그들은 돌아다닙니다. 하지만 당신이 호텔을 지어놓고, 하수를 방출하고, 생물초를 다이너마이트로 폭파하고 있다면, 더는 돌아다닐 수가 없습니다. 그리고 두말할 나위 없이, 만약에 그것도 모자라서 당신이 그다음에 해양까지 산성화한다면, 당신은 한 번 더 잠재적 레퓨지아를 없애버리는 겁니다. 그래서 진정한 문제는 이겁니다. 우리가 퍼펙트 스톰perfect storm(개별적으로는 위험하지 않지만 한꺼번에 일어나 재앙을 낳는 사건들의 조합 - 옮긴이)이라는 사실."

"우리는 온난화이기만 한 것도 아니고, 오염이기만 한 것도 아니고, 과잉 이용이기만 한 것도 아니라, 그것을 동시에 빠르게 불려가고 있습니다. 그래서 온난화는 과거에도 있어왔기 때문에 지금도 중요하지 않다는 주장은 정말로 부정확한 겁니다. 온난화는 퍼펙트 스톰의 일부이기 때문이죠. 저는 모든 대멸종이 그런 식으로 작동한다고 생각합니다. 그것—많은 것이 잘못되는 것—이 5대 대멸종 모두의 작동 방식으로 드러나리라고 생각해요. 가령 당신이 데칸트랩을 분출시키지만 않았어도 K-T는 그다지 심각하지 않았을 거라고, 또는 당신이 하늘에서 돌을 떨어뜨리지만 않았어도 데칸트랩이 그렇게 많은 해를 끼치지는 않았을 거라고 합시다. 하지만 멸종은 둘을 결합합니다. 페름기-트라이아스기도 같은 식이죠. 데본기도 같은 식입니다. 오르도비스기 말도 같은 식이에요. 트라이아스기-쥐라기, 그것도 이런 결합에 의한 겁니다. 단일요인 설명에서 벗어나야 합니다. 저는 생명의 역사에서 일어난 많은 중대 사건이 퍼펙트 스톰을 연루시키지 않을까 생각해요. 그리고 우리는 그 많은 퍼펙트 스톰의 하나라고요. 우리가 한 가지만 한다면 그건 그다지 대수롭지 않겠지만, 우리는 모든 것을 동시에 할 수 있는 한 열심히 빠르게 하고 있으니까요."

문명의 경로를 따라 초토화의 흔적을 남길지언정 인간은 결국 알고 보면 극도로 멸종에 잘 버틸 것이라고 야블론스키는 생각한다.

그가 말했다. "거기에는 두 가지 이유가 있습니다. 하나는 우리가 매우 넓게 퍼져 있다는 겁니다. 다른 하나는, 온갖 끔찍한 것들을 견디는 일에 관한 한 문화를 이길 수 없다는 겁니다. 제 생각에 더 그럴 법한 결과는 인간 대부분이 삶의 질이 형편없어지는 것이지, 종 자체가 위험에 처하는 게 아닙니다. 우리를 제거하려면 정말로 정확하게 조준해서 주의를 집중해야 할 겁니다. 어쨌거나 인간은 산업화한 사회 없이도 수십만 년 동안 꽤 잘 지냈으니까요. 반면, 저처럼 안경이 필요한 누군가는 네안데르탈인으로서는 별로 행복하지 않았을 겁니다. 그래서 저한테 이건 종이 죽고 사는 문제라기보다는 삶의 질 문제인 것처럼 보입니다."

야블론스키는 우리가 아직 세상에 대규모 대멸종을 일으키는 지경에는 이르지 않았다는 어윈의 의견에 동의한다.

"맞습니다. 우리가 거기에 있지 않은 건 확실하죠. 통계적으로 말해 지금 당장은, 멸종의 선택성이 주로 배경멸종background extinction과 흡사하잖아요? 멸종 여부가 개별 종의 지리적 범위 같은 것에 달려 있고, 또 영양 수준과 몸 크기를 비롯해 5대 대멸종 동안에는 특별히 중요한 선택 요인이 아닌 것들에 달려 있으니까요."

"그러니까 그런 의미에서, 우리는 아직 배경 지대에 있군요. 그건 좋은 소식이잖아요!" 야블론스키가 축하하는 척 양손을 흔들며 말했다. "문제는, 이 퍼펙트 스톰을 우리가 만들어내고 있고, 그건 우리가 앞으로 티핑포인트에 도달하는 게 불가능하지 않음을 의미한다는 겁니다."

뉴햄프셔의 작은 식당으로 돌아가서, 휴버는 나에게 자기가 "좋아하는 이야기"를 들려주었다. 미군의 실생활 우화인 그 이야기의 제목은 이른바 '의욕적인 척후병Motivated Point Man'이다. 1996년, 어느 경輕보병의 소대가 푸에르토리코 밀림에서 여러 날을 보내며 찌는 듯한 열기와 습도에 적응하고, 물을 마셔도 괜찮은지 주의 깊게 살폈다. 야간 기습 모의 훈련을 앞둔 이 소대에는 "대대에서 가장 탄탄하고 의욕적인 병사들"이 포함되어 있었다. 기습하기로 한 저녁이 오자, 소대장이 부대를 이끌고 밀림을 통과하기 시작했다. 마체테(날이 넓고 무거운 칼–옮긴이)를 휘둘러 관목을 헤치고 길을 내던 그는 오래지 않아 지쳐 쓰러지면서 자신의 임무를 한 부하에게 맡겼다. 그 이등병이 소대를 얼른 전진시키지 못하자, 소대장은 다시 앞장서겠다고 우겼다. 하지만 곧 몸에 고열이 나더니 걸을 수도 없게 되었다. 병사들은 그에게 찬물을 끼얹고 정맥으로 수액을 공급해야 했다. 그리고 결국은 병사 넷이 그를 들고 가야 했다. 머지않아 그 추가된 부담이 소대 전체의 능력을 떨어뜨림으로써, 모두 다 열 스트레스의 먹이가 되기 시작했다. 모두가 학살되기 전에 훈련을 취소해야 했다.

"자, 저는 이걸 이렇게 봅니다. 때가 밤이고 풍토에 익숙해졌어도, 탄탄한 사람들이 맥없이 해체되어 들것에 실린 쓸모없는 인력이 될 수 있다는 거죠. 저는 그 일이 사회에, 문화에 일어나고 있다고 봅니다. 대멸종이 어떻게 일어나는지 알고 싶다면, 이게 답입니다. 사람들은 플라이스토세 대형동물군의 멸종과 클로비스 사람들에 관해 이야기할 때 때로는 이런 일이 어떻게 일어나는지가 수수께끼인 것처럼 행동하죠. 하지만 그것도 정확히 똑같은 방식으로 일어납니다. 가장 강한 구성원을 찢어발기는 뭔가가 생기고, 더 약한 구성원이 그 틈새를 메우려 노력하고, 이들은 실제로 그걸 장악할 만큼 강하지 않고, 그래서 전체가 무너지는 겁니다." 휴버가 말했다.

"사회가 어떻게 무너지는지 알고 싶으세요? 이게 답입니다."

"저는 그에 관해 지나치게 걱정하지 않습니다." 안데르스 산드베

리Anders Sandberg가 휴버의 전력망 고장 각본, 또는 문명이 기후와 해양의 혼돈으로 쓰러질 가망성에 관해 그렇게 말했다. 쾌활한 스웨덴 사람인 산드베리는 옥스퍼드대학교의 인류미래연구소Future of Humanity Institute에서 종말과 먼 미래에 관해 백일몽을 꾸는 일을 한다. 거리낌 없는 트랜스휴머니스트transhumanist(과학기술로 인간의 조건을 바꾸려는 사람-옮긴이)인 그가 인식표를 목에 걸어 자신이 저온학 실험실 손님으로 예약되어 있음을 내보이면서 사무적으로 하는 말이란 이를테면 이런 것이다. "설사 제가 간신히 나의 생물학적 노화를 중단시키고 마침내 나 자신을 컴퓨터에 업로드한 뒤 예비 복사본들을 은하계 곳곳에 뿌린다고 해도, 조만간은 운이 다합니다." 그가 옥스퍼드대학교 소속만 아니라면, 산드베리의 사색은 많은 미래학자의 사색이 그렇듯 때로는 정신이 나갔나 싶을 만큼 기괴해 보일 수 있다. 그는 이렇게 항변할 것이다. 자신은 먼저 왔던 세대의 인간이 겨우 수십 년 사이에 생명체를 몰라볼 모습으로 만들어온 추세를 근거로 추정을 하고 있을 뿐이라고.

기후변화에 대한 관심도가 미국 대중 사이에서 지난 15년 사이에(기후변화의 위협이 커지는 그 순간에도) 실제로 떨어져온 반면, 더 사변적인 인공지능의 위협에 관해 연구하는 연구자들은 청중이—특히 실리콘밸리 투자자들이—자신들의 악몽 같은 상상에 열광한다는 것을 알게 되었다. 열 스트레스를 받은 전력망에 관해 산드베리가 한 말에 의하면, 그것의 붕괴에 관한 예측은 기술적 변화의 위력을 과소평가하는 고전적 전통에서 나오는 논리적 결과다.

"그것은 현재처럼 작동하는 전력망에 몹시 의존합니다." 산드베리가 내게 말했다. "제가 자라던 때 한 선생님이 하신 말씀을 생생하게 기억합니다. '음, 세상사람 대부분은 전화를 걸어본 적이 한 번도 없단다. **그리고 앞으로도 결코 없을 거야.** 왜냐하면, 중국에 있는 모든 사람에게 전화기를 줄 만큼 구리가 많지 않기 때문이지.' 말할 것도 없이, 제가 고등학교에 다니던 무렵에는 광섬유가 발전하고 있었고요. 지금은 인간의 대다수가 휴대폰을 갖고 있을걸요. 그렇게 기술 변화는 그 예측을 납작하게 눌러버렸습니다. 그 예측은 매우 합리적인 관찰을 기반으로 했지만, 현재 드러났듯이 구리는 제한 요인이 아니었죠. 비슷하게 전력망의 경우도, 폭풍우가 더 거세게 몰아치는 세상이 오면 아마 우리는 더 탄력 있는 전력망을 만들 겁니다."

그의 요지는 충분히 수긍이 되었다. 우리가 행성의 미래에 관한 광범위한 논의를 스카이프Skype를 통해 수행하고 있었음을 고려한다면 말이다. 이 기술은 전기통신에 회의적이었던 그의 어린 시절 선생님에게는 설명하기조차 어려울 것이다. 이다음 수십 년 사이에 있을 기술적 변화에 대한 산드베리의 기대는 전형적인 과학소설의 기준으로 보아도 야심차다. 그는 자신이 생명공학의 지평선까지 도달하려는 바람으로 제대로 먹고 운동하려 노력한다고, 성공하면 자신에게 불멸 비슷한 뭔가가 부여될 것이라고 말했다. (하지만 그도 인정했다. "아직은 제가 완전히 평범하게 죽을 확률도 꽤 높습니다.") 기술에 대한 그의 희망은 거의 무한해서—내 생각에 남들에게는 섬뜩할 테지만—그는 아직까지 상상된 적 없는 기술적으로 중재된 신체 상태, 우리의 머리뼈 안에서 벗어나지 못하는 축축한 고기가 허락하는 것보다 훨씬 더 툭 트인 존재가 된 상태를 살아서 체험하고 싶어 한다.

인간의 뇌는 자연선택의 무자비한 (그리고 목적 없는) 여과 장치와 신진대사의 한계에 의해 되는 대로 빚어졌지만, 초지능적 창조자의 무한한 야망과 상상력만으로 만들어진 합성 두뇌가 어떤 자각과 주관성의 상태를 얻어낼 수 있겠는지 상상해보라. 그토록 많은 것이 걸려 있는 마당에, 산드베리가 무엇이 그런 광활한 미래를 배제하고 행성을 파괴할 수 있을지를 궁금해하며 자신의 남은 시간을 보내는 것은 놀라운 일이 아니다. 이는 실존적 위험 요소다.

설사 끝이 가깝다 해도, 산드베리가 생각하기에 그 끝은 과거의 어떤 대규모 대멸종과도 같지 않을 것이다. 지금 존재하는 실존적 위협들은 어떤 역사적 선례도 없고, 영향력은 무한한데 개연성은 전혀 추정되지 않는다. 여기에는 외계인의 침공과 같은 사변적 위협도 포함되지만, 산드베리의 골칫거리인 폭주 인공지능도 포함된다. 그의 말에 따르면, "바보스러움 발견법silliness heuristic(고려할 가치를 재빨리 판단하는 방법으로서 '바보스러운' 것은 무조건 무시하는 전략-옮긴이)"의 방해로 많은 사람이 그 문제를 진지하게 받아들이지는 않지만, 걸음이 빨라지고 있는 기술적 변화가 멸종을 이산화탄소의 형태로가 아니라 실리콘의 형태로 우리의 문 앞에 데려올 수도 있을 것이다.

"초점을 완전히 기후 같은 것에만 두고 초지능을 무시하면, 그래요, 클립쟁이Paper Clipper가 먼저 우리에게 덤비게 될지도 모릅니다."

클립쟁이?

"클립쟁이로 표현한 제 발상은 이런 겁니다. 이 인공지능이 생긴 당신은 녀석에게 클립 만들기라는 목표를 줍니다. 그래서 녀석은 클립의 수를 최대화하는 조치를 취하려 노력하고, 자신을 더 영리하게 만드는 법도 알아냅니다. 자기가 더 영리해지면 클립 만들기를 더 잘할 테니까요. 그래서 녀석은 스스로를 정말로 영리하게 만든 뒤, 절대 실패하지 않고 지구를 클립으로 바꾸는 계획을 짜서 그 계획을 실행합니다. 우리한테는 매우 나쁜 소식이죠. 여기서 문제는 당연히, 내가 녀석의 플러그를 뽑으려고 해도 녀석이 워낙 영리해서 이미 나를 멈출 방법까지 알아냈다는 겁니다. 내가 플러그를 뽑으면 세상에 클립이 적어질 테고 그건 나쁜 일이기 때문이죠. 그래서 녀석은 자기를 멈추거나 자신의 마음을 바꾸려는 모든 시도를 극복해야만 합니다. 어쩌면 우주에 칸트의 윤리 같은 뭔가가 있어서 충분히 영리한 정신은 자신이 사람들을 클립으로 바꾸어서는 안 된다는 게 도덕적 진리임을 깨닫게 될지도 모르지요. 하지만 불행히도, 만약 그 인공지능의 건축 양식이 그저 녀석이 효용성을 최대화하도록 되어 있고, 효용성이 클립으로 정의된다면, 녀석은 생각할 겁니다. '흠, 도덕이냐 클립이냐? 클립이지!'"

어쩌면 세상은 프로스트의 불이나 얼음 대신에 클립에 묻혀서 끝날지도 모른다. 아니면, 또 한 명의 위대한 시인이 어느 지나간 세상의 치명적 자만심에 관해 읊은 글(퍼시 B. 셸리의 「오지만디아스Ozymandias」-옮긴이)을 살짝 바꿔 말하자면, '쓸쓸한 클립 벌판만이 끝없이 황량하게 아득히 펼쳐진 채' 말이다.

당연히, 산드베리의 사고 실험은 실제로 클립에 관한 게 아니라 우리를 능가할 수 있고 자체의 목표가 인간의 번영과 들어맞지 않을 수 있는 모든 초지능 체계에 관한 것이다. 그의 계획은 구제할 수 없이 투기적으로 보일 것이고, 나도 이른바 바보스러움 발견법의 먹잇감이 되었음을 인정하겠다. 앞으로 수십 년 사이에 기후가 변하고 해양이 산성화하리라는 구체적 예측과 비교할 때, 사고 실험은 내게 기껏해야 설득력이 없는 것으로, 최악의 경우에는 기후와 해양이 혼돈에 빠질 현재의 분명한 위험에서 주의를 돌리는 과대 선전된 오락으로 느껴진다. 하지만 돈을 받고 이러한 기술적 상상에 몰입하는 사람들도 자연보호 생물학자와 기후 모형 설계자가 지구계에 충격이 온다고 확신하는 것만큼이나 자신들의 위협이 존재한다고 확신한다. 한 가지는 분명하다. 인공지능, 녹색에너지, 생명공학처럼 유용할 수 있는 추세에서부터 온난화, 산성화, 인구과잉, 남획, 확산하는 데드존, 토양 침식, 자원 고갈, 벌채, 악한 인공지능처럼 파국적일 수 있는 추세에 이르기까지, 그토록 많은 추세가 어지러이 빨라져가는 마당에, 이다음 몇 세기는 전혀 예측할 수 없다는 점 말이다.

환경운동의 어떤 부분에는 일종의 존재론적 혐인증, 인간은 자기들이 받아도 싼 것을 받으리라는 생각—심지어 바람—이 깔려 있다. 가이아가 침을 뱉는 것은 행성을 엉망으로 만든 대가일 뿐이라는 이러한 정서는 무지한 온라인 댓글 창에도, 그럴 만하게 체념한 현직 과학자의 숙명론에도 등장한다. 이런 과학자 다수는 맥주 몇 잔이 들어가면 당신에게 말할 것이다. "우리는 엿 됐어." 아닌 게 아니라, 만약에 기후 모형의 가장 암담한 예상들이 실현된다면, 나도 순간적으로 모종의 고소함을 느낄 것임을 인정한다. 그때는 오늘날 기후변화를 부인하는 정치가들도 자신들의 고국이 높아지는 바다와 기온에 맞닥뜨린 꼴을 살아서 볼 테니 말이다. 이런 부류의 잔혹한 정당성

입증은 말할 나위 없이, 그 정치가들의 유권자에게 내려지는 엄청난 불행을 알면 잦아들 것이다. 산드베리를 비롯한 여러 사람이 가리켜 왔듯이, 우리 자신처럼 의식이 있는 생물체의 경험이야말로 실제로 염려할 가치가 있는 유일한 것이어야 한다. 산드베리가 말했다.

"철학에는 완전한 하나의 분과로 가치론이라는 게 있는데, 그것은 무엇이 선인지, 무엇이 소중한지를 생각합니다. 적어도 평가자는 있어야 한다는 것이 상당히 공통된 견해라고 생각합니다. 집에 아무도 없지만 그래도 경이롭도록 소중한 상황이 남아 있는 우주, 그런 건 있을 수 없습니다. 말이 안 되지요. 그렇기에 우주에 무엇이 좋은지 실제로 보고 알 수 있는 정신이 있어야 합니다. 기왕이면 많을수록 좋겠죠. 만약에 우리가 일을 망치면, 지난 세대가 얻으려 애써온 것들이 전부 길을 잃을 겁니다. 그들은 어떤 무기한의 미래를 향하고 있었건만, 이제 미래는 다시 돌아오지 않고 아무도 그들이 무엇을 얻으려 애쓰고 있었는지 기억조차 하지 않을 겁니다. 우리가 만들어갈 수 있을 좋은 것들도 모두 다시는 돌아오지 않고, 셀 수 없이 많은 삶도 그럴 겁니다."

"하지만 가장 오싹한 것은, 주위에 아무도 없으면 가치라는 게 아예 없어진다는 사실일지도 모릅니다. 갑자기 우주에 아무 의미도 없어지는 거죠."

인간의 계획이 이다음 수 세기 사이에 실패하면, 그 실패는 수십억의 삶이 기쁨과 슬픔을 누릴 가능성을 빼앗을 것이다. 수많은 전사자의 희생, 위대한 예술가의 명작, 위대한 사상가의 생각도 헛되게 할 것이다. 그 사상가들이 문명의 이상理想을 적어둔 책장들은 누레

지다가 낙엽처럼 바짝 말라 죽을 것이다. 먼 행성들은 탐험되지도 경탄의 대상이 되지도 않을 것이다. 위대한 교향곡은 쓰이지 않을 것이다. 상상할 수 있는 최고 액수의 판돈이 걸려 있다.

"재미있었어요!" 산드베리의 말과 함께 우리는 둘 다 더듬더듬 커서를 움직여 컴퓨터 화면상의 통화 종료 단추를 향했다. "안녕!"

만약 우리가 클립쟁이의 낯선 사형선고를 면한다면, 인류는 21세기에 우리가 내리는 결정들을 두고두고 감당하며 살아가리라. 지금으로부터 수천 년 뒤에 살아갈 시민의 안녕을 염려한다는 게 바보스러워 보일지도 모르지만, 우리는 고대 사람들의 내면적 삶과 여전히 교감한다. 그들의 시와 웅변을 읽고, 그들의 건축술에 경탄하고, 그들의 인류애에 동질감을 느낀다. 데이비드 아처가 지적했듯이 고대 그리스인이 무분별한 환경 조작에 수 세기 동안 탐닉했다면, 우리는 그들의 서사시, 유적, 도자기뿐만 아니라 그들이 만든 외계 행성과도 더불어 살고 있을 것이다. 미래의 인간은 캐나다 북극 지대에 있는 배핀섬Baffin Island 해안의 초거대도시에 살면서 5000년 전의 이상한 고대 문화에 비슷한 경이로움을 느낄지 모른다. 그 문화는 암석에 묻혀 있는 태곳적 식물과 바다생물을 불태우려는 스스로의 갈망을 채우고자 문명의 전망과 생물계의 안녕을 희생시키고 있다는 사실을 충분히 자각하고 있었다. 하지만 후세가 감당할 인류의 궁극적 유산이 그 정도로 끝나리라 여긴다면 그것은 턱도 없는 착각이다.

1만2000년 길이에서 지금도 계속 늘어나고 있는 우리의 따뜻한 간빙기는 이미 과거 플라이스토세의 간빙기들 다수보다 더 오래 지속되어왔다. 당시의 간빙기들은 대략 1만 년의 막간 뒤에 다시 빙하시대로 돌진했다. 오늘날 북반구의 여름 햇빛은 흐려져가면서, 과거에 여러 차례 빙하의 시대를 촉발해 10만 년이 넘도록 지속시키고도 남았던 수준에 접근하고 있다. 이 흐려지는 햇빛이 다음 몇 세기 사이에, 근래의 지질학적 역사에서 빙하들을 불러들여 북아메리카를 가로질러 행진하게 함으로써 해수면을 수십 미터 떨어뜨렸던 어느 문턱에 도달한다 해도 무리가 아니다. 우리의 한숨 돌리는 짬이 이미 과거의 간빙기들보다 더 오래 지속되어온 것은 농경이 동튼 이후로 인간이 탄소 순환에 끼어든 결과물일지도 모른다. 하지만 이는 우리 궤도의 현재 모양과 더 관계가 깊을지도 모른다. 우리의 궤도는 수십만 년에 걸쳐 원에 가까운 모양과 타원에 가까운 모양을 왔다 갔다 한다. 오늘날 우리의 궤도는 40만 년 전의 궤도와 비슷한데, 당시에 원에 더 가까웠던 궤도는 따뜻한 간빙기를 5만 년 동안 지속시킬 수 있었다. 만일 행성이 다음 수천 년 동안 빙하작용을 위한 문턱을 스치기만 하고 그 아래로 내려가지는 않는다면, 다시 5만 년은 있어야 비로소 우리는 비틀거리며 동결 상태로 돌아갈지도 모른다. 하지만 여기서 가정하는 행성은 인간의 영향 없이 작동하며, 그 행성은 지난 수백만 년 동안 그래왔듯 얼 수도 있고 녹을 수도 있다.

그러는 대신에, 빙하시대는 다음 수천 년 사이에는 돌아오지 않을 게 거의 확실하고, 이는 틀림없이 좋은 일이다. 하지만 우리가 만들어내고 있는 이 대안, 수천만 년 동안 볼 수 없었던 종류의 극한 온실로 뛰어드는 방안이 조금이라도 더 나은 것은 아니다.

만약 인간이 온실가스 배출량 전망치 각본 아래 예상되듯 2만 기가톤의 탄소를 태운다면, 5만 년이라는 빙하시대 개시 기한마저 열속으로 녹아들 것이다. 일부 이산화탄소는 해양에 의해 1000년 단위의 시간에 걸쳐 제거될 것이다. 탄산칼슘으로 만들어진 죽은 바다생물이 해양저에 쌓여 있다가 산성화하는 해양에서 제산제 알약처럼 녹음으로써, 바다가 더욱더 많은 이산화탄소를 저장하도록 해주기 때문이다. 하지만 상당량은 아직 대기중에 남아 있을 것이다. 이는 이산화탄소 중에서 암석 풍화로 제거되어야 할 부분인데, 암석 풍화는 최소한 10만 년 단위의 시간에 걸쳐 일어난다. 만약 5만 년 만에 빙하시대가 개시되기에는 날씨가 여전히 지나치게 뜨겁다면, 냉장고로 다시 들어갔다 나올 다음 기회는 지금으로부터 13만 년 뒤에나 있을 것이다. 하지만 만약에 인간이 화석연료를 다 태워버린다면, 행성은 빙하시대로 진입하는 이 옆 차선마저 놓칠 것이다. 플라이스토세의 얼음 궤도가 다시 열릴 만큼 자연적 과정들이 탄소를 끌어내릴 때까지 세상은 40만 년을 기다려야 한대도 무리가 아니다. 만약에 우리가 어떻게든 그렇게까지 오래도록 얼쩡거릴 수 있다면, 아마 우리가 우리의 탄소 배출량을 냉정하게 관리하고, 필요할 때 빙하의 전진을 좌절시키되 오늘날 시동이 걸린 것과 같은 전 지구적 참사를 일으키지는 않을 만큼만 탄소 배출량을 늘림으로써 이 급속냉동을 미룰 수 있을 것이다. 아니면 아마도 우리의 화석연료 사용은 너무도 방탕해질 것이고, 우리의 예지력은 너무도 형편없어질 것이어서, 우리는 압도적인 온난화와 상승하는 바다를 둘 다 자초한 다음에 터무니없이 단번에 빙하시대로 훽 돌아갈 만큼 빠르게 그것을 남김없이 다 태워버릴 것이다.

"인간이 눈 깜짝할 사이에 다음 빙하시대의 시작을 근본적으로 멈추거나 거의 50만 년 동안 미룰 수 있다는 발상을 저는 믿을 수 없습니다." 기후와 해양 모형을 설계하는 앤디 리지웰Andy Ridgwell이 나에게 말했다.

과학의 많은 부분은, 그리고 특히 지질학과 천문학은 큰 그림에서 인간의 하찮음을 납득시키지만, 지금 우리는 진짜 지질학적 시간 덩어리에 관한 이야기를 시작하고 있다. 우리가 하나의 문명으로서 다음 수십 년 사이에 내리는 결정들은 우리 종이 과거에 존재해온 기간보다 두 배 더 먼 미래까지의 기후에 영향을 미칠지도 모른다. 그래도 인간이 무슨 짓을 하건—설사 우리가 다음 몇 세기 동안 액셀을 밟아대며 찾을 수 있는 모든 석탄, 석유, 가스를 마지막 한 분자까지 불태우더라도—암석은 풍화되어 흘러갈 테고, 해양은 뒤척일 테고, 해저는 용해될 테고, 빙하는 전진할 테고, 바닷물은 빠질 테고, 결국 세상은 덜덜 떨게 되리라. 설사 우리가 이산화탄소를 에오세 수준까지 늘리고, 악어와 청새치를 북극까지 밀어내고, 해수면을 60미터도 더 치솟게 만들더라도, 그 모두는 십중팔구 격렬하게 무너져 내려 빙하시대로 들어가게 되리라. 이 빙하시대가 앞으로 13만 년 뒤에 돌아오든 40만 년 뒤에 돌아오든, 물에 잠겼던 뉴올리언스, 뉴욕, 나일강 삼각주의 폐허는 다시 노출되리라. 비록 이러한 수천 년 뒤까지도 그 깊은 곳에서 보존될 것이 (있기는 있다면) 얼마만큼일지는 아무도 모르지만 말이다.

마음을 뒤흔드는 피터 워드의 책 『지구의 삶과 죽음』[9]에도 짧은 온실기 뒤에 오는 이 얼음 세계를 떠올리게 하는 글이 나온다. "지구 궤도를 돌고 있는 잊힌 위성에 올라 앉아 지구를 내려다본다고 치자. 위성에서 내려다본 지구의 모습은 눈부시다. 온통 흰색으로 덮여 있고 흰 부분이 계속 늘어나고 있다"라고 운을 뗀 그는 이렇게 썼다.

> 빙하가 확장되고 있다. 문명이 최고로 번성했을 때 잠시 상승했던 해수면은 내려가고 있으며 이에 따라 해안 평야가 새로이 드러나고 섬들이 서로 연결되거나 섬과 육지를 연결하는 육교가 생겨나기도 했다. 항구는 목장으로 바뀌었다. 영국해협과 베링해협은 육상의 연결 통로가 되었다. 지구의 지도가 온통 바뀐 것이다.
>
> 밤이 되었다. 북극부터 남반구에 이르기까지 지구를 은하수처럼 수놓던 도시의 불빛은 이제 보이지 않는다. 북극에는 아무도 살지 않게 되었고 남반구의 바다는 대부분 얼어붙었다. 불빛이라고는 적도와 중위도 사이의 좁은 띠에 모여 있는 것이 전부다. 그나마 대부분 모닥불이다.

해양이 복구되는 데에도 비슷하게 웅장한 기간이 필요할 것이다. "우리가 마침내 어떤 교란을 꾀하건, 해양의 탄산염 화학이 인위적으로 발생한 조건 이전으로 돌아가려면 최소한 10만 년은 걸릴 겁니다." 캘리포니아대학교 샌타크루즈캠퍼스의 고해양학자 제임스 자코스James Zachos가 내게 말했다. "이걸 예측한 건 25년 전인데, 우리가 PETM을 가지고 그 이론을 입증했습니다. 해양화학을 복구하려면 10만 년이 걸립니다."

하지만 생물권에 미친 효과는 훨씬 더 오래도록 살아 있을 것이다. 예전의 대멸종들이 보여주었듯이, 생명활동은 해양화학이 자신을 수습하고도 한참 뒤에야 회복된다. 만약 우리가 마치 오르도비스기 대멸종을 거슬러 가듯 플라이스토세의 빙실에서 출발해 잠깐 에오세 온실로 들어갔다가 다시 얼음 속으로 들어간다면, 생물권은 이를 도저히 감당할 수 없을 것이다. 여기가 여섯 번째 대멸종이 진정으로 역량을 발휘하는 지점일지도 모른다. 인간이 이미 그것을 먼저 치르지 않았다면 말이다.

"저는 우리가 이러한 대멸종에서 배우는 핵심이 그거라고 생각해요. 마지막으로 회복되는 게 생명활동이라는 것." 조너선 페인이 말했다. "탄소를 그 체계에서 빼내는 데 수십만 년이 걸립니다. 생태계를 다시 짓는 데 수백만에서 수천만 년이 걸리고요. 그게 실은 지금으로부터 1억 년 뒤에 되돌아올 고생물학자를 위해 지질학적 기록에 가장 긴 흔적을 남길 내용입니다. 인류의 궁극적 유산은 우리가 일으키는 멸종이 될 거예요."

다음 간빙기의 열대에서는, 그러니까 앞으로 50만 년쯤만 있으면, 바다가 다시 한 번 탄산칼슘으로 가득 찬다. 하지만 산호초가 한때 총천연색 구름 같은 물고기를 접대하던 곳에서는 세균이 지은 스트로마톨라이트 무더기만 휑뎅그렁하게 번성한다. 육지에서는 그놈이 그놈인 설치류, 들개, 작은 새와 잡초가 세상의 주인이다. 하지만 지구를 태양 주위로 50만 번만 더 돌리면 새 세계의 첫 윤곽이 모양을 잡기 시작한다. 이것이 다음 대방산great radiation(진화생물학에서 방산이란 하나의 공통 조상이 적응을 통해 매우 다양한 종들로 진화해 널리 퍼지는 과정을 말한다–옮긴이)의 시작이다. 이것이 회생이다.

이다음 번 생물학적 폭발로 어떤 생물체가 생겨날지는 순수한 추측으로 엿보는 수밖에 없다. 돌고래와 어룡 같은 동물들의 주목할 만한 유사성은 진화가 저절로 반복되는 경향이 있음을 암시하지만, 생명의 역사에는 참으로 기괴한 좌회전도 얼마간 포함되어 있다. 목을 길게 빼고 네 개의 노를 따로따로 저은 파충류도 있었고, 거대한 육식성 캥거루도 있었고, 입 안에 회전 톱을 장착한 페름기 상어도 있었고, 작은 비행기만 한 몸집으로 하늘을 난 파충류도 있었지만, 현대 생태계에 있는 어떤 것도 이 동물들을 닮지 않았다. 미래 생물권의 대략적인 윤곽—이를테면 얕은 해양에는 탄산칼슘을 침전시키는 새로운 생물초 건축자들이 갖춰져 있고, 육지에는 새로운 한 벌의 포식자와 먹잇감이 갖춰져 있는 모습—은 그럴 수 있을지도 모르지만, 진화는 틀림없이 깜짝 선물을 포함시킬 것이다. 어쩌면 문명이 붕괴하는 사이에 수백만 년 전에 늑대로 되돌아간 들개가 풍경에서 대형 초식동물이 사라진 기회를 틈타 올리고세의 거수 인드리코테리움indricotherium만큼 자라서 머리 위로 우뚝 솟은 나뭇가지를 붙잡으려 들지도 모른다. 어쩌면 비둘기가 우리가 죽는 날까지 곁을 지킨 뒤 자라서 키 4.5미터의 날지 못하는 약탈자가 될지도 모른다. 어쩌면 갈매기가 살을 찢는 강력한 부리를 얻어 최상위 포식자가 되고,

그동안 바다에서는 가마우지와 같은 종이 폭발적으로 커져 바다의 생활양식에 더 전념함으로써 모사사우루스의 모양과 규모와 위협적 측면을 띠게 될지도 모른다. 우리 계통이 페름기 이후에 한 번 더 먹이사슬의 꼭대기를 차지할 기회를 얻기 위해 2억 년을 기다려야 했듯이, 어쩌면 다음 시대에는 오늘날 깃털을 달고 있는 공룡의 후손들이 다시 집권할지도 모른다. 말할 것도 없이 이는 터무니없는 억측이며, 자세한 사항은 끝없이 창의적인 진화와 우연의 무심함이 채워 넣을 것이다.

“사람들이 늘 잊어버리는 사실이 있는데, 공룡이 망한 뒤에 최고 포식자는 날지 못하는 거대 새인 공포새, 다시 말해 기본적으로 또 한 갈래의 공룡이었습니다.” 야블론스키가 말했다. “그런데도 백악기 말 이후 1000만~1500만 년 안에 포유류는 박쥐도 얻고 고래도 얻으면서 육지에 진정한 방목 생태계를 조성하고 있었고, 그 생태계는 정말로 대박을 터뜨렸습니다. 굉장하죠. 그 모든 게 겨우 1000만~1500만 년 뒤에 일어났다니. 그렇지만 이제부터 잘 들으세요. 인간에 관해 이야기할 때는 1000만 년은 상상도 할 수 없이 긴 시간입니다. 그러니까 무턱대고 ‘오, 길게 보면 다 괜찮아질 거야’라고 말하면 안 됩니다. 그건 **정말로** 긴 흥행에 관한 이야기이기 때문이죠. 인간에게 의미 있는 것은 장기 흥행이 아니에요.”

제9장

The Last Extinction

마지막 멸종

8억 년 후의 세계

진흙에게 이 얼마나 멋진 추억인지요!

일어나 앉은 다른 진흙들은 또 어찌나 흥미롭던지요!

—커트 보니것, 1963[10]

이제 우리 자신을 아득히 먼 미래로 던져 넣어보자. 제1장의 발자국 비유에서 인간의 역사 전부를 겨우 수십 발자국 만에 가로지르듯, 우리가 막 터벅터벅 다시 걷기 시작한 수백 킬로미터는 시간 차원에서 앞쪽으로 수억 년에 해당한다. 이 행성에서는 기후에 짜증을 부리는 인간도, 최고의 독창성을 자랑하는 우리의 기계도, 계획 많은 우리의 문명도 아무 관계가 없다. 대륙들이 배치를 바꿈에 따라 해양은 통째로 삼켜졌다가 새로 만들어졌고, 별자리도 뒤죽박죽 섞였다가 하늘을 가로질러 황급히 흩어졌다.

땅 위의 얼마 안 되는 장소만이 억세게 운이 좋아 퇴적물에 덮인 다음 땅속으로 내려앉을 테고, 거기 남아 침식으로부터 보호받으며 판구조운동에 들볶이지 않고 오랜 세월을 견딜 것이다. 이런 곳이 바로 지질학적 시간의 머나먼 미래에 우리 현대 세계의 흔적을 암석 안에 남길 기회가 눈곱만큼이라도 있는 조각들이다. 이걸 알면 힘이 되는데, 허리케인 '카트리나'가 보여주었듯 뉴올리언스는 단기적으로 살아남을 전망은 어둡지만—내려앉고 있는 하나의 퇴적 분지 중에서는 맨 마지막에 내려앉을 부분에 위치해 있어서—장기 보존될 잠재력은 어쩌면 세계 최고일 것이다. 만약에 1억 년 뒤에 생명의 나무 어딘가에서 태어난 한 지질학자가 어느 협곡의 옆면에서 초승달 도시Crescent City(미시시피강이 도시를 초승달 모양으로 에워싸고 있어서 얻은 뉴올리언스의 별명 – 옮긴이)의 납작해진 지층을 발견한다면, 나는 화석 안에서 오직 이 측정점 하나가 인류를 대변하는 것도 그리 나쁘지는 않을 수 있다고 생각한다. 하지만 전통 재즈를 보존할 목적으로 프렌치쿼터에 세운 프리저베이션홀Preservation Hall은 그 이름에 어울리는 수명을 누리겠지만, 우리 세계의 대부분은 오래 버티지 못할 것이다.

지금부터 수억 년이 지나면, 세계지도는 그 세계의 산골짜기에 살고 그 세계의 생물초를 돌아다니는 생물체들만큼이나 알아볼 수 없을 것이다. 하지만 지구사의 어떤 수사적 어구들은 다시 나타날 것이다. 판게아는 행성의 지질구조사에서 흥미로운 한때였을지도 모르지만, 유일무이한 것은 아니었다. 그런 초대륙 다수가 베게너 이론(대륙이동설)을 연상시키는 '초대륙 순환'의 일부로서 아득히 먼 시간의 수십억 년 사이에 모였다가 쪼개졌다는 게 요즘 생각이다. 그리고 오래된 초대륙일수록 알고 보면, 변신 로봇들이 등장하는 옛날 만화 『트랜스포머스Transformers』에서 이름을 훔친 것처럼 들린다. 로디니아Rodinia와 누나Nuna라는 초대륙도 그렇고, 발바라Vaalbara, 슈페리아Superia, 스클라비아Sclavia라는 초강괴supercraton(초대륙을 구성하는 땅덩이 – 옮긴이)도 그렇다. 오늘날 이 대륙들은 전 지구에 뿔뿔이 흩어져 있지만 또 한차례의 가족 상봉 일정이 잡혀 있는데, 아마 앞으로 2억5000만 년밖에 안 남았을 것이다.

대서양 중앙해령은 아메리카를 2억 년이 넘도록 아프리카와 유럽에서 먼 쪽으로 밀어내왔지만, 대서양은 그것의 조상인 이아페투스해와 마찬가지로 운이 정해져 있다. 바로 지금, 카리브해의 가장자리에서도, 유럽의 지브롤터 연안에서도, 남아메리카의 포클랜드제도the Falklands 연안에서도, 깊은 바다 골짜기들의 그늘에서는 대륙들이 설욕을 하고 있다. 섭입대들이 게걸스럽게 해양 지각을 씹어 삼켜서 형제자매 대륙들을 다시 끌어 모으고 있다는 말이다. 이 섭입대들은 지금은 비교적 작지만, 계속 펼쳐져 나중에는 대륙의 가장자리에까지 영향을 미칠 것이다.

"일단 그렇게 되면, 그건 대서양을 통째로 먹어 없애기 시작할 겁니다." 하버드대학교의 프랜시스 맥도널드가 말했다. 그리고 일단 불이 붙으면, 이 섭입대들은 멈출 수 없을 것이다. 사랑에 빠진 두 멍멍이가 골목길에서 허겁지겁 스파게티를 먹다가 그러듯이, 섭입대는 계속해서 해양 지각을 씹어 삼키다가 마침내 해양 맞은편에 있던 사랑하는 이에게 닿을 것이다.

페름기에 그랬듯, 내가 사랑하는 뉴잉글랜드의 해안선은 다시 한 번 해양에서 수백 킬로미터 떨어진 메마른 황무지가 되어 또 다른 초대륙의 황량한 안쪽에 고립될 것이다.

하지만 이는 미래 판게아의 한 모형일 뿐이다. 예일대학교의 지구물리학자 로스 미첼Ross Mitchell과 그의 동료들이 내놓은 다른 예측에서는, 마찬가지로 대륙들이 2억 년쯤 뒤에 다시 만나기는 하지만, 이번에는 북극 위쪽에서 만난다. 이 일이 고등생물에게 어떤 영향이 미칠지는 아무도 모른다. 언뜻 지나치기에도 파멸을 가져올 것처럼 들리기는 하지만 말이다.

어쩌면, 대륙들이 지금으로부터 수억 년 뒤에 서로를 포위하게 되면 화산열도들이 한 번 더 당겨 앉아 거대한 산맥으로 변한 뒤에 풍화되어 사라짐에 따라 이산화탄소 농도를 끌어내리고 빙하와 추위로 세상을 벌할지도 모른다. 수억 년 뒤, 그 초대륙이 찢어지기 시작하면—처음에는 어쩌면 열곡호로 틈새를 채우면서 낯선 생물체들을 호숫가로 초대하겠지만—또 한 번 대륙에서 엄청난 홍수 현무암이 분출되어 페름기 말이나 트라이아스기 말, 백악기 말 분출과 동급으로 땅을 살해할 것이다.

하지만 그 가운데 어느 하나라도 실현되기 오래전, 어쩌면 현재 태양계 주위를 말없이 구르고 있는 공기 없는 암석 대륙 하나가 생명의 행진을 중단시킬지도—티끌 하나가 허공에 있는 수십억 개의 모래 알갱이 가운데 하나를 때릴지도—모른다. 죽음이 어떤 형태를 띠건, 그 모욕은 다시 한 번 그 새로운 한 벌의 낯선 생물체를 거의 파괴할 것이다. 맹목적인 진화의 궤적에 의해 빚어진 뒤 무심한 세계에 의해 걸러지며 먼 미래의 억겁을 건넌 생물체들이지만, 그 무렵이면 고등생물은 이미 외줄에 매달려 있을 것이다.

비록 매우, **매우** 짧은 기간에—다음 몇 세기에 걸쳐—이산화탄소는 인간의 활동으로 위험하게 치솟겠지만, 지질학적 관점에서 보자면 행성에는 이 재료가 서서히 떨어지고 있다. 행성의 온도조절장치를 설정하는 바로 그 풍화 과정이 늘어나고 있다. 태양이—성간가스에서 태어나 주계열성으로서 일생의 대부분을 보낸 뒤 중심부의 수소를 모두 태우면 거성으로 진화하는 별의 한살이에서—주계열성 단계를 거치는 동안 점점 더 밝아지기 때문이다.

"대기 중의 이산화탄소는 풍화 활동과 땅에서 이산화탄소가스를 내보내는 활동 사이에서 균형에 도달합니다." 시카고대학교의 지구화학자 데이비드 아처가 통화하면서 내게 말했다. "하지만 다른 모든 것을 똑같이 유지하면서 태양을 더 밝게 만들면, 물 순환이 빨라집니다. 그러니까 더 많은 물이 암석 위로 쏟아질 테고, 그래서 더 많은 암석을 녹일 테고, 그래서 더 많은 탄소를 싣고 내려가 땅속에 탄산칼슘의 형태로 집어넣을 테지요."

지구의 평생에 걸쳐 태양이 밝아져왔기 때문에, 이 배경 풍화 활동의 비율은 점점 더 높아져왔고 이산화탄소는 숨 막히는 선캄브리아기의 최고 수준에서부터 빙하시대의 최저 수준일 수도 있는 오늘날의 수준까지 꾸준히 떨어져온 뒤로 지금도 떨어지고 있다(다시 말하지만, 인류가 잠시 주입하는 이산화탄소는 단기간에 시스템에서 씻겨 나갈 터라 무시한다). 오늘날 인류가 생성해 순식간에 쏟아낸 이산화탄소가 대기에서 꺼내져 석회암으로 해양저에 묻힌 지 수백만 년 뒤, 대기 이산화탄소 수준은 계속 떨어질 것이다. 우리의 이산화탄소 담요가 점점 얇아져가는 그 순간에도 태양은 더 밝아지기만 하므로, 결국 우리의 빙하시대는 종료될 것이다. 이는 뜨거우면서도 이산화탄소는 별로 없는 낯선 세계로 이어질 것이다. 그 결과로 어디에도 식물은 많지 않을 테고, 아니 그 문제에 관해서라면 동식물 모두 그 물질에 의존하므로 동물도 마찬가지일 것이다. 이미, 공룡의 시대 이후로 이산화탄소가 떨어지는 동안, 식물은 새로운 광합성 경로를 진화시켜 이 새로운 저이산화탄소 체제에 적응해왔다. 이것이 이른바 C4 식물, 풀과 관목과 선인장 같은 식물이다(일반 식물은 이산화탄소를 탄소 수 세 개의 유기산으로 만드는 C3 식물이며, 탄소 수 네 개의 유기산을 만드는 C4 식물보다 가뭄이나 고온에 취약하다 – 옮긴이). 다음 수억 년에 걸쳐서는 이런 식물이 이 뜨겁고 축축하고 전반적으로 불쾌한 세계를 서서히 차지하게 될 테고, 그동안 탄소가 부족한 대기에서 광합성을 할 수 없는 많은 나무와 숲은 사라질 것이다.

행성은 관목만 늘어나는 검누런 불모지가 되어가다 지금으로부터 약 8억 년이 지나면, 이산화탄소가 10피피엠 아래로 떨어질 것이다. 이 일이 벌어지면 광합성이 불가능해지고, 따라서 식물도 존재할 수 없게 될 것이다. 식물이 사라지면 식물에 의존해 먹이와 산소를 얻는 동물도 사라질 것이다. 이러한 불모의 대륙 위의 강들은 육지식물에 붙잡혀 물길을 따라 구불거리게 되기 아주 오래전에 그랬듯이 (그리고 대죽음과 같은 재앙 뒤에 잠시 그랬듯이) 한 번 더 넓고 성긴 그물 모양의 급류를 이루어 바다로 흘러갈 것이다.

설사 생명을 지속시키는 탄소 순환이 흐지부지되지는 않았더라도, 거의 같은 시기에 날씨는 참을 수 없이 뜨거워질 것이다. 기온이 극지에서조차 섭씨 40도를 능가하고 하이퍼케인이 거의 불모지인 대륙을 후려침에 따라, 남아 있는 모든 생명체는 무자비하게 뜨거운 날들이 몇 달이고 이어지는 동안 북극과 남극에서 굴을 파고 겨울잠을 잘 것이다(말할 나위 없이, 열대는 오래전에 이루 말할 수 없는 지옥 같은 풍경으로 전락했을 것이다). 어쩌면 이런 극지 동물의 일부는 심지어 디메트로돈처럼, 등에다 열을 발산하는 돛을 기를지도 모른다. 하지만 최악의 대멸종이 지나간 뒤 남기곤 했던 한숨 돌릴 틈 따위는 전혀 없을 것이다. 태양이 갈수록 더 밝아짐에 따라 날씨는 쉬지 않고 사정없이 더 뜨거워질 것이다. 식물은 계속 사라질 테고, 이산화탄소도 산소도 끊임없이 빠져나갈 것이다. 단백질 사슬도 풀리고 미토콘드리아도 망가질 테지만, 바람은 여전히 더 뜨거워질 것이다. 이것이 행성 지구 위에서 벌어질 마지막 대멸종이다. 모일 모시에, 마지막 남은 동물이 영영 죽을 것이다.

고등생물이 가버린 한참 뒤, 그에 대한 기억은 화석 속에만 보존되어 버려진 절벽에서 침식되어가는데, 기온이 섭씨 70도를 웃돌게 되면, 단세포 진핵생물마저 죽을 것이다. 작고한 지구화학자 지크프리트 프랑크Siegfried Franck는 포츠담기후영향연구소Potsdam Institute for Climate Impact Research에 있을 때 『미래 생물권 멸종의 원인과 시기Causes and Timing of Future Biosphere Extinctions』라는 과감한 제목의 논문에서, 이 모두가 지금으로부터 약 13억 년 뒤에 일어나리라고 추산했다. 동물이 지구를 헤매 다닌 지 한참 뒤, 그리고 극적으로 축소된 진핵 미생물의 우주마저 사라진 뒤에는 세균이 그 시작과 마찬가지로 수억 년 더 행성을 물려받게 될 것이다.

우리는 이제 다시 뉴잉글랜드에 있지만 우리가 어디에 있느냐는 그다지 중요하지 않은 게, 행성 지구에 바닷가 따위는 없기 때문이다. 그동안 두어 개의 초대륙이 왔다 갔지만 지질구조판에 기름을 칠해줄 해양이 하나도 남지 않아서, 판구조운동은 서서히 멈춰버렸다. 화산이 존재한다면, 그것은 종말을 묵시하듯 지각을 뚫고 부글거리는 홍수 현무암이다. 붉은 모래언덕 위에서 내려다보이는 소금 평원은 90미터가 넘는 두께로 수천 킬로미터를 뻗어 나가고, 붉은 태양은 금성 같은 대기를 어슴푸레 통과하지만, 하늘에서 거대하게 부풀어간다. 밖은 수백 도이고, 고엽제를 뿌린 듯 희부연 시야는 이곳이 한때는 생명활동이 바글거리는 파릇파릇한 세계였음을 믿기 어렵게 한다. 고등생물의 화려한 행사는 끝난 지 오래고, 해양과 밀림의 예전 광휘는 돌이 되어 발아래 깊이 석회암 속에, 석탄 조각상 속에, 그리고 아무도 영원히 연구하지 않을 화석 속에 묻혔다. 16억 년만 있으면, 무자비하게 적대적이고 신경질적인 별을 마주보고 있는 행성 위의 조건들은 깊은 땅속조차 생명에 너무도 해로워져서, 세균마저 소멸할 것이다. 이 마지막 대멸종의 반대편에는 '영원'이 있다. 피터 워드와 도널드 브라운리Donald Brownlee(『지구의 삶과 죽음』을 같이 쓴 천문학자 – 옮긴이)가 언급했듯이, 이 지구상 생명체의 이야기에는 시적인 대칭성이 있다. 여기서 다세포 생명체, 진핵생물, 원핵생물은 처음 무대에 등장한 순서와 반대 순서로 퇴장할 것이다.

그렇다 해도, 이 음울한 예측에도 불구하고 지질학적 역사에서 이 특정한 순간에 우리가 이보다 더 운이 좋을 수는 없을 것이다. 이 행성 위의 우리 앞에는 아직도 수억 년이 펼쳐져 있고, 우리가 다섯 차례의 대규모 대멸종 모두를 견뎌냈다는—지구가 어떻게든 파괴되지 않고 수십억 년 동안 생명을 부양해왔다는—사실은 거의 기적적인 상황일지도 모른다. 우리의 행운을 탕진하는 것은 그저 한 문명의 파산이 아니라 아마도 우주적으로 중요한 파산일 것이다.

대멸종의 역사가 이 행운을 강조한다. 자료를 조사하다가, 나는 문헌에서 되풀이되는 한 가지 주제에 부딪혔다. 만약에, 말하자면 눈덩이 지구가 조금만 더 극심했어도, 또는 페름기 말 화산작용이 조금만 더 격렬했어도, 또는 K-T 충돌물이 조금만 더 컸어도—다시 말해, 만약에 이 사건들 모두가 조금만 더 심각했어도—우리는 여기 없어서 그에 관해 이야기하지도 않으리라는 것이다. 우리는 어떻게 그토록 많은 아슬아슬한 상황에서 살아남을 수 있었을까? 어쩌면 행성들이 늘 그런 재앙에서 회복될 것으로 예상해서는 안 되고, 지구는 지독히 운이 좋은 것뿐인지도 모른다. 어쩌면 다른 행성들에는 어떻게 해서 그들의 행성이 이런 참사를 하나라도 이겨내고 수십억 년 동안 거주 가능한 상태로 머물렀느냐고 물어볼 생존자가 주위에 없는 건지도 모른다. 어쩌면 이 때문에 우리가 우주의 친구를 찾아 별들을 향해 전파망원경을 겨눠왔어도 지금껏 침묵밖에 못 들은 건지도 모른다. 어쩌면 지구는 설명할 수 없는, 심지어 기적적인 일련의 행운을 타고났던 건지도 모른다. 어쩌면, 그 무엇보다 이상한 이유이지만, 우리는 오직 여기서 이런 질문을 하기 위해 이 사건들에서 살아남았는지도 모른다.

"행성들이 풍선처럼 터지는, 행성들이 매우 높은 확률로 파괴되고 있는 우주를 상상해볼 수 있습니다." 옥스퍼드대학교의 안데르스 산드베리가 내게 말했다. "하지만 그것은 커다란 우주여서 마구잡이로 아주 운 좋게 선택된 소수의 행성은 수백만 년, 수십억 년 동안 터지지 않을 겁니다. 그 행성은 완전히 독특해지고, 몹시 기이해질 겁니다. 하지만 우주가 넓어서, 그런 행성은 거기 있을 겁니다. 그리고 이 행성들 가운데 몇몇 위에서는 관찰자들이 진화할 테고 그들은 생각하겠지요. '오, 우리 행성이 수십억 년 동안 활동해왔다니, 이곳은 안전한 우주로군!' 말할 것도 없이, 이것은 완전히 틀린 생각입니다. 왜냐하면 그들을 선택해온 것은 바로, 그들의 존재가 의존하는 그들의 행성이 극도로 운이 좋다는 사실이기 때문이죠."

"헤일 밥Hale-Bopp이 우리를 때렸다면, 이 행성 표면에는 어떤 생명체도 없을 겁니다." 피터 워드가 근래에 『노틸러스Nautilus』 지에 한 말이다. 언급한 혜성은 1997년에 지구인들에게 밤하늘에서 유쾌한 쇼를 제공했지만, 크기가 칙술루브 충돌물의 네 배였던 그것의 궤도가 조금만 달랐어도 행성은 씨가 말랐을 것이다. "우리는 희귀하기만 한 게 아니라, 운도 좋습니다."

어쩌면 헤일 밥 같은 혜성이 지구 같은 행성에 충돌하는 일은 줄곧 일어날 것이다. 그렇다면 그런 혜성이 우리를—게다가 이상하게도 결코—강타하지 않은 이유는, 정작 얻어맞은 모든 행성 위에는 그 후로 빈둥거리면서 그에 관해 궁금해하는 자가 아무도 없기 때문이다. 이것이 바로 "관찰자 선택 효과observer selection effect"인데, 실제로 여러 곳에 응용된다. 예컨대 헤일 밥 크기의 암석이 가까운 미래에 지구를 때릴 가능성을 추정하려 한다면, 얼핏 논리적인 첫 단계는 지질학적 기록을 보고 지구의 과거에 그만한 규모의 충돌구가 얼마나 자주 나타나는지를 확인하는 것이다. 당연히 이는 가망이 없다. 지구를 살해하는 충돌구가 가까운 과거에 존재하는 모든 행성에는 뒤이어 그것에 주목할 관찰자가 없을 것이기 때문이다. 이 눈에 보이지 않는 위협들은 "인류의 그림자anthropic shadow" 안에 존재한다.

우리의 존재 자체에 의해 삭제된다는 말이다. 설사 지구 살해급 소행성이 흔해빠져서 우리 행성 같은 행성들을 줄기차게 때린다고 해도, 그 확률을 질문할 유일한 관찰자는 반드시 우주 돌멩이를 피하는 행운이 예외적으로 연속되는 드문 행성에 살 것이다. 그리고 광대하고 끝도 없을 우주 안에는 그런 행성이 얼마든지 존재할 것이다. 그러므로 우리가 앞으로 살아남을 확률도 행성이 앞으로 거주 가능할 확률도 추정치는 애당초 그걸 물어볼 우리가 여기에 있다는 사실에 의해 편향된다. 아마 우리가 다섯 번의 대규모 대멸종 모두에서 살아남았다는 사실은 지구의 회복력에 관해서보다는 우리의 존재 자체와 이 행성의 천문학적 행운이 얼마나 편파적인지에 관해서 더 많은 이야기를 해줄 것이다. 어쩌면 당신이 이 문장을 다 읽을 무렵에는 이 거의 불가능한 행운의 연속이 끝났을지도, 그래서 우리는 기한을 한참 넘긴 160킬로미터 너비의 소행성에 의해 증발되었을지도 모른다. 아니 어쩌면 머지않은 어느 때, 터졌다 하면 진정으로 세계를 끝장내는 홍수 현무암이 대륙에서 트림을 시작할지도 모른다. 드러나듯이, 우주는 우리가 우리 자신의 과거를 기반으로 추정할 수 있는 것보다 엄청나게 더 위험할 수도 있을 것이다. 어쩌면 우리의 과거는 극도로 운이 좋은 경우일 수 있기 때문이다.

"과도한 확신은 매우 파괴적인 사건일수록 매우 커진다." 산드베리가 닉 보스트롬Nick Bostrom과 밀란 치르코비치Milan Ćirković와 함께 쓴 『인류의 그림자: 관찰 선택 효과와 인간의 멸종 위기Anthropic Shadow: Observation Selection Effects and Human Extinction Risks』라는 제목의 드물게 잘 읽히는 논문에 나오는 글이다.

그 결과, 인류를 확실히 소멸시킬 사건들의 경우 역사를 근거로 한 확률 추정치는 결코 신뢰하지 말아야 한다. 이는 뻔한 결론 같겠지만, 널리 인식되지는 않는다. (…) 소행성/혜성 충돌, 초화산 사건, 초신성/감마선 폭발 같은 참사와 연관되는 위험은 그것이 관찰되는 빈도를 근거로 한다. 그 결과, 관찰자를 파괴하거나 어떤 식으로든 관찰자의 존재와 양립할 수 없는 참사의 빈도는 체계적으로 과소평가된다.

이것이 사실이라면, 즉 지구가 적대적인 우주에 있어 천문학적으로 이상한 생명의 섬이라면 우리는 출발부터 거의 말도 안 되게 전폭적인 혜택을 받은 셈이다. 그리고 많은 것을 받은 자에게는 많은 것을 기대하기 마련이다. 행성의 역사 안에서, 그리고 어쩌면 가시적 우주 안에서 자신이 그토록 중대한 기로에 서 있음을 발견한 동물은 우리 외에 없었다.

우리의 우주적 중요성에 관한 이런 직관의 정당성은 내가 캘리포니아대학교 샌타크루즈캠퍼스의 우주론자 앤서니 아기레Anthony Aguirre와 나눈 흥미진진한 대화에서도 입증되었다. 내가 그를 찾아간 것은 우리의 우주 안에서 앞으로 수백조 년 사이에 생명체가 도달할 궁극적인 이론적 한계가 무엇인지를 알고 싶어서였다. 아기레의 장기적인 우주론적 예측은—물리학에 엄격하게 구속되었음에도—그에 관한 책이 따로 있어야 마땅할 만큼 난해했다.* 그렇지만 그가 들려준 이야기에서 가장 인상적인 것은, 언젠가는 반드시 죽는

* 예컨대 다음 대멸종은 물리학 법칙이 자발적으로 미쳐 날뛸 때 닥칠지도 모른다.

우리 행성과 그 행성의 변두리 태양계가 남길 유산, 그뿐만 아니라 장기적으로는 가장 웅대한 규모의 우주 이야기에도, 인류가 참여할 가망이 있다는 그의 믿음이었다. 지질학적 기간이 인간의 사건들을 작아 보이게 한다면, 우주론적 기간은 기하급수적으로 사람을 겸손하게 만든다. 우리의 행성에는 거주 가능한 시간이 약 8억 년밖에 남지 않았고, 우리 태양의 수명은 그 후로 겨우 수십억 년이지만, 우리의 은하계 안에서 마지막 별이 꺼지기 전까지 생명체가 있을 수 있을 기간은 아직도 100조 년이 남아 있다. 만약 인류가 태양계와 그것의 임박한 사망에서 탈출한다면, 우리는 은하계를 가로질러 뻗어나가서 이 미지의 이언으로 들어가리라는 게 아기레의 생각이다. 아서 클라크Arthur C. Clarke도 이를 염두에 두고서 야심찬 과학소설의 가장 훌륭한 전통에 따라, 인류와 먼 미래 세대의 확장 가능성에 관해 이렇게 썼다.

> 그들은 자신들 앞에 펼쳐져 있는 게 우리가 지질시대를 측정하는 수백만 년도 아니고, 별들의 지난 삶이 가로지르는 수십억 년도 아니라, 문자 그대로 수조를 헤아리는 세월임을 알게 되리라. (…) 하지만 그런데도, 그들은 천지창조의 환한 잔광을 쬐고 있는 우리를 부러워할 것이다. 우리는 우주가 어렸을 때 우주를 알았기 때문이다.

하지만 이 「스타 트렉Star Trek」스러운 미래에 참여할 기회는 겨우 다음 수십 년 사이에 우리가 어떻게 행동하느냐에 달려 있을지도 모른다. 비록 아기레가 연구하는 규모와 시간 간격은 우리 종의 천문학적 하찮음을 더 확실히 하지만, 그래도 그가 생각하기에 우리가 앞으로 행성을 어떻게 관리하느냐는 실존적으로 심지어 우주론적으로도 중대한 문제다.

“저는 지금 우리가 본질적으로—다음 100년 사이에 어떤 일이 벌어지느냐에 따라—둘 중 하나가 되리라 여겨지는 지점에 있다고 생각합니다. 문명과 함께 어쩌면 지구상의 모든 생명이 자멸하든가, 그러지 않는다면 제 생각에는 우리가 어떻게든 근처 행성들로, 다음에는 멀리 떨어진 행성들로 도달하는 식으로 은하계 구석구석까지 퍼지게 될 공산도 있습니다. 그리고 그렇게 해서 두 미래를 비교하면, 한 미래에서는 누군가가 의식하는 흥미로운 일이 기본적으로 하나도 일어나지 않고—당신이 어디에서 동물과 사물을 세느냐에 따라—한 미래에는 누군가가 의식하는 흥미로운 경험이 기하급수적으로 점점 더 많이 공급됩니다. 이건 큰 거래입니다. 만약 우리가 은하계 도처에 깔린 많은 종 가운데 한 종일 뿐이라면, 어느 정도는 이렇게 될 겁니다. ‘뭐, 우리가 자살한대도, 그건 우리가 자초한 거야. 받아 마땅한 걸 받은 거지.’ 하지만 우리가 뭐랄까 은하계 안에 유일한 하나—또는 극소수 가운데 하나—라면 우리는 엄청난 미래를 소멸시킨 겁니다. 그리고 그 모두는 순전히 지금 우리가 어리석게 굴고 있기 때문이고요.”

내가 행성의 죽을 운명에 관한 책을 쓴 것과 동시에 내가 깊이 사랑

한 누군가가 죽었다. 우리 엄마. 이 상실은 안 그래도 점점 더 음울해져가던, 인류의 전망에 대한 나의 평가에 부정적인 영향을 끼쳤다. 하지만 엄마는 이 음울함을 결코 안으로 들이지 않았다. 병이 깊어가는 동안 엄마는 문학과 예술의 모든 위로를 곁에 집결시켰다. 헨리 5세의 성 크리스피누스 축일 연설의 열렬한 웅변, 마티스의 장난기 넘치는 생기발랄함, 손드하임Sondheim의 곡을 노래하는 일레인 스트리치Elaine Stritch의 반항적인 쉿소리, 밴 모리슨Van Morrison의 신비한 토속성. 그리고 내가 부러워한 신앙의 위안. 하지만 끝이 가까웠을 때 엄마는 영국 중세의 신비주의자 노리치의 줄리안Julian of Norwich을 즐겨 인용했다. "잘될 거야. 잘될 거야. 모든 게 다 잘될 거야." 엄마는 그렇게 말했다.

나는 동의하지 않았다. 머리기사들은 날마다 그걸 더 믿기 어렵게 했다. 은하계 안에서 유일하게 거주 가능한 행성으로 알려진 지구는 지질학적 참사를 향해 돌진하는 것처럼 보이는 동시에, 수백 년 묵은 교리들 때문에 자행되는 참형과 십자가형, 뚜쟁이질을 하는 토착주의 선동가들, 부족주의의 맞대응이 판을 치는 배경으로서 뉴스 방송을 도배한다. 한 종으로서의 우리는 앞에 놓인 불길한 미래에 너무도 무방비한 것처럼 보인다. 어쩌면 앞으로 여러 세기에 걸친 변화를 위한 노력이 우리에게서 청소년기의 어리석음과 미신을 쳐낼지도, 그래서 우리는 다가올 수백만 년 동안 세계를 돌볼 자격과 능력을 갖춘 관리자로 부상할지도 모른다. 어쩌면 우리는 지생智生이언Sapiezoic Eon*의 여명에 있는지도 모른다. 지능과 창의력이 미친 듯이 번성하는 이 새로운 시대는 동물의 시대가 앞서 왔던 세균의 시대와 다르고 경이로웠던 만큼, 동물의 시대와는 다르고 경이로우리라. 아니면 아마도 열에 들뜬 인류의 기괴한 꿈은 통째로 단 한 조각의 이상한 층서에 지나지 않는 것으로 바뀌어서, 대멸종에 덮인 뒤면 미래의 협곡에 묻힐 것이다.

샌타크루즈에 있는 아기레의 사무실을 떠난 나는 차를 몰고 대양으로 가서 플라이스토세의 해저로 만들어진 어느 바위 턱에 섰다. 대양 위로 튀어나온 발밑의 암석은 수백만 년 전의 조가비들로 곰보가 되어 있었다. 하늘은 오후의 파스텔 색조를 벗어버린 뒤, 이제는 눈부신 분홍빛으로 수평선을 달구며 머리 위 아득한 우주의 어둠과 서서히 같아져갔다. 보도의 가로등이 던지는 백악기산 광자들의 번쩍거리는 주황빛이 선창을 가로질렀다. 비슷한 빛들이 땅에 점을 찍으며 한참 더 멀리 바닷가를 따라갔다. 뜨거운 피를 가진 가마우지와 펠리컨이—모두 공룡이건만—섬 한 덩이 위에서 서로에게 바싹 붙어 바글거렸다. 파도를 뚫고 올라온 그 태곳적 사암 곳곳에서, 바다사자들이 시끄럽게 짖는 소리로 저녁 집회를 알렸다.

우리에게 더 가까운 친척인 이들은 괴물들이 사라진 뒤, 물고기를 쫓아서 바다로 돌아왔다. 나는 물고기가 결코 떠나지 않은 그곳, 이 세상의 끝에, 오래도록 앉아 있었다. 분홍빛 하늘이 스러지자, 억겁

* 우주생물학자 데이비드 그린스푼(David Grinspoon)이 만든 용어.

의 세월 동안 허공을 가로질러 달려온 별빛이 드러났다. 붉어져가는 별들은 우리에게 하늘이 산산이 흩어지고 있으니 언젠가는 영원히 캄캄해질 거라고 말해준다.

달빛 아래, 은빛으로 공중제비를 넘는 바다사자들 사이에서 나는 보드에 몸을 싣고 파도 위에서 위아래로 깐닥거리며 수평선을 탐색하는 사람들을 알아보았다. 파도는 늘 그래왔듯, 밀려왔고 또 빠져나갔다. 왜인지는 모르지만, 나는 엄마를 믿었다. 다 잘될 거야.

감사의 글

"홀로 시간 보내기를 즐기지 않는다면, 책 쓰기도 즐겁지 않을 것이다." 토머스 릭스Thomas Ricks의 글이다. 나는 이 교훈을 얻느라 죽는 줄 알았다. 하지만 그 경험이 아무리 사람을 고립시킬 수 있다 해도, (감사의 글 부분의 상투어가 그렇듯) 어떤 책도 홀로 쓰이는 법은 없다. 다음은 이 책에 생명을 불어넣는 과정에서—물질적으로, 정신적으로, 그 밖의 다양한 방법으로—나를 뒷받침해준 사람들의 아주 부분적인 목록일 뿐이다.

맨 처음 이 계획에 열광한 힐러리 레드먼Hilary Redmon에게 감사한다. 원고를 적절히 쳐내고 최종 결과물을 훨씬 더 잘 읽히도록 만드는 과정에서 자신의 지혜를 동원해 나를 이끌어준 드니즈 오스왈드Denise Oswald에게도. 출발부터 나를 도와준 로리 애브커마이어Laurie Abkemeier에게 특별히 감사한다. 로리는 이야기 자체와 그걸 들려줄 나의 능력을 둘 다 믿어주었을 뿐만 아니라, 책 출판이라는 외계 풍경을 무사히 통과하도록 나를 인도해주었다. 나의 가족에게도 감사한다. 특히 나의 누이는 여러 장章의 초안을 검토해주었다. 지원해준 친구들에게도 감사한다. 특히 션 멀더릭Sean Mulderrig과 같은 친구들은 자신이 구독료를 낸 과학 학술지 사이트들에 접근하게 해주었다. 내가 전국을 종횡으로 누비는 동안 소파 위나 빈 방에서 묵게 해준 다른 친구들에게도 감사한다. 나의 글쓰기 경력 초기에 나를 격려해 내 목소리를 찾도록 해준 네덜란드인 부부 레오나르트 벨스Leonard Wells와 율리 벨스Julie Wells에게도. 잠시도 내게서 카페인이 떨어지지 않도록 해준, 매사추세츠주 케임브리지에 있는 에어리어포Area Four와 서머빌에 있는 디젤카페Diesel Café 점원들에게도.

학회 일정 중간에 이메일로, 통화로 격식 없이 의논을 할 때건, 암석이 노출된 곳으로 나들이를 할 때건 너무도 너그럽게 시간을 내어준 많은 지질학자와 고생물학자에게 특별히 감사한다. 나는 많은 사람을 잘 잊어버리지만, 나를 도와준 과학자와 인터뷰 대상자의 부분적인 목록은 (알파벳 순으로) 다음과 같다. 앤서니 아기레, 토머스 앨지오, 데이비드 아처, 리처드 베일리, 니나 베드나르셰크, 데이비드 본드, 데이비드 브레진스키, 스티브 브루사테, 사이먼 대럭, 콜 에드워즈Cole Edwards, 더글러스 어윈, 리처드 필리Richard Feely, 세스 피니건, 헤네르, 데이비드 하퍼, 조네너 허스트Jonena Hearst, 빌 하임브록과 드라이드레저스의 회원들, 매슈 휴버, 데이비드 야블론스키, 조 키퍼Joe Keiper와 버지니아자연사박물관, 거타 켈러, 리 컴프, 개리 래시Gary Lash, 스티븐 레슬리Stephen Leslie, 신시아 로이, 프랜시스 맥도널드, 로언 마틴데일, 제이 멜로시, 찰스 미첼, 로스 미첼, 폴 올슨, 조너선 페인, 마리오 레볼레도, 마크 리처즈, 앤디 리지웰, 더그 로위, 마이클 라이언, 로런 샐런, 매슈 살츠만, 안데르스 산드베리, 모건 샬러, 윌리엄 스타인, 앨리샤 스티걸, 헨리크 스벤슨, 피터 워드, 토머스 윌리엄슨, 크리스틴 와이코프, 제임스 자코스, 얀 잘라시에비치. 그리고 특히 조너선 냅Jonathan Knapp은 시간과 정력과 정신을 아낌없이 쏟아서 내가 페름기의 기이한 세계를 이해하도록 도와주었다. 지칠 줄 모르는 노력으로 에스파냐계승전쟁을 끝내는 데 도움이 되어준 위트레흐트조약의 조인국들에게도 특별한 감사를 전한다. 그리고 1년에 1000번 충돌을 일으켜준 마이크로소프트워드에게 특별히 안 감사한다. 더 나은 제품을 발명해준 스크리브너Scrivener의 개발자들에게 감사한다. 마지막으로, 이 가운데 어느 하나도 행성 지구 없이는 불가능할 것이다. 그대의 다음 6억 년도 지난 6억 년처럼 활기차기를. 건배!

참고문헌

머리말

Bond, David P. G., and Paul B. Wignall. "Large igneous provinces and mass extinctions: An update." *Geological Society of America: Special Papers* 505 (2014).

Dodd, Sarah C., Conall Mac Niocaill, and Adrian R. Muxworthy. "Long duration (> 4 Ma) and steady-state volcanic activity in the early Cretaceous Paraná-Etendeka Large Igneous Province: New palaeomagnetic data from Namibia." *Earth and Planetary Science Letters* 414 (2015): 16-29.

Hazen, Robert M. *The Story of Earth: The First 4.5 Billion Years, from Stardust to Living Planet*. New York: Viking, 2012.

Hönisch, Bärbel, et al. "The geological record of ocean acidification." *Science* 335.6072 (2012): 1058-1063.

Raup, David M. "Biogeographic extinction: A feasibility test." *Geological Society of America: Special Papers* 190 (1982): 277-282.

Taylor, Paul D. *Extinctions in the History of Life*. Cambridge: Cambridge University Press, 2004.

Ward, Peter D. *Under a Green Sky: Global Warming, the Mass Extinctions of the Past, and What They Can Tell Us About Our Future*. New York: Smithsonian/ HarperCollins, 2007.

Worm, Boris, et al. "Global patterns of predator diversity in the open oceans." *Science* 309.5739 (2005): 1365-1369.

제1장

Bailey, R. H., and B. H. Bland. "Ediacaran fossils from the Neoproterozoic Boston Bay Group, Boston area, Massachusetts." *Geological Society of America:*

Abstracts with Programs 32 (2000).

Erwin, Douglas H., and Sarah Tweedt. "Ecological drivers of the Ediacaran-Cambrian diversification of Metazoa." *Evolutionary Ecology* 26.2 (2012): 417-433.

Erwin, Douglas H., and James W. Valentine. *The Cambrian Explosion: The Construction of Animal Biodiversity*. New York: W. H. Freeman, 2013.

Laflamme, Marc, et al. "The end of the Ediacara biota: Extinction, biotic replacement, or Cheshire Cat?" *Gondwana Research* 23.2 (2013): 558-573.

Lenton, Timothy M., Richard A. Boyle, Simon W. Poulton, Graham A. Shields-Zhou, and Nicholas J. Butterfield. "Co-evolution of eukaryotes and ocean oxygenation in the Neoproterozoic era." *Nature Geoscience* 7.4 (2014): 257-265. doi:10.1038/ngeo2108.

Williams, Mark, et al. "Is the fossil record of complex animal behaviour a stratigraphical analogue for the Anthropocene?" *Geological Society, London: Special Publications* 395.1 (2014): 143-148.

Zalasiewicz, Jan, et al. "The technofossil record of humans." *Anthropocene Review* 1.1 (2014): 34-43. doi:10.1177/2053019613514953.

제2장

Armstrong, Howard A., and David A. T. Harper. "An earth system approach to understanding the end-Ordovician (Hirnantian) mass extinction." *Geological Society of America: Special Papers* 505 (2014): 287-300.

Eiler, John M. "Paleoclimate reconstruction using carbonate clumped isotope thermometry." *Quaternary Science Reviews* 30.25 (2011): 3575-3588.

Fortey, Richard. "Olenid trilobites: The oldest known chemoautotrophic symbionts?" *Proceedings of the National Academy of Sciences* 97.12 (2000): 6574-6578.

_______. "The lifestyles of the trilobites." *American Scientist* 92 (June 2000): 446-453.

Graham, Alan. *A Natural History of the New World: The Ecology and Evolution of Plants in the Americas*. Chicago: University of Chicago Press, 2011.

Grahn, Yngve, and Stig M. Bergstrom. "Chitinozoans from the Ordovician-Silurian boundary beds in the eastern Cincinnati region in Ohio and Kentucky." *Ohio Journal of Science* 85.4 (September 1985): 175-183.

Harper, David A. T., Emma U. Hammarlund, and Christian M. Ø. Rasmussen. "End Ordovician extinctions: A coincidence of causes." *Gondwana Research* 25.4 (2014): 1294-1307.

Karabinos, Paul, Heather M. Stoll, and J. Christopher Hepburn. "The Shelburne Falls arc: Lost arc of the Taconic orogeny." In *Guidebook for Field Trips in the Five College Region: 95th Annual Meeting of the New England Intercollegiate Geological Conference, October 10-12, 2003*, edited by John B. Brady and John Thomas Cheney (Northampton, MA: Smith College, Department of Geology, 2003), B3-3-B3-17.

Kröger, Björn. "Cambrian-Ordovician cephalopod palaeogeography and diversity." *Geological Society, London: Memoirs* 38.1 (2013): 429-448.

Kumpulainen, R. A. "The Ordovician glaciation in Eritrea and Ethiopia, NE Africa." *Glacial Sedimentary Processes and Products: International Association of Sedimentologists Special Publication* 39 (2009): 321-342.

Lamsdell, James C., et al. "The oldest described eurypterid: A giant Middle Ordovician (Darriwilian) megalograptid from the Winneshiek Lagerstätte of Iowa." *BMC Evolutionary Biology* 15.1 (2015): 1.

Le Heron, D. P. "The Hirnantian glacial landsystem of the Sahara: A meltwater-dominated system." In *Atlas of Submarine Glacial Land-forms: Modern, Quaternary, and Ancient*, edited by J. A. Dowdeswell, M. Canals, M. Jakobsson, B. J. Todd, E. K. Dowdeswell, and K. Ho-gan, *Geological Society, London: Memoirs* (2016).

Le Heron, Daniel Paul, and James Howard. "Evidence for Late Ordovician glaciation of Al Kufrah Basin, Libya." *Journal of African Earth Sciences* 58.2 (2010): 354-364.

Melchin, Michael J., et al. "Environmental changes in the Late Ordovician-early Silurian: Review and new insights from black shales and nitrogen isotopes." *Geological Society of America Bulletin* 125.11-12 (2013): 1635-1670.

Meyer, David L., and R. A. Davis. *A Sea Without Fish: Life in the Ordovician Sea of the Cincinnati Region*. Bloomington: Indiana University Press, 2009.

Munnecke, Axel, Mikael Calner, David A. T. Harper, and Thomas Servais. "Ordovician and Silurian sea-water chemistry, sea level, and climate: A synopsis." *Palaeogeography, Palaeoclimatology, Palaeoecology* 296.3-4 (2010): 389-413.

Nesvorný, David, et al. "Asteroidal source of L chondrite meteorites." *Icarus* 200.2 (2009): 698-701.

O'Donoghue, James. "The Second Coming." *New Scientist* 198.2660 (2008): 34-37.

Rudkin, David M., et al. "The world's biggest trilobite—Isotelus rex new species from the Upper Ordovician of northern Manitoba, Canada." *Journal of Paleontology* 77.1 (2003): 99-112.

Skehan, James William. *Roadside Geology of Massachusetts*. Missoula, MT: Mountain Press Publishing, 2001.

Upton, John. "Atlantic circulation weakens compared with last thousand years." *Scientific American*, Climate Central, March 24, 2015.

Webby, B. D. *The Great Ordovician Biodiversification Event*. New York: Columbia University Press, 2004.

Young, Seth A., et al. "A major drop in seawater 87Sr/86Sr during the Middle Ordovician (Darriwilian): Links to volcanism and climate?" *Geology* 37.10 (2009): 951-954.

Zalasiewicz, Jan, and Mark Williams. "The Anthropocene: A comparison with the Ordovician-Silurian boundary." *Rendiconti Lincei* 25.1 (2014): 5-12.

제3장

Algeo, Thomas J., et al. "Hydrographic conditions of the Devono-Carboniferous North American Seaway inferred from sedimentary Mo-TOC relationships."

Palaeogeography, Palaeoclimatology, Palaeoecology 256.3 (2007): 204-230.

Algeo, Thomas J., et al. "Late Devonian oceanic anoxic events and biotic crises: 'Rooted' in the evolution of vascular land plants." *GSA Today* 5.3 (1995): 45.

Alshahrani, Saeed, and James E. Evans. "Shallow-Water Origin of a Devonian Black Shale, Cleveland Shale Member (Ohio Shale), Northeastern Ohio, USA." *Open Journal of Geology* 4.12 (2014): 636.

Botkin-Kowacki, Eva. "Lungs found in mysterious deep-sea fish." *Christian Science Monitor*, September 16, 2015.

Carmichael, Sarah K., et al. "A new model for the Kellwasser Anoxia Events (Late Devonian): Shallow water anoxia in an open oceanic setting in the Central Asian Orogenic Belt." *Palaeogeography, Palaeoclimatology, Palaeoecology* 399 (2014): 394-403.

Clack, Jennifer A. *Gaining Ground: The Origin and Evolution of Tetra-pods*. Bloomington: Indiana University Press, 2002.

Dalton, Rex. "The fish that crawled out of the water." *Nature* (April 5, 2006): doi:10.1038/news060403-7.

Friedman, Matt, and Lauren Cole Sallan. "Five hundred million years of extinction and recovery: A Phanerozoic survey of large-scale diversity patterns in fishes." *Palaeontology* 55.4 (2012): 707-742. doi:10.1111/j.1475-4983.2012.01165.x.

Gibling, Martin R., and Neil S. Davies. "Palaeozoic landscapes shaped by plant evolution." *Nature Geoscience* 5.2 (2012): 99-105. doi:10.1038/ngeo1376.

Haddad, Emily Elizabeth. "Paleoecology and geochemistry of the Upper Kellwasser Black Shale and Extinction Event." PhD diss., University of California, Riverside (2015).

McGhee, George R., Jr. *The Late Devonian Mass Extinction: The Frasnian/Famennian Crisis*. New York: Columbia University Press, 1996.

_______. *When the Invasion of Land Failed: The Legacy of the Devonian Extinctions*. New York: Columbia University Press, 2013.

_______. "The search for sedimentary evidence of glaciation during the Frasnian/Famennian (Late Devonian) biodiversity crisis." *The Sedimentary Record*

12.2 (June 2014): 4-8. http://www.sepm.org/CM_Files/SedimentaryRecord/SedRecord12-2-5.pdf.

Morris, Jennifer L., et al. "Investigating Devonian trees as geo-engineers of past climates: Linking palaeosols to palaeobotany and experimental geobiology." *Palaeontology* 58.5 (2015): 787-801.

Mottequin, Bernard, et al. "Climate change and biodiversity patterns in the Mid-Palaeozoic (Early Devonian to Late Carboniferous)—IGCP 596 (2011-2015)." *Palaeobiodiversity and Palaeoenvironments* 91.2 (2011): 161-162. doi:10.1007/s12549-011-0053-5.

National Science Foundation. "Too much of a good thing: Human activities overload ecosystems with nitrogen." Press release 10-183, October 7, 2010. https://www.nsf.gov/news/news_summ.jsp?cntn_id=117744.

Over, D. Jeffrey. "The Frasnian/Famennian boundary in central and eastern United States." *Palaeogeography, Palaeoclimatology, Palaeoecology* 181.1 (2002): 153-169.

Over, D. J., J. R. Morrow, and P. B. Wignall. *Understanding Late Devonian and Permian-Triassic Biotic and Climatic Events: Towards an Integrated Approach*. Amsterdam: Elsevier, 2005.

Ruddiman, William F., and Ann G. Carmichael. "Pre-industrial depopulation, atmospheric carbon dioxide, and global climate." *Interactions Between Global Change and Human Health (Scripta Varia)* 106 (2006): 158-194.

Scott, Evan E., Matthew E. Clemens, Michael J. Ryan, Gary Jackson, and James T. Boyle. "A Dunkleosteus suborbital from the Cleveland Shale, northeastern Ohio, showing possible Arthrodire-inflicted bite marks: Evidence for agonistic behavior, or postmortem scavenging?" *Geological Society of America: Abstracts with Programs* 44.5 (2012): 61.

Shubin, Neil. *Your Inner Fish: A Journey into the 3.5-Billion-Year History of the Human Body*. New York: Pantheon, 2008.

Stein, William E., Christopher M. Berry, Linda Vanaller Hernick, and Frank Mannolini. "Surprisingly complex community discovered in the Mid-Devonian fossil forest at Gilboa." *Nature* 483.7387 (2012): 78-81. doi:10.1038/nature10819.

Stigall, Alycia L. "Speciation collapse and invasive species dynamics during the Late Devonian 'Mass Extinction.'" *GSA Today* 22.1 (2012): 4-9.

제4장

Aarnes, Ingrid. "Sill emplacement and contact metamorphism in sedimentary basins." PhD diss., Faculty of Mathematics and Natural Sciences, University of Oslo, 2010.

Algeo, Thomas J., Zhong-Qiang Chen, and David J. Bottjer. "Global review of the Permian-Triassic mass extinction and subsequent recovery: Part II." *Earth-Science Reviews* 149 (2015): 1-4.

Boyer, Diana L., David J. Bottjer, and Mary L. Droser. "Ecological signature of Lower Triassic shell beds of the western United States." *Palaios* 19.4 (2004): 372-380.

Chen, Zhong-Qiang, Thomas J. Algeo, and David J. Bottjer. "Global review of the Permian-Triassic mass extinction and subsequent recovery: Part I." *Earth-Science Reviews* 137 (2014): 1-5.

Clapham, Matthew E. "Extinction: End-Permian Mass Extinction." *eLS* (2013). doi:10.1002/9780470015902.a0001654.pub3.

Cui, Ying, and Lee R. Kump. "Global warming and the end-Permian extinction event: Proxy and modeling perspectives." *Earth-Science Reviews* 149 (2015): 5-22.

Day, Michael O., et al. "When and how did the terrestrial mid-Permian mass extinction occur? Evidence from the tetrapod record of the Karoo Basin, South Africa." *Proceedings of the Royal Society B* 282.1811 (July 8, 2015): doi:10.1098/rspb.2015.0834.

Dutton, A., et al. "Sea-level rise due to polar ice-sheet mass loss during past warm periods." *Science* 349.6244 (2015): aaa4019.

Emanuel, Kerry A., et al. "Hypercanes: A possible link in global extinction scenarios." *Journal of Geophysical Research: Atmospheres* 100.D7 (1995): 13755-

13765.

Erwin, Douglas H. *Extinction: How Life on Earth Nearly Ended 250 Million Years Ago*. Princeton, NJ: Princeton University Press, 2006.

Grasby, Stephen E., et al. "Mercury anomalies associated with three extinction events (Capitanian crisis, latest Permian extinction and the Smithian/Spathian extinction) in NW Pangea." *Geological Magazine* 153.2 (2016): 285-297.

Knoll, Andrew H., et al. "Paleophysiology and end-Permian mass extinction." *Earth and Planetary Science Letters* 256.3 (2007): 295-313.

Payne, Jonathan L. "The End-Permian mass extinction and its aftermath: Insights from non-traditional isotope system." Geological Society of America annual meeting, Vancouver, British Columbia (2014).

Payne, Jonathan L., and Matthew E. Clapham. "End-Permian mass extinction in the oceans: An ancient analog for the twenty-first century?" *Annual Review of Earth and Planetary Sciences* 40 (2012): 89-111.

Peltzer, Edward T., and Peter G. Brewer. "Beyond pH and temperature: Thermodynamic constraints imposed by global warming and ocean acidification on mid-water respiration by marine animals." Theme Session Question 6. International Council for the Exploration of the Sea (ICES) Annual Science Conference, September 22-26, 2008, Halifax, Nova Scotia.

Retallack, Gregory J. "Permian and Triassic greenhouse crises." *Gondwana Research* 24.1 (2013): 90-103.

Retallack, Gregory J., Roger M. H. Smith, and Peter D. Ward. "Vertebrate extinction across Permian-Triassic boundary in Karoo Basin, South Africa." *Geological Society of America Bulletin* 115.9 (2003): 1133-1152.

Rey, Kévin, et al. "Global climate perturbations during the Permo-Triassic mass extinctions recorded by continental tetrapods from South Africa." *Gondwana Research* 37 (September 2015): 384-396.

Schneebeli-Hermann, Elke, et al. "Evidence for atmospheric carbon injection during the end-Permian extinction." *Geology* 41.5 (2013): 579-582.

Schubert, Jennifer K., and David J. Bottjer. "Aftermath of the Permian-Triassic mass extinction event: Paleoecology of Lower Triassic carbonates in the western USA." *Palaeogeography, Palaeoclimatology, Palaeoecology* 116.1 (1995): 1-39.

Sephton, M. A., H. Visscher, C. V. Looy, A. B. Verchovsky, and J. S. Watson. "Chemical constitution of a Permian-Triassic disaster species." *Geology* 37.10 (2009): 875-878. doi:10.1130/G30096A.1.

Smith, Roger M. H., and Peter D. Ward. "Pattern of vertebrate extinctions across an event bed at the Permian-Triassic boundary in the Karoo Basin of South Africa." Geology 29.12 (2001): 1147-1150.

Svensen, Henrik, Alexander G. Polozov, and Sverre Planke. "Sill-induced evaporite-and coal-metamorphism in the Tunguska Basin, Siberia, and the implications for end-Permian environmental crisis." *European Geosciences Union General Assembly Conference Abstracts* 16 (2014).

Svensen, Henrik, et al. "Siberian gas venting and the end-Permian environmental crisis." *Earth and Planetary Science Letters* 277.3 (2009): 490-500.

Tabor, Neil J. "Wastelands of tropical Pangea: High heat in the Permian." *Geology* 41.5 (2013): 623-624.

Ward, Peter D., David R. Montgomery, and Roger Smith. "Altered river morphology in South Africa related to the Permian-Triassic extinction." *Science* 289.5485 (2000): 1740-1743.

Ward, Peter D., et al. "Abrupt and gradual extinction among Late Permian land vertebrates in the Karoo Basin, South Africa." *Science* 307.5710 (2005): 709-714.

Wignall, Paul B. "Volcanism and mass extinctions." *Volcanoes and the Environment* (2005): 207-226.

제5장

Blackburn, Terrence J., et al. "Zircon U-Pb geochronology links the end-Triassic extinction with the Central Atlantic Magmatic Province." *Science* 340.6135 (2013): 941-945.

Cuffey, Roger J., et al. "Geology of the Gettysburg battlefield: How Mesozoic events and processes impacted American history." *Field Guides* 8 (2006): 1-16.

Fernand, Liam, and Peter Brewer, eds. "Report of the workshop on the significance of changes in surface CO_2 and ocean pH in ICES shelf sea ecosystems." International Council for the Exploration of the Sea, London, May 2-4, 2007.

Fraser, Nicholas C. *Dawn of the Dinosaurs: Life in the Triassic*. Bloomington: Indiana University Press, 2006.

Knell, Simon J. *The Great Fossil Enigma: The Search for the Conodont Animal*. Bloomington: Indiana University Press, 2012.

Lau, Kimberly V., et al. "Marine anoxia and delayed Earth system recovery after the end-Permian extinction." *Proceedings of the National Academy of Sciences* 113.9 (2016): 2360-2365.

McElwain, J. C. "Fossil plants and global warming at the Triassic-Jurassic boundary." *Science* 285.5432 (1999): 1386-1390. doi:10.1126/science.285.5432.1386.

Mussard, Mickaël, et al. "Modeling the carbon-sulfate interplays in climate changes related to the emplacement of continental flood basalts." *Geological Society of America: Special Papers* 505 (2014): 339-352.

Olsen, Paul E. "Paleontology and paleoecology of the Newark Supergroup (early Mesozoic, eastern North America)." In *Triassic-Jurassic Rifting: Continental Breakup and the Origins of the Atlantic Ocean and Passive Margins*, edited by W. Manspeizer (Amsterdam: Elsevier, 1988), 185-230.

Olsen, Paul E., and Emma C. Rainforth. "'The Age of Dinosaurs' in the Newark Basin, with special reference to the Lower Hudson Valley." In *New York State Geological Association Guidebook* (New York State Geological Association, 2001), 59-176.

Olsen, Paul E., Jessica H. Whiteside, and Philip Huber. "Causes and consequences of the Triassic-Jurassic mass extinction as seen from the Hartford basin." In *Guidebook for Field Trips in the Five College Region: 95th Annual Meeting of the New England Intercollegiate Geological Conference, October 10-12, 2003*, edited by John B. Brady and John Thomas Cheney (Northampton, MA: Smith College,

Department of Geology, 2003), B5-1-B5-41.

Pálfy, József, and Ádám T. Kocsis. "Volcanism of the Central Atlantic magmatic province as the trigger of environmental and biotic changes around the Triassic-Jurassic boundary." *Geological Society of America: Special Papers* 505 (2014): 245-261.

Pieńkowski, Grzegorz, Grzegorz Niedźwiedzki, and Paweł Brański. "Climatic reversals related to the Central Atlantic magmatic province caused the end-Triassic biotic crisis: Evidence from continental strata in Poland." *Geological Society of America: Special Papers* 505 (2014): 263-286.

Schaller, Morgan F., James D. Wright, and Dennis V. Kent. "Atmospheric pCO_2 perturbations associated with the Central Atlantic magmatic province." *Science* 331.6023 (2011): 1404-1409.

Steinthorsdottir, Margret, Andrew J. Jeram, and Jennifer C. McElwain. "Extremely elevated CO_2 concentrations at the Triassic/Jurassic boundary." *Palaeogeography, Palaeoclimatology, Palaeoecology* 308.3-4 (2011): 418-432.

Sun, Yadong, Paul B. Wignall, Michael M. Joachimski, David P. G. Bond, Stephen E. Grasby, Xulong Lina Lai, L. N. Wang, Zetian T. Zhang, and Si Sun. "Climate warming, euxinia, and carbon isotope perturbations during the Carnian (Triassic) Crisis in South China." *Earth and Planetary Science Letters* 444 (June 15, 2016): 88-100.

Sun, Yadong, et al. "Lethally hot temperatures during the Early Triassic greenhouse." *Science* 338.6105 (2012): 366-370.

Veron, J. E. N. *A Reef in Time: The Great Barrier Reef from Beginning to End*. Cambridge, MA: Belknap Press of Harvard University Press, 2008.

Whiteside, Jessica H., et al. "Insights into the mechanisms of end-Triassic mass extinction and environmental change: An integrated paleontologic, biomarker, and isotopic approach." Geological Society of America annual meeting, Vancouver, British Columbia (2014).

Wignall, P. B. *The Worst of Times: How Life on Earth Survived Eighty Million Years of Extinctions*. Princeton, NJ: Princeton University Press, 2016.

Zanno, Lindsay E., Susan Drymala, Sterling J. Nesbitt, and Vincent P. Schneider. "Early crocodylomorph increases top tier predator diversity during rise of dinosaurs." *Scientific Reports* 5 (2015): 9276. doi:10.1038/srep09276.

제6장

Alvarez, Luis, Walter Alvarez, Frank Asaro, and Helen V. Michel. "Extraterrestrial cause for the Cretaceous-Tertiary extinction." *Science* 208.4448 (1980): 1095-1108.

Alvarez, Walter. *T. Rex and the Crater of Doom*. Princeton, NJ: Princeton University Press, 2013.

Archibald, J. David. "What the dinosaur record says about extinction scenarios." *Geological Society of America: Special Papers* 505 (2014): 213-224.

Belcher, Claire M., et al. "An experimental assessment of the ignition of forest fuels by the thermal pulse generated by the Cretaceous-Palaeogene impact at Chicxulub." *Journal of the Geological Society* 172.2 (2015): 175-185.

Belcher, Claire M., et al. "Geochemical evidence for combustion of hydrocarbons during the KT impact event." *Proceedings of the National Academy of Sciences* 106.11 (2009): 4112-4117.

Bhatia, Aatish. "The Sound So Loud That It Circled the Earth Four Times." Nautilus, September 29, 2014. http://nautil.us/blog/the-sound-so-loud-that-it-circled-the-earth-four-times.

Blonder, Benjamin, et al. "Plant ecological strategies shift across the Cretaceous-Paleogene boundary." *PLoS Biology* 12.9 (2014): e1001949.

Browne, Malcolm W. "The debate over dinosaur extinctions takes an unusually rancorous turn." *New York Times*, January 18, 1988.

Brusatte, Stephen L., Richard J. Butler, Paul M. Barrett, Matthew T. Carrano, David C. Evans, Graeme T. Lloyd, Philip D. Mannion, Mark A. Norell, Daniel J. Peppe, Paul Upchurch, and Thomas E. Williamson. "The extinction of the dinosaurs." *Biological Reviews* 90.2 (2014): 628-642.

Bryant, Edward. *Tsunami: The Underrated Hazard*. New York: Cambridge University Press, 2001.

Chenet, Anne-Lise, et al. "Determination of rapid Deccan eruptions across the Cretaceous-Tertiary boundary using paleomagnetic secular variation: Results from a 1,200-m-thick section in the Mahabaleshwar escarpment." *Journal of Geophysical Research: Solid Earth* 113.B4 (2008).

Coccioni, Rodolfo, Simonetta Monechi, and Michael R. Rampino. "Cretaceous-Paleogene boundary events." *Palaeogeography, Palaeoclimatology, Palaeoecology* 255.1 (2007): 1-3.

Courtillot, Vincent, and Frédéric Fluteau. "A review of the embedded time scales of flood basalt volcanism with special emphasis on dramatically short magmatic pulses." *Geological Society of America: Special Papers* 505 (2014): SPE505-SPE515.

Darwin, Charles. *Works of Charles Darwin: Journal of Researches into the Natural History and Geology of the Countries Visited During the Voyage of HMS Beagle Round the World*. Vol. 1. London: John Murray, 1860.

Elbra, T. "The Chicxulub impact structure: What does the Yaxcopoil-1 drill core reveal?" American Geophysical Union Meeting of Americas, Cancún, Mexico, May 2013.

Glen, William. *The Mass-Extinction Debates: How Science Works in a Crisis*. Stanford, CA: Stanford University Press, 1994.

Gulick, Sean. "The 65.5 million year old Chicxulub impact crater: Insights into planetary processes, extinction, and evolution" (lecture). The Austin Forum, Austin, TX, 2013.

Jagoutz, Oliver, et al. "Anomalously fast convergence of India and Eurasia caused by double subduction." *Nature Geoscience* 8.6 (2015): 475-478.

Keller, Gerta. "The Cretaceous-Tertiary mass extinction: Theories and controversies." *Society for Sedimentary Geology (SEPM): Special Publications* 100 (2011): 7-22.

_______. "Deccan volcanism, the Chicxulub impact, and the End-Cretaceous mass extinction: Coincidence? Cause and effect?" *Geological Society of America: Special Papers* (2014): 57-89.

Kennett, Douglas J., et al. "Development and disintegration of Maya political systems in response to climate change." *Science* 338.6108 (2012): 788-791.

Kort, Eric A., et al. "Four Corners: The largest US methane anomaly viewed from space." *Geophysical Research Letters* 41.19 (2014): 6898-6903.

Lüders, Volker, and Karen Rickers. "Fluid inclusion evidence for impact-related hydrothermal fluid and hydrocarbon migration in Cretaceous sediments of the ICDP-Chicxulub drill core Yax-1." *Meteoritics and Planetary Science* 39.7 (2004): 1187-1197.

Manga, Michael, and Emily Brodsky. "Seismic triggering of eruptions in the far field: Volcanoes and geysers." *Annual Review of Earth and Planetary Sciences* 34 (2006): 263-291.

Masson, Marilyn A. "Maya collapse cycles." *Proceedings of the National Academy of Sciences* 109.45 (2012): 18237-18238.

________. *Kukulcan's Realm: Urban Life at Ancient Mayapán*. Boulder: University of Colorado Press, 2014.

Napier, W. M. "The role of giant comets in mass extinctions." *Geological Society of America: Special Papers* 505 (2014): 383-395.

Norris, R. D., A. Klaus, and D. Kroon. "Mid-Eocene deep water, the Late Palaeocene thermal maximum, and continental slope mass wasting during the Cretaceous-Palaeogene impact." *Geological Society, London: Special Publications* 183.1 (2001): 23-48.

Oldroyd, D. R. *The Earth Inside and Out: Some Major Contributions to Geology in the Twentieth Century*. London: Geological Society, 2002.

Prasad, Guntupalli V. R., and Ashok Sahni. "Vertebrate fauna from the Deccan volcanic province: Response to volcanic activity." *Geological Society of America: Special Papers* 505 (2014): SPE505-SPE509.

Punekar, Jahnavi, Paula Mateo, and Gerta Keller. "Effects of Deccan volcanism on paleoenvironment and planktic foraminifera: A global survey." *Geological*

Society of America: Special Papers 505 (2014): 91-116.

Renne, Paul R., et al. "Time scales of critical events around the Cretaceous-Paleogene boundary." *Science* 339.6120 (2013): 684-687.

Richards, Mark A., et al. "Triggering of the largest Deccan eruptions by the Chicxulub impact." *Geological Society of America Bulletin* 127.11-12 (2015): 1507-1520.

Robinson, Nicole, et al. "A high-resolution marine 187 Os/188 Os record for the late Maastrichtian: Distinguishing the chemical fingerprints of Deccan volcanism and the KP impact event." *Earth and Planetary Science Letters* 281.3 (2009): 159-168.

Samant, Bandana, and Dhananjay M. Mohabey. "Deccan volcanic eruptions and their impact on flora: Palynological evidence." *Geological Society of America: Special Papers* 505 (2014): SPE505-SPE508.

Schoene, Blair, et al. "U-Pb geochronology of the Deccan Traps and relation to the end-Cretaceous mass extinction." *Science* 347.6218 (2015): 182-184.

Smit, J., et al. "Stratigraphy and sedimentology of KT clastic beds in the Moscow Landing (Alabama) outcrop: Evidence for impact related earthquakes and tsunamis." In *New Developments Regarding the KT Event and Other Catastrophes in Earth History*. LPI Contribution 825. Houston: Lunar and Planetary Institute, 1994.

Spicer, Robert A., and Margaret E. Collinson. "Plants and floral change at the Cretaceous-Paleogene boundary: Three decades on." *Geological Society of America: Special Papers* 505 (2014): SPE505.

Swisher, Kevin. "Cretaceous crash." *Texas Monthly* (September 1992): 96-100.

Turner, Billie L., and Jeremy A. Sabloff. "Classic Period collapse of the Central Maya Lowlands: Insights about human-environment relationships for sustainability." *Proceedings of the National Academy of Sciences* 109.35 (2012): 13908-13914.

Wilkinson, David M., Euan G. Nisbet, and Graeme D. Ruxton. "Could methane produced by sauropod dinosaurs have helped drive Mesozoic climate warmth?" *Current Biology* 22.9 (2012): R292-R293.

Wilson, Gregory P. "Mammalian faunal dynamics during the last 1.8 million years of the Cretaceous in Garfield County, Montana." *Journal of Mammalian Evolution* 12.1-2 (2005): 53-76.

_______. "Mammals across the K/Pg boundary in northeastern Montana, USA: Dental morphology and body-size patterns reveal extinction selectivity and immigrant-fueled ecospace filling." *Paleobiology* 39.03 (2013): 429-469.

_______. "Mammalian extinction, survival, and recovery dynamics across the Cretaceous-Paleogene boundary in northeastern Montana, USA." *Geological Society of America: Special Papers* 503 (2014): 365-392.

Wilson, Gregory P., David G. DeMar, and Grace Carter. "Extinction and survival of salamander and salamander-like amphibians across the Cretaceous-Paleogene boundary in northeastern Montana, USA." *Geological Society of America: Special Papers* 503 (2014): 271-297.

Zongker, Doug. "Chicken Chicken Chicken: Chicken Chicken." *Annals of Improbable Research* (2006). https://isotropic.org/papers/chicken.pdf.

Zürcher, Lukas, and David A. Kring. "Hydrothermal alteration in the core of the Yaxcopoil-1 borehole, Chicxulub impact structure, Mexico." *Meteoritics and Planetary Science Archives* 39.7 (2004): 1199-1221.

제7장

Brahic, Catherine. "Travel back in time to an Arctic heatwave." *New Scientist*, July 15, 2015.

Hallam, A. *Catastrophes and Lesser Calamities: The Causes of Mass Extinctions*. Oxford: Oxford University Press, 2004.

Harrabin, Roger. "World wildlife populations halved in 40 years." *BBC News*, September 30, 2014.

Hönisch, Bärbel, et al. "Atmospheric carbon dioxide concentration across the mid-Pleistocene transition." *Science* 324.5934 (2009): 1551-1554.

Kent, Dennis V., and Giovanni Muttoni. "Equatorial convergence of India and early

Cenozoic climate trends." *Proceedings of the National Academy of Sciences* 105.42 (2008): 16065-16070.

Koch, Paul L. "Land of the lost." *Science* 311.5763 (2006): 957.

Koch, Paul L., and Anthony D. Barnosky. "Late Quaternary extinctions: State of the debate." *Annual Review of Ecology, Evolution, and Systematics* (2006): 215-250.

Lenton, Tim, and A. J. Watson. *Revolutions That Made the Earth*. Oxford: Oxford University Press, 2011.

Martin, Paul S. *Twilight of the Mammoths: Ice Age Extinctions and the Rewilding of America*. Berkeley: University of California Press, 2005.

Owen, James. "Farming claims almost half earth's land, new maps show." *National Geographic*, December 9, 2005.

Pearce, Fred. "Global extinction rates: Why do estimates vary so wildly?" *Yale Environment* 360 (Yale School of Forestry and Environmental Studies), August 17, 2015. http://e360.yale.edu/feature/global_extinction_rates_why_do_estimates_vary_so_wildly/2904/.

Prothero, Donald R. *Greenhouse of the Dinosaurs: Evolution, Extinction, and the Future of Our Planet*. New York: Columbia University Press, 2009.

Schlosser, C. Adam, Kenneth Strzepek, Xiang Gao, Charles Fant, Élodie Blanc, Sergey Paltsev, Henry Jacoby, John Reilly, and Arthur Gueneau. "The future of global water stress: An integrated assessment." *Earth's Future* 2.8 (2014): 341-61.

Secord, Ross, et al. "Evolution of the earliest horses driven by climate change in the Paleocene-Eocene thermal maximum." *Science* 335.6071 (2012): 959-962.

Stone, Richard. *Mammoth: The Resurrection of an Ice Age Giant*. Cambridge, MA: Perseus Publishing, 2001.

제8장

Archer, David. *The Long Thaw: How Humans Are Changing the Next 100,000 Years of Earth's Climate*. Princeton, NJ: Princeton University Press, 2009.

Barnosky, Anthony D., et al. "Has the Earth's sixth mass extinction already arrived?" *Nature* 471.7336 (2011): 51-57.

Bostrom, Nick. "Existential risks." *Journal of Evolution and Technology* 9.1 (2002): 1-31.

Brook, Barry W., Navjot S. Sodhi, and Corey J. A. Bradshaw. "Synergies among extinction drivers under global change." *Trends in Ecology and Evolution* 23.8 (2008): 453-460.

Ćirković, Milan M., Anders Sandberg, and Nick Bostrom. "Anthropic shadow: Observation selection effects and human extinction risks." *Risk Analysis* 30.10 (2010): 1495-1506.

Davis, Steven J., et al. "Rethinking wedges." *Environmental Research Letters* 8.1 (2013): 011001.

DeConto, Robert M., and David Pollard. "Contribution of Antarctica to past and future sea-level rise." *Nature* 531.7596 (2016): 591-597.

Dirzo, Rodolfo, et al. "Defaunation in the Anthropocene." *Science* 345.6195 (2014): 401-406.

Hansen, James, et al. "Ice melt, sea level rise, and superstorms: Evidence from paleoclimate data, climate modeling, and modern observations that 2 C global warming is highly dangerous." *Atmospheric Chemistry and Physics: Discussion Papers* 15 (2015): 20059-20179.

Hoffert, Martin I. "Farewell to fossil fuels?" *Science* 329.5997 (2010): 1292-1294.

Jagniecki, Elliot A., et al. "Eocene atmospheric CO_2 from the nahcolite proxy." *Geology* 43.12 (2015): 1075-1078.

Lewis, Nathan S. "Powering the planet." *MRS Bulletin* 32.10 (2007): 808-820.

Mann, Michael E., and Lee R. Kump. *Dire Predictions: Understanding Climate Change*. 2nd ed. London: DK, 2015.

Matthews, H. Damon, and Ken Caldeira. "Stabilizing climate requires near-zero emissions." *Geophysical Research Letters* 35.4 (2008).

McInerney, Francesca A., and Scott L. Wing. "The Paleocene-Eocene thermal maximum: A perturbation of carbon cycle, climate, and biosphere with implications for the future." *Annual Review of Earth and Planetary Sciences* 39 (2011): 489-516.

Muhs, Daniel R., et al. "Quaternary sea-level history of the United States." *Developments in Quaternary Sciences* 1 (2003): 147-183.

Muhs, Daniel R., et al. "Sea-level history of the past two interglacial periods: New evidence from U-series dating of reef corals from south Florida." *Quaternary Science Reviews* 30.5 (2011): 570-590.

Pamlin, Dennis, and Stuart Armstrong. "Global challenges: 12 risks that threaten human civilisation—The case for a new category of risks." *Global Challenges Foundation* (February 2015). http://globalchallenges.org/wp-content/uploads/12-Risks-with-infinite-impact-full-report-1.pdf.

Sherwood, Steven C., and Matthew Huber. "An adaptability limit to climate change due to heat stress." *Proceedings of the National Academy of Sciences* 107.21 (2010): 9552-9555.

Sonna, Larry A. "Practical medical aspects of military operations in the heat." *Medical Aspects of Harsh Environments* 1 (2001).

Tollefson, Jeff. "The 8,000-year-old climate puzzle." *Nature* (March 25, 2011): doi:10.1038/news.2011.184.

Zeebe, Richard E., and James C. Zachos. "Long-term legacy of massive carbon input to the Earth system: Anthropocene versus Eocene." *Philosophical Transactions of the Royal Society of London A: Mathematical, Physical, and Engineering Sciences* 371.2001 (2013): 20120006.

Zeliadt, Nicholette. "Profile of David Jablonski." *Proceedings of the National Academy of Sciences* 110.26 (2013): 10467-10469.

제9장

Bennett, S. Christopher. "Aerodynamics and thermoregulatory function of the dorsal sail of Edaphosaurus." *Paleobiology* 22.04 (1996): 496-506.

Berner, Robert A., and Zavareth Kothavala. "GEOCARB III: A revised model of atmospheric CO_2 over Phanerozoic time." *American Journal of Science* 301.2 (2001): 182-204.

Evans, D. A. D. "Reconstructing pre-Pangean supercontinents." *Geological Society of America Bulletin* 125.11-12 (2013): 1735-1751.

Franck, S., C. Bounama, and W. Von Bloh. "Causes and timing of future biosphere extinctions." *Biogeosciences* 3.1 (2006): 85-92.

Royer, Dana L., et al. "CO_2 as a primary driver of Phanerozoic climate." *GSA Today* 14.3 (2004): 4-10.

Smith, Kerri. "Supercontinent Amasia to take North Pole position." *Nature* (February 8, 2012). http://www.nature.com/news/supercontinent-amasia-to-take-north-pole-position-1.9996.

Ward, Peter D., and Donald Brownlee. *The Life and Death of Planet Earth: How the New Science of Astrobiology Charts the Ultimate Fate of Our World*. New York: Henry Holt & Co./Times Books, 2003.

Zalasiewicz, J. A., and Kim Freedman. *The Earth After Us: What Legacy Will Humans Leave in the Rocks?* Oxford: Oxford University Press, 2008.

발췌문 목록

1. *The Voyage of the Beagle*, 권혜련 외 옮김, 『찰스 다윈의 비글호 항해기』, 샘터사, 2006.
2. *The Life and Death of Planet Earth*, 이창희 옮김, 『지구의 삶과 죽음』, 지식의 숲, 2006.
3. *Heart of Darkness*, 이상옥 옮김, 『암흑의 핵심』, 민음사, 1999.
4. *Your Inner Fish*, 김명남 옮김, 『내 안의 물고기』, 김영사, 2009.
5. *Mammoth: The Resurrection of an Ice Age Giant*, 김소정 옮김, 『매머드, 빙하기 거인의 부활』, 지호, 2005.
6. *Guns, Germs, and Steel*, 김진준 옮김, 『총균쇠』, 문학사상사, 2005.
7. *The Road*, 정영목 옮김, 『로드』, 문학동네, 2008.
8. *The Sun Also Rises*, 김욱동 옮김, 『태양은 다시 떠오른다』, 민음사, 2012.
9. *The Life and Death of Planet Earth*, 앞의 책.
10. *Cat's Cradle*, 김송현정 옮김, 『고양이 요람』, 문학동네, 2017.

찾아보기

ㄹ

ㅁ

ㅇ

ㅈ

ㅊ

ㅋ

ㅌ

ㅍ

ㅎ

The Ends of the World

대멸종 연대기

초판 1쇄 발행 2019년 6월 28일
초판 4쇄 발행 2024년 7월 25일

지은이 피터 브래넌
옮긴이 김미선
펴낸이 유정연

이사 김귀분
기획편집 신성식 조현주 유리슬아 서옥수 황서연 정유진 **디자인** 안수진 기경란
마케팅 반지영 박중혁 하유정 **제작** 임정호 **경영지원** 박소영 **교정교열** 신혜진

펴낸곳 흐름출판(주) **출판등록** 제313-2003-199호(2003년 5월 28일)
주소 서울시 마포구 월드컵북로5길 48-9(서교동 451-22)
전화 (02)325-4944 **팩스** (02)325-4945 **이메일** book@hbooks.co.kr
홈페이지 http://www.hbooks.co.kr **블로그** blog.naver.com/nextwave7
출력·인쇄·제본 (주)상지사 **용지** 월드페이퍼(주) **후가공** (주)이지앤비(특허 제10-1081185호)

ISBN 978-89-6596-324-0 03450